Fluss

Manfred Vasold

RUDOLF VIRCHOW

Manfred Vasold

RUDOLF VIRCHOW

Der große Arzt
und Politiker

Deutsche Verlags-Anstalt
Stuttgart

Der vordere Vorsatz zeigt Schivelbein,
die Geburtsstadt Rudolf Virchows,
in der Mitte des 17. Jahrhunderts
(Stich von Matthäus Merian).

Die Karte des Herzogtums Pommern
stammt von Eilhart Lubin (1638).

CIP-Titelaufnahme der Deutschen Bibliothek

Vasold, Manfred:
Rudolf Virchow : d. große Arzt u. Politiker
Manfred Vasold. – Stuttgart :
Deutsche Verlags-Anstalt, 1988
ISBN: 3-421-06387-7

Lektorat: Dieter Luippold
Typographische Gestaltung: Susanne Barth
Satz: Setzerei Lihs, Ludwigsburg
Druck und Bindearbeit: Mohndruck, Gütersloh
Printed in Germany

INHALTSVERZEICHNIS

VORWORT

Rudolf Virchow zählt zu den Berühmten der deutschen Geschichte, doch sein Leben und seine Leistungen sind heute den meisten unbekannt. Bismarck ging als der größte deutsche Politiker in die Geschichtsbücher ein – und Virchow war einer der schärfsten Widersacher Bismarcks. Kein Wunder, daß man vor fünfzig Jahren Virchows historische Größe überhaupt in Zweifel stellte. Aber das Bismarck-Bild hat sich seither gewandelt; sollten wir da nicht auch unsere Einstellung zu Virchow überprüfen? In der neueren wissenschaftlichen Forschung geschieht dies bereits, in der Bundesrepublik wie in der DDR.

Carl Posner, Freund und Biograph Virchows, hat 1921 geschrieben, »daß angesichts der Vielseitigkeit von Virchows Schaffen überhaupt kein einzelner sich vermessen darf, allen seinen Leistungen mit begründetem Urteil gerecht zu werden«. Denn: »Wer seine Verdienste um die allgemeine Pathologie, die Hygiene und die Anthropologie erschöpfend schildern wollte, müßte geradezu die Geschichte dieser Fächer seit der Mitte des vorigen Jahrhunderts schreiben.« Wohl wahr, und so mag es vermessen erscheinen, daß ein einzelner Autor versucht, das Leben dieses Mannes und die Anfänge so vieler Disziplinen darzustellen. Eine wissenschaftliche Biographie Virchows könnte heute ein einzelner in der Tat schwerlich leisten, er müßte in allzu vielen Dingen Bescheid wissen; aber eine Biographie, die sich an ein größeres Publikum wendet und darauf verzichtet, jedes Detail darzustellen, die kann ein einzelner heute noch schreiben. Oder wollen wir auf eine Virchow-Biographie gänzlich verzichten?

Viele Freunde und Bekannte haben mir geholfen, mir ein Urteil zu bilden, wo es um das Lebenswerk Virchows ging. Ich kann nicht allen namentlich danken an dieser Stelle; ganz besonders danken möchte ich aber Frau Dr. med. Ingrid Schneider und Herrn Dr. rer. nat. Norbert Horn.

Die populärwissenschaftliche Biographie verzichtet zumeist – um der Lesbarkeit willen – auf die Quellenangabe. Aber der Leser hat auch ein Recht, zu erfahren, wo er Zitate aus anderen Werken und Zahlen über bedeutsame historische Entwicklungen finden kann, daher habe ich wichtige Zitate und Zahlenangaben meist mit einem Nachweis versehen.

Großkarolinenfeld, im August 1987

Erstes Kapitel

POMMERN

»Wir sind des festen Glaubens, daß der wahre Bürgersinn am besten durch genaue Kenntnis der Gegenwart und Vergangenheit des Vaterlandes wie der Vaterstadt geweckt werde.«

Rudolf Virchow (1843)

Die Virchows stammen aus Pommern. Im hinteren Teil dieser alten preußischen Provinz, zwischen der Oder und der Weichsel, stößt man auch heute noch in der lieblich gewellten Ebene des Baltischen Landrückens auf Spuren ihres Namens: der Virchow-See erstreckt sich, halben Wegs zwischen Neustettin und Bublitz, inmitten sandiger, kiefernbestandener Wälder von Ost nach West; und an seinem südwestlichen Ufer schmiegt sich eine kleine Ortschaft an den See, die einst Sassenburg hieß; sie trägt heute wieder einen polnischen Namen, Stare Wierzchowo, das heißt Alt-Virchow. Das einstige Dorf Virchow, wenige Kilometer südöstlich von Falkenburg gelegen, oder gut fünfzig Kilometer nordwestlich der alten deutsch-polnischen Grenzstation Schneidemühl, ist gleichfalls umgeben von flachen moorigen Seen und unendlichen Nadelwäldern auf sandiger Flur.

Dort oben, im Nordosten des alten Deutschen Reiches, waren die Virchows zu Hause. Sie sind teils deutschen, teils slawischen Ursprungs, was nicht weiter erstaunen kann, denn jahrhundertelang haben Deutsche und Slawen in diesem Raum Seite an Seite gelebt. Rudolf Virchow leitete den Namen des Dorfes Virchow von Virch, Vircho her; den Namen des Sees von den alten slawischen Formen Wireno, Wurow.[1] Aber geboren ist Rudolf Virchow ein Stück weiter westlich, in Schivelbein, einem kleinen Städtchen in der hinterpommerschen Neumark gelegen, »in einem jener transversellen, der Ostsee parallelen Täler, welche die pommerschen Flüsse … so gern zu bilden pflegen. Die Rega, welche zuerst in nordwestlicher und nördlicher Richtung ihren Lauf genommen …, hat sich mit einer bedeutenden Biegung nach Süden zugewendet, nachdem sie fast an ihrem nördlichen Winkel vor den Überresten des Klosters vorbeigeströmt ist; … (sie) wendet sich eine halbe Stunde vor der Stadt plötzlich nach Westen und durchströmt das ungefähr eine Stunde lange Tal, dessen sanft abfallende, aber ziemlich hohe Ränder nebst dem torfigen Wiesengrund auf eine frühere Seebildung hindeuten. Wo sich das vielfach gewundene Flußbett am meisten gen Westen dem Talrande nähert, liegt das Städtchen, doch so tief, daß man von dem umliegenden Plateau kaum die Kirchturmspitze wahrnimmt.«

Von den Höhen ringsumher »erblickt man die ganze Ebene von Schivelbein mit ihren Dörfern und die Talbildung des Döbritz-Sees. Im Sommer ist diese schöne Stätte mit einer dichten Blumendecke überzogen, und das Auge des Botanikers entdeckt unter dem duftenden Thymian, dem großblütigen Klee der Hügel, der knäueligen Glockenblume, den Centaureen und Senecios auch die selteneren Blüten des Steinbrechs und des Sommerröschens«.[2]

Es ist Rudolf Virchow selbst, der hier erzählt. War Virchow denn nicht Arzt und Politiker, in späteren Jahren auch Ethnologe und Archäologe? Gewiß, das alles war er; aber in seiner ersten Veröffentlichung aus dem Jahr 1843 zeigt er Bilder aus der Geschichte seines Heimatorts Schivelbein an der Rega, zu seinen Lebzeiten ein Ackerstädtchen von gut zweitausend Einwohnern. Warum er darüber etwas geschrieben hat? Als der junge Virchow in Berlin Medizin studierte, wurde von den Medizinstudenten ein Studium generale verlangt; Virchow belegte also ein Kolleg in preußischer Geschichte. Gleich in der ersten Stunde saß er unweit des Katheders, von dem Professor Preuß vortrug. Nun soll Preuß ihn gefragt haben, woher er käme. Virchow: Aus Schivelbein. Preuß: Ob er etwas wüßte über dessen Geschichte. Virchow: Nur das, was man als Kind eben so hört. Preuß: Er solle das doch einmal aufschreiben. Virchow verfaßte daraufhin einige Beiträge über die Geschichte seiner Vaterstadt und ließ sie, den ersten davon anonym, in den

Rudolf Virchows Geburtshaus in Schivelbein.

»Baltischen Studien« abdrucken, die seit 1832 in Stettin erschienen.

Die Geschichte Pommerns ist heute etwas in Vergessenheit geraten, und da Virchow aus diesem Land kommt und darüber geschrieben hat, wollen wir uns in seinen historischen Schriften ein wenig umsehen. Natürlich ist schon dem jungen Virchow bekannt, daß er auf altem slawischen Boden aufwächst, der einen slawischen Namen trägt: Pome bedeutet im Altslawischen ›neben‹, ›bei‹, und moriz heißt ›Meer‹; Pommern ist also das Land am Meer. In Flurnamen, Flüssen, Bächen und Seen haben sich unzählige slawische Namen bis in die Gegenwart erhalten – wie denn auch ein großer Teil von Pommern, Pomorze, heute wieder im Besitz slawischer Völkerschaften ist.

Lange bevor deutsche Siedler sich dort niederließen, kam ein Mann der Kirche ins Land, Otto von Bamberg. Er brachte in der ersten Hälfte des 12. Jahrhunderts den Pommern das Evangelium. Aber Pommern wurde nicht dem großen Ostbistum Magdeburg zugeschlagen, es blieb zunächst bei Bamberg, bis der Papst Wollin zum Bischofssitz bestimmte. Vor der Erschließung dieses Landes im späten Mittelalter, schreibt Virchow, »war doch vorwaltend alles öde, und die wenigen Weideplätze, das Wild und die Bienen lockten das genügsame, seßhafte Slavenvolk kaum zur Urbarmachung größerer Strecken. In einer Zeit, wo das Holz selbst kein Gegenstand des Interesses war, konnte daher über den Besitz solch rohen Landes wenig Hader und nach ihm wenig Verlangen sein«.[3]

»Das Land Schivelbein, welches am Ende des 13. Jahrhunderts von Pommern zur Neumark gelangt war, wurde 1319 vom Kurfürsten Waldemar an die Familie der Edlen von Wedel und von diesen 1384 an den Deutschen Orden in Preußen verkauft. Der setzte einen Vogt nach Schivelbein, welcher, als 1402 die ganze Neumark von den Deutschherren erworben ward, die Verwaltung dieses ganzen Gebietes übernahm und seitdem den Titel eines Vogts der Neumark zu Schivelbein führte … Wir sehen daher eine Reihe der ausgezeichnetsten Brüder des Ordens als Vögte der Neumark. Ihre selbständige Stellung in einem Lande, welches den Deutschen Orden zwar als Oberlehnsherrn anerkannte, aber fest an seinen alten Rechten und

Privilegien hing, scheint ihnen einen gleichen Rang mit den Komturen in Preußen gegeben zu haben, und viele von ihnen stiegen unmittelbar zu den höchsten Gebietiger-Ämtern des Ordens empor. So erscheint in der Mitte des 15. Jahrhunderts Walter von Kirschkorb, gewöhnlich Kerskorf genannt, der, während er von 1423 bis 1428 die Vogtei der Neumark rühmlich verwaltete, schon 1424 Komtur von Danzig wurde. 1434 erhob ihn darauf der Hochmeister Paul von Rußdorf, der sich seines Rates vielfach bediente, zu der hohen Würde eines Großkomturs und 1436 eines Ordenstrappiers und Komturs von Christburg. Wahrscheinlich legte er dies Amt wegen Altersbeschwerden nieder, und der ihm so sehr freundlich gesinnte Hochmeister erteilte ihm als Lohn für seine Treue und Verdienste um den Orden 1440 das Amt Schivelbein mit allem Zubehör. So erscheint er jetzt als Vogt von Schivelbein, aber nicht der Neumark, vielmehr sehen wir neben ihm, zum ersten Male getrennt, als Vögte der Neumark Hans von Stockheim und Georg von Egloffstein.«[4]

»Es waren eben mehrere, für unsere Gegenden und für den Deutschen Orden sehr wechselvolle unheilschwangere Jahrzehnte vergangen. Das erste Dezennium dieses [15.] Jahrhunderts hatte die lange Zeit des segensreichen Wirkens des Ordens für Preußen beendigt; in der Tannenberger Schlacht war seine ganze Blüte gebrochen, und Tage voller Elend und Demütigung gingen über das bedrängte Land ... Eben damals aber hatte das Kostnitzer [Konstanzer] Konzil den edlen Huß verbrannt, und seine fanatischen Anhänger trugen das Racheschwert weithin durch die katholischen Länder. Jagiel von Polen, dessen tiefgewurzelter Haß gegen den Orden nur mit Hannibals Römerhaß verglichen werden kann, warb die rohen Scharen der Hussiten und durchzog mit ihnen 1433 die Neumark und Preußen bis ans Baltische Meer, rings unsägliche Öde und niegesehenen Jammer zurücklassend.«[5]

»Nachdem fehlt aber wieder die Kunde bis zum Jahre 1454, wo der Besitz des Landes wechselte. Längst schon hatten der erste und zweite Friedrich, aus dem Hause Hohenzollern, im Besitz der Kurmark Brandenburg, ihre Augen auch auf den Erwerb der Neumark gerichtet, welche von alters her dazugehört hatte. Trotz der dringendsten Verlegenheiten hatte sich der Hochmeister immer gesträubt, dies wichtige Land zu veräußern; allein jetzt war die Lage der Finanzen zu dürftig, die Verbindung innerer und äußerer Feinde zu mächtig, als daß längeres Zögern möglich erschien. Ludwig von Erlichshausen ... verkaufte daher 1454 am Freitag Cathedra Petri (22. Februar) die Neumark und bald darnach Driesen und Schivelbein an den Kurfürsten von Brandenburg.«[6]

In Schivelbein wie im ganzen deutschen Osten waren die Bettelorden reichlich vertreten; sie missionierten und predigten vor allem in den Städten. In Schivelbein stand ein Kloster der Kartäuser, und der junge Virchow hat voller Ingrimm über das Leben dieser Mönche geschrieben und das Kommen der protestantischen Reformation freudig gefeiert: »Sie hatten für die Kultur des Landes und die Bildung des Volkes aller Wahrscheinlichkeit nach wenig getan«, schreibt er von den Mönchen, »allein von ihrem ersten Auftreten an waren sie desto eifriger in der Sorge für ihre eigenen Angelegenheiten gewesen. Reiche Schenkungen waren ihnen zugewendet, anderes hatten sie durch vorteilhaften Kauf erworben, und ihr großer Landbesitz mochte zuletzt ihre Aufmerksamkeit wohl mehr beschäftigen als der harte und grausame Gottesdienst, zu dem sie bestimmt waren ... Wer freut sich daher nicht ob der Reformation, welche endlich diesen faulen Krebsschaden aus dem gesunden Staatsleben entfernte und die toten Schätze weniger Faulenzer in die befruchtenden Kanäle der Volkswirtschaft zurückführte?«[7] Virchows Worte waren so stark, daß die Redaktion der »Baltischen Studien« in einer Fußnote dagegen protestierte.

Daß den Mönchen in Pommern zu Beginn der Neuzeit viel Haß entgegenschlug, berichtet auch Martin Wehrmann in seiner zweibändigen »Geschichte von Pommern« – auch wenn später, fügt Wehrmann hinzu, manches an ihrem Lebenswandel übertrieben dargestellt worden sein mag. Auf jeden Fall fand der Protestantismus in Pommern begeisterte Aufnahme. Schon gegen Ende des Jahres 1520, also nur drei Jahre nach Veröffentlichung der 95 Thesen, finden wir erste Spuren von Luthers Lehre in Stralsund und selbst im Kloster Belbuk, wo Johannes Bugenhagen Luthers Schrift »Von der Babylonischen

Gefangenschaft der Kirche« kennenlernte. Bald tauchen an der Universität Greifswald die ersten lutherischen Prediger auf. 1525 verwüsten Bilderstürmer die Nicolai-Kirche zu Stralsund. 1538 kommt die Reformation nach Schivelbein: »Am Sonntag Reminiscere«, schreibt Virchow, »wird in der Pfarrkirche das Amt in deutscher Sprache und mit deutschen Gesängen gehalten. Auch Petri und Pauli die neue Kirchenordnung publiziert.« Pommern wurde urprotestantisch, und zwar lutherisch. Als daher der brandenburgische Landesherr Johann Sigismund 1613 zum calvinistischen Bekenntnis übertrat, verschlechterten sich die Beziehungen zwischen Brandenburg und Pommern, denn Pommern blieb Luthers Lehre treu. Als der kleine Virchow in Schivelbein aufwuchs, in den 1820er Jahren, war Pommern mit 98 Prozent Lutheranern die protestantischste Provinz Preußens, zugleich aber auch die ärmste.

Virchows Ahnen lassen sich nicht sehr weit zurückverfolgen. Sein Urgroßvater, Johann Virchow, war zunächst Assessor in Burg; er scheint gegen 1760 an das Gericht zu Schivelbein übergewechselt zu sein. Virchows Großvater Christian war Fleischer in Schivelbein, nebenher betrieb er eine Brennerei und ein bißchen Landwirtschaft. Über die Großmutter Rudolf Virchows ist so gut wie nichts bekannt. Virchows Vater, Carl Christian Siegfried, wurde am 22. Dezember 1785 in Schivelbein geboren. Im Alter von sechzehn Jahren kam er zu einem Kaufmann namens Schmidt in Köslin in die Lehre; er blieb dort fünf Jahre und stand danach für vier Jahre dem Geschäft eines Kaufmannes namens Hanff in Wenteich als Handlungsgehilfe vor. Dann diente er einige Jahre in der preußischen Armee. 1810 sagte er dem Militärdienst Lebewohl, weil er, wie er schrieb, »seines alten 60jährigen Vaters Wohnhaus No. 209 daselbst nebst 1½ Hufe Land übernehmen mußte«. Im Jahr darauf stellte die Stadt Schivelbein ihm den Bürgerbrief aus und übertrug ihm das Amt des Stadtkämmerers, das er bis 1828 bekleidete. Fortan widmete er sich seiner Landwirtschaft, etwa fünfzig Morgen Land. Davon hätte man selbst eine vielköpfige Familie ernähren können; aber Carl Christian Virchow hatte andere Dinge im Kopf als den Feldbau.

Am 20. November 1818 vermählte er sich, inzwischen fast 33 Jahre alt, mit Johanna Maria Hesse, die einige Wochen älter war als er, geboren am 30. August 1785 zu Stargard in Pommern. Über Virchows Mutter ist nur sehr wenig bekannt; sie war eine kleine, untersetzte Frau mit dunklen Augen und braunen Haaren.

Aus dieser Ehe ging am 13. Oktober 1821 als einziges Kind ein Junge hervor, Rudolf Ludwig Carl Virchow. Er scheint ein frühreifes, wißbegieriges Kind gewesen zu sein, das schon beizeiten anfing, in der Bibliothek des Vaters herumzustöbern. Über seine frühe Kindheit hat Virchow selbst berichtet. »Meine ersten Lebensjahre verflossen ruhig und ohne bedeutendere Ereignisse, die für mein späteres Leben von größerer Wichtigkeit gewesen wären«, schreibt er als 17jähriger, als er sich zur Reifeprüfung anmeldet. »Wenige oder fast keine bleibenden Erinnerungen prägten sich deshalb auch meinem Gedächtnisse ein. Daß ich zuerst bei dem Durchbruche der Augenzähne, und etwas später an einer Lungenentzündung bedenklich krank gewesen bin, weiß ich nur aus der Erzählung meiner Eltern; aber dessen erinnere ich mich noch dunkel, daß ich schon früher mit der größten Sorgfalt Bücher, in denen sich Kupfer befanden, durchblätterte und mir deren Bedeutung einprägte, besonders wenn es Abbildungen von Tieren oder Pflanzen waren.«[8]

In der Schule war der Knabe bald der Klassenbeste. Daneben bekam er vom Rektor Privatunterricht in Französisch und Latein. »Da dieser aber unvollkommen war, so bewog mein Vater, dem meine geistige und körperliche Ausbildung am Herzen lag, den Herrn Prediger Benekendorff, jetzigen Superintendenten, eine Privatschule zu errichten, an der auch ich teilnahm. Hier legte ich trotz meiner Jugend (ich war damals nicht bis neun Jahre) einen recht guten Grund in der Religion, der Geschichte und dem Lateinischen.«

Es bestand seinerzeit noch keine Schulpflicht in Preußen, lediglich Unterrichtspflicht; wer es sich leisten konnte, dem war es freigestellt, seine Kinder privat unterrichten zu lassen. »Ich genoß denselben zwei Jahre lang, und die Bemühungen, welche mein würdiger Lehrer dabei anwendete, werden mir gewiß stets segensreich sein und ihm meinen herzlichen Dank sichern. In den alten Sprachen und der französischen machte ich bald recht gute Fortschritte, so daß die Lektüre des Cäsar und Ovid, der Odyssee und des französischen Robinsons mir in der letzten Zeit nicht bedeutende Schwierigkeit machte.«

Bald löste sich die Privatschule wieder auf, weil die Kenntnisse der Schüler allzu unterschiedlich waren, und der 13jährige Rudolf wechselte auf das Gymnasium zu Köslin. »So verließ ich denn ... am 1. Mai 1835 meine Heimat, um in Begleitung meines Vaters nach Köslin zu reisen, wo ich das Gymnasium besuchen sollte. Nach überstandener Prüfung erhielt ich den letzten Platz in Tertia. In dem Treiben der größeren Stadt, in dem vielfachen Wechsel des neuen Lebens wurde es mir leichter, die Trennung von meinen Lieben zu ertragen.«[9]

Köslin liegt gut fünfzig Kilometer von Schivelbein entfernt, in nordöstlicher Richtung, wenige Kilometer südlich von den Gestaden der Ostsee. Ob den kleinen Virchow das Heimweh sehr geplagt hat, als er ganz allein, auf sich selbst gestellt, im Kösliner Gymnasium untergebracht war, das wissen wir nicht. Ganz leicht wird es ihm nicht gefallen sein; das Heimweh wurde ernst genommen damals. Als Jacob Grimm in jenen Jahren in Göttingen seinen ersten öffentlichen Vortrag hielt, sprach er über das Heimweh; und noch in der zweiten Hälfte des Jahrhunderts druckten medizinische Fachblätter Aufsätze, die vom Heimweh als einer möglichen Ursache von Wahnsinn handelten. Dem kleinen Rudolf ging es wie so vielen Kindern, die durch Gelehrsamkeit vorankommen wollten im Leben: er mußte hinausgehen in die Fremde, auch wenn es schwerfiel.

Von Schivelbein nach Köslin, das waren viele Stunden Wegs. Die Eisenbahn machte seinerzeit in Deutschland ihre ersten Anfänge, und es dauerte noch viele Jahre, ehe sie den Nordosten eroberte: die Strecke Stargard-Köslin-Kolberg wurde, nach einigem Stocken, erst 1859 vollendet; seit 1843 verband die erste pommersche Eisenbahn zumindest Stettin, die Hauptstadt Vorpommerns, mit Berlin.

Köslin mit seinen siebentausend Einwohnern war ein kleines Städchen; viele von ihnen lebten vom Salzen und Räuchern der Ostseefische. Die Landwirtschaft war in einem erbärmlichen Zustand. Theodor von Schön, der Oberpräsident Ostpreußens, sprach von einem »Überbleibsel eines finsteren Zeitalters«; gemessen an ihren Erträgen stand die Landwirtschaft dem Mittelalter viel näher als dem 20. Jahrhundert.

In der Schule kam der kleine Rudolf Virchow gut voran, wenn er auch anfangs Schwierigkeiten hatte, mit seinen Mitschülern in allen Fächern gleichzuziehen. Am schwersten fiel ihm dies in der Mathematik, »in der ich einesteils die Theorie der Gleichungen noch gar nicht kannte, andernteils in der Anwendung planimetrischer Sätze auf die Konstruktion geometrischer Figuren ganz ungeübt war. Trotz alledem waren meine Lehrer so gütig, meine vielfachen Mängel noch zu übersehen, und mich zu Johanni bedeutend in der Rangordnung heraufzusetzen, ja selbst mich zu Michaeli desselben Jahres nach Sekunda zu versetzen.« Seit Michaeli (29. September) 1836 besuchte Virchow auch den Konfirmandenunterricht – »und am Palmsonntage, dem Konfirmations-Tage, las ich als erster der Konfirmanden im Namen aller übrigen das Glaubensbekenntnis in der Marien-Kirche vor, eine Handlung, die mich außerordentlich erhob.«[10]

Die Schule und alles, was damit zusammenhing, natürlich auch die Lehrpläne, entbehrten jeglicher Einheitlichkeit. »Geschichte und Geographie wurden gar nicht als besondere Wissenschaften vorgetragen, sondern wir empfingen die nötigen Kenntnisse teils während der Sprachstunden, teils durch gelegentliche Erzählungen der Lehrer«, erinnert sich ein alter Berliner, Felix Eberty. Durch die neuhumanistischen Vorstellungen der Pädagogik beherrschte das Lateinische alles andere: viele Schüler lernten Woche für Woche ebenso viele Stunden Latein wie Mathematik, Deutsch, Geschichte, Erdkunde und die naturwissenschaftlichen Fächer zusammen. Theodor Fontane, wenige Jahre älter als Virchow und wie dieser in Pommern aufgewachsen, schreibt in seiner Autobiographie »Meine Kindertage«, was er so alles konnte, als er in Quarta kam: »Lesen, Schreiben, Rechnen; biblische Geschichte, römische und deutsche Kaiser; Entdeckung von Amerika, Cortez, Pizarro; Napoleon und seine Marschälle; die Schlacht bei Navarino, Bombardement von Algier, Grochow und Otrolenka; Pfeffels Tabakspfeife, ›Nachts um die zwölfte Stunde‹, Holteis

Mantellied und beinah sämtliche Schillersche Balladen.« Zumeist war es ein wildes Kunterbunt, was die Kinder lernten. Virchow hatte an seinem Lehrstoff wenig auszusetzen; aber es ärgerte ihn, daß die Lehrer in die Ferne schweiften, ohne die Heimat gründlich zu behandeln. Er war schon ein bedeutender junger Arzt, als er 1849 schrieb, die Geographie habe sich nun »endlich dazu verstanden, auch von dem Vaterlande, von der Provinz, dem Kreise, ja sogar der Stadt oder dem Dorfe, wo die Schule liegt, Notiz zu nehmen; die Geschichte schneidet nicht mehr bei der französischen Revolution ab.«[11]

Mit den 1830er Jahren verbinden sich so schöne Begriffe wie Biedermeier und Goethezeit – seien wir vorsichtig damit! Für die meisten Menschen waren es bitter arme Jahre. Wie es in dieser Hinsicht um den jungen Virchow bestellt war, wissen wir nicht, denn er hat sich dazu nicht geäußert, zumindest nichts hinterlassen, außer vielleicht, daß er dem Vater immer gleich schrieb, wieviel Geld er wieder wofür verbraucht hatte. Aber das war nicht unüblich damals, das machten viele.

Wo und wie er in Köslin gewohnt hat, ist nicht bekannt. Gerade im Bereich der Sozialgeschichte fehlen uns oft die einfachsten Kenntnisse; und dabei hat sich vor allem in dieser Hinsicht in den letzten hundertfünfzig Jahren sehr viel verändert. Die Wohnräume waren eng und bescheiden, die geheizten Räume im Winter überfüllt, dort drängte sich die Familie auf kleinstem Raum zusammen. In einer solchen Stube hat Virchow am Abend gesessen und seine Aufgaben gemacht. Stahlfedern kamen erst gegen Mitte des Jahrhunderts auf, in Virchows Schulzeit schrieb man noch mit dem Federkiel, und der Schulmeister verwendete gewöhnlich die erste Stunde dazu, den Kindern das Schneiden, Spalten und Spitzen ihrer Kiele beizubringen.

Über Virchows Kenntnisse mußten sich seine Lehrer nie beklagen, allenfalls über sein Betragen, das ihm bei seinen Mitschülern den Namen »König« eintrug. Ostern 1839 meldete er sich zur Reifeprüfung. In seinen Neigungen war er überaus vielseitig, als seine Lieblingsfächer bezeichnete er »die Naturwissenschaften, Geschichte und Geographie«, doch ist anzunehmen, daß ihm Geschichte und politische Gegenwartskunde sehr stark am Herzen lagen, denn er führte in den letzten vier Schuljahren Notizbücher, in denen er in chronologischer Folge die wichtigsten politischen Tagesereignisse aufzeichnete. Auch zu den alten Sprachen zeigte er viel Zuneigung. Cicero, Sallust und Sophokles las er mit dem größten Vergnügen. Als Primaner nahm er sogar am Hebräisch-Unterricht teil und schloß im Abitur mit dem Hebraicum ab, das er als angehender Mediziner überhaupt nicht brauchte.

Die Reifeprüfung war erst fünf Jahre zuvor als verbindliche Abschlußprüfung und als Voraussetzung für ein ordentliches Universitätsstudium eingeführt worden. Virchow bestand sie glänzend. Das Thema seines Abituraufsatzes lautete: »Ein Leben voll Arbeit und Mühe ist keine Last, sondern eine Wohltat« – man könnte es ohne weiteres als Motto über sein Leben stellen. Mit jedem Federstrich rechtfertigte Virchow die Behauptung seines Aufsatzthemas: »Denn so sind die Menschen zumal, daß sie ein Leben voll Arbeit und Mühe für eine Last halten, daß sie oft unter dem Drucke der Geschäfte seufzen und sie weit, weit hinwegwünschen; daß sie dadurch nicht erkennen, wie gütig und weise Er, der unser aller Geschick lenkt, gerade hierdurch für sie gesorgt hat.«

Ärger hatte der Abiturient im Mündlichen mit seinem Griechischlehrer. Virchow hatte früh gelernt, Sprachen nicht einfach nach den Regeln der Grammatik zu lernen, sondern sich gleich ganze Wendungen zu merken – dies eine sehr moderne Methode. Aber sein Professor mißtraute diesen Kenntnissen, und als er den jungen Mann mit einem Text aus dem Neuen Testament in altgriechischer Sprache prüfte und Virchow alles übersetzen konnte, ohne die grammatischen Regeln im einzelnen zu erläutern, hatte der Lehrer gewisse Zweifel an der »moralischen Reife« des Kandidaten.

Den Sommer des Jahres 1839 verbringt Rudolf Virchow daheim bei seinen Eltern in Schivelbein. Nun sollte also der Ernst des Lebens beginnen, und so möchte man glauben, daß der junge Mann diese Tage in vollen Zügen genoß. Aber der besinnt sich eines besseren – jenes Mottos aus seinem Abituraufsatz: Virchow nutzt die Zeit und bringt sich selbst Italienisch bei; einige Jahre später, als junger Arzt, hat er in seinen Veröffentlichungen voller Stolz Titel in italienischer Sprache angeführt.

Ende Oktober reist er ab in Richtung Berlin. In Stettin steigt er auf der Durchreise im »Braunen Roß« ab. Fein säuberlich hält er fest, was er auf dieser Reise ausgegeben hat: »Für Tee in Plathe 5 Silbergroschen, für Nachtlager und Kaffee in Naugard 17 Silbergroschen, 6 Pfennig, für das Mittagessen in Putkruege 6 Silbergroschen und 6 Pfennig.« Dort sucht er einen Onkel auf, genießt am Abend »feinen Tee mit Rum und Vanille, bei einer Cigarre«, danach gibt's noch etwas »Schivelbeiner Brot und Leberwurst«. Am nächsten Morgen geht die Fahrt weiter, und gegen Abend trifft er in Angermünde ein, wo er die Nacht verbringt. Tags darauf erreicht er um halb acht abends die große fremde Stadt Berlin.

Zweites Kapitel

MEDIZIN

»Ich bin erstaunt, was der Mensch zusammenarbeiten kann und wie er den Kopf für alle möglichen auseinanderliegenden Beobachtungen offen hat.«

Rudolf Leubuscher über Rudolf Virchow

Es zeugt von hohem Ehrgeiz, daß der junge Virchow sich zu einem Studium entschloß; in Deutschland mit seinen 32 Millionen Einwohnern gab es damals knapp 14000 Studenten. Es waren allerdings keineswegs nur die Söhne der Wohlhabenden, die man an den Universitäten traf, sondern vor allem die Söhne der »schreibenden Stände«, also die Kinder von Beamten, Schullehrern, Akademikern und anderen, die es gelernt hatten, mit Büchern umzugehen.

Virchow hätte an die alte Universität Greifswald gehen können, aber sie war unbedeutend und von seinem Heimatort nicht weniger weit entfernt als Berlin. Die Universität Berlin, 1810 im Rahmen der Steinschen Reformen gegründet, war ein mächtiger Magnet; sie verkörperte das wissenschaftliche Bewußtsein dieses Zeitalters. Wilhelm v. Humboldt, mit dessen Namen sich diese Universität verbindet, wollte eine Reformuniversität, die nicht einfach nur Staatsdiener abrichtete – sein Ideal war eine sich selbst verwaltende Körperschaft, die ein neues Individuum heranbildet, welches imstande sein sollte, über sich selbst zu bestimmen. Der Staat sollte »von ihnen nichts fordern, was sich unmittelbar und geradezu auf ihn bezieht, sondern die innere Überzeugung hegen, daß, wenn sie ihren Endzweck erreichen, sie auch seine Zwecke, und zwar von einem viel höheren Gesichtspunkte aus, erfüllen«, verlangte er.[1] Bildung wurde groß geschrieben, und für Humboldt bedeutete dies, Menschen mit allgemeiner Kultur heranreifen zu lassen: der mündige, sich selbst bestimmende Mensch in einer Gesellschaft freier Bürger.

Im Mittelpunkt von Humboldts Bildungsidee stand die Einheit von Forschung und Lehre. Damit stellte er sich ganz in die Tradition des deutschen Idealismus.

Wilhelm v. Humboldts Reformideal – und auch er selbst – wurde bald ein Opfer der politischen Reaktion. Als Humboldt gegen die Karlsbader Beschlüsse aufbegehrte, jagte ihn der König davon. Ein gut Teil der Reformen verschwand wieder; der Adel erstarkte, und die Reformen beschränkten sich fortan darauf, die Staatsgewalt zu stärken, die Verwaltung zu rationalisieren und das Steuer- und Abgabewesen zu verbessern, damit mehr Geld in den Staatssäckel floß. Preußen war bald so reaktionär, daß selbst Metternich damit zufrieden war. Das Land habe »ungeheure Fortschritte zum Guten« hin gemacht, bemerkte dessen enger Mitarbeiter Friedrich Gentz. »Es fehlte diesem Staate nichts als katholisch zu sein, und er ist neben uns die kräftigste Stütze der Welt.«[2]

Das Aufbegehren der Studenten in den 1830er Jahren verstärkte die Unterdrückungspolitik nur noch mehr. Harmlose Studentenreden, das Tragen der Farben Schwarz-Rot-Gold und dergleichen mehr wurden mit schweren Kerkerstrafen geahndet. Nur langsam gelang es den Wissenschaften, unter diesem schweren politischen Druck Fortschritte zu machen.

Im Oktober 1839 zog Virchow, gerade achtzehn Jahre alt, in Berlin ein. In den nächsten Jahren lebte er in der Pepinière, einer militärischen Internatsschule. Die Pepinière lag in der Friedrichstraße, gleich neben dem Bahnhof, ein altes, graues Gemäuer mit einer nimmer enden wollenden, langen Front. Das Haus war in einem sehr einfachen Stil erbaut, drei Stockwerke hoch, mit zwei Seitenflügeln, die einen Garten umfaßten; der Chef des Medizinalwesens der preußischen Armee, der Generalstabschirurg Dr. Johann Goercke, hatte das Gelände 1808 für 107 Taler gekauft. Aber die Pepinière war schon einige Jahre älter, sie wurde 1795 gegründet, 1818 erweitert und umgetauft und ihr richtiger Name lautete nun: medizinisch-chirurgisches Friedrich-Wilhelm-Institut. Sie war ein Produkt des Krieges: Die Erfahrungen von 1792 im Feldzug gegen das revolutionäre Frankreich waren derart vernichtend gewesen, daß man sich zur Gründung dieser Anstalt entschloß, um hier die medizinische Forschung zu verbessern und tüchtige Militärärzte auszubilden.

Nicht jeder fand hier Aufnahme; Virchow hatte es seinen guten Noten zu verdanken sowie dem Umstand, daß ein Bruder seiner Mutter für ihn Fürsprache leistete. Die Namen seiner Eltern, Hesse und Virchow, hatten in der preußischen Verwaltung einen guten Klang: Ein jüngerer Bruder seines Vaters hatte der Armee wertvolle Hinweise gegeben, wie sie ihre Tornister und die Bekleidung ihrer Soldaten verbessern könne; und ein Bruder seiner Mutter hatte als Baurat bei der Errichtung der Charité mitgewirkt.

Die Schüler der Pepinière, die Eleven, wie man sagte, konnten in diesem Heim billig wohnen; dafür unterstanden sie allerdings einer strengen Aufsicht: sie durften keiner studentischen Verbindung angehören und mußten vor 23 Uhr zu Hause sein. Der Pförtner scheint allerdings gegen Zahlung eines Zweigroschenstücks öfter ein Auge zugedrückt zu haben. Außerdem mußten die Eleven einem vorgeschriebenen Stundenplan folgen, sie durften ihre Kollegien also nicht frei wählen; überdies waren sie gehalten, nur schlichte, unauffällige Kleidung zu tragen und sich vor »Völlerei« jeder Art zu hüten, vor allem aber vor Frauenzimmern. Diese strenge Ordnung scheint Rudolf Virchow aber nicht sehr gestört zu haben.

Als er 1839 in die Pepinière eintrat, stand Johann Wilhelm von Wiebel – »der einem pommerschen Pächter nicht unähnlich sieht«, urteilte Virchow – an der Spitze dieser Anstalt. Die Studierenden der Pepinière waren nach Jahrgängen unterteilt und jeder Jahrgang nach Sektionen; eine Sektion bestand aus neun Eleven. In den ersten Jahren teilt Virchow mit zwei jungen Herren die Stube. Der eine, Hoffmann, kommt aus Suhl, der andere, Fouquet, aus Wetzlar; sie sind »die einzigen aus unserer Sektion mit denen ich zusammen wohnen möchte, denn die übrigen, und zumal die drei Berliner, sind unerträglich ... Im ganzen Haus herrscht der sogenannte Du-Comment, und man ist folglich mit jedem Eleven sogleich vertraut. Das hat nun freilich seine Unannehmlichkeiten, insbesondere weil wir häufig durch Besuche am Arbeiten gestört werden.«[3]

Kaum ist der junge Mann in die Anstalt eingetreten, da feiert die Pepinière ihr Stiftungsfest. Alle Eleven sowie die Kompanie-Chirurgen nehmen an dieser Feier teil, auch Alexander von Humboldt, der bei dieser Gelegenheit neben Prinz Carl Platz nimmt. Einige der Eleven tragen Referate vor; danach spricht Professor Hecker, der Medizinhistoriker, über die Geschichte der ansteckenden Krankheiten, seinerzeit ein höchst aktuelles Thema. Jeder Schüler erhält diesen Vortrag in gedruckter Form ausgehändigt. Danach geht es in den Speisesaal, wo die 72 Eleven an einer langen Tafel Platz nehmen, an einer zweiten lassen sich die Kompanie-Chirurgen nieder, an einer dritten die General-, Ober- und die einfachen Stabsärzte. Nun wird Fleischsuppe serviert, anschließend Braten und als Nachtisch Pflaumen – »jede Sektion erhielt 6 Flaschen Wein, worin eine Unmasse von Gesundheiten getrunken wurden. Damit schloß die Sache«.

Den größten Teil des Lebensunterhalts trägt die Anstalt; dennoch muß Virchow sich nach der Decke strecken. Er ist auf ein Stipendium angewiesen und fürchtet, die Zahlung werde immer erst am Ende eines Studienjahres eintreffen. Sorgen macht er sich auch, ob er als Schüler dieser Anstalt, als Pepin, von den anderen Studierenden immer ernst genommen wird. Ferner macht ihm die Liederlichkeit seiner Kommilitonen zu schaffen. »Leider habe ich nun das Unglück, in eine Sektion hineingeraten zu sein, deren Mehrzahl aus schauerlichen Menschen besteht«, berichtet er nach Hause. »Ihr größtes Vergnügen besteht darin, die Collegia zu versäumen, Karten zu spielen, Bier zu trinken etc. Selbst mein einer Stubenbursche, Hoffmann, ist einer von denen, die des Tages fast regelmäßig 2 oder 3 Collegia schwänzen.«[4]

Das Essen, das er in der Anstalt erhält, stellt seine Ansprüche zufrieden – »nur die Aufwartung müßte besser sein; neulich habe ich ½ Stunde gewartet, ehe ich etwas bekam. Auch kann man dem Speisewirt eigentlich keine Vorwürfe machen, denn von den 3½ Talern, die der König zahlt, erhält er nur 2½ Taler für jeden; das andere wird auf andere Weise von den Herren konsumiert. Überhaupt haben wir auf allen Enden Abzüge und Ausgaben. Daß uns monatlich 2½ Silbergroschen abgezogen wird, habe ich Dir geschrieben; neulich hat jeder von uns neu Aufgenommenen 1 Taler bezahlen müssen in die Meuble-Casse der Charité. Auf die Betten, welche wir vom Institut erhalten haben, sollen wir uns Decken kaufen, und so geht das immer fort.«[5]

Er schreibt häufig nach Hause, und fast immer gehen die Briefe an den Vater. Er erkundigt sich, was der Roggen macht und ob der »Raps guten Fortgang« verspricht. Die Weihnachtstage 1839 sind nicht mehr fern, der junge Virchow will sie mit einem Kommilitonen namens Förster in Freienwalde verbringen, er sehnt sich danach, von »dem Häuserkoloß an die freie Luft« zu kommen. Und als Postscriptum fügt er noch hinzu: »Solltest Du vielleicht später einmal eine Kiste herschicken, so sei so gut, und sende mir von meinen Büchern die elementa logices Aristotelicae mit; es ist ein blaues Buch in Groß-Octav; innerlich griechisch und lateinisch.« Er bittet den Vater, alle Bekannten vielmals zu grüßen – »und denke recht oft an Deinen Dich herzlich liebenden Sohn Rudolf«.

Der Ton, der zwischen den beiden herrscht, ist durchaus herzlich; aber es kommt auch immer wieder zu Spannungen, vor allem des Geldes wegen. Dem alten Herrn fällt es schwer zu glauben, daß der – beinahe erwachsene – Sohn noch immer seiner Unterstützung bedarf; und der Junge, der dem Vater zum Vorwurf macht, er wolle einen »feinen Gesellschaftsmann« aus ihm machen, bittet immer wieder um Geld, um neue Kleidungsstücke zu kaufen: »Ein Paar Hosen muß ich freilich nach Weihnachten mir zulegen ... Einen Hut habe ich noch nicht, und ich werde deshalb entweder noch vor Weihnachten mir einen kaufen, oder es länger lassen. Wenn ich einen brauche, so borge ich mir einen von einem Bekannten ... Gegen das Frühjahr hin wird sich auch wohl eine neue und feste Mode in den Hüten zeigen, und wenn ich mir einen kaufe, so möchte ich doch auch einen Filz haben, und den nach der Mode.«[6]

Seinem Studium folgt er von Anfang an mit Ehrgeiz und Fleiß. Neben allgemeinbildende Fächer – wie Logik und Geschichte – tritt von Anfang an die Anatomie. Das Studium folgt einem strengen Stundenplan: an den Sonnabenden sind es acht und mittwochs und montags neun Stunden, an den übrigen Wochentagen zehn Stunden, die Virchow mit Vorlesungen und Übungen zubringt. »Die medizinische Bildung jener Zeit beruhte noch wesentlich auf Bücherstudium«, berichtet Hermann Helmholtz, der zusammen mit Virchow in der Pepinière wohnte. »Es gab noch Vorlesungen, die sich auf das Diktieren eines Heftes beschränkten; für Versuche und Demonstrationen in den Vorlesungen war zum Teil schon gut, zum Teil nur dürftig gesorgt; physiologische und physikalische Laboratorien, wo der Schüler selbst hätte angreifen können, gab es überhaupt noch nicht ... Mikroskopische Demonstrationen kamen nur sehr vereinzelt und selten in den Vorlesungen vor. Die Instrumente waren noch teuer und selten.«[7]

Rudolf Virchow hat wenige Jahre später, 1848, als er eine grundlegende Reform der Medizin forderte, seine Ausbildung mit ganz ähnlichen Worten beschrieben: »Was zunächst die Methode des [theoretischen] Unterrichts betrifft, so hatte man sich mehr und mehr gewöhnt, den demonstrativen und experimentierenden Gang zu verlassen, und einen rein dozierenden einzuschlagen. Was aber konnte man davon erwarten, wenn einer ein halbes Jahr lang einen räsonierenden Vortrag über allgemeine Pathologie oder Semiotik anhörte oder sich ein Heft über Arzneimittellehre diktieren ließ? Konnte er nicht dasselbe ungleich bequemer, billiger und in kürzerer Zeit haben, wenn er sich zu Haus hinsetzte und ein zweckmäßiges Buch darüber durchlas?« Und zum praktischen Unterricht: »Teils waren die Präparate zu sparsam, teils gingen die einzelnen Anschauungen zu schnell vorüber, die Experimente waren zu selten und mehr als Zugabe geboten; die Lernenden selbst hatten zu wenig Gelegenheit, durch eigene Übung eine größere Teilnahme zu erlangen – kurz, der Unterricht war zu doktrinär, wenn man will zu vormundschaftlich; statt daß er sich überall auf die Anschauung stützte, von der Anschauung ausging und den Lernenden zum selbständigen Naturstudium hinlenkte.«[8]

Man kann nicht sagen, die Ausbildung zum Arzt habe damals soundso lange gedauert, denn *den* Arzt gab es nicht: seit der preußischen Medizinalordnung von 1825, welche diejenige von 1725 erneuerte und bis 1852 in Kraft war, gab es gleich mehrere Ärztegruppen: promovierte Ärzte, Stadt- und Landwundärzte, Wundärzte 1. und 2. Klasse, Militärärzte und Hebärzte, wie man die Geburtshelfer nannte. Bis 1825 genügte in Preußen ein dreijähriges Studium, danach waren vier Jahre vorgeschrieben, wenn man den Doktorgrad erwerben wollte. Die Zahl der Ärzte nahm seit den 1830er Jahren langsam zu.

Bevor der Student die medizinischen Fächer erlernte, mußte er erst einmal im Tentamen philosophicum den Nachweis erbringen, daß er genügend Kenntnisse in Geschichte, Logik, Physik, Chemie, Botanik und Mineralogie besaß. Erst 1861 löste das Tentamen physicum das alte Philosophicum bei den Medizinern ab.

Die Wissenschaften kannten wenig Spezialisierung in jenen Tagen. In Hamburg lehrte ein Professor Ackermann Anatomie, Physiologie, Innere Medizin, Chirurgie und Augenheilkunde. Der Wissensstand war so niedrig, daß ein einzelner durchaus mehrere Fachgebiete überblicken konnte. Die Lehrer der 1840er Jahre waren selber aus bescheidenen wissenschaftlichen Schulen hervorgegangen: Chelius etwa, ein berühmter Heidelberger Chirurg, war mit 15 Jahren an die Universität gekommen, im Kriegsjahr 1812 war der 18jährige promovierter Arzt. Fünf Jahre später wurde er außerordentlicher Professor für Chirurgie und Augenheilkunde, im Jahr darauf Ordinarius. Chelius pflegte seinen Operationskurs im Sommer frühmorgens um 5 Uhr anzusetzen; seine Vorlesungen über Chirurgie hielt er im Sommersemester von 7 bis 8 Uhr, im Winter eine Stunde später. Das Ganze war sehr familiär, man war unter sich; im Wintersemester schaute gelegentlich der Pedell herein, ob er im Ofen ein paar Scheite nachlegen mußte und ob die Lichter noch brannten.

Das alles war fast noch ein Stück Mittelalter. In Österreich trugen sogar manche Professoren noch in Latein vor: »Das Wenige, was uns der Physiologe in lateinischer Sprache vorlas, blieb uns unverständlich«, schreibt der große Wiener Arzt Carl Rokitansky in seiner Autobiographie. Noch stärker von der Vergangenheit geprägt waren die Prüfungen. Die medizinischen Fakultäten verlangten, daß der Kandidat neben der schriftlichen Arbeit einen Vortrag hielt, die Quaestio promovendi, und eine Anzahl von Thesen öffentlich verteidigte. Die Doktorarbeit wurde zumeist in lateinischer Sprache abgefaßt, und nur die wenigsten Studenten erkannten, wie unsinnig es war, eine Arbeit zuerst in deutscher Sprache niederzuschreiben und sie sodann ins Lateinische zu übersetzen. 1845 veranstaltete die Universität Heidelberg eine Preisfrage über die Sinnesphysiologie der Farbenwahrnehmung, die Arbeit war in lateinischer Sprache einzureichen. Adolf Kußmaul, der diesen Wettbewerb gewann, hielt seine Forschungserkenntnisse zunächst in deutscher Sprache fest und fertigte dann eine lateinische Übersetzung an. Er legte die Arbeit in beiden Sprachen vor, knickte jedoch die lateinische Fassung so ein, daß er bemerken mußte, ob jemand sie geöffnet hatte. »Als ich beide zurückerhielt«, schreibt er, »waren die lateinischen Blätter noch immer fest an den Ecken verbunden, die deutschen gelöst.«[9] Natürlich ließ es sich die Fakultät nicht nehmen, ihr Gutachten in Latein abzufassen.

Nicht weniger verzopft war die Quaestio, die mündliche Prüfung, auch sie erfolgte vor der Jahrhundertmitte meist in Latein. Das Streitgespräch über die Thesen war in der Regel unter den Teilnehmern vorher abgesprochen; das Ganze war ein abgekartetes Spiel, ein eitles Scheingefecht.

Nicht minder veraltet waren die Lehrinhalte. In den Naturwissenschaften war Deutschland im frühen 19. Jahrhundert im Vergleich zu Westeuropa gewaltig ins Hintertreffen geraten; der junge Virchow hatte das sehr bald erkannt. Noch in den 1830er Jahren gab es mächtige Strömungen, die sich der empirischen Arbeitsweise widersetzten. Philosophen wie Schelling hielten den Gelehrten Westeuropas vor, nicht durch Experimente, sondern durch den Blick in das eigene Innere und durch Intuition könne man das Wesen der Natur ergründen. Die Schellingsche Naturphilosophie brachte wundersame Ideen in die Medizin: die Vorstellung etwa, zwischen Arterien und Venen herrsche eine Polarität, ein Wechselspiel sich bekämpfender Elemente. »Leber und Milz«, so hielt Kußmauls Vater in den 1820er Jahren die Erkenntnisse aus einer Vorlesung fest, »sind zwei entgegengesetzte Pole, Eisen und Quecksilber auch, Eisen ist das starrste und festeste, Quecksilber das weichste und durchdringendste Metall. Daraus läßt sich eine Theorie von dem

Nutzen des Eisens in Milzkrankheiten aufstellen. So wirksam das Quecksilber bei den Krankheiten der Leber, ebenso wirksam ist das Eisen in Milzkrankheiten.«[10]

Im frühen 19. Jahrhundert spukten noch seltsame Vorstellungen vom Wesen der Krankheit in den Köpfen der Mediziner. Es gab Anhänger von Systemen, welche die Krankheiten auf eine einzige Ursache zurückzuführen versuchten, etwa der Gastricismus, der alles mit dem Versagen des Magen-Darm-Traktes erklärte. Es dauerte viele Jahre, ehe in Deutschland die Erkenntnisse des Italieners Giovanni Battista Morgagni Aufnahme fanden, wonach der Krankheitsherd in einzelnen Organen zu suchen sei. Morgagni veröffentlichte 1761, fast 80jährig, sein bahnbrechendes Werk; er stützte sich auf die Sektionen von etwa siebenhundert Leichen und erörterte in seinem Buch die Beziehungen zwischen den Sektionsbefunden und den klinischen Symptomen der Kranken.

In Deutschland vermochte man mit derlei materialistischen Vorstellungen lange Zeit wenig anzufangen. Stark christlich geprägte Mediziner wie Johann Nepomuk Ringseis in München oder Feuchtersleben in Wien führten gegen diese analytischen Betrachtungsweisen ganzheitliche Vorstellungen ins Feld. Ringseis sah in der Krankheit eine Folge der Erbsünde; für ihn war Krankheit eine Strafe Gottes, die Folge der gestörten Beziehung zwischen Gott und Mensch. Handauflegen und Gebet waren für diese Medizin wichtige Heilmittel. Die neue Physiologie, die in den 1840er Jahren aufkam, hatte es schwer, gegen diese Ideen anzukämpfen, denn ein Mann wie Ringseis war einflußreich. Er war Leibarzt der bayerischen Königin Therese und Vertrauter Ludwigs I. Nicht wenigen Naturforschern ging es wie dem tschechischen Piaristenzögling Jan Evangelista Purkinje, der aufgrund seiner Arbeiten auf dem Gebiet der Neurophysiologie denunziert und verfolgt wurde. Purkinje arbeitete mit selbstgebastelten Apparaten, mit deren Hilfe er mehr über die Physiologie des Kreislaufs zu erfahren versuchte; er führte, wie Helmholtz, Reizversuche an Muskeln und Nerven durch und wurde zum Mitbegründer der modernen Physiologie.

Die Neuerer waren in Deutschland in der Minderzahl; naturphilosophische, ontologische und animistische Vorstellungen beherrschten nach wie vor die Medizin. Als Virchow in Berlin zu studieren begann, gab es dort noch immer zwei Lehrstühle, die sich mit Mesmerismus beschäftigten. Die Seele hielten viele Mediziner für wichtiger als die Tätigkeit der Organe; die Phrenologie wurde noch immer sehr ernst genommen.

Eine Universität im deutschsprachigen Raum müssen wir an dieser Stelle ausnehmen, und das ist Wien. Dort gab es eine sehr fortschrittliche, stark naturwissenschaftlich ausgerichtete Medizin, man sprach von der »Wiener Schule«. Doch da gilt es zu unterscheiden: die ältere Wiener Schule geht zurück auf den Leibarzt Maria Theresias, Gerard van Swieten. Schon damals erfuhr die Medizin in Wien bedeutende Förderung: Maria Theresias Sohn, Joseph II., ließ 1784 in Wien ein allgemeines Krankenhaus nebst einem Irrenhaus und einem Findelhaus errichten; im Jahr darauf gründete er das Josephinum, ein Institut zur Ausbildung von Feldärzten. Im frühen 19. Jahrhundert war Wien das Mekka der Mediziner. Die Wiener Medizin war der übrigen deutschen ein Stück voraus; erst nach der Jahrhundertmitte durfte ein so respektloser junger Mediziner wie Ludwig Büchner lästern, die Einrichtungen in Wien genügten einer wissenschaftlichen Hochschule nicht mehr.

Vorerst noch war Wien die Hochburg der deutschen Medizin. Carl Rokitansky, Joseph Skoda und Ferdinand Hebra – sie bildeten das Dreigestirn der jüngeren Wiener Schule. Hebra war Dermatologe; Skoda, ein enger Verwandter des Gründers der Pilsener Skoda-Werke, Internist; Rokitansky Pathologe, einer der Wegbereiter der pathologischen Anatomie. Seine Darstellungen der makroskopischen Anatomie und der pathologischen Veränderungen, die er anhand einer riesigen Anzahl von Sektionen studiert hatte, waren lange Zeit unübertroffen: 85 000 Sektionsprotokolle sollen im Laufe seines Lebens durch seine Hände gegangen sein, ein Drittel davon hat Rokitansky selbst vorgenommen. Rokitansky unterteilte die Krankheiten nach anatomisch-pathologischen Veränderungen, nicht nach Krankheitssymptomen, wie dies bis dahin üblich war.

Was die Behandlung anlangt, stand es in Wien freilich kaum besser als anderwärts. Die Wiener vertraten nämlich einen »therapeutischen Nihilismus«, wie es hieß; sie glaubten, nichts zu tun sei die beste Medizin. Nun muß man allerdings einräumen, daß in puncto Therapie die Medizin ohnehin noch rückständiger war als in der Diagnostik; ihre Stärke lag in dieser Zeit am ehesten noch in der Anatomie, wo alles für jedermann sichtbar vor Augen lag. Die Kenntnisse vom Bau des menschlichen Körpers waren alt und ziemlich gut fundiert, aber Heilmittel gab es wenige. Noch immer standen die Allheilmittel des Mittelalters hoch im Kurs: *Clysterium donare, postea saignare, ensuita purgare,* hieß es noch immer. Das war die ganze Weisheit, obschon man eigentlich hätte bemerken müssen – und einige merkten es auch –, daß gerade der Aderlaß wenig half. Noch gegen Mitte des vorigen Jahrhunderts gab es in Deutschland Krankenhäuser, die mehr Geld für Blutegel ausgaben als für Arzneien. Die Wiener rannten gegen diesen Unsinn an, allerdings auch gegen andere Formen der Therapie.

Die jüngere Wiener Schule half diesen Mißstand beseitigen; aber sie vermochte keine besseren Heilmittel anzubieten. Solange die Einsicht in das Wesen der Krankheit fehlte, konnte es kaum nützliche Heilmittel geben. Wohlhabende Kranke suchten in Bädern Zerstreuung und Genesung, und so mancher Badearzt wurde, wie Vincenz Prießnitz, ein reicher Mann. Was gab es denn schon an wirksamen Heilpflanzen? Natürlich wurden medizinische Kräuter angeboten, allein, es fehlte jedes Verständnis bezüglich ihrer Wirkungsweise. Wacholder und Branntwein waren in weiten Teilen Deutschlands die gewöhnliche Arznei des Landmannes. In den Städten verschrieben die Armenärzte viel Lebertran, mochte er dann auch für andere Zwecke verwendet werden. Theodor Fontane, der in den 1830er Jahren in Berlin seine Apothekerausbildung durchlief, berichtet: »Ich habe während meiner ganzen pharmazeutischen Laufbahn nicht halb so viel Lebertran in Flaschen gefüllt wie dort innerhalb weniger Monate. Dieser Massenkonsum erklärt sich dadurch, daß die durch Freimedizin bevorzugten armen Leute gar nicht daran dachten, diesen Lebertran ihren mehr oder weniger verskrofelten Kindern einzutrichtern, sondern ihn gut wirtschaftlich als Lampenbrennmaterial benutzten.«[11]

Die Naturwissenschaften machten nur langsam Fortschritte, oftmals von philosophischen Anschauungen behindert. Es war ein weiter Weg zurückzulegen von der älteren Naturphilosophie zur modernen Naturwissenschaft.

Gegen Mitte des Jahrhunderts gewann in Berlin die Physiologie unter Johannes Müller sehr an Boden. Müller erhielt 1833 den Lehrstuhl für Anatomie und Physiologie; er blieb bis zu seinem Tod 1858 in Berlin und zog eine ganze Generation von streng naturwissenschaftlich denkenden Medizinern heran. In den Jahren nach 1833 erschien sein berühmtes zweibändiges Handbuch der Physiologie, in dem er seine experimentellen Untersuchungen darlegte. Müllers Handbuch wurde ein äußerst erfolgreiches Standardwerk, es war *das* Lehrbuch der Physiologie. Nur zwei Dinge kann man ihm zum Vorwurf machen: Müller pflegte noch immer die Vorstellung einer unbestimmten Lebenskraft (vis vitalis), und sein Handbuch hatte die biochemischen Forschungsergebnisse eines Justus Liebig noch nicht verarbeitet.

Dies ist die Welt, in der Rudolf Virchow die nächsten vier Jahre zubringt. Er lernt mit großem Fleiß, sein Stundenplan umfaßt »wöchentlich 54 Stunden, d.h. täglich von morgens um 7 Uhr bis abends um 6 Uhr oder (mittwochs und sonnabends) 5 Uhr, dazu dann noch die Privatarbeiten kommen«. In aller Ausführlichkeit schildert er seinem Vater den wöchentlichen Arbeitsablauf: »Die Repetition der Osteologie [die Lehre von den Knochen] wird der Stabsarzt Dr. Klatten zweimal, die der Chemie St. Dr. Schotte einmal wöchentlich halten. 4mal wöchentlich hören wir von 9–10 Uhr vormittags Splanchnologie [die Lehre von den Eingeweiden] bei Prof. Schlemm, dem zweiten Professor der Anatomie und geschicktesten Operateur in Berlin. Diese wird im anatomischen Theater gelesen, welches hinter der Garnison-Kirche an der neuen Friedrichstr. liegt und bis wohin wir vom Haus so weit haben als Ihr vom Haus bis zum hintern Ende unseres Kamps. 3mal (12–1 Uhr) wöchentlich hören wir bei demselben Osteologie in der Universität, wohin ich so weit habe als Ihr bis zur Scheune. 6mal (2–3 Uhr nachmittags) wöchentlich hören wir Anatomie im anatomischen Theater bei Prof. Dr. Müller, welcher im vorigen Jahre Rector magnificus gewesen ist; 3mal (3–4 Uhr nachm.) wöchentlich bei demselben ebenda Anatomie der Sinnesorgane.

Beide Collegs sind sehr besucht; es sind über 200 Zuhörer dort. 2mal wöchentlich von 1–2 Uhr haben wir medicinische Encyklopädie und Methodologie bei Prof. Hecker in der Universität. 6mal wöchentlich hören wir von 11–12 Uhr Chemie bei Prof. Mitscherlich; ein sehr besuchtes Colleg, denn es zählt mindestens 200 Zuhörer, welches in der Dorotheenstraße (5 Minuten von uns) gelesen wird. 4mal wöchentlich hören wir von 4–6 Uhr abends Logik und Psychologie, ein schrecklich langweiliges Colleg; 2mal wöchentlich von 3–5 Uhr abends Physik bei Prof., Dr. med. und Obristlieut. der Artillerie a. D., der in seiner Wohnung in der Marienstraße liest. Wir haben nun gerade die Stunde vorher Anatomie, und müssen also, um zu ihm zu kommen, eine gute halbe Meile von einer Seite Berlins nach der andern machen. 3mal wöchentlich haben wir von 8–9 Uhr morgens Geschichte des preuss. Staats von Friedrich dem Großen bis auf die heutige Zeit im Hause bei Prof. Preuss, welcher nur bei uns liest – derselbe, welcher als Geschichtsschreiber des großen Friedrich weltberühmt ist. Außerdem haben wir noch im Hause Celsus, einen medicinischen lateinischen Schriftsteller, bei Prof. Hecker, und einmal Maria Tudor von Victor Hugo bei dem Prediger Gassauer von der benachbarten Dorotheenkirche. Die Collegia, die im Hause ungerechnet, würden mich, wenn ich sie bezahlen sollte, 12 Louisd'or kosten.«[12]

Besonders ausführlich schildert er dem Vater die anatomischen Übungen – zum einen hat der Vater dafür eine Mischung aus Neugierde und schauderndem Interesse bekundet, zum andern erzählen junge Mediziner gerne von diesen Dingen.

Obwohl Rudolf Virchow weitgehend auf Kosten des preußischen Staates studiert, kostet ein solches Studium dennoch Geld. Er muß sich jeden Pfennig von seinem Vater erbitten, und das schafft Verdruß. Allerdings scheint der junge Virchow auch nicht ohne Eitelkeit gewesen zu sein, was Kleidung anbetrifft. Er müsse, so lesen wir in einem Brief vom Februar 1841, »Schneider und Schuster gehörige Abschlagszahlungen machen«. Er gibt viel Geld für Mode aus, während es dem Vater daheim mit seiner Landwirtschaft gar nicht gut geht. Zwischen Schivelbein und Berlin nehmen die Mißtöne zu, indes auch zwischen den Eltern Virchows die Stimmung immer gereizter wird. Virchows Vater ist überaus empfindlich: schreibt der Junge einmal an die Mutter und legt den Briefbogen für den Vater bei, dann ist er gleich verletzt – der Brief an die Mutter muß *seinem* Schreiben beigelegt werden, so gehört es sich! Er wirft dem Jungen in Berlin Überheblichkeit, Gleichgültigkeit und Egoismus vor, während Rudolf darüber klagt, daß der Vater ihm nicht genügend Freundlichkeit entgegenbringt: »Es tut mir weh, immer nur Tadel und böse Gesichter von Dir zu sehen.«[13] Der Vater nimmt jede Gelegenheit wahr, seinen Sohn mit Vorwürfen zu überhäufen. Als Virchow seinen ersten Aufsatz über »Das Karthaus vor Schivelbein« veröffentlicht, ist der Vater beleidigt, weil er nicht als erster ein gedrucktes Exemplar davon erhält; als er es dann hat, ist er mit der Form nicht einverstanden: es sei zu schwierig abgefaßt für einen Laien.

Im Sommer 1841 fühlt Virchow in Berlin sich nicht recht wohl: »Die trockene und heiße Luft, die in Berlin fast immer vorherrscht, läßt mich zumal in diesem Jahr das Bedürfnis mehr als je empfinden, und äußert sich auch oft genug durch Verdauungsstörungen, Stuhlverstopfungen und Diarrhoen.« Er will diesmal die Ferien mit zwei Freunden an der Ostsee verbringen. »Sollte es beiden nicht möglich sein, mit mir zu gehen, so möchte ich mindestens Rügen sehen. Ich schäme mich jedesmal, wenn jemand hier erfährt, ich sei ein Pommer, und mich fragt, ob ich denn nicht auf Rügen gewesen sei«, berichtet er nach Hause. Virchows Verbundenheit mit seinem Heimatland ist groß. Er liebt das Land und die Bräuche des Volkes; einmal bittet er den Vater, ihm Liedchen aufzuschreiben, wie man sie in Pommern bei der Ernte und bei anderen Anlässen singt. Und weil er diesmal vielleicht nicht nach Hause kommt, bittet er den Vater auch noch, ihm eine neue Zucht Kaninchen anzulegen, die er für seine Experimente benötigt. Doch zu guter Letzt kommt er doch noch heim. Nach den letzten Augusttagen auf Rügen zieht es ihn nach Schivelbein, wo er die Zeit zwischen dem 6. September und dem Ferienende verbringt.[14]

Im folgenden Sommer unternimmt Virchow mit Freunden eine große Wanderung, die ihn bis weit in den Süden Deutschlands führt. Am 24. September 1842 berichtet er nach Hause:

»Endlich bin ich wieder da. Nach mehr als fünf Wochen voller Freude und Leid, voller Überfluß und Entbehrungen nähere ich mich wieder meinem Ausgangspunkt ... Meine Reiselust ist für diesmal völlig erschöpft ... Morgens steuerte ich voller Erwartung und mit hohem Genuß in die frische Bergluft hinaus, die mich fast immer auf der ganzen Reise umweht hat; aber abends habe ich oft genug voller Sehnsucht nach Hause gedacht, wenn alles nach vollbrachtem Tageswerk zu seinen Hütten eilte, oder wenn wir noch spät durch ein kleines Städtchen eilten und die Leute in ihren friedlichen Stuben bei geselligem Abendmahl vereinigt sahen, und wir noch nicht wußten, wo wir unser Haupt hinlegen sollten. Doch das alles ist jetzt überstanden; die Entbehrungen der Reise schlingen zusammen mit ihren vielen Genüssen den schönsten Kranz der Erinnerungen. Ich habe viel, sehr viel gesehen; manche schätzenswerte Erfahrung ist zu dem bis dahin etwas kleinen Schatze hinzugekommen, und das Vertrauen auf meine Kräfte hat sich in dem Bewußtsein gesammelt, daß ich nicht unfähig bin, mit Leuten umzugehen und ihnen gefällig zu sein. Ich bin mit vielen zusammengewesen; Leute der verschiedensten Stände und Nationen sind mit mir gereist ... – nirgends hat man mich zurückgestoßen oder gleichgültig behandelt. Was ich aber am höchsten schätze, ist die Erfahrung, daß ich für keinen Teil des Lebens erstorben bin; daß jede Erscheinung der ewigen Natur und des menschlichen Geistes mich mit aller Regsamkeit anspricht und in mein Bewußtsein übergeht ... Alles Große und Universelle freilich hat mich besonders angezogen, und ich habe mehr als je erkannt, daß die kleinlichen Partikular-Interessen, welche zumal in Pommern jede größere Regung des Geistes ertötet haben, mir in den Grund zuwider sind. Meine Vaterlandsliebe ist nur lebendiger geworden, aber es ist nicht jene tote und passive Liebe, die in stolzem Wahne auf errungener Stufe stehen bleiben will und auf andere Völker mit Anmaßung herabschaut. Sie ist vielmehr geläutert worden; sie hat Achtung vor fremder Nationalität, selbst vor Österreich gewonnen ...

Von Teplitz bis zum Schluß meiner Reise wanderte ich mit einem Hallenser Studenten, Wolff aus Perleberg, dessen Gesellschaft mich alles doppelt genießen ließ. Von Carlsbad gingen wir zu Fuß nach dem berühmten Wallfahrtsort Maria Kulm, wo gerade Tausende gläubiger Katholiken das Fest Maria Geburt feierten; von da nach Franzensbad und Eger. Am 8. September überschritten wir die bayerische Grenze, besuchten Wunsiedel und Bayreuth, wo Jean Paul geboren ist und gelebt hat, machten seiner Witwe eine Visite, und eilten dann über Kulmbach, Coburg und Hildburghausen nach Suhl ... Darauf gingen wir durch einen Teil Thüringens, und durchwanderten von Rudolstadt bis Halle das reizende Tal der Saale. Am 14. kamen wir nach Jena, wo mein Reisegefährte mich verließ. Ich blieb 5 Tage dort bei einem Freunde ... Am 20. trennte ich mich von ihm und erreichte am 21. über Naumburg und Merseburg Halle, von wo ich vorgestern hier eintraf. Heute gedenke ich nach Berlin zu kommen und morgen nach Freienwalde.«[15]

Vier Jahre waren in Preußen für das Medizinstudium vorgesehen, und 1843 stand Virchow im vierten Jahr. Zu Ostern dieses Jahres wurde in der Charité die Stelle eines Chirurgen frei, und es oblag der Sektion, der Virchow angehörte, diese Stelle zu besetzen. »Mir wurde der ehrenvolle Antrag gestellt, ob ich sie annehmen wollte«, schrieb er an seinen Vater. Er nahm sie an, allerdings unter der Bedingung, »daß man mich 1 ½ Jahre in der Charité ließe«.

Die Charité, das erste allgemeine Krankenhaus Berlins, wurde 1710 als Pesthaus gegründet; ein Dutzend Jahre später wurde daraus eine Ausbildungsanstalt für praktische Ärzte und Chirurgen. Ihren Namen bekam sie erst 1727 von König Friedrich Wilhelm I. Peter Frank, einer der bedeutendsten Ärzte des 18. Jahrhunderts, nannte Krankenhäuser dieser Art privilegierte Mördergruben, und der Dichter Karl Gutzkow schreibt in seinen Erinnerungen »Aus der Knabenzeit« von der »schreckerregenden Charité«, die, »wie dem Volke alle Krankenhäuser, gleichbedeutend mit dem Vorzimmer des Todes war«. In der Charité war jedermann willkommen; kranke Handwerkergesellen mußten allerdings eine Vorauszahlung aus ihrer Gewerkskrankenkasse leisten.

Die alte Charité lag unweit der Spree, zwischen Louisenstraße und Ringmauer. Zu Beginn der 1830er Jahre wurden umfangreiche Erweiterungen vorgenommen, und es entstand, etwa zweihundert Meter von der alten entfernt, die sogenannte Neue Charité; 1854 kam eine Gebäranstalt hinzu. Im ersten Jahrhundert ihres Bestehens hatte die Charité – ganz in der Tradition der mittelalterlichen Spitäler – vorwiegend Alte und Sieche aufgenommen; erst gegen Mitte des 19. Jahrhunderts nahm sie mehr und mehr das Gesicht einer modernen Klinik an. Ins Krankenhaus gingen freilich nach wie vor fast nur die Armen, und sie mußten es sich in der Charité auch weiterhin gefallen lassen, daß junge Ärzte und Geburtshelfer an ihnen ihre Kunst erlernten.

Als Virchow in die Charité eintrat, war sie bereits eine große Krankenanstalt. »Die Charité mit ihren anderthalb tausend Einwohnern ist zu sehr Stadt für sich, als daß sie sich für das Berlin außer ihr, mit dem sie gewissermaßen nur an einer Stelle zusammenstößt, interessieren sollte«, schrieb er. Ihm wurde zunächst – noch ehe er seine Approbation in der Tasche hatte – die Augenklinik übertragen. Mitte März fängt er an, die Visiten auf seiner künftigen Station mitzumachen. Am 1. April 1843 zieht er von der Pepinière in die Charité um. »Wie es hier gewöhnlich ist, teile ich eine mäßig große Stube von zwei Fenstern und eine Schlafkammer von einem mit zwei Kollegen.« Für Kost und Logis ist von den Bewohnern ein Beitrag zu entrichten, und er versäumt es nicht, dem Vater die einzelnen Posten genau aufzulisten. »Das Essen ist sehr gut und hat in der Bereitungsart außerordentlich viel Ähnlichkeit mit dem, was Mutter bereitet. Das Geld genügt für meine laufenden Bedürfnisse, wozu sich allgemach Instrumente und Bücher nötig machen; ich glaube aber nicht, daß es mir je gelingen wird, meinen Bedarf an Kleidungsstücken dadurch herzustellen. Jetzt wenigstens sehe ich einem Zuschuß von Dir zu diesem Zwecke erwartungsvoll entgegen.«[16]

Der Zweck, auf den er hier anspielt, ist seine Doktorprüfung. Er ist keineswegs verpflichtet, diesen Grad zu erwerben; wer allerdings eine wissenschaftliche Laufbahn einschlagen will, für den ist er unverzichtbar. Ein Thema für seine Doktorarbeit hat er sich schon geben lassen; und zwar wird er über das Rheuma der Cornea (Hornhaut des Auges) arbeiten.

Die Tätigkeit auf der Augenstation sagt ihm zu; er ist bei den Kranken beliebt und wird als »der kleine Doktor« bezeichnet. Seine Station ist groß, 29 Kranke, die auf zwei Säle und zwei kleine Zimmer verteilt sind. »Drei Wärter und eine Wärterin sind mir für ihre Bedienung untergeben. Der Stabsarzt macht täglich zweimal, morgens gegen 9 und abends gegen 5 Uhr Visite in meiner Begleitung, und bestimmt die einzuhaltende Behandlung. Ich habe dann schon Vorvisite gemacht, den Zustand der Kranken zu erforschen gesucht und die Verbände etc. gewechselt. Nach der Visite verschreibe ich, lasse zur Ader, besorge das Schröpfen etc. Außerdem halten wir noch alle Morgen eine sogenannte ambulatorische Klinik, wo Augenkranke aus der Stadt unsere Hilfe und Behandlung in Anspruch nehmen und dann wieder nach Hause gehen. Dazu kommen dann noch eine Menge Schreibereien, tägliche, monatliche, vierteljährliche Berichte.«

Zwei Monate später wechselt er in die Hautklinik über: »Man hat mir die Station für gefangene und krätzige Kranke in der neuen Charité eingeräumt, die ich einen Monat behalten werde, um dann wahrscheinlich in dem folgenden Vierteljahre die übrigen Abteilungen der neuen Charité abzumachen. Von der schönsten Station der ganzen Anstalt bin ich jetzt plötzlich auf der schlechtesten.« Zu allem Unglück, wie er meint, sollen bald neue Diakonissen auf seine Station kommen; es dauert nicht lange, und sie sind da: »Vier, worunter eine Ober-Diakonissin, wurden auf die Station für syphilitische Weiber verteilt; eine erhielt meine krätzigen Weiber.«

Im Sommer 1843 sind seine vier Studienjahre vorbei; es bedrückt ihn, daß er noch nicht promoviert ist, »eine unangenehme Zurücksetzung«. Wieder schreibt er nach Hause und bittet den Vater, ihm etwas Geld zu senden; sein eigener Geldbeutel sei infolge verschiedener Ausgaben geleert worden: dem Chirurgen Dieffenbach war zu seinem Geburtstag ein Ständchen zu bringen, und auch der Medizinhistoriker Hecker soll in den nächsten Tagen eins erhalten, für jedes ist ein Taler zu berappen. »Dann ist es Sitte, den Wärtern in den Kliniken am Schlusse des Semesters ein Geschenk zu machen, nachdem sie schon Neujahrsgeschenke gefordert hatten.«

Im Juli 1843 legt Virchow beim Dekan der Medizinischen Fakultät, Johannes Müller, das mündliche und schriftliche Doktorexamen ab. Die Kosten für die Drucklegung seiner Dissertation machen ihm Kopfzerbrechen: »Die Dissertation zu drucken kostet 15 Taler, zu korrigieren 3 Taler, zu binden (man gebraucht einige hundert Exemplare) 5½ Taler; dann bekommt der Universitätspedell 1 Taler und die Promotion selbst macht 13 Frd'or. Außerdem ist es Sitte, einen Doktorschmaus zu geben, den man meist auf 20 Taler berechnet, so daß auf diese Weise die 200 Taler herauskommen.« Das Geld für den Schneider ist in diesem Betrag noch nicht enthalten, und so werde er wohl, schreibt Virchow traurig, in seinem »alten Frack promovieren müssen«.[17]

Das Rigorosum findet am 2. August statt; bis er alle Formalitäten hinter sich bringt, vergehen wieder einige Wochen. Am 25. Oktober kann er nach Schivelbein melden: »Endlich ist der Schritt getan, der an sich eine leere und nichtige Formalität, doch die größten Konsequenzen fürs Leben nach sich zieht – ich bin Doktor der Medizin und Chirurgie geworden. Nachdem die ermüdende Menge von Laufereien, welche namentlich der Druck der Dissertation nötig macht, endlich geschehen war, erfolgte am 21. Oktbr. um 12½ Uhr in der Universität der feierliche Akt«. Am Abend zuvor waren Virchows Thesen am Schwarzen Brett an der Universität angeschlagen worden, es befanden sich darunter welche, die mit Medizin nur wenig, wohl aber mit den späteren Neigungen des jungen Doktors zu tun hatten, mit Politik und Urgeschichte: »Nisi qui liberalibus rebus favent, veram medicinae indolem non cognoscunt« (Nur der liberal Gesinnte vermag die Natur der Medizin zu erkennen) und »Pomeraniae petrificata glacie primordiali disjecta« (Die Steine Pommerns sind Produkte der Eiszeit).

Dann die öffentliche Verteidigung seiner Thesen: »Bei der Feierlichkeit selbst wird nun zunächst die Dissertation nebst Thesen in lateinischer Sprache gegen die Angriffe der Opponenten verteidigt. Diese Opponenten sind vornehmlich 3, welche man sich aus der Zahl seiner Freunde erwählt; dann kann jeder vortreten, dem es beliebt.« Bald erhob sich aus dem Zuhörerkreis einer, »mit dem wir sämtlich auf gespanntem Fuße stehen, sehr eifrig, indes schlug ich sämtliche Angreifer zu Boden. Nun betrat der Dekan den Doktorstuhl, und nachdem er meine Verdienste gehörig ins Licht gesetzt, promovierte er mich feierlich zum Doktor, mit allen den Rechten und Privilegien, wie sie einem solchen unter gebildeten Nationen zugestanden würden. Darauf schwor ich ihm den altertümlichen Doktoreid zu, den ersten, den ich je geleistet, betrat nun ebenfalls den Doktorstuhl und schloß die Zeremonie mit einem Gebet.«[18]

Nun stand noch die Doktorfeier aus; natürlich mußte ein solches Fest würdig begossen werden, und Virchow war zu allen Zeiten einer von denen, die gerne feierten. »Ich weiß nicht, ob Du mir nicht vielleicht durch Jakobi von Deinem Weine so viel zusenden könntest, als dazu gehört, 6–7 Leute in einen gelinden Rausch zu versetzen«, bat er seinen Vater. »Zwei Flaschen geringer Qualität per Mann würden wohl ausreichen.« Der Wein traf bald darauf in Berlin ein, und Virchow konnte »auf dem Gesundbrunnen, einer angenehmen ländlichen Anlage, ¼ Meile vor der Stadt« seinen Doktorschmaus begehen. »Neun meiner näheren Freunde waren zugegen, und umnebelten ihren Geist mit Deinem Wein, zu dem ich noch einige Flaschen leichten Rheinweins gekauft hatte ... Wir kamen erst gegen 3 Uhr wieder nach Hause, und da noch einige Flaschen der Bowle mitgebracht waren, so gaben die Kollegen von der neuen Charité ... am folgenden Morgen noch ein solennes Frühstück.«

Mit der Promotion war er der Geldsorgen noch nicht ledig, denn jetzt harrte der Schneider seiner Bezahlung: Virchow hatte sich einen tadellosen neuen Frack schneidern lassen, einen »im Phantasie-Geschmack, über den Schivelbein gewiß außer sich geraten würde«. Wenig zuvor hatte er noch ganz bedrückt geschrieben, er werde auf einen neuen Frack wohl verzichten müssen.

Drittes Kapitel

DER JUNGE ARZT

»Die wahre Hinterlassenschaft großer Männer sind aber weniger materielle Güter als vielmehr entwicklungsfähige Ideen.«

Rudolf Virchow (1845)

Dr. Rudolf Virchow verwaltet inzwischen das Leichenhaus der Charité; immer noch auf der Suche nach einer voll bezahlten, festen Arbeitsstelle. Er ist als junger Arzt geschätzt und geachtet, obgleich er vorläufig noch kein Staatsexamen abgelegt hat. Anläßlich der traditionellen Jubiläumsfeier des Gründers der Pepinière, Goercke, darf der ehemalige Pepin Virchow am 3. Mai 1845 die Festrede halten, zweifellos eine hohe Auszeichnung. Er spricht über das Bedürfnis und die Richtigkeit einer Medizin vom mechanischen Standpunkt aus und offenbart darin sein Glaubensbekenntnis als moderner Naturwissenschaftler. Dem spekulativen Denken der Alten setzt Virchow die Forderung entgegen, die Medizin müsse sich auf empirische Beobachtungen stützen: auf die Wahrnehmung am Krankenbett, auf Experimente mit Tieren, auf die sorgfältige Auswertung von Sektionsergebnissen. Virchow selbst hat diese Rede als »ein förmliches medizinisches Glaubensbekenntnis mit oft nicht kraftlosen Angriffen auf die Gegner der heutigen Richtung« bezeichnet, wobei er unter der heutigen Richtung die junge Bewegung einer empirisch verstandenen Medizin verstand. Er scheint seine Ansichten sehr klug vorgetragen zu haben, denn der Direktor der Anstalt lobte später, es habe geklungen, als hätte ein Mitglied der Académie Française zu ihnen gesprochen.

Die Rede war ein Erfolg. Virchow hat wenige Tage darauf seinem Vater stolz davon berichtet und ihm erneut seine prekäre Situation vor Augen geführt. Er wollte endlich das Staatsexamen machen und benötigte dazu die finanzielle Hilfe des Vaters. Dieses Examen sei eine wertvolle Investition, schrieb er, denn es gäbe ihm die Möglichkeit, selber Kurse abzuhalten, die ihm Geld eintragen würden. Die Antwort des alten Virchow ist uns nicht erhalten; sie scheint wenig freundlich ausgefallen zu sein, denn im Juni entgegnet Virchow aus Berlin ärgerlich: »Es ist schlimm genug, daß jemand, der sich redlich abgequält hat, in meinem Alter noch der elterlichen Hilfe bedarf. An einer Eisenbahn verdienen junge Männer meines Alters in einem Tage soviel als ich in einem Monat ... Ein Zimmerergeselle verdient täglich 16 Silbergroschen und ich 5 Silbergroschen. Daß ich unter solchen Verhältnissen meine sozialen Ansichten nicht ändern kann, liegt sehr nahe.«[1]

Bezüglich seiner sozialen Ansichten hat es also auch schon Krach gegeben zwischen den beiden. Seit ein, zwei Jahren hat der Junge begonnen, seinem Vater seine politischen Anschauungen darzulegen. Es macht ihn trübsinnig, daß er den Alten noch immer um Geld angehen muß, ein Mensch von 24 Jahren, nach sechs Jahren Ausbildung. Dabei ist er fleißig, ungeheuer fleißig: Er arbeitet von morgens acht bis abends acht, dann geht er ein paar Stunden aus, bis kurz vor Mitternacht, und arbeitet dann einige weitere Stunden.

Trotz der allgemeinen Wertschätzung, die Virchow erfährt, sieht er doch, daß er erst am Anfang steht, daß es noch viel zu lernen gibt. In der Fachliteratur aus Großbritannien und Frankreich findet er viel Neues; er vertieft seine Kenntnisse im Englischen und Französischen, weil er gewahrt, daß er diese Sprachen noch besser beherrschen muß, wenn er diese neuen Beiträge lesen möchte. Und das will er, denn es dauert Jahre, bis sie in deutschen Übersetzungen vorliegen.

Einer seiner Lehrer, Robert Froriep, ist inzwischen an ihn herangetreten und hat ihn ermuntert, ein »specielles Thema« genauer zu erforschen, nämlich die Veränderungen des Blutstroms in den Gefäßen bei Kranken, die längere Zeit an das Bett gefesselt waren. Seinem Vater, in medizinischen Dingen ein Laie, schildert Virchow kurz, worum es bei dieser Untersuchung geht: »Namentlich nach größeren chirurgischen Eingriffen, z. B. Amputationen, kommt sehr häufig die sogenannte

Venenentzündung vor, ein Zustand, der sich durch den Übergang von Eiter in das Blut und Verstopfung der blutführenden Gefäße äußert und meistenteils den Tod des Kanken herbeiführt. Die Vorgänge bei dieser Krankheit sind durchaus dunkel, und doch scheinen sie für eine Reihe anderer Untersuchungen den Anknüpfungspunkt zu bilden; es ist also der Mühe wert, etwas Genaueres darüber zu erfahren.«

Hier beginnt Virchow mit seinen experimentellen pathologisch-anatomischen Arbeiten, die ihm erstmals einen Namen machen und zugleich die Wissenschaft ein Stück voranbringen. Die drei Faktoren, die bei dieser Krankheit gemeinsam auftreten – Gefäßwandschaden, erhöhte Gerinnungsbereitschaft des Blutes und Verlangsamung des Blutstroms – tragen noch heute seinen Namen: Virchowsche Trias. Virchow prägt die Begriffe Thrombose und Embolie, später noch viele weitere, insgesamt an die fünfzig.

Vieles ist seinerzeit noch unbekannt, selbst die einfachsten Dinge, die heute jeder kennt. Am besten ist die menschliche Anatomie erforscht, soweit sie mit bloßem Auge oder einem einfachen Mikroskop zu erkennen war; je kleiner die Elemente waren, desto leichter vermochten sie sich den Blicken der Wissenschaft zu entziehen; vor allem waren die Abläufe unbekannt, denn sie ließen sich nicht ohne weiteres beobachten. Blutgruppen, Rhesusfaktoren, Vitamine, die Rolle der Blutplättchen bei der Gerinnung – das alles war ein Buch mit sieben Siegeln. Im Jahr 1846 nannte das führende deutsche Lehrbuch der mikroskopischen Pathologie von Julius Vogel nicht einmal die weißen Blutkörperchen.

Die Venenentzündung wurde sehr ernst genommen; sie wurde in ihrer Bedeutung überschätzt: »La phlébite domine toute la pathologie«, bemerkte der Franzose Cruveilhier, und in der Tat saßen in den Blutgefäßen der vielen Leichen, die die Pathologen Tag für Tag sezierten, unzählige Blutgerinnsel. Virchow hat sehr bald erkannt, daß nicht nur die Veränderung der Gefäßwandungen von Bedeutung war, sondern gleichfalls die Gerinnungsbereitschaft des Blutes.[2]

Er war sich darüber im klaren, daß er diese Vorgänge nur an lebender Materie beobachten konnte, am besten an Tieren. Das

Experiment am lebenden Tier war in der Pathologie noch ziemlich neu. Die ersten Pathologen, die in Berlin mit Tieren arbeiteten, taten dies in ihren eigenen vier Wänden, bis ihnen eines Tages der Leiter der Tierarzneischule, Professor Ernst Friedrich Gurtl, erlaubte, in seinem räumlich ebenfalls sehr knapp ausgestatteten Institut zu arbeiten.

Für seine Experimente verwendete Virchow zumeist Hunde. Die Einführung der Hundesteuer sei »von sehr wohltätigem Einfluß« auf seine Arbeit gewesen, »da sie alle nicht versteuerten, eingefangenen Hunde dem Experiment zugänglich macht«, wenngleich die Tiere oft in einem verwahrlosten Zustand angebracht wurden. Es fällt schwer, heute ohne Trauer darüber zu berichten; aber es ist eine alte Weisheit, daß man die Tiere dort am schlechtesten behandelt, wo es auch den Menschen nicht gut geht – und es ging den Menschen seinerzeit bestimmt nicht gut in Deutschland. Außerdem ist unbestritten, daß die Wissenschaft mit ihren Tierversuchen Menschen wirklich half; und es gibt den Bericht eines Studenten, der beweist, daß Virchow mit den Labortieren sehr mitfühlend umging. Als er einmal dazukam, wie zwei Studenten ein Kaninchen sehr ungeschickt anfaßten, sagte er ärgerlich: »Aber so quälen Sie ja das Tier! Geben Sie her, ich werde Ihnen das zeigen.« Es sei das einzige Mal gewesen, so berichtet dieser Student – er wurde später berühmt als der Entdecker der Lokalanästhesie und mochte Virchow übrigens nicht leiden –, »wo mir einer meiner vielen Lehrer einen tiefen, nachhaltigen Eindruck von Mitleid mit der Kreatur, von der Idee der Schonung, von dem Einfühlen in das Leid beigebracht hatte«.[3]

Virchow, so haben wir erfahren, hatte eine kleine bezahlte Stellung im Leichenhaus der Charité; er besorgte dort die Sektionen. Dabei bemerkte er, daß die Leichen, in deren Lungenarterien »Pfröpfe« steckten, auch im Stromgebiet des venösen Blutes solche Verstopfungen aufwiesen. Virchow folgerte aus dieser Beobachtung, daß »das Vorkommen des ersteren als ein sicheres Zeichen, daß in irgend einem Teile des Venensystems ältere Blutgerinnungen zu finden sind«, zu werten war. Nun war zunächst zu klären – denn dies war bislang unerforscht –, ob der Blutstrom überhaupt imstande war, Körper zu befördern, die schwerer waren als Blut; sodann wollte er feststellen, wie diese Körper ohne größere klinische Erscheinungen durch das rechte Herz in den Lungenkreislauf gelangten.

Krankheitsfälle dieser Art gab es in großer Zahl. Greifen wir einen beliebigen heraus, einen, der, was Alter, Stand und Krankheitsverlauf angeht, keineswegs untypisch war: »Wilhelmine Döling, Dienstmädchen, 20 Jahre alt, von kräftigem Körperbau, erkrankte am zweiten Pfingsttage d.J. (1. Juni). Lebhafte, stechende Schmerzen über die linke Brustseite, verbunden mit dem Gefühl von Druck, ohne Husten; kein Frost, dagegen viel Hitze und Schweiß. Am 3. Juni werden Aderlaß, blutige Schröpfköpfe, innere Arznei angewendet, die Stiche verlieren sich, allein es stellt sich eine bleibende Kurzatmigkeit ein, die mehr und mehr zunimmt, da die Dienstherrschaft das Mädchen nötigt, ihre Arbeit fort zu verrichten. Die Nächte, in denen die Lage auf dem Rücken die bequemste war, wurden unter großer Unruhe hingebracht.

Am 15. Juni wurde sie endlich zur Charité gebracht und in die Universitätsklinik aufgenommen. Sie klagte noch immer über Kurzatmigkeit, Unruhe, Schlaflosigkeit, Schwäche, Mangel an Appetit ... In den folgenden Tagen Zunahme der Dyspnoe [Atemstörung] ohne wesentliche Veränderung der auskultatorischen Erscheinungen ... Die Pulsfrequenz blieb auf 120–124 Schläge in der Minute ... Am Morgen des 23. Heruntergehen der Pulsfrequenz auf 74 unregelmäßige Schläge. Unter Zunahme des Hustens und eines schleimigen Auswurfes stieg die Dyspnoe endlich so, daß am 23. abends gegen 6 Uhr ... vermittels eines Troikars« eine Punktion vorgenommen wurde. »Man entleerte über zwei Quart eines stinkenden, dünnflüssigen Eiters. Darauf große Erleichterung der Kranken, bis plötzlich nach Verlauf von kaum ¼ Stunde die größte Atemnot; die Kranke erhebt sich, krampfhaft nach Luft schnappend, und sinkt dann tot zurück.« Die Obduktion ergab, daß die Lungenarterie »fast in allen größeren Ästen mit älteren Pfropfen gefüllt« war.[4]

Virchow wollte nun die Abläufe kennenlernen, die zu diesem Tod führten. Er nahm Blutgerinnsel aus Leichen, bisweilen stellte er selber künstliche her, und führte diese »Pfröpfe« in den

Kreislauf seiner Versuchstiere ein. Sehr bald konnte er die sich ihm stellenden Fragen beantworten: Seine Versuche an Tieren zeigten, daß der venöse Blutstrom imstande war, Körper von größerem spezifischen Gewicht als venöses Blut mit sich fortzunehmen und sie durch das rechte Herz bis in die Lungenarterie zu führen. Als Hauptbedingung dieses Krankheitsverlaufs sah Virchow die »Verlangsamung oder vollkommene Stauung des Blutstroms« – sie war häufig auf die Ruhigstellung des Kranken zurückzuführen –, die Veränderungen des Faserstoffgehalts sah er nur als »die Nebenbedingung für die Gerinnung des Blutes innerhalb der Gefäße«. Er hatte bewiesen, daß die Thromben in der Lunge nicht unbedingt an dieser Stelle ihren Ursprung hatten. Virchow fühlte sich in seiner Ahnung bestätigt, »daß nämlich in allen Fällen, wo alte, primäre Gerinnsel in der Lungenarterie gefunden wurden, bei genauer Untersuchung die Ursprungsstelle in den Venen sich nachweisen lasse, daß also Lungengerinnsel nie ohne Venengerinnsel vorkommen«.[5]

Er veröffentlichte seine Ergebnisse unter dem Titel »Über die Verstopfung der Lungenarterie« in der medizinischen Zeitschrift »Frorieps Neue Notizen«; weitere Forschungsergebnisse veröffentlichte er bald darauf in »Traube's Beiträgen zur experimentellen Pathologie und Physiologie«. Darüber hinaus durfte er seine Resultate anläßlich der Jubiläumsfeier des Friedrich-Wilhelm-Instituts vortragen. »Ich hatte eine schwierige Stellung, inmitten zweier so erfahrener Redner wie Preuß und Eck zu sprechen«, berichtete er seinem Vater. »Indes hatte ich den Gegenstand so pikant als möglich gehalten, die Ansichten über die Venenentzündung, die ich mitteilte, waren vollkommen neu und stellten alles auf den Kopf, was man bis dahin angenommen hatte, so daß man mich schon hören mußte. Am Abend bei Kroll, wo ein sehr großes und schönes Essen gehalten worden war, das unermeßliche Trinken ungerechnet, hatte ich dann Gelegenheit, die einzelnen zu hören und ihre Beurteilungen entgegenzunehmen. Die alten Militärärzte wollten aus der Haut fahren ob so neuer Weisheit; daß das Leben so ganz mechanisch konstruiert werden sollte, schien ihnen vollkommen umwälzerisch, wenigstens ganz unpreußisch.«[6]

In diese Zeit, Frühjahr 1846, fällt auch Virchows Staatsexamen; er hat es mühelos bestanden. Seit dem Sommersemester 1846 hält Virchow Privatkurse über pathologische Anatomie ab, wobei anfangs hauptsächlich junge Ärzte zu seinen Hörern zählen.

Bald erscheint ein neuer, bahnbrechender Aufsatz aus seiner Feder, diesmal über Leukämie – auch dies ein Begriff von Virchow. Bei der Autopsie einer 50jährigen Köchin war Virchow die unnatürliche Helligkeit des Blutes aufgefallen; eine mikroskopische Untersuchung ergab, daß das Blut nicht etwa mit Eiterzellen angereichert war, sondern daß es einen starken Anteil von weißen Blutkörperchen (Leukozyten) aufwies.

Inzwischen hat Virchow eine feste Anstellung. Schon um die Jahreswende 1845/46 hatte ihn sein Lehrer Robert Froriep, der Leiter des Leichenhauses an der Charité, davon in Kenntnis gesetzt, daß er aus Berlin wegzugehen gedenke, um Leibarzt eines Großherzogs zu werden. Er riet Virchow, sich um diese Stelle zu bewerben. Zu Ostern 1846 verließ Froriep Berlin und schlug Virchow als seinen Nachfolger vor. Geheimrat Schmidt aus dem preußischen Ministerium für geistliche, Unterrichts- und Medizinal-Angelegenheiten bat nun seinerseits den Professor für innere Medizin Lucas Schönlein, der als Vortragender Rat im Ministerium eine wichtige Stellung innehatte, sich zu dieser Bewerbung zu äußern. Das Verhältnis zwischen Schönlein und dem jungen Pommern war damals nicht besonders gut; aber Schönlein ließ sich, wie er Virchow sagte, nur von sachlichen Gesichtspunkten leiten und empfahl dem Minister, die freigewordene Stelle Rudolf Virchow zu übertragen. Virchow wurde vorläufig nur als »interimistischer Prosektor bei dem Charité-Krankenhaus« mit einem Jahresgehalt von hundert Talern angestellt.[7] Außerdem bewilligte das Ministerium Virchow eine »außerordentliche Remuneration« von 150 Talern für eine Reise nach Prag und Wien, wo sich der neue Prosektor ein wenig umsehen sollte.

Im Sommer 1846 sieht es schlimm aus in Deutschland. Die Sommerhitze hat dem Getreide mächtig geschadet. Landauf, landab ist von Hungernden die Rede, die Bäckerläden stürmen und die Obrigkeit mit aufrührerischen Drohungen beunruhigen. »Die Nachrichten fangen ja schon wieder an, bedenklich zu werden«, schreibt Virchow am 13. August nach Hause. »Man interessiert sich hier in Berlin jetzt lebhaft für solche Dinge, denn seitdem die Geld-Kalamität immer größer wird und die politisch-sozialen Verhältnisse sich immer mehr verwickeln, die Aussichten in die Zukunft sich bedrohlicher gestalten, hat man begriffen, daß auch eine Ernte ein politisches Ereignis sein kann.« Und als Postscriptum fügt er noch hinzu: »Ich habe Briefe von Holstein, die sehr ernst lauten: die Bauern sind in großer Gärung, und man rüstet. Ziemlich die letzten legalen Schritte sind geschehen; es kann bald der Fall eintreten, daß man sich außer dem Gesetze befindet. Und die Opposition fängt an, in Deutschland zu wachsen. Habt Ihr das Gerücht gehört, daß zum Winter sämtliche Provinzialstände einberufen werden sollen nach Berlin, um 50 Millionen Anleihen zu kreieren?«[8]

Im September tritt Virchow seine Reise an; er will über Prag und München nach Tirol und von dort weiter nach Wien. Dort bleibt er nur eine gute Woche, vom 27. September bis zum 5. Oktober. In Rokitanskys Institut wohnt er mehreren Sektionen bei; den Ordinarius selbst, den ersten Professor für pathologische Anatomie im Deutschen Bund, bekommt er in dieser Zeit nicht zu Gesicht. Wenige Wochen nach seiner Reise erstattet Virchow dem preußischen Kultusminister Eichhorn einen schriftlichen Bericht über seine Reise ab. In Wien haben ihn am meisten die kunstvoll hergestellten anatomischen Präparate beeindruckt, mit deren Hilfe die Professoren unterrichten. Virchows große Schlußfolgerung aus dieser Reise lautet, »daß die Begründung der pathologischen Anatomie und Physiologie eine der Haupt-Aufgaben der jetzigen Medicin sei, daß nur aus der Vereinigung dieser Wissenschaften mit einer rationellen Therapie eine wirklich wissenschaftliche Medicin erwachsen könne, und daß daher das Pathologische Institut den einen, die Klinik den anderen Brennpunkt des medicinischen Unterrichtes und der medicinischen Forschung darstellen müsse«. Wie die Physiologie zur Anatomie gehöre, so gehöre auch die pathologische Physiologie zur pathologischen Anatomie. »Der pathologische Anatom muß sich aus der Leichenkammer erheben und an das Krankenbett treten. Er begegnet auf diesem Wege dem Kliniker, dem praktischen Arzte, welcher den umgekehrten Weg einschlägt. Mit ihm ergänzt er sich.«[9]

In Wien gibt es für den jungen Deutschen viel zu lernen; doch hat er auch viel auszusetzen an den Lehren der jüngeren Wiener Schule, vor allem an dem Pathologen Carl Rokitansky, der gerade ein neues dreibändiges Handbuch der pathologischen Anatomie vorgelegt hat. In diesem Handbuch vertritt Rokitansky seine Krasenlehre in reinster Form. Die Krasenlehre sucht Krankheiten auf eine falsche Vermischung der Körpersäfte zurückzuführen; sie besagt, daß es zu einer Krankheit kommt, wenn im Körper eine Dyskrasie (Veränderung der Körperflüssigkeiten) vorherrscht, wobei Rokitansky vor allem an eine Störung im Gleichgewicht der Bluteiweiße untereinander dachte. Selbst das Kindbettfieber, das in diesen Jahren so viel Kopfzerbrechen verursachte, wollte er auf eine Dyskrasie zurückführen.

Virchow war ein entschiedener Gegner dieser Auffassung; wie er überhaupt, schon als junger Arzt, solche umfassenden Krankheitssysteme nicht schätzte. Anfang Dezember druckte die »Medizinische Zeitung des Vereins für Heilkunde in Preußen« Virchows Besprechung von Rokitanskys monumentalem Werk ab. »Indem ich mich entschließe, an eine öffentliche Besprechung des Werkes zu gehen«, begann er, »so fühle ich wohl, daß ich ein undankbares Geschäft übernehme – ein Geschäft, bei dem man meine Absicht leicht verkennen könnte ... Die nachfolgenden Zeilen haben es keinen Augenblick mit dem pathologischen Anatomen Rokitansky zu tun; ... alles was ich zu sagen habe, betrifft den Rokitansky, der über die Grenzen hinausgreift, ohne jenseits dieser Grenzen Untersuchungen anzustellen; der das Gebiet der pathologischen Anatomie aus dem sicheren Bereiche der Tatsachen in die unsichere Welt der Hypothesen hinausrückt.« Er macht dem Wiener zum Vorwurf, daß er Beobachtungen, Tatsachen und Hypothesen wüst durcheinandermenge und damit zu einer »kategorischen, dogmatischen, imperatorischen Darstellungsweise« komme, daß er Hypothesen »auf eine so innige Weise mit den wirklichen faktischen Beobachtungen verschmilzt, daß eine Grenze für den Leser nicht mehr zu entdecken ist«.[10]

Virchows Besprechung löste eine heftige Diskussion aus. »Die einen, besonders die älteren Herren von der Universität und Praxis, sind entzückt darüber«, teilte Virchow seinem Vater mit, »während die jüngeren Herren von der Wiener Schule wüten. Da ergehen nun die widersprechendsten Urteile über mich.« Der junge Arzt Adolf Kußmaul, der sich in diesen Jahren ebenfalls nach Wien begeben hatte, um Rokitansky zu hören, stellte sich ganz auf die Seite des jungen Pommern: Rokitansky verließ »die sichere Straße der nüchternen Beobachtung, die er bisher gegangen war, und schlug gefährliche Irrwege ein. Es bedurfte der Warnrufe Virchows, um die anatomische Forschung in die ihr gesteckten Grenzen zurückzubringen.«[11]

Rokitansky ist auf Virchows Besprechung seines Werkes nicht eingegangen; aber wenige Jahre später hat er, in der dritten Auflage, die gesamte Krasenlehre fallengelassen, ohne freilich den Namen Virchow in diesem Zusammenhang zu erwähnen.

Noch vor Ende des Jahres 1846, während er bereits an seiner Habilitationsschrift arbeitet, faßt Virchow den Entschluß, zusammen mit einem Freund eine eigene Zeitschrift zu gründen – »um uns vollkommen zu emancipieren«. Virchow hat inzwischen so viele Aufsätze verfaßt und Vorträge gehalten, daß er damit die ersten Hefte seiner neuen Zeitschrift zu füllen vermag; er hat bereits Schwierigkeiten, seine vielen Arbeiten in anderen Zeitschriften unterzubringen, zumal Traubes Zeitschrift inzwischen eingestellt worden war. Es gibt noch einen weiteren Grund, warum Virchow und Benno Reinhardt eine eigene Zeitschrift unterhalten wollen: Sie hatten etwas gegen die älteren, bereits etablierten Blätter, sie waren ihnen zu laienhaft. »Es ist durchaus notwendig«, schreibt Reinhardt an Virchow, »daß wir uns zusammentun und einen energischen Feldzug gegen die Esoteren und sonstiges Volk, was jetzt die Wissenschaft mit ihrem läppischen Gewäsch überschwemmt, unternehmen, wenn man das Zeug alles liest, was jetzt zusammengeschmiert wird, es ist zum Rasendwerden! Früher ergingen sich derlei Subjekte in der Therapie und der Materia medica oder in sublimen Gedanken über das Wesen der Krankheiten, und das mag ihnen gegönnt sein. Wenn sich dergleichen Volk aber an die pathologische Anatomie, Mikroskopie usw. heranwagt, das ist nicht zu ertragen. Hiergegen muß man sich einmal ernstlich erheben. Wenn das so fortgeht, wird die allgemeine Pathologie und mikroskopische Anatomie gerade eine solche Rumpelkammer von Träumereien und Torheiten wie die Materia medica. Es ist höchste Zeit, daß diesem Unfug durch genaue zusammenhängende Untersuchungen sowie durch eine schonungslose, mit bodenloser Grobheit durchgeführte Kritik gesteuert werde.«[12]

Virchow seinerseits ließ sich in nicht minder herablassenden Worten über die »Gelben Hefte« aus, die Heinrich Rose, ein Berliner Chemiker, herausgab. Rose war seit 1835 Professor der Chemie und Verfasser eines ausführlichen Handbuchs der analytischen Chemie, das in alle Kultursprachen übersetzt wurde. Die neue »Zeitschrift für rationelle Medicin« verspottete Virchow als »Zeitschrift für räsonierende Medicin«. Von ihrem eigenen Periodikum hingegen sprachen die beiden jungen Herrn in anerkennungsvollen Worten; es sei die »erste charaktervoll redigierte Zeitschrift« in Deutschland, behauptete Virchow. Gewiß, die jungen Herausgeber waren beide sehr von sich eingenommen. Im Dezember 1846 fiel die endgültige Entscheidung. Die bekannte alte Verlagsbuchhandlung von Georg Reimer – seit dem Tod von Friedrich Nicolai Berlins bedeutendster Verleger – war bereit, den Vertrieb zu übernehmen; das erste Heft sollte noch im Laufe des bevorstehenden Winters erscheinen.

Ein paar weitere junge Kollegen gesellen sich bald hinzu; auch sie haben sich nichts Geringeres vorgenommen, als die Medizin zu reformieren. Der eine ist Rudolf Leubuscher, ein Irrenarzt, wie es damals noch heißt, der sich aber auch in pathologischer Anatomie gründlich umgesehen hat. Auch er möchte, wie Rudolf Virchow, die Medizin und zugleich die Gesellschaft von Grund auf erneuern. Er kennt sich aus in den Irrenanstalten von Berlin und berichtet grausige Dinge. »Die unheilbaren Irren Berlins«, schreibt er einmal, »befinden sich jetzt im Arbeitshause in einem Zustand, wie man ihn in den Schilderungen der mittelalterlichen Irrenhäuser antrifft, wie ihn Kaulbachs Gemälde in ergreifender Weise vor die Seele führt.

Das Arbeitshaus ist das große Reservoir des Verbrechens und des tiefsten unschuldigen Elends. Fleißige, aber arme Arbeiter, die kein Unterkommen finden, Kinder, die verwaist, weil ihre Eltern Verbrecher sind, Diebe und Gauner von jeder Sorte, alles in einem Gebäude zusammen und zwischen ihnen, zwar auf einem besonderen Hofe, aber doch in vielfachem Verkehr mit den andern Bewohnern, die unheilbaren Verrückten, ohne Trennung der Geschlechter, zusammengeschichtet mit andern Hospitaliten (in einem Saale 91 Betten) und derselben Zucht und Lebensart unterworfen wie die andern Bewohner.«[13]

Des weiteren Salomon Neumann, 1819 im pommerschen Pyritz geboren; auch er sieht die Krankheit vor ihrem gesellschaftlichen Hintergrund: 1847 wendet er sich mit einem Buch an die Öffentlichkeit, »Die öffentliche Gesundheitspflege und das Eigentum«, in dem er zwischen natürlichen und gesellschaftlich bedingten Krankheiten unterscheidet und dem Staat die Aufgabe zuweist, auf die Gesellschaft einzuwirken, damit sie nicht zum Krankheitsherd wird. Für kurze Zeit tritt noch ein weiterer junger Arzt in diesen Kreis, Arnold Mendelssohn; er nimmt nach 1848 seinen Wohnsitz in Paris.

Am 1. Mai 1847 liegt das erste Heft der neuen Zeitschrift vor: »Archiv für pathologische Anatomie und Physiologie und für klinische Medicin« lautet der volle Titel. Virchow hat gerade das erste »Kind der Muse« in Händen, da schreibt er gleich an seinen Vater und bittet ihn, »den ersten Aufsatz von mir ›Über die Standpunkte‹« wenigstens einmal durchzublättern. Zugleich setzt er den Vater in Kenntnis, daß der König von Preußen den ehemaligen Eleven der Pepinière von seinen Pflichten gegenüber dem Staat entbunden und der Minister ihm die Prosektur in der Charité mit einem Jahresgehalt von dreihundert Talern ab 1. Januar 1847 übertragen habe; darüber hinaus stünden ihm Wohnung und Beköstigung in der Charité frei. Die Stelle als Charité-Chirurg, die er bisher innehatte, soll nun wieder mit einem Eleven der Pepinière besetzt werden.

»Über die Standpunkte in der wissenschaftlichen Medicin«, dies ist Virchows erster Aufsatz im ersten Heft des »Archivs«; den Inhalt dieser Schrift hat er bereits am 5. Dezember 1846 in der Jahressitzung der 1844 neu gegründeten Gesellschaft für wissenschaftliche Medizin zu Berlin vorgetragen. Es ist viel mehr als eine medizinische Abhandlung, es ist eine programmatische Bekenntnisschrift. Dieser Aufsatz verdient es, an dieser Stelle etwas ausführlicher behandelt zu werden, denn er ist zugleich ein Stück Wissenschaftsgeschichte.

Die wissenschaftliche Medizin habe zwei Aufgaben, sagt Virchow: erstens »die Feststellung der Abweichungen, welche die Lebenserscheinungen unter bestimmten Bedingungen erfahren« und zweitens »die Auffindung der Mittel, durch welche diese abnormen Bedingungen aufzuheben sind«. Doch er sieht, daß die Medizin noch weit davon entfernt ist, diese Aufgaben zu erfüllen: »Wir kennen die Bedingungen, unter welchen gewisse abweichende Erscheinungs-Reihen (im) Körper auftreten, ... noch ganz unvollkommen, und selbst wenn wir die Bedingungen kennen, so wissen wir leider oft genug nicht, durch welche Mittel dieselben aufzuheben sind.«

»Scientia est potentia«, zitiert Virchow den großen englischen Gelehrten Bacon und schränkt gleich ein: Aber »das ist kein rechtes Wissen, welches nicht auch können sollte, was gewußt ist, und was ist das für ein unsicheres Können, so nicht weiß, was es macht!«

Er sieht sich am Beginn eines neuen wissenschaftlichen Zeitalters: das Stadium der Natur*philosophie* ist vorbei; nun beginnt das Zeitalter der Natur*wissenschaft.* Aber die Vergangenheit hat ein schweres Erbe hinterlassen: »Wir haben aus den Zeiten der philosophischen Verwirrung einen Begriff zurückbehalten, der nirgends entwickelter ist als in Deutschland, der nirgends mehr Schaden angerichtet hat als in der Medizin – ich meine den Begriff ›der Wissenschaft an und für sich‹, der absoluten Wissenschaft, die nur um ihrer selbst willen getrieben sein will – die Wissenschaft um des Wissens halber. Diese Phrase schmeckt sehr nach der unmenschlichen Anschauung, wo der Mensch seine Seele als das eigentlich Reale, als seine eigentliche Wesenheit betrachtet, wo er ›sich nur als Geist weiß und sich noch nicht leibhaftig liebgewonnen hat‹ ... Wie die allgemeine philosophische Anschauung der Zeit die Richtung auf das Transzendentale weggeworfen hat, so hat auch der Standpunkt der absoluten Wissenschaft in der Medicin keine Herrschaft mehr.«

Virchow schreibt es »diesem Streben nach absoluter Wissenschaft« zu, daß die Medizin in Deutschland sich bislang nicht auf die Grundlagen der Physiologie gestellt hat. Er erhebt die gleiche Anklage wie sein Kollege Helmholtz: daß die Medizin in Deutschland noch nicht imstande sei, induktiv zu arbeiten, also aus einer großen Zahl von gesicherten Einzelfällen eine – wenn auch nur begrenzte – Gesetzmäßigkeit zu formulieren. »Man muß aber einmal anerkennen«, schreibt Virchow weiter, »daß jetzt nicht die Zeit der Systeme ist, sondern die Zeit der Detail-Untersuchungen. In den letzteren liegt eine gewisse Gefahr des Zurückfallens in einen rohen Empirismus, allein diese Gefahr existiert nur so lange, als man aus einzelnen Detail-Untersuchungen willkürlich allgemeine Schlüsse zieht. Dies ist ein Fehler, welchen der ›systematische Geist der Deutschen‹ oft genug begangen hat; er wird um so mehr verschwinden, je zahlreicher die Detail-Untersuchungen, je größer die Zahl der Untersucher wird. Suchen wir die allgemeinen Gesetze aus den Summen der einzelnen Erscheinungen, aber konstruieren wir nicht Systeme, welche die Erscheinungen aus apriorischen allgemeinen Gesetzen oder das allgemeine Gesetz aus einzelnen Erscheinungen herleiten. Wir können kein System gebrauchen, bevor nicht unsere einzelnen Erfahrungen ausgedehnt genug sind, um uns die Garantie zu geben, daß das System eine Wahrheit ist.«

Die pathologische Anatomie nimmt in der Medizin bereits die Stellung einer Hilfswissenschaft ein, sagt er; nun muß noch die pathologische Physiologie einbezogen werden, denn die Medizin sollte auch die krankhaften Vorgänge verstehen lernen: »Es hieße seine Augen vollkommen vor der Natur verschließen, wenn man leugnen wollte, daß fast alle Krankheiten in der Tat materielle, sinnlich wahrnehmbare Veränderungen in dem Körper hervorbringen, welche notwendig zu der Geschichte der Krankheit gehören, und daß sogar die Mehrzahl der Krankheiten von vornherein mit den entschiedensten materiellen, erkennbaren Störungen einhergehen.«

Virchow verweist seine Kollegen an dieser Stelle auf die Arbeitsweise der anderen Naturwissenschaften und zeigt ihnen, wie diese sich vortasten: von der Arbeitshypothese zur gesicherten These und schließlich zur Gesetzmäßigkeit. Erst wenn der eine Schritt empirisch erhärtet ist, darf der nächste Schritt vollzogen werden. »Die Naturforschung geht also so zu Werke, daß sie eine allgemeine Erscheinung zum Gesetz erhebt und indem sie dieses Gesetz ausdehnt auf noch nicht erfahrene Dinge eine Hypothese aufstellt; daß sie dann wieder Erfahrungen zum Beweis oder zur Erprobung dieser Hypothese sammelt, um ein neues Gesetz zu finden. Die Hypothese gehört also zur Naturforschung, denn sie bezeichnet das Denken, welches jedem vernünftigen Handeln vorausgehen muß. Ebensosehr gehört auch die Analogie zur Naturforschung, denn die Verallgemeinerung eines bekannten Gesetzes zu einer neuen Hypothese geschieht eben durch die Aufstellung von Analogien. Die Hypothese und die Analogie haben aber in der Naturforschung nicht eine Geltung durch sich selbst, sondern sie haben nur eine Geltung, insofern sie die Hebel weiterer Forschung sind. Daraus erklärt sich wiederum das Interesse, welches uns unsere Hypothesen gewähren; es sind die werdenden Gesetze, an denen wir unsere Kraft erproben; die gefundenen, festgestellten Tatsachen gehören einer Vergangenheit an, welcher jeder neue Augenblick uns mehr entfremdet.«

Virchow belegt diesen abstrakten Gedankengang, indem er erläutert, wie er den Zusammenhang zwischen Venenentzündung und Lungenembolie hergestellt hat, und seine Arbeitsweise neben die von älteren Forschern wie Cruveilhier und Rokitansky stellt. Cruveilhier hat zunächst nichts weiter vorgefunden als eine entzündete Vene, deren lichte Weite durch »das Vorhandensein irgendwelcher fester, halbfester oder weicher Körper« verlegt war. Aus diesem Sachverhalt hat Cruveilhier sogleich geschlossen: »Die erste Wirkung der Venenentzündung ist die Coagulation [Gerinnung] des venösen Blutes.« Wie kommt die Entzündung der Venenwand dazu, das Blut zum Gerinnen zu bringen? – das war die nächste Frage, die sich Cruveilhier nun stellte; und er antwortete, ohne lange zu überlegen: »Die Entzündung besteht überhaupt in der Coagulation des venösen Blutes innerhalb der Gefäße.« Die Venenentzündung stand für ihn an erster Stelle, daher traf er jene Feststellung: »La phlébite domine toute la pathologie.«

Und nun habe Rokitansky, schreibt Virchow weiter, diese ungesicherte Behauptung Cruveilhiers bedenkenlos übernommen und diese Aussage von den größeren Blutgefäßen auf die Kapillaren übertragen: »Weil der Prozeß in den großen Gefäßen vorkommt, dürfte über die Existenz desselben in den Capillargefäßen kaum ein Zweifel sein.« Ebenso wie Cruveilhier machte er aus einer Hypothese eine Behauptung. Daß die Sache umgekehrt verlaufen sein könnte, daß die erhöhte Gerinnung zunächst den Thrombus und dieser dann erst die Venenentzündung hervorgerufen haben könnte, diesem Gedanken seien die beiden überhaupt nicht nachgegangen. So darf die pathologische Wissenschaft nicht länger arbeiten, befindet Virchow: »Die pathologische Anatomie als dogmatische Wissenschaft kann keinen Platz mehr finden; jeder muß sich der Beweise für jedes einzelne Gesetz klar bewußt werden. Aber woher die Beweise nehmen, wenn die ganze Argumentation mit einer Hypothese anfängt? Ich könnte noch manches ähnliche Beispiel z. B. aus der Krasenlehre anführen; ich beschränke mich darauf, den Schluß zu ziehen, daß die pathologische Anatomie eben eine anatomische Wissenschaft und keine physiologische ist, daß sie also mit der größten Sicherheit über rein anatomische, aber nur mit großer Unsicherheit über physiologische Fragen entscheiden kann ... Wie will man denn mit Sicherheit entscheiden, welches von zwei nebeneinander existierenden Dingen Ursache und welches Wirkung sei, und ob überhaupt eines von beiden Ursache und nicht vielmehr beide Koeffekte derselben dritten Ursache oder gar jedes für sich Effekt zweier ganz verschiedener Ursachen sei?

Die endliche Entscheidung darüber gehört einer Wissenschaft, die bisher nur in Anfängen besteht, und welche bestimmt zu sein scheint, die allgemeine Pathologie zu ersetzen, ich meine die pathologische Physiologie. Die pathologische Anatomie ist die Lehre von dem krankhaften Bau, die pathologische Physiologie die Lehre von den krankhaften Verrichtungen.«

Virchow lastet es nicht den Physiologen an, diesen Detailfragen bislang noch nicht nachgespürt zu haben, sondern den Anatomen, die diese Fragen mit unzulänglichen methodischen Verfahrensweisen zu beantworten suchten. Er verlangt nach einer pathologischen Physiologie, »die nicht vor den Toren der Medicin, sondern mitten in ihrer Residenz steht, eine Wissenschaft, die genau weiß, was der Medicin fehlt, welche Untersuchungen notwendig, welche Fragen zu beantworten sind. Die pathologische Physiologie empfängt die Fragen teils von der pathologischen Anatomie, teils von der praktischen Medicin; sie schöpft ihre Antworten teils aus der Beobachtung am Krankenbette selbst, und damit ist sie ein Teil der Klinik, teils aus dem Experiment am Tier. Das Experiment ist die letzte und höchste Instanz der pathologischen Physiologie, denn allein das Experiment ist für die Medizin der ganzen Welt gleich zugänglich, das Experiment allein zeigt die bestimmte Erscheinung in ihrer Abhängigkeit von der bestimmten Bedingung, denn diese Bedingung ist eine willkürlich gesetzte …

Die pathologische Physiologie wird dann allmählich zur Entwicklung kommen, nicht als das Erzeugnis einzelner hitziger Köpfe, sondern als das Resultat vieler und mühsamer Forscher; die pathologische Physiologie als die Veste der wissenschaftlichen Medizin, an der die pathologische Anatomie und die Klinik nur Außenwerke sind!«[14]

Schon der junge Virchow verstand es, seine Gedanken in klare Worte zu fassen und sie unmißverständlich vorzutragen, was um so mehr zu bewundern ist, als gerade hierzulande die Wissenschaft sich immer ein bißchen schwer getan hat, ihre Einsichten und Forderungen allgemeinverständlich darzulegen; sie hat sich bisweilen sogar darin gefallen, in einer eigenen, für den Laien unverständlichen Sprache zu sprechen. Virchow war der Ansicht, die Wissenschaft müsse schwierige Dinge leichter, verständlicher machen; er hielt nichts von Gelehrten wie Hegel, die sich nicht einmal verständlich ausdrücken konnten. Das hat Hegel allerdings nicht gehindert, auch über die exakten Naturwissenschaften mitzureden; er hat Wärme einmal definiert als »das Sich-Wiederherstellen der Materie in ihre Formlosigkeit, ihre Flüssigkeit, der Triumph ihrer abstrakten Homogeneität über die spezifischen Bestimmtheiten«.[15]

Nicht von ungefähr legt sich Virchow sehr bald mit Hegel und dessen empiriefeindlicher Denkschule an. Sie sei »zu bequem und zu vornehm« gewesen, »selbst in das praktische

Leben, in die Empirie der Alltäglichkeit« einzugreifen. Im großen und ganzen sieht Virchow die Hegelsche »aprioristische Methode« für überwunden an, doch habe für die Medizin eine gewisse Gefahr bestanden, »zumal sich hier ein systematisierender Dilettantismus seit langer Zeit eingebürgert hatte, und die pathologischen Erscheinungen für die naturwissenschaftliche Analyse die größten Schwierigkeiten darbieten. Überall bleiben hier noch Lücken, welche mit Hypothesen zu füllen eine leichte und angenehme Beschäftigung müßiger Geister ist, und allerorten finden sich Leichtgläubige, welche der Autorität eines geistreichen Schwätzers mit Vergnügen nachbeten und seine Worte mit Emphase zitieren.«

Das ist nicht Virchows Vorstellung von naturwissenschaftlicher Forschung; er baut auf die »Ausbreitung der empirischen, naturwissenschaftlichen Methode«. Virchow ahnt die Bedenken, die sich von seiten der Obrigkeit gegen die moderne Naturwissenschaft stellen könnten, ihre Furcht, die Naturwissenschaft könnte die Grundlagen dieser Gesellschaft unterhöhlen. »Sollte man nicht wirklich ein Studium verbieten, welches die sinnliche Erfahrung als die einzige vollgültige Autorität betrachtet und jeden einzelnen als freien Richter über die höchsten Nobilitäten anerkennen zuläßt? Sollte man nicht eine Richtung abschneiden, welche die Menschen nur nach ihren Arbeiten schätzt und die Hinterlassenschaft der großen Arbeiter als ein Erbe der Gesamtheit anspricht? Sollte man nicht von neuem die Tragödie von Galilei aufführen?« Er wirft diese Fragen nur auf, um sie zu verneinen, und um zugleich die Bedenken der Herrschenden zu zerstreuen: »Die Naturwissenschaften an sich sind nicht revolutionär, und wir wollen am wenigsten eine Tendenz-Medizin machen, wenn das auch manchen so erschienen sein mag und noch so erscheinen mag. Wir wünschen nicht die Revolution, denn wir fordern die Entwicklung, von der wir wissen, daß sie durch Revolutionen höchstens für eine spätere Zeit, aber selten für das lebende Geschlecht gewonnen wird. Denn die Revolution ›frißt ihre Kinder‹ ... Es ist also falsch, daß die naturwissenschaftliche Methode die Autorität, den Glauben, das Vertrauen ausschließe. Sie verlangt freilich die Autopsie und schließt den blinden Glauben, die oktroyierte Autorität, das aufgedrungene Vertrauen aus. Sie will die Prüfung, aber wer die Prüfung bestanden hat, steht um so fester und wird eine Autorität ... Auch in der Medizin lassen wir die Autorität der guten Beobachter zu und verwerfen die Autorität der philosophischen oder rationalistischen Vordenker; auch in der Medizin verwerfen wir die Parteien der Systematiker und erkennen nur die empirische, die naturwissenschaftliche Schule an ...

Unsere letzte Forderung für die Praxis und die Theorie wird immer die Humanität sein. Die medizinische Praxis soll die eigentliche Trägerin der praktischen Humanität vorstellen, sei es daß sie dem einzelnen Kranken Hilfe bringt, sei es daß sie die sozialen Schäden ganzer Volksklassen oder ganzer Volksstämme in Angriff nimmt.«[16]

Inzwischen hat Virchow seine Habilitationsschrift »De ossificatione pathologica« beendet; er wurde vorzeitig zur Habilitation zugelassen – im Regelfalle sollte der Kandidat seit drei Jahren im Besitz des Staatsexamens sein – und durfte schon im November 1847 in der Aula der Berliner Universität seine neuen Forschungseinsichten in lateinischer Sprache vortragen.

Mit 26 Jahren war Rudolf Virchow als Mediziner bereits eine anerkannte Persönlichkeit in Berlin, und es schmeichelte dem jungen Mann sehr, daß ihn eines Abends eine junge Dame, der er vorgestellt worden war, fragte, ob er der Sohn jenes gleichnamigen Gelehrten sei, dessen Vorlesungen über pathologische Anatomie so berühmt seien. Nicht ohne Selbstgefälligkeit hat er schon einige Zeit zuvor an den Vater geschrieben, man wisse inzwischen »nicht bloß in Berlin, sondern auch in Halle, ja in Prag und Wien, daß jetzt in der Charité ein Mensch ist, dem es um die Sache ernst ist«. Was er Rühmendes über seine Tätigkeit hört, gibt er sofort an seinen Vater weiter. Voller Stolz teilt er ihm mit, er habe neulich in einem Berliner Bierlokal einen fremden jungen Arzt kennengelernt und der habe im Gespräch gesagt, »früher sei es sehr schlecht in der Charité gewesen, jetzt aber solle da einer da sein, der namentlich die Sektionen sehr gut mache«. Die Umstehenden bezogen diese Bemerkung auf Virchow und lachten, und Virchow ließ sich dem fremden Kollegen vorstellen.[17]

Im Herbst 1847 unternahm Virchow eine weite Reise, die ihn über Weimar, Kassel und Marburg nach Frankfurt und von dort rheinabwärts bis Köln führte. Er war auf dem Weg zur Versammlung deutscher Naturforscher und Ärzte, die in diesem Jahr in Aachen tagte. Für diese Versammlung hatte Virchow zwei Beiträge angemeldet, doch als er zu seinem ersten Referat über die parenchymatöse Entzündung ansetzte, unterbrach ihn der Präsident nach kurzer Zeit, weil er den Eindruck hatte, der Vortragende verstünde nichts von diesem Gegenstand. Die Zuhörer nahmen diese Einmischung mit einem ärgerlichen Brummen auf, und Virchow durfte mit seinem Vortrag fortfahren. In den nächsten Jahren ließ er sich auf den Versammlungen dieses Kreises nicht mehr blicken; später aber wurde Virchow einer ihrer geschätztesten Redner.

Viertes Kapitel

OBERSCHLESIEN

»Es gibt zwei Arten von Gewaltherrschaft, das sollten wir nie vergessen: die eine mordete in heißer Leidenschaft, die andere kalten Bluts; die eine dauerte bloß Monate, die andere tausend Jahre; die eine tötete tausend Menschen, die andere hundert Millionen – und doch erschaudern wir vor den Schrecknissen des kleineren Terrors, vor dem Terror des Augenblicks sozusagen. Allein, was ist der Schrecken eines raschen Todes durch ein Beil im Vergleich zu dem lebenslangen Tod von Hunger, Kälte, Erniedrigung, Grausamkeit und gebrochenen Herzen?«

Mark Twain

In der Mitte der 1840er Jahre kommt es in ganz Deutschland zu schweren Hungersnöten. Eine Reihe schlechter Erntejahre treibt die Preise für Grundnahrungsmittel in die Höhe, und es klingt fast paradox, daß an der Jahreswende 1847/48, als die Ernten wieder besser werden, heftige politische Unruhen ausbrechen, die in der Revolution von 1848 ihren Höhepunkt finden. Doch ist es keine ganz seltene Beobachtung, daß Hunger eher lähmt als zur Gewalttätigkeit anstachelt; die große Französische Revolution von 1789 begann ebenfalls erst einige Zeit nach den Hungersnöten von 1786/87; ganz abgesehen davon, daß es im alten Europa zu allen Zeiten Hungersnöte gab, die nicht von politischen Unruhen begleitet waren.

Schon im Frühjahr 1847 waren die politischen Spannungen für viele zu spüren. Rudolf Virchow schrieb am 1. Mai dieses Jahres an seinen Vater: »Unser politisches Leben ist, wie Du denken kannst, ziemlich bewegt ..., und es scheint, als ob der Stand der Gouvernements täglich übler wird. Die Thronrede Friedrich Wilhelms IV. betrachtet man hier allgemein als eine verfehlte und unvorsichtige Predigt, die Berufung des Landtags als den letzten Versuch, um die Absolution der Regierung zu vollenden ... Was unsere Unruhen anbetrifft, so ist unser Viertel davon verschont geblieben. Sonst ist es zum Teil sehr bunt hergegangen, eine große Zahl von Soldaten sollen nicht unbedeutend verwundet sein. – Das Wetter ist gut, vielleicht hilft das etwas? Wie steht's bei Euch? Sind die Kornpreise noch so bedeutend?«

In diesem Frühjahr gärt es überall im Lande. Virchow ist skeptisch, ob der einberufene Vereinigte Landtag die Krise zu bewältigen vermag; er hat den Eindruck, die große Mehrheit der Abgeordneten sei gegen diese Regierung.[1]

Seit 1844 breitet sich über weite Teile Westeuropas eine Agrarkrise aus. Der seit gerade zehn Jahren bestehende Zollverein, der sonst Getreide ausführt, muß allein in den Jahren 1846 und 1847 rund 300 Millionen Kilogramm Roggen einführen. Die Versorgung der Armen droht zusammenzubrechen; Hunger und Elend blicken von allen Seiten herein.

Es war in diesen Hungerjahren, als Bettina, die Witwe des Dichters Achim von Arnim, sich unmittelbar an den preußischen König wandte und ihn bat, der Hungernden Not zu lindern. Nicht den Dom zu Köln solle Seine Majestät fertigstellen lassen, sondern statt dessen in Schlesien ein Gotteshaus errichten, damit dort die Menschen Nahrung erhalten. Die Not in Schlesien ist groß in diesen Jahren. 1844 erhält Bettina einen Bericht über einen schlesischen Landmann, der aus nackter Not sein zweijähriges Kind erwürgt und sich selbst erhängt hat. »Ich möchte nicht König von Preußen sein!« hat einer von Hand auf diesem Bericht vermerkt. Mit heftigen Worten verlangt Bettina, der König solle den Armen seines Landes beistehen, zumindest aber solle er ihnen erlauben, am politischen Leben teilnehmen zu können: »Da die Armen ein vierter und zwar der größte Stand sind, warum werden sie nicht durch Deputierte vertreten?« Sie ruft in Zeitungen dazu auf, sie in Kenntnis zu setzen über die Lage der Armen in Deutschland. Bettina erhält viele Zuschriften, viele aus Schlesien. In einer davon ist von einem Industriellen namens Zwanziger die Rede, einem »wahren Schinder, einem Blutsauger«, der ein halbes Jahrhundert später in Gerhart Hauptmanns Schauspiel »Die

Weber« in der Figur des Fabrikanten Dreißiger in Erscheinung tritt.

Es waren gleich zwei Krisen, die Schlesien in den 1840er Jahren erschütterten: eine Krise der Textilindustrie und eine Krise der Landwirtschaft – und auf diese beiden folgte bald eine Hungersnot.

Die schlesische Textilindustrie, vor allem die Leinenerzeugung, hatte eine lange, ruhmvolle Vergangenheit. Im 16. Jahrhundert waren Tausende von tschechischen Protestanten nach Schlesien geflüchtet und hatten ihre Textilkunst mitgebracht. An der Wende vom 17. zum 18. Jahrhundert erreichte die schlesische Textilverarbeitung ihren Höhepunkt. Doch gegen Ende des Jahrhunderts verdüsterte sich die Lage dieses Industriezweiges zusehends. Die Erschließung neuer Kolonien, die unter heißer Sonne lagen, sowie die Negersklaverei in Nordamerika begünstigten den Übergang von Leinenbekleidung auf Baumwolle, die überdies besser geeignet war für mechanische Verarbeitung. Die Nachfrage nach schlesischem Leinen ließ nach. In den 1770er und 1780er Jahren mehrten sich in Schlesien die politischen Unruhen, und als gegen das Jahr 1800 der amerikanische Gesandte am preußischen Hof, John Quincy Adams – er wurde 1825 Präsident der USA – Schlesien bereiste, steckte dessen Textilerzeugung bereits in großen Schwierigkeiten.[2] Dann kamen die Wirren der Napoleonischen Zeit. Sie vergrößerten das Problem noch mehr, denn Napoleon untersagte Preußen 1806 die Ausfuhr von Gütern nach Großbritannien und seinen Kolonien: Kontinentalsperre. Als der Krieg 1815 vorbei war, sah die Welt ganz anders aus: In Irland und Schottland war eine machtvolle – industrialisierte – Konkurrenz herangewachsen; Großbritanniens Textilindustrie war weitgehend auf die industrielle Fertigung übergegangen, was einen allgemeinen Preisverfall für Textilgüter zur Folge hatte. Dazu ein paar Zahlen: Zwischen 1771 und 1775 führte Großbritannien jährlich im Schnitt weniger als 5 Millionen Pfund Baumwolle ein und das Endprodukt davon – billige Baumwollwaren – wieder aus. Bis 1841 war die Ein- und Ausfuhr um mehr als das Hundertfache gewachsen: auf 528 Millionen Pfund. Die schlesische Textilerzeugung geriet hoffnungslos ins Hintertreffen; ihre

Produkte waren nicht mehr gefragt, denn sie waren vergleichsweise teuer.

Auf seine Kinderjahre in den 1820er Jahren zurückblickend schrieb Gustav Freytag: »Einst waren die Tuchmacher und Strumpfwirker wohlhabende Innungen gewesen, sie webten und wirkten die blauen und weißen Röcke und die bunten Strümpfe für das Landvolk bis weit nach Polen hinein.«[3] Inzwischen hatte auch dieser Handel einen Schlag erhalten: 1846 annektierte Österreich den Freistaat Krakau, damit verlor Schlesien diesen wichtigen alten Markt.

Vertieft wurde die Krise der Textilindustrie noch durch die Krise der Landwirtschaft, auf die eine Hungersnot folgte. Schlesien war seit langem ein Land der Großgrundbesitzer. Bei Aufhebung der klösterlichen Liegenschaften gingen diese an die schlesischen Magnaten; rund die Hälfte des Bodens befand sich damit in der Hand von Großgrundbesitzern, die 150 und mehr Hektar Land besaßen. Die sogenannten Regulierungen, also die Ablösungen infolge der Bauernbefreiung, gingen in Schlesien sehr zögerlich vonstatten: während sie in ganz Preußen 1834 schon zu fast 95 Prozent erledigt waren, war Schlesien davon nur zu einem Viertel berührt.[4]

Hinzu kamen noch erhebliche Standesunterschiede. Der Lehrer Wilhelm Wolff hat die Einkommens- und Standesunterschiede anschaulich beschrieben: »Der Weber sah den Fabrikanten demungeachtet in Palästen wohnen, prächtige Equipagen halten, Landgüter kaufen, herrlich essen und trinken, während er selbst, der doch *mindestens ebensoviel als der Fabrikant arbeitete,* in enger schmutziger Stube auf modrigem Stroh gelagert, mit Lumpen bedeckt, sich glücklich gepriesen hätte, an dem reichlichen Kartoffelmahl der Mastschweine seines Lohnherrn teilnehmen zu dürfen.« Der Textilindustrie ging es schlecht in dieser Zeit, und ganz besonders bittere Not litten die Heimarbeiter, die gänzlich von den Fabrikherren abhängig waren. »Oftmals bin ich im Winter solchen Armen begegnet«, berichtet Wolff, »die in dem schrecklichsten Wetter, hungrig und frierend, viele Meilen weit ein fertig gewordenes Stück zum Fabrikanten trugen. Zu Hause warteten Frau und Kinder auf die Rückkunft des Vaters; sie hatten seit 1½ Tagen bloß eine Kartoffelsuppe genossen. Der Weber erschrak bei dem auf seine Waren gemachten Angebot; da war kein Erbarmen; die Commis und Gehilfen begegneten ihm wohl noch obendrein mit empörender Härte. Er nahm, was man ihm reichte und kehrte, Verzweiflung in der Brust, zu den Seinigen.«[5]

1848 wird dieser Wilhelm Wolff in der Frankfurter Nationalversammlung auf der äußersten Linken sitzen; weitere zwanzig Jahre später wird ihm Karl Marx den ersten Band seines »Kapitals« widmen.

An der Jahreswende 1847/48 brach in Schlesien eine Seuche aus, an der 16000 Menschen starben und fünfmal so viele erkrankten. Die Mediziner sprachen von Hungertyphus. General v. Natzmer warnte: »In den schlesischen Zuständen (liegt) der Keim zu einer bevorstehenden Umwälzung der Zustände.« Doch die preußische Bürokratie will davon nichts hören. Als Heinrich Simon, ein Breslauer Stadtgerichtsrat, ein Mann der Linken, in der Presse auf die schweren Mißstände hinzuweisen versucht, streicht die Zensur seinen Artikel, da dieser geeignet sei, Aufregung hervorzurufen. Daraufhin läßt Simon eine Flugschrift drucken: »Die oberschlesische Hungerpest. Eine Frage an die preußische Regierung«.

Die preußische Bürokratie schweigt; nur langsam sickern die schlimmen Nachrichten in die Presse. »Der König hat den Notstand in Schlesien erst durch die Zeitungen erfahren und ist dann sehr aufgebraust«, schreibt August Varnhagen am 28. Februar 1848 in sein Tagebuch. Als die preußische Exekutive von den Mißständen erfährt, zögert sie keinen Augenblick länger: auf der Stelle fällt die Entscheidung, eine wissenschaftliche Abordnung nach Oberschlesien zu entsenden, um sich ein Bild zu machen von der Not. Der Geheime Obermedizinalrat Dr. Barez erhält den Auftrag, »in einer möglichst gründlichen und Erfolg versprechenden Weise« die Seuche wissenschaftlich zu erforschen, als Assistent wird ihm Rudolf Virchow beigegeben.

Am Abend vor der Abreise sucht Virchow seinen Lehrer Johannes Müller auf, um sich zu verabschieden. Müller ist besorgt, Virchow könne ein Opfer der Seuche werden, worauf ihm Virchow entgegnet, daß man »bei der drohenden Nähe einer Revolution in Frankreich zu Hause auch nicht wisse, wie es zugehen werde«. Müller ist der Gedanke von einer bevorstehenden Revolution fremd und schrecklich. Tags darauf, am 20. Februar 1848, treten Barez und Virchow die Reise an, die sie über Ratibor (Racibórz), Rybnik (Rybnik) und Sorau (Zory) führt. Barez tritt am 29. Februar die Heimreise an; Virchow bleibt bis zum 7. März in Sorau, fährt von dort nach Gleiwitz (Gliwice) und am 10. März zurück nach Berlin.

Man folgt Virchow in Oberschlesien am besten, indem man seinen Bericht über diese Reise zur Hand nimmt; er gilt als Klassiker der Sozialhygiene und ist auch heute noch lesenswert. Die »Mitteilungen über die in Oberschlesien herrschende Typhus-Epidemie« – so lautet der ganze Titel – umfassen rund 180 Druckseiten; es gibt wohl kaum eine bessere Studie über ein ländliches Notstandsgebiet im Deutschland des 19. Jahrhunderts.

Virchow beginnt seinen Bericht mit einem geographischen Überblick: »Oberschlesien (Regierungsbezirk Oppeln) umfaßt den südlich von der Neiße und dem Stober gelegenen Teil von Schlesien. Die Kreise Rybnik und Pless bilden das südlichste Stück davon, welches unmittelbar an der Grenze von Galizien und Österreichisch-Schlesien zwischen 36 und 37° östlicher Länge, 49,9 und 50,3° nördlicher Breite zwischen dem obersten Teil des Stromlaufes der Oder und Weichsel sich ausdehnt ... Das Land bildet hier ein vielfach durchschnittenes Hochplateau, dessen Elevation über der Ostsee durchschnittlich 900–1000′ beträgt.« An dieser Stelle stutzt heute mancher Leser, und wer einen Atlas zur Hand nimmt, wird mit dieser Angabe nicht auf Oberschlesien stoßen, sondern auf die Ukraine, ganz in die Nähe der Stadt Charkow. Aber Virchow hat sich nicht geirrt, denn von 1634 bis 1884 verlief der Nullmeridian weiter westlich, am westlichsten Kap der Insel Ferro (span. Hierro). Erst 1884 wurde das Gradnetz auf seinen heutigen Stand verschoben, demnach liegt Oberschlesien zwischen 17 und 18° östlicher Länge.[6]

In den letzten Februartagen geht die Reise bei mildem Wetter nach Osten. Aufmerksam folgt Virchow dem Aufbau des Landes und der Beschaffenheit des Bodens. »Fast nirgends ist ... die Bildung der Oberfläche eine für den Ackerbau vollkommen günstige, weil die tonige oder lettige Unterlage meistens undurchlässig für das atmosphärische Wasser ist.« Beim Anblick der vielen blonden Menschen muß er an den antiken Schriftsteller Prokop denken, der dies in seinen Schriften über die Gotenkriege berichtet hat.

Sodann beginnt er mit einem kurzen Streifzug durch die Geschichte Oberschlesiens und seiner Besiedlung. Virchow bereist eine ländliche Region, deren Bewohner fast ausschließlich Polnisch sprechen: »Ganz Oberschlesien ist polnisch. Sobald man den Stober überschreitet, so wird aller Verkehr mit dem Landvolk und dem ärmeren Teil der Stadtbewohner für diejenigen, welche der polnischen Zunge nicht mächtig sind, unmöglich, und nur Dolmetscher gewähren eine spärliche Aushilfe. Auf dem rechten Oder-Ufer tritt dies Verhältnis am allgemeinsten hervor; auf dem linken haben sich zahlreiche germanische Elemente eingemischt.«

Virchow bedauert weniger die seit langem erfolgte Germanisierung als vielmehr den Identitätsverlust der Bewohner: »Fast 700 Jahre sind also vergangen, seitdem Schlesien von Polen getrennt wurde; der größte Teil des Landes ist durch deutsche Kolonisation und durch die Macht deutscher Kultur vollkommen germanisiert worden. Nur, für Oberschlesien haben 700 Jahre nicht genügt, seinen Bewohnern das nationalpolnische Gepräge zu nehmen, welches ihre Stammesbrüder in Pommern und Preußen so vollständig verloren haben. Freilich haben sie genügt, das Bewußtsein ihrer Nationalität zu zerstören, ihre Sprache zu korrumpieren und ihren Geist zu brechen, so daß das übrige Volk ihnen den verächtlichen Namen der Wasserpolacken beigelegt hat ... Auch ihre Lebensgewohnheiten erinnern überall an den eigentlichen Polen. Ihre Tracht, ihre Wohnungen, ihre geselligen Verhältnisse, endlich ihre Unreinlichkeit und Indolenz finden sich nirgends so ähnlich wieder als bei den niedrigen Schichten des polnischen Volkes.«[7]

Im 19. Jahrhundert verweist man gerne auf den Nationalcharakter, um eine unterschiedliche Entwicklung zu erklären; man lese nur einmal nach, was Friedrich Engels in seinem Buch »Die Lage der arbeitenden Klassen in England« diesbezüglich über die Iren sagt. Das soll nun aber nicht heißen, daß der Nationalcharakter tatsächlich entscheidend ist; es beweist allerdings auch nicht das Gegenteil. Virchow schreibt: »Es (würde) ein schmähliches Unrecht sein, welches man der polnischen Nation, dieser so hochherzigen und jeder Aufopferung fähigen Nation zufügen würde, wenn man in ihr den wahren Grund suchen wollte. Mag immerhin der deutsche Fleiß seltener unter den Polen gefunden werden, so darf man doch nicht vergessen, unter welchen Verhältnissen, unter einem wie langen und wie gewaltigen Druck dieses unglückliche Volk geseufzt hat.«[8] Und ein paar Seiten weiter: »Ich halte mich durch eigene Anschauung überzeugt und zu dieser Überzeugung berechtigt, daß es den Oberschlesiern weder an Arbeitskraft noch an Intelligenz fehlen würde, wenn man sich die Mühe nähme, ihre schlummernden Eigenschaften zu erwecken.«

Virchow findet viele Mängel, die mit der Nationalität der Polen nichts zu tun haben. »Nirgends, außer in Irland und seinerzeit in Spanien hat der katholische Klerus eine absolutere Knechtung des Volkes zustande gebracht als hier; der Geistliche ist der unumschränkte Herr dieses Volkes, das ihm wie eine Schar Leibeigener zu Gebote steht.« Besonders heftig geißelt er den weitverbreiteten Alkoholismus; doch drückt sich darin nicht sein Puritanismus aus, sondern seine Sorge um die Gesundheit: »An den Abenden, wo das Volk von den städtischen Märkten zurückkehrte, waren die Landstraßen von Betrunkenen, Männern und Weibern, buchstäblich übersät; das Kind an der Mutterbrust wurde schon mit Schnaps gefüttert.«

Ursache und Wirkung werden in den Gesellschaftswissenschaften leicht verwechselt. Doch Virchow hält nicht die Trunksucht für die Ursache des Übels; er erblickt hinter ihr den Umstand, daß die Großgrundbesitzer nicht auf ihren Gütern wohnen. Der Großgrundbesitzer in Schlesien hat nichts getan, seinen ehemaligen Leibeigenen zu einem eigenverantwortlichen Bauern heranzubilden: Solange die Untertanen wöchentlich fünf, sechs Tage Handdienste leisten mußten, waren sie nicht daran gewöhnt, Eigenverantwortlichkeit zu zeigen; als diese Dienste plötzlich entfielen, waren sie nicht imstande, von sich aus etwas zu unternehmen. Und was machten die adligen Grundbesitzer? Sie investierten ihre Renten nicht in den Boden, sondern verpraßten sie lieber in den großen Städten, wo sie ihre Paläste unterhielten. »Woher aber«, fragt Virchow, »soll eine Entwicklung des Wohlstandes in einem Lande kommen, welches immer nur den Ertrag seiner Tätigkeit nach außen abgibt?«

Dann kommt der Berichterstatter auf die Wohnungen und die Nahrung der Oberschlesier zu sprechen. Ihre Unterkünfte seien »überall dem niedrigen Kulturzustande des Volkes entsprechend. Es sind ohne Ausnahmen Blockhäuser; die Wände aus übereinandergelegten Balken, die innen und zuweilen auch außen mit Lehm bestrichen sind, die Dächer aus Stroh gemacht ... Ställe und Scheunen haben nur die Wohlhabenden; meist umfaßt das Haus gleichzeitig Wohnung, Stall und Vorratsräume. Das Wohnzimmer ist gewöhnlich klein, 6, 8–12 Fuß etwa im Geviert, meist 5–6 Fuß hoch; der Fußboden aus Lehm gemacht, die Decke aus Brettern mit nach unten vorspringenden Balken. Einen großen Teil des Raumes nimmt der Ofen mit seinen vielen Anhängen ein, ... auf dem gekocht wird, und eine platte, aus Backsteinen aufgemauerte Erhöhung, auf der ein Teil der Bewohner seine Feierstunden zubringt und schläft ... Den besten Platz des übrig bleibenden Raums pflegt, wo der Wohlstand noch so groß ist, eine Kuh oder eine Kuh mit einem Kalbe einzunehmen ... Der einzige Schmuck dieser Zimmer besteht in einer großen Schar von Heiligenbildern, welche wohleingerahmt in langer Reihe über den Fenstern zu hängen pflegen.«[9]

So bescheiden die Wohnung, so kärglich ist auch die Nahrung: Kartoffeln, Milch und Sauerkraut; Brot hingegen zählt nicht zu den täglichen Nahrungsmitteln. »Nach der allgemeinen Angabe bestand die Lieblingsspeise der Oberschlesier in einem Gericht, das aus allen den genannten Substanzen zusammengesetzt war, nämlich aus Sauerkraut, Buttermilch, Kartoffeln und Mehl, genannt Źur (gesprochen *jour*), Fleischgenuß gehörte zu den größten Ausnahmen.« Da indes bald auch diese Lebensmittel ausgingen, »so griff man zu Surrogaten und nahm grünen Klee, Quecken und faule Kartoffeln etc. Viele verhungerten dabei direkt; viele gerieten in einen Zustand der Atrophie, der erbarmenswürdig war.« Virchow fand nicht wenige Kinder mit »dicken Bäuchen« – infolge des Eiweißmangels hatte sich bei ihnen in der Bauchhöhle Wasser angesammelt.

Die Sterblichkeit war deutlich höher als zu »normalen« Zeiten. Im Kreis Pless starben 1846 von rund 69000 Einwohnern 2399 Menschen, im Jahr darauf aber waren es 6877 – die Sterblichkeitsrate war also von 3,48 auf 9,97 Prozent angestiegen. »Bei 97 darunter gaben die Ärzte nach der gerichtlichen Besichtigung die Erklärung ab, daß sie verhungert seien«; nach den Mitteilungen von Geistlichen starben in den 25 Parochien des Kreises »vor Hunger 907, d. h. 1,3 p. Ct. der Bevölkerung«.[10]

Die unmittelbare Krankheitsursache scheint Virchow weniger bewegt zu haben, wie er übrigens auch bezweifelte, daß die Krankheit tatsächlich ansteckend war; er hielt es für möglich, daß sie von »verderbter« Luft hervorgerufen wurde, was damals noch eine häufige Erklärung war. Welche Krankheit war es eigentlich, die Oberschlesien damals heimsuchte? War es tatsächlich der Typhus? Der Begriff Typhus wurde in zwei Bedeutungen verwendet: einmal in einer allgemeinen, etwa wenn man von Hungertyphus redete, wie andere von »Hungerpest« sprachen, »Typhus« also als ein Synonym zu Seuche. Zum andern gab es den engeren, wissenschaftlichen Begriff Typhus, der auch heute noch diese Krankheit bezeichnet. Die letztere Art herrschte 1848 in Oberschlesien nicht; die Seuche war in Wirklichkeit eine Fleckfieberepidemie. Fleckfieber und Typhus waren allerdings ohne die Untersuchungsmethoden der Bakteriologie nicht voneinander zu unterscheiden, denn die Symptome beider Krankheiten zeigen viel Ähnlichkeit miteinander. Der Typhuserreger, das Bacterium typhi, wurde 1880 entdeckt; der Fleckfiebererreger erst nach der Jahrhundertwende.

Virchow hat die Krankheitszeichen ausführlich beschrieben. Allein seine Schilderung von Hautveränderungen und einiger anderer Symptome deuten darauf hin, daß es sich nicht um Typhus handelte. Er erwähnt einige fremdsprachliche Publikationen zu diesem Thema, wobei man darauf hinweisen muß, daß das Englische mit der Bezeichnung Typhus nicht weniger zweideutig umgeht als das Deutsche. Virchow hatte allerdings Zweifel, ob es sich um richtige Typhusfälle handelte, denn er vermißt »eine Entzündung des Darms oder seiner Drüsen, (die) als die eigentliche Wesenheit des ganzen Prozesses zu betrachten« sein sollen. Er vermißt noch ein zweites: die »Betäubung, welche vollkommen der Trunkenheit gleicht« – beide Erscheinungen sind wichtige Merkmale des Typhus, doch sie sind bei den Kranken in Oberschlesien nicht anzutreffen: »Die vollkommene Freiheit der Denktätigkeit war für die Epidemie charakteristisch«, schreibt Virchow etwas verunsichert, denn schon bei Öffnungen mehrerer Leichen hatte er feststellen müssen, daß die Geschwürbildungen im Darm fehlten. Das hat ihn stutzig gemacht. Zwanzig Jahre später, bei einer »Hungertyphus«-Epidemie in Ostpreußen, erkannte Virchow den Unterschied zwischen Abdominal-Typhus – dem echten Typhus – und dem Fleckfieber.

Man muß an dieser Stelle erneut darauf hinweisen, wie unglaublich rückständig die Medizin vor knapp anderthalb Jahrhunderten noch war. Selbst Hippokrates wurde zu Rate gezogen, der weit mehr als zweitausend Jahre zuvor gelebt hatte. Virchow war sich zumindest im klaren, daß »die Wissenschaft selbst noch nicht zu einer bestimmten Entscheidung über die Wesenheit und den Ursprung dieser Art von Krankheiten gelangt ist. Was ist Typhus? und wie entsteht und verbreitet sich Typhus? Das sind Fragen, welche noch niemand ausreichend beantwortet hat und welche bei dem jetzigen Standpunkte der Wissenschaft vollkommen scharf nicht beantwortet werden können.«[11]

Diese epidemisch verbreitete Krankheit war keineswegs das einzige Leiden, das der junge Arzt in Oberschlesien vorfand; er sah viele Fälle von Unterernährung und schwere Erfrierungen. »Mir sind mehrere Fälle von brandigem Absterben der Extremitäten gezeigt worden«, berichtet er. »In einigen derselben ließ es sich durch die Anamnese nicht sicher feststellen, ob dieser Brand nicht durch Erfrieren entstanden sei, eine Annahme, die natürlich bei Leuten sehr nahe lag, die mit bloßen Füßen auf Schnee und Eis gehen. Haben wir doch Kinder mit nackten und ödematösen Füßen auf gefrorenen Landstraßen im Schneewasser waten sehen! In manchen Fällen ließ es sich kaum bezweifeln, daß der Typhus die unmittelbare Ursache des Brandes gewesen sei. So zeigte mir Hr. Dr. Babel in Lonkau einen 15–16jährigen Knaben, bei dem der rechte Fuß bis zur Mitte der Metatarsalknochen [Mittelfußknochen] mumifiziert schwarz und eingetrocknet war ... Herr Regimentsarzt Zillmer in Gleiwitz teilte mir einen andern Fall mit, wo der Unterschenkel bis zum Ende des oberen Dritteils brandig geworden und eine spontane Amputation (durch Brechen der Knochen beim Aufstehen aus dem Bett) erfolgt war.«[12]

Am 10. März traf Virchow wieder in Berlin ein. Am Tag darauf schildert er in einem Brief seinem Vater die Not, derer er ansichtig geworden war. Bei »vernünftigen Vorbeugungsmaßregeln«, meint der junge Virchow, hätte das Elend in Oberschlesien »nie diese Ausdehnung ... gewinnen können und ... die Regierung, insbesondere der Minister von Bodelschwingh, (opferte) durch seine Ungläubigkeit und seine Starrköpfigkeit so viel Menschen als ein kleiner Krieg kosten würde«. Dem Einwand des Vaters, die Not sei vermutlich in erster Linie eine Folge der naturräumlichen Gegebenheiten, entgegnet er, indem er auf die Untätigkeit der Beamtenschaft hinweist, vor allem auf ihre Politik, keine Informationen aus dem Krisengebiet nach Berlin dringen zu lassen. »Es ist eine traurige Verblendung, daß der König solchen Zeiten gegenüber sein Volk immer noch wie eine Herde kleiner Kinder behandelt und Dinge, welche so notwendig sind wie das tägliche Brot, z. B. die Pressefreiheit, noch in weite Entfernung hinausrückt.«[13] Die Pressefreiheit ist für Virchow keine abstrakte Forderung des liberalen Bürgertums, die Pressefreiheit bedeutet hier Aufklärung *und* Brot, denn nur dort, wo es eine freie Presse gibt, können die Herrschenden überhaupt von der Not ihrer Völker erfahren.

Wenige Tage nach seiner Rückkehr hat Virchow der Gesellschaft für wissenschaftliche Medizin den Bericht seiner Reise vorgelegt. Die neue preußische Regierung hat er erst etwas später ausführlich informiert. »Ich glaube nicht nötig zu haben, die Freimütigkeit, mit der ich diese Abhandlung geschrieben habe, entschuldigen zu müssen«, äußert er selbstbewußt. »Das Interesse der Menschheit verlangte von mir, dasjenige zu sagen, was mir als wissenschaftliche Wahrheit galt.«[14]

»Was der junge Doktor von Oberschlesien nach Hause brachte, war kein wissenschaftlicher Bericht, sondern eine Anklageschrift, ein Pamphlet gegen Bürokratie und Latifundienbesitzer«, schreibt Theodor Heuss, und er hat recht.

Beachtlich waren die Folgerungen, die Virchow zog; unerhört die Anklage, die er den Regierenden entgegenschleuderte. »In 8 Monaten erkrankten im Kreise Rybnik 14,3 p. Ct. der Einwohner an Typhus, von denen 20,46 p. Ct. starben. Nie hätte man während des 33jährigen Friedens in Deutschland etwas auch nur entfernt Ähnliches erlebt; niemand hätte dergleichen in einem Staate, der so großes Gewicht auf die Vortrefflichkeit seiner Leistungen legt wie Preußen, für möglich gehalten.«

Virchow geißelte vor allem die Beamtenschaft: »Ihre ganze Tätigkeit war also, soweit sie positiv war, gegen das Volk, sie war negativ, soweit sie für das Volk hätte sein können. Waren doch die Beamten nicht von dem Volk für das Volksinteresse, sondern von dem Polizeistaat für das Staatsinteresse eingesetzt.« Böse Worte richtet er auch gegen die katholische Kirche und die Feudalherren; er macht sie für die schlechten Lebensbedingungen verantwortlich, welche wiederum die Seuche nach sich zogen: »Denn daran läßt sich jetzt nicht mehr zweifeln, daß eine solche epidemische Verbreitung des Typhus nur unter solchen Lebensverhältnissen, wie sie Armut und Mangel an Kultur in Oberschlesien gesetzt hatten, möglich war.«

Am Ende stellt er die Frage, wie man Ähnliches in Zukunft verhüten könne. Die logische Antwort darauf sei sehr leicht und einfach, schreibt Virchow: *»Bildung mit ihren Töchtern Freiheit und Wohlstand.«* Mit bloßen Notbehelfen käme man hier nicht weiter: »Bei anderthalb Millionen kann man nicht erst mit Palliativmitteln anfangen; will man etwas, so muß man radikal sein. Palliative Mittel sind in solchen Fällen kostbarer als radikale.« Virchow fordert nicht weniger als eine *»nationale Reorganisation Oberschlesiens«* – aber damit meint er nicht einen eigenen polnischen Staat, dem Oberschlesien angehören soll, er möchte die polnischen Bewohner dieses Landes besser mit ihrer eigenen Kultur zusammenführen und sie dazu befähigt sehen, sich selbst zu regieren: »Preußen hat während eines Jahrhunderts Zeit genug gehabt, sein Ungeschick im Germanisieren in Oberschlesien praktisch an den Tag zu legen; seine Versuche mit den Primärschulen sind vollkommen gescheitert. Jetzt ist es zu spät, daran zu denken, Millionen von Menschen zu einer ihnen fremden Sprache … zu bekehren, und sollte Preußen oder Deutschland Oberschlesien noch als ein ihm zugehöriges Land festhalten, so kann es zunächst nur den Versuch wagen, deutschen Geist und deutsche Gesittung durch eine in polnischer Sprache geleitete Erziehung in Oberschlesien heimisch zu machen. Es wäre dann seine Aufgabe, polnische Schulen zu errichten und mit verständigen Lehrern zu besetzen, die nicht das Interesse der katholischen Hierarchie, sondern das allgemein menschliche Interesse wahrzunehmen und geltend zu machen verstünden ... *Die absolute Trennung der Schule von der Kirche,* so notwendig sie überall ist, ist es doch nirgend mehr als in Oberschlesien. Der religiöse Zwang, die krasse Bigotterie, die Richtung auf das Transzendentale sind die natürlichen Feinde der Freiheit und Selbständigkeit, und in Oberschlesien haben sie Früchte getragen so herb wie nirgend. Soll die Schule irgend gedeihen, so muß sie ganz und ohne Rückhalt dem Klerus entzogen werden und an die Stelle pfäffischer Überlieferung *ein freisinniger Unterricht treten, dessen Grundlage die positive Naturanschauung bildet.*«[15]

Doch die erste Aufgabe der preußischen Regierung erblickt Virchow darin, den Oberschlesiern unter die Arme zu greifen: durch preußische Hilfe bei Verbesserung der Landwirtschaft, bei Regulierung der Flüsse, Trockenlegung von Sümpfen, Förderung der Industrie; der Staat soll öffentliche Werkstätten einrichten, wie es die Franzosen gemacht haben; vor allem aber soll er Genossenschaften bilden, um die Zustände im Land zu bessern. Darüber hinaus fordert Virchow *»freie und unumschränkte Demokratie* (sowie) *Selbstregierung in Staat und Gemeinde«.* Aber dabei geht es ihm nicht nur um formalrechtliche Dinge, es geht ihm um soziale Verbesserungen. Unter freier, unumschränkter Demokratie versteht er mehr als nur die rechtliche Gleichstellung, er will die soziale Gleichstellung: »Hat die belgische, die englische Konstitution es gehindert, daß das Volk in Flandern, in Irland und in Schottland gleich dem oberschlesischen zu Tausenden durch Hungersnot und Seuche gefallen ist? In einer freien Demokratie mit allgemeiner Selbstregierung sind solche Ereignisse unmöglich. Die Erde bringt viel mehr Nahrung hervor, als die Menschen verbrauchen; das Interesse der Menschheit erfordert es keineswegs, daß durch eine unsinnige Anhäufung von Kapital und Grundbesitz in den Händen einzelner die

Produktion in Kanäle abgeleitet wird, welche den Gewinn immer wieder in dieselben Hände zurückfließen lassen. Der Konstitutionalismus wird diese Verhältnisse nie brechen ... Daher beharre ich auf dem Satz, den ich an die Spitze gestellt habe: *freie und unumschränkte Demokratie*.«[16]

Virchows Bericht und seine Folgerungen waren ein einziger Aufschrei gegen die preußische Regierung, und an eben diese Regierung war dieses Schreiben gerichtet. Virchows Forderungen waren revolutionär, und es hätte einer revolutionären Regierung bedurft, sie zu verwirklichen. Man mag heute bezweifeln, ob dieser junge Arzt überhaupt Kenntnis von den Versäumnissen der preußischen Bürokratie besaß, daß er sich ein solches Urteil anmaßen durfte. Karl August Varnhagen, ein erfahrener preußischer Beamter, schrieb im Februar 1848 ähnliche Anklagen in sein Tagebuch: »Alles erbärmlich auf seiten der Regierung! ... Sie können ihr Handwerk nicht mehr. In Schlesien zeugt eben Hungersnot und Seuche fürchterlich gegen sie! In diesem Staate ist früher dergleichen nicht vorgekommen, nicht in dieser Ausdehnung.«[17]

Sie können ihr Handwerk nicht mehr – das ist am Ende des Vormärz, im Frühjahr 1848, eine weitverbreitete Auffassung. Virchow geht sehr weit mit seinem Urteil und mit seinen politischen Forderungen; aber man muß bedenken, daß im Frühjahr 1848 ein Windstoß von Hoffnung und Freiheit, eine Ahnung von Völkerfrühling und politischer Erneuerung in der Luft lag. Virchow stand mit seinem Verlangen keineswegs allein: Bildung, Freiheit und Wohlstand, so hieß es auch im politischen Programm Gustav Struves, und Wilhelm Wolff, der radikale Lehrer aus Schlesien, drängte in diesen Tagen: »Nur eine Reorganisation, eine Umgestaltung der Gesellschaft auf dem Prinzipe der Solidarität, der Gegenseitigkeit und Gemeinschaftlichkeit, mit einem Wort der Gerechtigkeit, kann uns zum Frieden und zum Glücke führen.«

Wenigstens drei Eigenschaften hat Rudolf Virchow in diesen Tagen bewiesen: Weitsicht, Mut und Liebe zum polnischen Nachbarvolk. Er war Mediziner, doch er konnte als Arzt auch über die Heilkunst hinausdenken: Die Medizin sei eine »soziale Wissenschaft«, so schrieb Virchow schon in seinem später berühmt gewordenen Bericht, und habe »als die Wissenschaft vom Menschen ... die Pflicht, solche Aufgaben zu stellen und ihre theoretische Lösung zu versuchen; der Staatsmann, der praktische Anthropolog, hat die Mittel zu ihrer Lösung zu finden.« Virchow hat sich von da an nicht mehr nur als Arzt verstanden, er war fortan ein Vertreter dieser »sozialen Wissenschaft« Medizin.

Mut gehörte auch dazu, einen solchen Bericht vorzulegen, viel Mut sogar – vielleicht auch ein Fünkchen Einfalt, denn es war nicht anzunehmen, daß die preußische Regierung derart weitreichende Forderungen erfüllen würde. Virchow kannte Preußen; er mußte wissen, daß er dafür keinen Lohn erwarten durfte.

In Oberschlesien erfuhr Virchow den Vormärz in seiner äußersten Zuspitzung. So konnte es nicht weitergehen. Ende August 1848 schrieb er der preußischen Regierung ins Stammbuch: »Epidemien gleichen großen Warnungstafeln, an denen der Staatsmann von großem Stil lesen kann, daß in dem Entwicklungsgange seines Volkes eine Störung eingetreten ist, welche selbst eine sorglose Politik nicht länger übersehen kann.«[18]

Fünftes Kapitel

DAS TOLLE JAHR

»Alles bis obenhin ist hohl und wurmstichig.«

Rudolf Virchow (1848)

Als Virchow aus Schlesien abreiste, stand das Land in hellem Aufruhr; als er nach Berlin kam, begann dort gerade die Erhebung. Preußen und Deutschland waren von Umsturz bedroht.

Warum? Es ist unmöglich, darauf eine einzige, jedermann befriedigende Antwort zu geben: 1848 gab es in vielen Ländern Westeuropas Revolutionen, jede hatte ihre eigenen Ursachen. Natürlich lauteten auch die Erklärungen der Zeitgenossen verschieden: die einen hoben mehr die politischen, die anderen mehr die sozialen Mängel hervor. In den beiden deutschen Hauptstädten, in Berlin und Wien, sah man stärker als anderwärts die sozialen Ursachen. Der Sozialhistoriker Richard Tilly definiert Unruhen als »kollektive Ruhestörungen mit physischer Gewaltanwendung«; in den 1840er Jahren hatte die Mehrzahl der Unruhen, etwa zwei Drittel, eine wirtschaftliche oder gesellschaftliche Ursache.

Sehen wir uns diese Ursachen einmal näher an; betrachten wir für einen Augenblick die gesellschaftliche Entwicklung in der ersten Hälfte des 19. Jahrhunderts und stellen die Frage, was wohl die Menschen auf die Barrikaden trieb. Folgt man einer abstrakt sozialgeschichtlichen Deutung, dann war 1848 das Ergebnis von Spannungen, die beim Übergang vom gutsherrlichen landwirtschaftlichen zum industriekapitalistischen Wirtschaftssystem entstanden – doch wie ist das konkret zu verstehen?

Die Einwohnerschaft Preußens stieg von 1816 bis 1846 um etwa 60 Prozent an. Gewiß war Preußen – wie Deutschland – 1840 sehr viel weniger dicht besiedelt als hundert Jahre später; aber es war übervölkert, wenn man die Leistungsfähigkeit seiner Landwirtschaft und den Stand seiner industriellen Entwicklung mit berücksichtigt. Übervölkert heißt ja nur: weniger Menschen hätten auf gleichem Raum besser gelebt. Das Bevölkerungswachstum ließ gegen Mitte des 19. Jahrhunderts etwas nach und stagnierte 1848 für kurze Zeit, doch wäre es voreilig, auf einen Selbstheilungsmechanismus zu schließen. Wo der Hunger groß ist, geht die Zahl der Eheschließungen zurück, die Bevölkerung hört auf zu wachsen, das ist eine alte Erfahrung.

Rasches Bevölkerungswachstum bei gleichbleibenden Ernteerträgen: das bedeutet ein Absinken der Versorgung für den einzelnen. Das Realeinkommen nahm zwischen 1815 und 1848 deutlich ab. Nehmen wir das letzte Jahr vor Ausbruch des Ersten Weltkriegs als »Normaljahr« (1913 = 100), dann lag das Realeinkommen in Deutschland in den 1820er Jahren bei einem Indexwert von 61, in den 1830er Jahren bei 55 und in den Jahren zwischen 1840 und 1848 bei 51,5.[1]

Dieses vorindustrielle Zeitalter war anfällig für weit ausholende Schwankungen des Realeinkommens. Waren die Ernten schlecht, dann schossen die Preise für Nahrungsmittel in die Höhe, und diese Preise verzehrten schon in normalen Jahren den größten Teil des Einkommens einer breiten Bevölkerungsmehrheit. Der durchschnittliche Arbeiterhaushalt gab zwei Drittel seines Einkommens für die Ernährung aus, der Armenhaushalt 80 Prozent und mehr.[2]

Die vierziger Jahre waren eine böse, unruhige Zeit; die Vorboten von Aufruhr waren nicht zu übersehen: Daß es »nun nicht mehr lange fortgehen könne, sondern eine Wendung werde machen müssen«, vertraute Varnhagen schon im September 1846 seinem Tagebuch an, und im Januar darauf: »Man sagt schon lange und wiederholt es oft, in Preußen fehle der Stoff zu einer Volkserhebung, die Gesetzgebung habe ihn schon früher hinweggenommen – ach lieber Gott, welche törichte Verblendung! Wie viel des Stoffes ist noch da!«[3]

Die Not gebar Krankheit und Unzufriedenheit. In Notzeiten stieg die Sterblichkeit, und der junge Friedrich Engels wiederholte damals die Frage eines englischen Arztes: ob nicht die Regierung an diesen Toten die Schuld trage. Die Kriminalität nahm zu, in Preußen zwischen 1833 und 1847 um nicht weniger als 75 Prozent; die meisten Gesetzesverstöße dienten der unmittelbaren Überlebenssicherung: vier von fünf Fällen betrafen Eigentumsdelikte, und davon waren wieder vier von fünfen Holzdiebstähle. In einem einzigen Jahr wurde jeder fünfzigste Einwohner Preußens dafür gerichtlich verurteilt.

Das Biedermeier endete in einem Zeitalter der Massenarmut. Doch der Pauperismus dieser Zeit war keineswegs die Folge der Frühindustrialisierung, sondern Begleiterscheinung des Bevölkerungswachstums und der Auflösung der alten ständisch-feudalen Gesellschaftsordnung: Die anwachsende bäuerliche Schicht, deren Lebensunterhalt auf dem platten Land immer mehr eingeengt wurde, wanderte ab in die Städte und vermehrte dort die Armut. Nach einer Schätzung von 1844 befand sich ein Drittel aller Gemeinden Deutschlands in entsetzlicher Armut. In Solingen und Pforzheim waren zwei Drittel arbeitslos; in Berlin zahlte nur einer von zwanzig Einwohnern Steuern; in Köln wurde die Zahl derer, die ihren Unterhalt nicht mehr aus eigener Kraft bestreiten konnten, auf ein Viertel geschätzt, in einigen bayerischen Städten auf ein Drittel. 1848 fragt der bayerische König seine Untertanen, wie man »der materiellen Not der unteren Klassen der Bevölkerung Deutschlands und insonderheit Bayerns am zweckmäßigsten und nachhaltigsten« abhelfen könne. Er erhält 656 Zuschriften.[4]

Lesen wir nach, was der Brockhaus von 1837 über das »Armenwesen« schreibt: »Die Armut, wenn sie überhand nimmt, ist eine Krankheit für die Staaten, welche deren gänzliche Auflösung nach sich ziehen kann. Sie ist die mächtigste Versuchung zu Lastern und Verbrechen, so daß nicht einmal die Reichen und Wohlhabenden sich in einem Staate, in welchem es viele Arme gibt, wohl befinden können. Demnach ist es Pflicht und Sorge der Regierungen, der Armut möglichst vorzubeugen und den Zustand der schon Verarmten zu verbesseren. Da den Armen die zum Lebensunterhalte durchaus notwendigen Mittel, nämlich Nahrung, Kleidung, Wohnung und Feuerung fehlen, so ist Übervölkerung eines Staates als die erste und natürlichste Ursache der Armut zu betrachten und deshalb vom Staate dahin zu wirken, daß keiner in demselben außerhalb einer Familie, d. h. unehelich geboren werde.«

Ehebeschränkungen griffen nicht; und wo es sie gab, war die Zahl der unehelich Geborenen sehr hoch, wie in Bayern, wo sie bei 20 Prozent der Neugeborenen lag, in München zeitweise mehr als doppelt so hoch. Ehen konnte man verbieten, Geburten nicht. Peter Franz Reichensperger, ein katholischer Sozialpolitiker, kam einer Lösung schon viel näher, als er 1847 schrieb: »Die Krankheit liegt für Deutschland nicht in der zu dicht gewordenen Bevölkerung, nicht in dem Maschinenwesen und in dem Übermaße der Fabrikindustrie überhaupt, sondern sie liegt gerade in dem Mangel derjenigen Maschinen und Fabriken, welche *unsern* Arbeitern statt den englischen Arbeit und Verdienst schaffen.«

Die Landwirtschaft, in der noch die meisten Deutschen beschäftigt waren, war völlig unzulänglich; ihre Erträge waren geradezu mittelalterlich. Und wer vermochte die anwachsende unterbäuerliche Schicht aufzunehmen? Die Reformen zu Beginn des 19. Jahrhunderts hatte die alte Zunftordnung des Handwerks merklich aufgelockert, und so waren immer mehr Menschen ins Handwerk geströmt. In Preußen wuchs die Bevölkerung zwischen 1816 und 1846 um etwa 60 Prozent, doch die Handwerker nahmen im gleichen Zeitraum um 107 Prozent zu und die Gesellenschaft gar um 165 Prozent. In Preußen kamen 1822 auf einen Handwerksgesellen 71 Einwohner, 1846 nur noch 47. Die Zahl der Gesellen und der Handwerker wuchs viel schneller als die Bevölkerung.[5] Wer sollte ihnen Arbeit geben? Die Blutzeugen des Jahres 1848 stammten denn auch zum allergrößten Teil aus diesem Stand.

Virchow war weder Handwerkergeselle noch lohnabhängiger Fabrikarbeiter, indes, von Arbeitslosigkeit war auch er bald bedroht. Arbeitslosigkeit hing an der Jahreswende 1847/48 wie ein Damoklesschwert über vielen Köpfen. Die Arbeitslosigkeit nahm zu, auf die Mißernten der mittvierziger Jahre folgte eine Handelskrise, denn wer konnte sich in Zeiten wie diesen mehr kaufen als das tägliche Brot? Die Folge der Handelsstockungen waren Massenentlassungen, die man für den Ausbruch der Revolution im Frühjahr 1848 keinesfalls unterschätzen darf. Karl Marx hat im Vorwort seines Buches »Die Klassenkämpfe in Frankreich« davon gesprochen, »daß die Welthandelskrise von 1847 die eigentliche Mutter der Februar- und Märzrevolution« von 1848 gewesen sei,[6] und es wäre spitzfindig, darauf hinzuweisen, daß die Mutter der Handelskrise wiederum die Hungersnot zuvor gewesen war. Marxens Auffassung wurde von vielen seiner Zeitgenossen geteilt.

Auch in Preußens Hauptstadt hatten sich die Lebensbedingungen zusehends verschlechtert. Verbrechen und Prostitution nahmen bedenkliche Ausmaße an; die Bäckerläden waren nicht mehr sicher. Allenthalben waren die Anzeichen eines bevorstehenden Sturmes unübersehbar. Die Regierenden hatten ihre Glaubwürdigkeit verloren; aber statt gegen die Ursachen vorzugehen, rannten sie mit immer weitergehenden Polizeimaßnahmen gegen die Folgen an.

Im Februar stürzt in Paris die Regierung. In Berlin wird dies von wachen Ohren aufgenommen. Bald findet das Pariser Beispiel Nachahmung. Es wimmelt in Deutschland von revolutionären Zentren; landauf, landab erheben sich Bürger gegen ihre Obrigkeit. Am 18. März kommt es in Berlin zu schweren Kämpfen, an denen Virchow beteiligt ist. Am 19. März schreibt er darüber einen langen Brief nach Hause: »Seit gestern mittag begann bei uns der erste Kampf; 12 Stunden lang hallte die Stadt wider von dem Donner der Kanonen und des Kleingewehrfeuers – heute ist das Volk siegreich hervorgegangen, und kaum hat das Königtum einige armselige Trümmer gerettet. In diesem Augenblick feiert Berlin diese Revolution, die die blutigste und hartnäckigste von allen war, die in diesem Jahre vorgegangen sind, viel hartnäckiger als die Pariser …

In wenig Stunden war ganz Berlin unter Barrikaden, und wer Waffen bekommen konnte, rüstete sich. Leider war aber die Zahl der größeren Schießgewehre außerordentlich klein, da die Waffenhändler ihren Vorrat hatten abliefern müssen und die Berliner nur ausnahmsweise Büchsen oder Flinten besitzen. Gegen 4 Uhr standen in Berlin etwa 25 000 Mann Militär unter den Waffen, da durch Zuzug von Potsdam, Charlottenburg, Spandau, Stettin, Frankfurt, Guben und Halle die Garnison bedeutend verstärkt war. Die Zahl der kämpfenden Bürger läßt sich nicht angeben. Der Kampf begann, ich weiß nicht mehr genau wann, es mag gegen 5 Uhr gewesen sein. Zum erstenmal seit der französischen Revolution des vorigen Jahrhunderts, zum erstenmal seit dem Beginn der deutschen Geschichte ist es vorgekommen, daß ein Landesfürst auf seine Untertanen mit Kanonen hat schießen lassen; das Kleingewehrfeuer genügt nicht – nein, Kartätschen und Granaten ließ er in das Volk schleudern. Der Kampf wütete gleichzeitig an 3 Punkten: in der Nähe des Schlosses, in der Königsstadt und in der Friedrichsstadt; erst in der Nacht um 2 Uhr begann er an einem 4ten Punkt, an der Marschallsbrücke in unserm Viertel. 12 Stunden lang krachte Schuß auf Schuß, und des Morgens um 4 Uhr waren doch nur 4 Barrikaden in der Friedrichstraße, eine an der Marschallsbrücke, eine auf dem Kölnischen Fischmarkt und einige in der Königsstraße genommen. Vor der Barrikade, welche die Friedrichstraße von der Taubenstraße sperrte, und hinter der ich mich befand, stand das Königs-Regiment aus Stettin mit 2 Kanonen; in der Barrikade waren nur 12 Büchsen, und doch wurde das Militär vor derselben länger als 2 Stunden zurückgeworfen.«[7]

Über diese Kämpfe berichtet auch August Baß, Historiograph der Berliner Straßenkämpfe. Es war das zweite Stettiner Infantrie-Regiment, das Ecke Friedrichstraße und Taubenstraße kämpfte. Virchow hat es mit Verbitterung notiert, daß er hier seinen pommerschen Landsleuten gegenüberstand. Baß schildert den Einsatz von Geschützen: »An der Taubenstraßen-Ecke wurde die Barrikade, die man nach Kräften verstärkt hatte, mit solcher Energie verteidigt, daß auch hier die Infanterie nicht weiter vordringen konnte, und da diese sehr lange und schnurgerade Straße das Einwirken der Artillerie verstattete, fuhren zwei Geschütze auf, protzten an der Ecke der Französischen Straße ab und bestrichen die Straße zuerst mit Paßkugeln und dann mit Kartätschen.«[8]

Virchow war in doppelter Hinsicht von den Kämpfen betroffen: als Revolutionär und als Arzt. »Die Zahl der Verwundeten und Getöteten läßt sich in diesem Augenblick noch nicht übersehen«, schreibt er in der Nacht vom 19. auf den 20. März. »In der Charité befinden sich 52 Verwundete und 11 Getötete vom Zivil, 24 Tote liegen in der Werderschen Kirche, wenigstens ebensoviel im Schloß etc. Die Beschädigungen an den Gebäuden, namentlich durch die Kanonen, sind zum Teil sehr bedeutend; in den Straßen sieht es noch jetzt fürchterlich aus, und Wagen können nur in einem kleinen Teil der Stadt passieren.«[9]

Nach heutigen Schätzungen kamen allein an diesen beiden Tagen – am 18. und 19. März 1848 – in Berlin mehr als 230 Menschen ums Leben, die große Mehrzahl davon waren Handwerkergesellen. Längst nicht alle von ihnen sind im Kampf gefallen. Baß nimmt an, daß auf den Barrikaden nur 75 gefallen sind, »die übrigen sind zu Gefangenen gemacht und dann auf dem Transport – es gibt kein anderes Wort dafür – erbarmungslos *gemordet* worden. In der Friedrichstraße wurden bei dem letzten Angriff etwa fünfzig Gefangene gemacht, die alle unverwundet waren; kaum die Hälfte davon erreichte den Schloßkeller, die übrigen wurden unterwegs und besonders von der Kavallerie niedergehauen. Und diese, die Kavallerie, die gar nicht im Gefecht gewesen war, hat auch nicht einmal die dürftige Entschuldigung einer durch den Kampf erzeugten Aufregung, und noch müssen wir hinzufügen, daß die meisten Offiziere dieser Waffe zu jenen adligen Geschlechtern des Landes gehören, die durch das Alter ihrer Familie wie durch ihren Reichtum ein Vorbild der gesamten Bevölkerung sein sollten.«[10]

Der preußische König Friedrich Wilhelm IV. sah hinter den Männern auf den Barrikaden »eine Handvoll übelwollender, verbrecherischer Menschen«, wie er am 30. März an Ludolf von Camphausen schrieb. Doch auf den Barrikaden Berlins standen 1848 ehrbare Bürger neben ehrlichen, hungrigen Handwerkern. »Wenn man die Berichte der beteiligten Augenzeugen durchmustert, wird es überwältigend deutlich, daß es das Berliner Volk in seiner Gesamtheit war, welches gehandelt hat«, schreibt Rudolf Stadelmann hundert Jahre später.

»Alles bewilligt«, hieß es plötzlich in Berlin, und die gutmütigen Jungen glaubten es. »Seit meinem letzten Brief wirst Du gesehen haben, daß die Revolution vollkommen gesiegt hat«, schreibt Virchow am 24. März nach Hause. Das Militär wird abgezogen, einen Augenblick lang herrscht Presse- und Versammlungsfreiheit, so daß sich der amerikanische Gesandte zeitweise nach New York am Vorabend einer Wahl versetzt glaubt. »Berlin ist sehr ruhig. Schlesien dagegen totaler Auflösung nahe«, schreibt Bismarck in diesen Tagen an seine Gattin.

Die große Bewegung dieser Märztage ist vorüber; die Barrikadenkämpfe sind vorbei, der Vertreter der neuen Französischen Republik bescheinigt den Berlinern, sie hätten wilder gekämpft als seine Pariser Landsleute. »Für den Augenblick haben wir Ruhe«, schreibt Virchow, »aber die Ruhe eines Vulkans, und zwar eines noch nicht ausgebrannten.« Er freut sich über die zeitweilig eingetretene »Teilung der Gewalt«. Aber bald fürchtet er, man werde »von oben« das Bürgertum auf die Arbeiterschaft hetzen: »Schon spricht man wieder von Pöbel; schon denkt man daran, die politischen Rechte ungleichmäßig unter die einzelnen Glieder der Nation zu verteilen; schon wagt man, die Presse zu terrorisieren, und die Regierung beginnt allmählich wieder einen Ton anzustimmen, der dem Ton vor dem 18ten März sehr nahe verwandt ist ... Die große Frage des Tages, welche in Volksversammlungen, Clubs, Kaffeehäusern etc. agitiert wird, ist die Berufung des Landtages, welche unter allen Verhältnissen hintertrieben werden muß. Was soll das kostbare Puppenspiel?«[11]

Virchow versteht sehr gut, daß die verschiedenen Stände des Volkes verschiedene Dinge verlangen. Die sozialen Forderungen waren die Forderungen des vierten Standes, geboren aus ihren Nöten. Der dritte Stand, das Bürgertum, hat andere Sorgen; das kann man an den sogenannten Märzforderungen ablesen: da ist von Pressefreiheit, von Volksbewaffnung, von einem deutschen Parlament und von Schwurgerichten die Rede; in Preußen steht die Forderung nach einer Verfassung obenan. Das Bürgertum und der junge politische Liberalismus stellten, mit anderen Worten, eher politische Forderungen. Während die Unterschichten die Hilfe des Staates suchen, verlangen die Liberalen Freiheit vom Staat. Sie sind stark und selbstbewußt und wollen über ihre Angelegenheiten selbst entscheiden; sie fordern Freiheit und Privateigentum, Gleichheit vor dem Gesetz und Rechtssicherheit; sie sind gegen Polizeistaat und Adelsgesellschaft: nicht Herkunft oder Blut, sondern Talent und Leistung sollen entscheiden. Das hatten selbst Konservative an diesem jungen Liberalismus auszusetzen: daß er in dieser Zeit nur an seine eigenen Anliegen dachte und seine Augen vor der Not der Hungernden verschloß.

Die Liberalen in Preußen – und auch die Herren in der Frankfurter Paulskirche – spürten nicht, daß sie die Massen nur dann hinter sich versammeln konnten, wenn sie mehr boten als nur politische Freiheiten. Die Paulskirche arbeitete eine schöne Verfassung aus und schrieb sogar einen Grundrechtskatalog mit hinein – allein, soziale Rechte wird man hier vergeblich suchen. Nur der unentgeltliche Unterricht für Unbemittelte sollte gewährleistet sein. Kein Wunder, daß die Teilnahme der einfachen Leute an der Wahl dieser Körperschaft so gering war. Die breite Masse versagte dieser Honoratiorenversammlung ihre Unterstützung. Zuletzt mußte sich die Paulskirche an diejenigen wenden, die sie hatte beerben wollen: an die Regierungen der Fürsten. Das Bürgertum hatte Angst vor dem Gespenst einer roten Revolution; es warf sich der Reaktion in die Arme, weil es fürchtete, von dem Heer der Bettler aufgefressen zu werden. »Die Furcht der Besitzenden, welche jetzt als eine psychische Epidemie in Europa auftritt«, schreibt Virchow in diesen Tagen, »ist allerdings ein Wahnsinn und hat das mit dem gewöhnlichen Wahnsinn gemein, daß er zur Abwehr des Gefürchteten gerade die Mittel ergreift, welche seinen Zustand steigern, (so) daß endlich das Gefürchtete wirklich wird.«[12]

Während in Berlin die Ereignisse sich wieder etwas beruhigen, unterrichtet Virchow seinen Vater in langen Briefen über die jüngsten Geschehnisse in der Hauptstadt. Er weiß sehr wohl, daß der Vater daheim seine politischen Überzeugungen nicht teilt, daß es ihm – »als altem Grundbesitzer und Bürger« – schwerfällt, die Nöte des gemeinen Mannes zu verstehen. »Ich kann Dich aber versichern«, schreibt Rudolf, »daß wir unter diesen Arbeitern eine große Zahl von Männern haben, vor denen alle Eure Bürger ohne Ausnahme weit zurückstehen. Darin habt Ihr recht, daß es wesentlich die Arbeiter gewesen sind, welche die Revolution entschieden haben, aber ich glaube, Ihr in den Provinzen denkt auch nicht genug daran, daß diese Revolution nicht eine einfach politische, sondern wesentlich eine soziale ist.«[13]

Otto v. Bismarck, der damals gerade in dem vom König einberufenen Vereinigten Landtag seine ersten Schritte auf politischer Bühne machte, hätte Virchow an dieser Stelle scharf widersprochen. Bismarck, ein in der preußischen Bürokratie ziemlich erfolgloser Mann, der auf seine Güter zurückgekehrt war, trat in Berlin als Standesvertreter der Junker auf, denen er angehörte. Er hätte zwar zugestimmt, daß das »soziale Element« im März 1848 von größter Bedeutung war; aber er hätte bestritten, daß es die realen wirtschaftlichen und die gesellschaftlichen Mißstände waren, die die Massen auf die Barrikaden trieben. Für Bismarck stand dahinter nicht die Not des Volkes, sondern »die Begehrlichkeit des Besitzlosen nach fremdem Gute, der Neid des minder Begüterten gegen den Reichen«.[14]

Zwei der großen Probleme des Jahres 1848 haben wir angesprochen: das soziale und das politische. Spätere Generationen haben die politischen Forderungen stärker hervorgehoben als die sozialen. Die politischen Anliegen dieser Revolution waren gleichsam die weithin leuchtende Speerspitze – doch die Wucht dieses Geschosses kam aus dem Schaft, und der verkörperte die sozialen Forderungen der Volksmassen.

Ein drittes Problem wird fortan auch von Bedeutung sein, das nationale, was seit Ende Mai 1848 immer deutlicher wurde. Die Wiener Ordnung von 1814/15 war im Auflösen begriffen, allenthalben in Europa bestanden längst schon moderne Nationalstaaten. Konnten es sich da in Europas Mitte die Deutschen noch leisten, ihren Dornröschenschlaf zu träumen, fremde Nationen unter ihrem Dache beherbergend, die nach einem eigenen staatlichen Gebäude verlangten? Deutschland mußte eins werden, das war die eine Seite dieses Problems; die andere: Sollte auch Österreich diesem Nationalstaat angehören? Und was sollte mit all den fremden Völkerschaften geschehen, den Polen, Tschechen, Magyaren, Kroaten, Slowenen und den vielen anderen, die gerade im Reich der Habsburger so mannigfach vertreten waren?

Die Polen im östlichen Preußen begehrten auf gegen die deutsche Herrschaft; zur sozialen Not – denken wir nur an Oberschlesien – gesellte sich das nationale Drängen. Polnische Verschwörer, im Jahr zuvor vom preußischen Kammergericht in

Moabit verurteilt, wurden am 20. März amnestiert und zogen nun triumphierend vor das Schloß; in der Stadt wehte neben den schwarz-rot-goldenen Fahnen das Weiß-Rot der Polen. »Zur Sicherstellung eines freien Deutschlands« forderten die Polen einen unabhängigen polnischen Staat »als Vormauer gegen den Drang der Asiaten«.[15] Der preußische König sagte einer Abordnung aus Posen die »nationale Reorganisation« des Großherzogtums zu. »Uns Deutschen, uns deutschen Demokraten, muß vor allem daran liegen, diese Flecken von unserer Nation abzuwaschen«, schrieb Friedrich Engels damals. »Eine Nation kann nicht frei werden und zugleich fortfahren, andere Nationen zu unterdrücken. Die Befreiung Deutschlands kann also nicht zustande kommen, ohne daß die Befreiung Polens von der Unterdrückung durch Deutsche zustande kommt.«[16]

Für die Wiederherstellung Polens trat auch Virchow ein. Er schenkte dem Versprechen seines Königs, ein polnisches Großherzogtum zu errichten, keinen Glauben. Aber Virchow überschätzte die Kampfbereitschaft der Polen und die Bereitschaft der Deutschen, die Polen in die nationale Unabhängigkeit zu entlassen. In Preußen wie in Deutschland überhaupt war nur eine Minderzahl gewillt, Polen – oder auch Böhmen – die Unabhängigkeit zu gewähren. Selbst intellektuelle Liberale schreckten davor zurück; und ein so aufgeklärter Geist wie Theodor von Schön wollte zuerst »slawische Kant, Buffon, Montesquieu oder Newton« sehen, ehe er bereit war, die Slawen als gleichwertige Menschen anzuerkennen.

Der Aufstand der Polen, den Virchow voraussagte, trat nicht ein; aber in den östlichen Teilen Preußens ängstigte man sich dennoch vor dem Nachbarvolk. »Eure Angst vor den Polen ist lächerlich«, schreibt Virchow am 18. Mai 1848 an seine Mutter. »Ihr könnt Euch wohl denken, daß sie nicht mit einemmale aus dem Himmel kommen können und daß zwischen Schivelbein und Polen manche gute Meile Weges liegt.« Er teilt nicht die Ängste der Eltern, die sich vor der Unruhe fürchten; selbst die Ausschreitungen der Revolution erscheinen ihm weniger verwerflich als »die alte Soldaten-Wirtschaft«. »Daß nun aber zuweilen etwas geschieht, was nicht recht ist, daß einmal ein übereilter und unbesonnener Schritt gemacht wird, das kann bei einer so jungen Freiheit nicht anders sein«, gibt er zu bedenken. »Die Kinder lernen um so früher zu gehen, je öfter und härter sie fallen.«[17]

Virchow ist in diesen Frühlingstagen 1848 ungeheuer rührig. »Vormittags fesseln mich Amtsgeschäfte und mein Kurs, und ich kann höchstens noch eine Zeitung lesen«, schreibt er. »Nachmittags habe ich allerlei Kommissionssitzungen, abends Versammlungen aller Art.« An den Wahlen für das Frankfurter Parlament nimmt er großen Anteil; die Wahlangelegenheiten hätten ihn so beschäftigt, daß er »täglich von morgens 9 Uhr bis abends 12–2 Uhr auf den Beinen sein mußte«. Er spricht vor Handwerkern und Arbeitervereinen; regelmäßig berichtet er der Gesellschaft für wissenschaftliche Medizin. Überall in Berlin bilden sich politische Vereine, in vielen davon hat Virchow das Wort ergriffen. »In dem Friedrich-Wilhelmstädtischen Casino waren es der Professor Ermann und der Prosektor Virchow namentlich, welche die Demokratie leiteten«, berichtet der spätere Verleger Robert Springer in seinem Buch »Berlin's Straßen, Kneipen und Clubs im Jahre 1848«.

Schon vor Jahresmitte zeigt sich, daß mit dem »alles bewilligt« in Wirklichkeit wenig getan ist. Die Reaktion will bald das Rad wieder zurückdrehen. Der König will sich die Herrschaft des Pöbels – oder was er dafür hält – nicht länger gefallen lassen. »Das Berliner Volk ist es gewohnt geworden, daß täglich ungestraft grobe Gotteslästerung, frechstes Antasten der irdischen Majestät, Zuchtlosigkeit, Aufruf zum Widerstand und Ungehorsam, scheußlichste Lüge, revoltante Plakate, frevelhafte Klubherrschaft und seit einigen Tagen das Wort und der Ruf der Republik und des vollsten Umsturzes aller Verhältnisse unsere Gassen entweihen«, vertraut er Anfang Juni seinem Ministerpräsidenten Ludolf Camphausen an, und dieser spricht schaudernd von den »Kommunistencliquen« Berlins. Der Einstellung der Herrschenden folgen Taten. Der preußische Staat versucht nicht, den Übeln der Zeit abzuhelfen; er kuriert an den Symptomen, indem er weitere Polizeibeamte einstellt.

Die Hohenzollern sind in diesen Tagen in Preußen alles andere als beliebt. In den Nachbarstaaten ist zumindest der Kronprinz liberal – der preußische ist als »Kartätschenprinz«

bekannt; 1848 geht er für einige Zeit außer Landes. Im Sommer, als in Paris ein blutiger Bürgerkrieg entbrennt, der dreitausend Menschen das Leben kostet, fürchtet Virchow, der preußische König werde einen Bruderkrieg entfachen. »Ein Schreckensregiment bereitet sich überall vor, mit Kartätschen und Belagerungszuständen, so scheußlich wie nie zuvor. Keine Unterdrückung durch feindliche Gewalt kann so niederträchtig sein wie dieser innere Bürgerkrieg.« Als kleinen Erfolg kann Virchow seinen Eltern berichten, daß er als Deputierter in die preußische konstituierende Versammlung gewählt wurde. »Da ich noch nicht 30 Jahre alt bin, wie das Wahlgesetz verlangt, so habe ich ablehnen müssen; wäre ich alt genug, so säße ich in diesem Augenblick in der Versammlung und würde jedenfalls zur äußersten Linken gehören, wenn ich auch nicht immer die Mittel, welche sie zur Erreichung ihrer Ideen vorschlägt, billige.«[18]

Im August tritt in Berlin eine Vereinigung zusammen, der verschiedene Arbeitervereine angehören; sie will auf dem Berliner Arbeiterkongreß dem Staat die Verpflichtung abringen, jedem Arbeitswilligen Arbeit zu geben; außerdem soll der Staat den Arbeitervereinen helfen, die Versorgung Arbeitsunfähiger zu gewährleisten. Virchow unterstützt diese Forderungen der jungen Arbeiterbewegung; die Lösung der sozialen Frage ist ihm das oberste Ziel dieser Revolution. Aber er zweifelt, ob das Problem verstanden wird und ob die Herrschenden bereit sein werden, die soziale Frage mit friedlichen Mitteln zu lösen. »Sie ist nicht wie der Gordische Knoten«, den man mit einem Hieb lösen kann und fügt – etwas mißverständlich – hinzu: »Die Lösung der sozialen Frage ist die Vernichtung des Pöbels.« Doch dann erläutert er sogleich seine Vorstellungen: »Wie kann man den Pöbel vernichten? Nur dadurch, daß man ihn in die Gesellschaft aufnimmt, daß man ihn an den staatlichen, bürgerlichen, familienhaften Rechten und Genüssen teilhaben läßt ... So fällt denn die soziale und die politische Frage zusammen.«[19]

Gerade in dieser Hinsicht hat die Revolution bislang herzlich wenig getan. »Das Budget für 1848 enthält für Armen- und Wohltätigkeitsanstalten 192778 Taler, das für 1849 zeigt die Chiffre 196668, also eine Zunahme um 3890 Taler. Nimmt man dagegen die enormen Ausgaben für das Heer, die großen Summen für die Rechtspflege, den Aufwand für die Polizei, so wird man zugestehen, daß eine Ungleichheit der schreiendsten Art besteht.«

Seine Befürchtungen sind nicht grundlos. In der zweiten Jahreshälfte siegt die Reaktion endgültig, der Reformschwung erschlafft. Das reaktionäre Ministerium des Grafen Brandenburg ruft den Belagerungszustand aus. Wichtige neue Zeitungen wie »Die Zeitungshalle« und »Die Reform« werden verboten. »In Frankreich, in Italien, in Österreich und bei uns hat die Contrerevolution gesiegt, und sie fängt an, überall ihren Sieg schamlos zu benutzen«, schreibt Virchow seinem Vater zu dessen Geburtstag, kurz vor Weihnachten, und kündigt zugleich für die Feiertage seinen Besuch an; er will einige Tage daheim in Pommern verbringen.

1849 ist der Traum von deutscher Freiheit und Einheit ausgeträumt. Der junge Prosektor der Charité hat sich im Revolutionsjahr 1848 ganz besonders hervorgetan und sich auch nach dem Antritt des Ministeriums Brandenburg nicht gescheut, das Wort zu ergreifen. Die erzkonservative »Kreuzzeitung« nimmt Virchow einige Male ins Visier; sie drängt das Ministerium, den Frechdachs einfach hinauszuwerfen. Der Kriegsminister, dem auch die Militärärzte in der Charité unterstehen, hat bereits zwei Chirurgen ihrer Unbotmäßigkeit wegen entlassen. »Mir hat das Kultusministerium gleichfalls die Frage vorgelegt, wie ich es mit meiner Stellung vereinigen könne, aufregende Flugschriften zu verbreiten«, muß Virchow Anfang März seinem Vater gestehen. »Ich habe darauf geantwortet, daß meine amtliche Stellung mit meiner politischen Tätigkeit nichts zu tun habe und daß ich die erstere nicht gemißbraucht habe ... Sollte die Suspension wirklich erfolgen, so fragt es sich, ob man meiner Lehrtätigkeit Hindernisse entgegensetzen wird. Ich glaube nicht, und es würden mir durch diese, durch meine literarischen Arbeiten und durch praktisch-ärztliche Beschäftigung noch immer Mittel genug zum Unterhalt bleiben.«

Selten hat ein Vater dergleichen mit Freuden gelesen. Warum mußte ausgerechnet sein Sohn sich so weit vorwagen? Gerade jetzt, wo die Spannungen zwischen den beiden nachließen und die Geldzuwendungen auch einmal in die andere Richtung flossen, von Berlin nach Schivelbein, gerade jetzt drohte sein Sohn seine Stellung zu verlieren. Hatte er wirklich so radikale Anschauungen? Der Vater bedrängte seinen Rudolf, ihm doch offen zu sagen, was er vom Kommunismus halte. »Den Kommunismus als solchen«, antwortet Virchow Mitte Mai, »halte ich, wie ich Dir schon früher sagte, für Wahnsinn, wenn man nämlich ihn direkt herstellen wollte. Den Sozialismus dagegen erkenne ich als das einzige Ziel unserer Bestrebungen, freilich nicht dieses oder jenes System, wie es jetzt in Frankreich aufgestellt ist, sondern das Bemühen, die Gesellschaft zu vernünftigen Grundlagen zu führen, oder mit anderen Worten, Einrichtungen zu treffen, welche uns dafür Gewähr leisten, daß der Pöbel aufhört Pöbel zu sein. Das läßt sich nicht mehr ändern. Das Christentum hat auch nur denselben Zweck gehabt ... Dies könnte ohne alle Gewaltsamkeit geschehen, wenn die Menschen, namentlich die, welche die Gewalt in Händen haben, etwas vernünftiger wären. Wie sie jetzt aber durchaus unvernünftig sind, so wird es ohne Blut und Gewalt wahrscheinlich nicht abgehen.«

Es ist fraglich, ob diese Worte Virchows Vater zu beruhigen vermochten. An seinem Arbeitsplatz in Berlin war Virchow für seinen Radikalismus verschrien, und mochte er auch nur ein Radikaler sein, wenn man ihn an seiner Umgebung mißt, so war seine Stellung doch erschüttert. Virchow vertrat seine Ansichten so freimütig, daß Zusammenstöße mit andersdenkenden Kollegen nicht ausbleiben konnten. Als Virchow einmal gegenüber Professor Schönlein den Nachweis zu führen versuchte, daß ein Kranker nicht an einer Gehirnblutung, sondern an einer Verstopfung der Hirnarterie durch eine Embolie verstorben war, rief Schönlein dem jungen Prosektor halb ärgerlich zu: »Sie sehen auch überall Barrikaden.«

Mitte April 1849 liest Virchows Vater in der »Kreuzzeitung«, daß der Minister der geistlichen Angelegenheiten und der Kultur den Prosektor der Charité seiner amtlichen Funktionen in dieser Klinik entbunden habe. Virchow vermutet, seine »unaufhörliche und organisierte Opposition gegen die Regierung« sei der Grund für den Hinauswurf. Da er bislang in der Klinik untergebracht war, muß er sich nun auch eine neue Bleibe suchen. Er bittet seine Mutter, ihm Bettzeug zu senden: »Da ich ein Schlafsofa besitze, so brauche ich bloß Laken und Überzüge zu Decken.« Um seine Existenz macht er sich zunächst keine Sorgen, denn er steht bereits mit anderen Universitäten in Verbindung; außerdem bringen seine Vorlesungen und seine Publikationen ein bißchen Geld. Die Behörden legen ihm vor allem zur Last, daß er als Bewohner der Charité politisch agitiert habe; hätte er außerhalb gewohnt, hätte man dies vielleicht als seine Privatangelegenheit betrachten können. Virchow ist um eine Antwort nicht verlegen: Wenn das der Grund ist, sagt er, dann solle man ihn doch einfach aus der Charité entfernen und ihm seinen Arbeitsplatz lassen. Der Direktor der Medizinalangelegenheiten, Geheimrat Lehnert, lädt ihn zu sich und eröffnet ihm, er könne seine Prosektur behalten, wenn er es sich künftig entsagen wolle, auf die Beamten der Charité politisch einzuwirken. Virchow muß also nicht Abbitte leisten für seine politische Agitation und geht darauf ein, sich künftig politisch zurückzuhalten. Dafür darf er seine Prosektur behalten; die Wohnung allerdings muß er verlassen. Am 1. Mai 1849 bezieht er in der Charitéstraße 1 eine kleine Wohnung.

In diesem Jahr büßt Rudolf Virchow viel von seiner politischen Zuversicht ein. »Ich habe keine Absicht, Politiker von Profession zu werden«, schreibt er im März an seinen Freund Adolf v. Bardeleben. Schon hat sich das große Wort des Königsberger Arztes Johann Jacoby als wahr erwiesen, daß eine Revolution verloren ist, wenn sie die alten Gewalten neben sich bestehen läßt. Im Oktober wendet sich Virchow, völlig ernüchtert, an seinen alten Schivelbeiner Freund Wilhelm v. Wittich: »Wenn man eine redliche Politik, einen wirklichen Fortschritt will, so muß man überhaupt den europäischen Kontinent verlassen. Wir, die wir ernsthaft das dauernde Glück des Volkes hoffen, müssen sogar einer nächsten Revolution mit Bangen entgegensehen, denn ich fürchte, sie wird so terroristisch werden, daß wir keine Rolle darin finden können. Die wirklich bewußte Demokratie hat jetzt nur an der allgemeinen Bildung, der Kräftigung des Humanismus zu arbeiten. Sie muß die breitesten Grundlagen schaffen und ihre Apostel werden überall einen günstigen Wirkungskreis finden, wenn sie nur wirken wollen.«[20]

Sechstes Kapitel

DIE MEDIZINISCHE REFORMBEWEGUNG

»Wer kann sich darüber wundern, daß die Demokratie und der Sozialismus nirgends mehr Anhänger fand als unter den Ärzten, daß überall an der äußersten Linken, zum Teil an der Spitze der Bewegung, Ärzte stehen? Die Medizin ist eine soziale Wissenschaft, und die Politik ist weiter nichts als Medizin im Großen.«

Rudolf Virchow (1848)

Das 19. Jahrhundert war ein »Revolutionszeitalter«, das hat Jacob Burckhardt immer wieder betont. Wenn man von den großen wirtschaftlichen, gesellschaftlichen, technischen und wissenschaftlichen Umwälzungen spricht, dann ist dieser Begriff durchaus angebracht. Hat man ebensoviel Grund, von einer »Revolution von 1848« zu sprechen? Wer wollte damals in Deutschland eigentlich eine Revolution? Und vor allem: gab es denn eine? War es nicht vielmehr ein großes, vielerorts vielleicht unbestimmtes Reformstreben des deutschen Volkes? Ein Reformstreben, das viele Bereiche berührte?

Der Begriff Reform hat vieles von seiner Bedeutung eingebüßt, seit man hierzulande jede Veränderung des Steuersatzes als eine »Reform« bezeichnet. Aber für die großen Veränderungen des vorigen Jahrhunderts ist er durchaus berechtigt: Als Reformen bezeichnet man die großen, tiefgreifenden Veränderungen, die meist unblutig vollzogen wurden, die aber zugleich historisch unverzichtbar waren. Als die Wirtschaft ihr Wachstum mächtig beschleunigte, war es nötig, daß Staat und Gesellschaft sich diesen Veränderungen anpaßten, wenn es nicht zu schweren inneren Spannungen kommen sollte. Im gesellschaftlichen Bereich haben die Deutschen im vorigen Jahrhundert diese Anpassungen weniger stark vollzogen als im technischen und im wirtschaftlichen; und im politischen Bereich hinkten die Veränderungen noch mehr hinterher.

Was sich Mitte des 19. Jahrhunderts für Politik, Wirtschaft und Gesellschaft sagen läßt, das traf auch für die Medizin zu: sie war stark reformbedürftig, die wissenschaftliche nicht weniger als die angewandte Medizin. Der Gesundheitsstand der Deutschen war erschreckend. Die Lebenserwartung war nicht wesentlich höher als im Mittelalter, was sich sehr leicht mit Zahlen belegen läßt: Im ausgehenden Mittelalter lag die Lebenserwartung, mit starken Schwankungen, bei 30 Jahren. Im späten 18. Jahrhundert lag sie knapp unter 30 Jahren; 1842 betrug sie etwa 32 Jahre, für Frauen war sie durchschnittlich zwei Jahre höher als für Männer. Noch in den Jahren nach 1870 lag sie nur unwesentlich höher: 35,6 Jahre für Männer, 38,5 für Frauen.[1] Die Lebenserwartung hatte sich also in den fünfhundert Jahren zwischen der Mitte des 14. und der Mitte des 19. Jahrhunderts kaum verändert.

Betrachten wir nun einige der gesellschaftlichen Veränderungen, welche wiederum Einwirkungen hatten auf die Gesundheit der Deutschen. Nehmen wir als ein Beispiel die Verstädterung. In gesundheitlicher Hinsicht war das zunächst ein Rückschritt. Bis weit in die zweite Hälfte des 19. Jahrhunderts wuchsen die Städte nur dank des Zuzugs von außen; die Sterblichkeit war in den Städten höher als auf dem Land, die Stadt hätte von sich aus ihre Einwohnerzahl nicht einmal halten können. Die Stadt machte krank, und je mehr Menschen – aus welchen Gründen auch immer – in die Städte strömten, desto größeres Augenmerk mußte die Gesundheitsvorsorge darauf richten. In England, wo die wirtschaftliche und soziale Entwicklung weiter vorangeschritten war als in Deutschland, war auch die Verstädterung größer. Dort setzte auch das Reformbegehren früher ein. Die großen Führer des »sanitären Erwachens« (sanitary awakening), der Jurist Edwin Chadwick und die beiden Ärzte Southwood Smith und John Simon, richteten – wie der junge Virchow – ihre Bestrebungen in erster Linie auf Reformen im Bereich der öffentlichen Gesundheitspflege. Sie setzten übrigens im Jahr 1848 wichtige sanitärpolitische Zugeständnisse von seiten des Staates durch.

Die Verstädterung ging mit der Auflösung der alten Sozialordnung Hand in Hand. Zuvor war der einzelne in ein wirtschaftliches und soziales Geflecht eingebunden, das man als »das ganze Haus« (O. Brunner) beschrieben hat. Während das kapitalistische Industriesystem heranwuchs, brach dieses alte Gefüge auseinander. Der Handwerkergeselle in der Stadt und der Bauernknecht auf dem Land hatten im Hause ihres Herrn gelebt, im Krankheitsfalle hatte ihr Herr für sie gesorgt. Aber wer kam für den Fabrikarbeiter auf, der in diesem neuen Wirtschaftssystem nicht mehr bei seinem »Herrn« lebte?

Die Auflösung der alten Sozialordnung verlangte dringend nach weiteren Veränderungen. Noch etwas kam hinzu, was gerade im gesundheitlichen Bereich den Reformgedanken beflügelte: das Bewußtsein, daß die Gesundheit des einzelnen ein hohes Gut war. Was gibt es, nächst der Tugend, Wichtigeres als die Gesundheit? so konnte Leibniz gegen Ende seines Lebens fragen; und je weiter die Zeit voranschritt, desto mehr neigte man dazu, der Gesundheit selbst gegenüber der Tugend den Vorzug zu geben. Im Zeitalter der Aufklärung setzte sich immer stärker der Gedanke durch, man müsse mehr tun für die Gesundheit. In dieser Zeit erschienen unzählige Broschüren, die eine gesündere Lebensweise empfahlen, und Johann Karl Ostermann definierte 1798, sich auf Immanuel Kant stützend: »Medicinische Aufklärung ist der Ausgang eines Menschen aus seiner Unmündigkeit in Sachen, welche sein physisches Wohl betreffen.« Natürlich waren es vor allem Ärzte, die sich nun zu Wort meldeten und die Öffentlichkeit zu überzeugen versuchten, besser auf ihre Gesundheit zu achten.

Die deutsche Bevölkerung war damals medizinisch unterversorgt. Zählt man die Wundärzte mit hinzu, dann gab es in Preußen in der ersten Hälfte des 19. Jahrhunderts einen Arzt auf dreitausend Einwohner, natürlich mit einem bedeutenden Stadt-Land-Gefälle. Auf dem Land »gab es für den Arzt oft lange Fahrten auf elendem Wege, durch Kieferwald und fußhohen Schnee in federlosen Wagen oder offenen Schlitten«, berichtet Gustav Freytag, dessen Vater selbst Landarzt war, »der Reisende saß in einem dicken grauen Mantel oder in die Wildschur gehüllt, den Arzneikasten unter dem Sitz, Säbel und Pistolen zur Seite. Denn die Grenzwälder waren durch streifendes Gesindel unsicher und im Winter durch hungrige Wölfe.«[2]

Pro Kopf der Bevölkerung gab es rund fünfmal weniger Ärzte als heute. Trotzdem waren die Ärzte nicht ausgelastet, was sich zum Teil mit der Armut der Bevölkerung erklären läßt. Auf dem Dorf sah man einen Arzt nur selten – und wenn einer kam, »so liefen die Leute zusammen und fragten, wer sterben müsse«, erzählte Adolf Kußmauls Vater. Der Arztbesuch war teuer, für die meisten unerschwinglich; ganz abgesehen davon, daß der einfache Mann auch nur ungern mit einem Studierten in Berührung kam, da ging er lieber zum Kurpfuscher, der war billiger und verstand ihn wenigstens. Außerdem war die Meinung weitverbreitet, daß ein Arzt sowieso nicht helfen könne, und neuere wissenschaftliche Untersuchungen haben dies durchaus bestätigt: Ob sich vor 1850 ein Kranker von einem Arzt behandeln ließ oder nicht, war im großen und ganzen unerheblich.[3]

Der Arzt in der Stadt hatte mehr Zulauf, und je größer die Städte wurden, desto mehr Ärzte wurden erforderlich. 1823 gab es in Berlin 12 Armenärzte, 1835 waren es 31. Nicht überall gab es diese amtlich bestellten Armenärzte, aber wo es sie gab, durften die frei praktizierenden Mediziner die unbemittelten Kranken an diese Kollegen verweisen; einige deutsche Staaten verpflichteten auch die frei praktizierenden Ärzte, die Armen unentgeltlich zu behandeln. Die Ärzte mußten schauen, wie sie ihr Auskommen fanden, und manch einer unter ihnen fand es schlecht genug. Theodor Billroth war bestimmt nicht der einzige, der noch in den 1850er Jahren in Berlin eine Praxis aufmachte und dann monatelang – und am Ende vergebens – auf den ersten Patienten wartete.

»Die Wissenschaft kann erstlich Gesundheit schaffen, sie kann dann zweitens Krankheiten verhüten und endlich kann sie in dritter Reihe Krankheiten heilen«, schrieb der junge Arzt Salomon Neumann, womit er allerdings eher die Zukunft erahnte als die Gegenwart beschrieb. Der Bonner Arzt Friedrich Nasse, der sich später für den besseren Gesundheitsschutz der Fabrikarbeiter einsetzte, stellte schon 1823 einen umfangreichen Katalog mit Reformforderungen auf. Nasse hielt die Zahl der Ärzte für viel zu niedrig, obwohl auch er wußte, daß seine Kollegen nicht ausgelastet waren. Er führt wissenschaftliche Autoritäten an, die der Auffassung sind, daß zwei Drittel bis fünf Sechstel aller Deutschen medizinisch unterversorgt sind – während zugleich Ärzte nach Arbeit und Brot verlangen. Nasse kennt die Stadt und das Land, und so weiß er sehr gut, daß auch die Landbewohner trotz ihrer vielbeschworenen »guten Luft« kaum weniger kränkeln als die Städter. Er weiß von den Rekrutenaushebungen, daß nicht selten der größere Teil auch der Landbevölkerung untauglich ist.[4]

Je weiter die Zeit voranschreitet, desto lauter werden die Stimmen, die nach Abhilfe der allgemeinen Not und nach weitreichenden gesellschaftlichen Veränderungen rufen. 1844 veröffentlicht Hermann Eberhard Richter sein Buch »Über Medicinalreform und ihr Verhältnis zum Staat«, zwei Jahre später eine weitere Schrift mit dem Titel »Die Medicinalreform«. Richter ist einer der vielen Ärzte, die 1848/49 bei der Revolution mit dabei sind.

Das Reformbegehren kam im großen und ganzen aus der Gesellschaft; aber in den 1840er Jahren war sich natürlich auch die preußische Bürokratie darüber im klaren, daß im Gesundheitswesen vielerlei Reformen überfällig waren. Im August 1846 berichtet Rudolf Virchow seinem Vater: »Der geh. Rat Schmidt, mein liebevoller Gönner, hat im Auftrage des Ministers einen Entwurf der Medizinal-Reform publiziert, in dessen Einleitung mit dürren Worten gesagt ist, daß es auf diese Weise nicht mehr gehe ... Was aber das Militär-Medizinalwesen betrifft, so wird es vieler Kämpfe bedürfen, um es zu stürzen, und es muß eine große Agitation dagegen eingeleitet werden. Ich bin vor einiger Zeit zum Mitglied des hiesigen Vereines für wissenschaftliche Medizin gewählt worden, der zum großen Teil aus jüngeren Ärzten besteht; da beraten wir eben in außerordentlichen Sitzungen über die zu nehmenden Schritte.«[5]

Die Jahre 1847 bis 1850 bilden den Höhepunkt dieser Reformbewegung; Forderung um Forderung geht in dieser Zeit an den Staat. Im Mittelpunkt dieser Bewegung steht der junge Virchow.

Die politischen und die medizinischen Forderungen gehören für Virchow zusammen. »Die Politik ist weiter nichts als Medicin im Großen«, schreibt er im November 1848. Die längst fälligen Reformen sollen nun endlich angepackt werden.

»Sobald die Wahl der Deputation vorüber ist, werden wir sogleich an die Medicinal-Reform schreiten, und ich hoffe, daß diese eine radikale sein wird. Der Zopf muß auch hier abgeschnitten werden und das demokratische Element zur Geltung kommen.«[6]

Die Reform der Medizin beschäftigt Virchow im Sommer 1848 ganz außerordentlich. »Ich habe Dir wohl schon geschrieben, daß ich mit Dr. Leubuscher zusammen eine Wochenschrift, genannt ›die medicinische Reform‹ gegründet habe, die wöchentlich einen Bogen stark erscheint«, läßt er den Vater im September wissen, als die ersten Nummern dieser Zeitschrift längst ausgeliefert sind. »Die Medicinische Reform«, die Virchow seit Jahresmitte 1848 zusammen mit Rudolf Leubuscher herausgibt, ist nicht das einzige Blatt, das Medizin und Reform im Titel vereinigt: da gibt es noch die »Neue Zeitung für Medicin und Medicinalreform« eines Dr. Wesseli in Nordhausen, das »Medicinische Reformblatt für Sachsen«, das in Leipzig erscheint, daneben noch »Die medicinalpolitischen Blätter« eines Nürnberger Hofrats, in Prag ein »Forum für Medicinalangelegenheiten« und weit umher im Land noch viele andere mehr. Medizinalreform ist ein tiefes Anliegen der Ärzteschaft.

Die Herausgeber der neuen Zeitschrift, Rudolf Virchow und Rudolf Leubuscher, sind gleichaltrig, und heute würde man sie wohl in alphabetischer Reihenfolge nennen; aber dieser junge Virchow ist ein überaus ehrgeiziger Herr, er scheint nicht bereit zu sein, irgendwo an die zweite Stelle zu treten. Vom Erscheinen des ersten Heftes, am 10. Juli 1848, bis zum 29. Januar 1849 zeichnen beide gemeinsam als Herausgeber; im Januar 1849 übernimmt Virchow Redaktion und Herausgeberschaft allein. Der Verleger ist Georg Reimer, bei dem auch Virchows »Archiv für pathologische Anatomie und Physiologie und für klinische Medicin erscheint«. Der Briefwechsel zwischen Virchow und Reimer aus diesen Jahren ist erhalten, und so sind wir über die verlegerischen Probleme mit dieser Zeitschrift ganz gut im Bild. Im zweiten Quartal ihres Bestehens erscheint die Zeitschrift in einer Auflage von 230 Exemplaren, wobei diese Zahl schon über der des ersten Quartals liegt. Das ist natürlich viel zuwenig! »Um die Kosten für Satz, Druck und Papier und das Debet zu decken, würden etwa 350 Exemplare erforderlich sein, wenn der bisherige Umfang beibehalten werden soll«, schreibt Reimer an Virchow. Dazu kommt es nicht.

Das »Archiv«, das Virchow weiterhin zusammen mit Benno Reinhardt herausgab, war völlig anders konzipiert als die »Reform«. Das »Archiv« stellte sich neben die herkömmlichen medizinischen Fachzeitschriften, welche die Fortschritte der Medizin festhalten und damit zugleich auch fördern wollten. Die »Medicinische Reform« hingegen war eine reine Reformzeitschrift, Anklage und Forderung in einem. »Die ›medicinische Reform‹ tritt zu einer Zeit ins Leben, wo die Umwälzung unserer alten Staatsverhältnisse noch nicht vollendet ist, wo aber von allen Seiten schon Pläne und Steine zu dem neuen Staatsbau herzugebracht werden. Welche andere Aufgabe könnte ihr daher näher liegen, als die, gleichfalls bei dem Abräumen des alten Schutts und dem Aufbau der neuen Institutionen tätig zu sein? Politische Stürme von so schwerer und gewaltiger Natur, wie sie jetzt über den denkenden Teil Europas dahinbrausen, alle Teile des Staats bis in den Grund erschütternd, bezeichnen radikale Veränderungen in der allgemeinen Lebensanschauung. Die Medicin kann dabei allein nicht unberührt bleiben; eine radikale Reform ist auch bei ihr nicht mehr aufzuschieben.« Mit diesen kraftvollen Worten eröffnete Virchow das erste Heft der neuen Zeitschrift.[7]

»Die Politik ist weiter nichts als Medicin im Großen«, sagt Virchow und stellt seine Forderung nach Reform der Medizin, vor allem aber der öffentlichen Gesundheitspflege, folgerichtig in diesen größeren Rahmen: »Die politische Gestaltung des Staats (ist) nur das Äußerliche, die Form …, innerhalb welcher die innere, wesentliche Umgestaltung der Gesellschaft in friedlicher und humaner Weise vor sich gehen (kann).« Wenn die Medizin diese Aufgabe erfüllen will, muß sie in die Politik und ins soziale Leben eingreifen. Genau das versuchen Virchow und seine »Medicinische Reform« zu tun. Was er zur Sprache bringt, berührt nicht nur medizinische Probleme: zwar geht es um die Gesundheit des einzelnen, aber im Rahmen der Gesellschaft, denn nur in einer gesunden Umgebung kann der einzelne sich seiner Gesundheit erfreuen.

Staat und Gesellschaft – im 19. Jahrhundert hat man sie gerne als einen Gegensatz betrachtet; aber Virchow versteht unter dem Staat, ganz republikanisch und modern, »die Gesamtheit der Staatsbürger«. Nicht von ungefähr rühmt er den »bewunderungswürdigen Organismus des nordamerikanischen Staatslebens«, denn er selbst begründet seine Forderung nach besserer Gesundheit für jedermann ganz ähnlich, wie sechzig Jahre zuvor die Amerikaner in ihrer Unabhängigkeitserklärung dem englischen König den Gehorsam aufkündigten, weil er die Rechte seiner Untertanen verletzt hatte: »Wenn der Staat es zuläßt, daß durch irgendwelche Vorgänge, sei es des Himmels, sei es des täglichen Lebens, Bürger in die Lage gebracht werden, verhungern zu müssen, so hört er rechtlich auf, Staat zu sein, er legalisiert den Diebstahl und beraubt sich jedes sittlichen Grundes, die Sicherheit der Personen oder des Eigentums zu wahren.« Private Wohltätigkeit reicht in diesen Zeiten nicht mehr aus, hier ist der Staat aufgefordert, etwas zu tun – mehr als das: Virchow fordert ein Grundrecht auf Gesundheit: »Es genügt also nicht, daß der Staat jedem Staatsbürger die Mittel zur Existenz überhaupt gewährt, ... der Staat muß mehr tun, er muß jedem so weit beistehen, daß er eine gesundheitsgemäße Existenz habe.«[8]

Besonders mißfällt es dem demokratisch gesinnten Reformer, daß die gesellschaftlichen Unterschiede – die Klassenspaltung – so augenfällig sind, daß die einen darben, während die andern im Wohlstand leben: »Mögen die Herren im Winter sich erinnern, wenn sie am geheizten Ofen sitzen und ihren Kleinen Weihnachtsäpfel verteilen, daß die Schiffsknechte, welche die Steinkohlen und die Äpfel hierher gebracht haben, an der Cholera gestorben sind! Ach, es ist sehr traurig, daß immer Tausende im Elend sterben müssen, damit es einigen Hunderten wohl geht.« Aber Virchow verläßt sich bei seinen Aussagen nicht allein auf seine persönlichen Eindrücke; er führt die Veröffentlichung eines Herrn namens Casper an: »Von beiden Endpunkten der bürgerlichen Gesellschaft tausend gleichzeitig Geborene annehmend, sehen wir vom zehnten Jahre ab fortdauernd mehr als die Hälfte überlebend unter den Reichen, von denen grade noch einmal soviel als unter den Armen das siebenzigste Jahr, das sogenannte natürliche Lebensziel, erleben, während zu 85 Jahren noch dreimal, ja zu 90 Jahren fast viermal so viel Wohlhabende am Leben sind als von den Armen. Oder mit anderen Worten: die mittlere Lebensdauer der Fürsten und Grafen betrug fünfzig, die der Almosenempfänger nur zweiunddreißig Jahre, und der Zufall, der ein Kind auf den Polstern des Begüterten geboren werden ließ, gab ihm ein Geschenk von achtzehn mehr zu durchlebenden Jahren mit auf den Weg als dem anderen Kinde, das auf dem Strohlager der Bettlerin zur Welt kam.« Virchow ist sich der Ungeheuerlichkeit dieser Aussage vollauf bewußt, denn er fügt noch an: »Wenn sich jemand in eine deutsche Volksversammlung hinstellte und diese Stelle vorläse, so wäre er ein Rot-Republikaner vom reinsten Wasser?«[9]

Alles muß anders, muß besser werden: Staat, Gesellschaft, Medizin. Auf die Selbstheilungskräfte oder ein übernatürliches Eingreifen wollen sich Virchow und die anderen jungen Ärzte nicht länger verlassen. Das »Licht des Christentums«, erinnert er bitter, habe es nicht verhindern können, daß »im Jahre des Heils 1847 im Kreis Pless in Schlesien 907 Menschen verhungert und erfroren« seien. Virchow fordert den Staat auf, die öffentliche Gesundheitspflege in die Hand zu nehmen und zu vereinheitlichen mittels Errichtung eines Reichsministeriums für öffentliche Gesundheitspflege – das ließ noch knapp dreißig Jahre auf sich warten, kam am Ende aber doch –, durch eine einheitliche Medizinalgesetzgebung für ganz Deutschland, durch ärztliche Fortbildungskongresse, eine gleichmäßigere Versorgung des Landes mit Ärzten. Mit der Einrichtung der Armenärzte ist er nicht einverstanden, denn der Arzt ist Vertrauensmann, daher solle der Kranke den Arzt seiner Wahl aufsuchen dürfen. Sache des Staates sei es, dem kranken Armen »eine Anweisung auf unentgeltliche Behandlung« zu geben – einen Krankenschein, wie wir heute sagen würden. Nur für die ländlichen Bezirke war Virchow mit Armenärzten einverstanden, doch sollte man bei ihrer Zulassung die moralischen Qualifikationen der Ärzte nicht allzu hoch bewerten. Dabei hatte Virchow nichts einzuwenden gegen diese Anforderung, »allein wir bestreiten die Kompetenz derjenigen, welche jetzt über die moralische Führung zu entscheiden haben«, meinte er. Und die Krankenhäuser sollten jedermann aufnehmen, »gleichviel ob er Geld hat oder nicht, ob er Jude oder Heide ist«.[10]

Medizinische Bildung und ärztliche Standesfragen haben Virchow gleichfalls beschäftigt. Er fordert ärztliche Vereinigungen, die drei Funktionen übernehmen sollen: wissenschaftliche, administrative und schiedsrichterliche. In dem Streit um die Kurierfreiheit stellt er sich ganz auf die Seite der Kurpfuscher: »Das Verbieten der medicinischen Hilfe gegen Entgelt ist eine reine Kulturfrage«, schreibt er. »Ist das Volk gebildet genug, um über alle, welche Arzneikunde zu verstehen behaupten, ein Urteil zu haben, so werden dergleichen Verbote nicht mehr nötig sein.« Virchow ist allerdings der Auffassung, daß Kurpfuscher bei »Beschädigungen des Leibes« ihrer Kranken hart bestraft werden sollten; aber er ist gegen gesetzliche Beschränkungen der Kurierfreiheit. Obwohl die Medizin als Wissenschaft in seinen Tagen nur sehr langsam Fortschritte machte, verlangte er doch, daß die Ärzte regelmäßig aufs neue geprüft werden sollten, wie man auch einen Menschen von Zeit zu Zeit wieder impfen muß.[11]

Demokratisierung fordert Virchow auch für die theoretische Medizin, also bessere Gesundheitskenntnisse für jedermann: »Die Physiologie muß ein Teil der allgemeinen Universitätsbildung der Studierenden aller Fakultäten werden, und ihre Basen müssen durch eine vernünftige Behandlung der Zoologie schon jetzt tief in die Gymnasialbildung herübergetragen werden.« Was Justus Liebig in seinen »Chemischen Briefen« (1844) und Carl Vogt in seinen »Physiologischen Briefen« (1845/46) getan haben, nämlich die Popularisierung der jeweils neuesten Erkenntnisse ihres Faches, das sei »für die eigentliche Medicin noch zu erfüllen«. Verbessert werden müsse auch die Ausbildung der Mediziner, vor allem muß ihr Unterricht anschaulicher werden: »Jedermann muß die Tatsachen und die Erscheinungen in möglich größtem Umfange durch eigene Beobachtung kennengelernt haben und sich gewissermaßen die Gesetze daraus selbst konstruieren.« Das fordert Virchow schon für den Gymnasialunterricht: daß die Schüler die Prinzipien der Forschung verstehen lernen. Und der Unterricht sollte unentgeltlich sein.

Politik ist Medizin im Großen – geht dann den Arzt nicht auch das Sterben im Großen an, also Kriege und Seuchen? Wer, als Arzt, einzelnen Kranken das Leben zu erhalten trachtet, der muß auch gegen den Krieg und auch gegen die Todesstrafe sein. Das Verbrechen sieht der junge Virchow in seinem gesellschaftlichen Umfeld; die Verhütung von Verbrechen ist für ihn ein Stück Gesellschaftspolitik, für das auch durchaus Ärzte zuständig seien. Das Bestrafen von Verbrechen sei nicht eine strafrechtliche Frage, sagt er, sondern eine soziale. Virchow steht ganz auf der Seite derer, welche in die neue Reichsverfassung, die in der Paulskirche vorbereitet wird, die Bestimmung hineinschreiben möchten: »Das Leben des Menschen ist unverletzlich, die Todesstrafe ist abgeschafft.« Er betrachtet das Verbrechen als »Ausdruck einer fehlerhaften Entwicklung. Der Verbrecher ist demnach einem Geisteskranken gleichzusetzen, die Statistik der Verbrechen ein Kriterium, den geistigen Entwicklungszustand der Völker zu bestimmen. Die Aufgabe des Staates, welche bisher durch das Strafrecht zu lösen versucht worden ist, wird daher künftig eine pädagogische sein, geradeso wie man sich allmählich überzeugt, daß der Blödsinn nur bei einer streng logischen Erziehung Aussicht auf Heilung bietet. Die Psychiatrie ist eben weiter nichts als die angewendete Psychologie, als die feinste Art von Pädagogik, und es gibt hier zwischen dem eigentlichen Schulmann und dem Arzt eine so große Menge neutraler Punkte ... An die Stelle des Strafrechts muß jetzt die Psychologie treten, wie die Politik durch die Anthropologie zu ersetzen ist, denn die Geisteskrankheiten der Völker, die psychischen Epidemien, können nur anthropologisch geheilt werden.«[12]

Nicht eine Krise des Seelenlebens, sondern eine physische Epidemie nimmt in Virchows »Medicinischer Reform« einen beherrschenden Platz ein, die Cholera, einer der großen Würgengel des Jahrhunderts. Fast in jedem zweiten Heft geht die Zeitschrift auf diese Seuche ein, so daß wir, zumindest was Berlin betrifft, über ihren Verlauf gut im Bild sind.

Für uns ist die Cholera heute nur noch Geschichte, allenfalls in fernen Regionen ist sie noch anzutreffen; aber für die Menschen des vorigen Jahrhunderts war sie eine neue, schreckliche Bedrohung. Sie war aus Asien gekommen, zunächst entlang der Straßen, welche die britischen Behörden in Indien angelegt hatten, von dort weiter, den Heereszügen und Pilgerwegen der Muselmanen folgend, über Lahore nach Persien und weiter nach Norden. Ende September 1830 war sie in Moskau, im folgenden Frühjahr im Ostseeraum, bald auch in den deutschen Ostseeprovinzen. Im Juli 1831 werden in Tilsit und Memel die ersten Cholerafälle bekannt, wenig später in Danzig. Im gleichen Jahr tritt die Seuche im Norden Frankreichs auf, Charles Périer, der Ministerpräsident, wird ihr berühmtestes Opfer.

Besonderen Schrecken verbreitet die Cholera in England: sie wird dort zum meisterörterten Problem des Jahrhunderts. Im Vergleich zu den Seuchen vergangener Zeiten, etwa zur Pest, ist sie harmlos: Die Pestepidemien des 14. Jahrhunderts hatten in England, wie auch im übrigen Westeuropa, ein Drittel der Bevölkerung oder mehr dahingerafft; die Cholera forderte selten mehr als ein Prozent der Bewohner eines Landes; nur da und dort gab es Ortschaften, die sehr viel stärker heimgesucht waren. Das englische Bilston etwa, ein Ort mit 14500 Einwohnern, verlor binnen eines Jahres 4,8 Prozent seiner Bewohner durch die Cholera. Die Choleraepidemie von 1831/32 kostete Großbritannien 32000 Tote, Preußen mehr als 41000.

In Deutschland war der Norden viel stärker betroffen als der Süden, Bayern blieb zunächst völlig verschont. Die Seuche breitete sich entlang der Ostsee, an den großen Strömen aus. In den Städten Danzig und Königsberg starben weitaus mehr Menschen an Cholera als in ihrem Hinterland: in Königsberg-Stadt gab es 1327 Tote, gut zwei Prozent der Bevölkerung; in Königsberg-Land hingegen »nur« 139 Tote, das waren 0,4 Prozent.

Von Danzig wanderte die Seuche nach Westen. Im Herbst 1831 treffen wir sie in Hamburg, kurz darauf in Lüneburg; das Königreich Hannover blieb ansonsten weitgehend verschont. Sie hielt sich bis über den Winter und zeigte 1832 in Hamburg eine seltsame, wiewohl häufig anzutreffende Erscheinung: die niedriggelegenen Ortsteile waren stärker betroffen als die höhergelegenen; in den niedrigen betrug die Sterblichkeit insgesamt über drei Prozent, in den höheren nur 0,8 Prozent.

Bei der ersten Berliner Choleraepidemie erkrankte rund ein Prozent der Bevölkerung – 2271 von 230000 Einwohnern –, 1426 starben daran. Verheerender war die nächste Epidemie, 1836/37, die diesmal auch den Osten und den Süden Deutschlands heimsuchte. In Bayern drang sie – von Italien her – nur in den Süden.[13]

1848, das Jahr der großen Reformbewegung, wurde auch das Jahr des großen Cholera-Ausbruchs. Die Cholera breitete sich diesmal über ganz Westeuropa aus. Sie wütete mehrere Jahre und kostete allein Preußen 86000 Tote. Jetzt wachten auch die Regierenden auf. Der Public Health Act in England wurde unter dem Eindruck dieser Choleraepidemie verabschiedet.

In Berlin trat die Seuche im Juli 1848 auf, Ende Juli gab es den ersten Toten. »Ein Fuhrmann vom Schiffbauerdamm, der in der Nacht vom Sonnabend auf den Sonntag um 2 Uhr plötzlich unter heftigem Durchfall, Brechen und krampfhaften Erscheinungen erkrankte, sehr bald ein cyanotisches Aussehen [Blaufärbung der Haut] bekam, pulslos und marmorkalt wurde, während er über brennende Hitze innen klagte, und um 9½ Uhr (nach 7½ Stunden) in der Charité starb«, hieß es in der »Medicinischen Reform«.[14] Bis zum 9. Dezember waren in Berlin 1595 Tote zu beklagen; in erster Linie Bewohner der Spreeufer.

Die neuen Verkehrsmittel, vor allem natürlich die Eisenbahnen, haben der Cholera geholfen, sich so schnell zu verbreiten. Das war das Problem: die Fortschritte im wirtschaftlichen und technischen Bereich waren weitaus erfolgreicher als die Neuerungen in Medizin und Gesellschaft. Nicht von ungefähr wütete die Cholera ganz besonders heftig in den Jahren der großen Bewegungen; nicht von ungefähr trat sie während des Krimkrieges ihren großen Siegeszug an; nicht von ungefähr beklagte Preußen ausgerechnet im Jahr des Preußisch-Österreichischen Krieges 1866 knapp 115000 Choleraopfer, bedeutend mehr als die im Kampf gefallenen Soldaten.

Seit ein paar Jahren spricht man auch hinsichtlich der Sterblichkeit von der Ungleichheit der Menschen; dies traf für die Cholera gleich in doppelter Hinsicht zu: sie tötete mehr Menschen in der einen Region als in der andern, und sie tötete in den Unterschichten weitaus zahlreicher als in den oberen Ständen. Das hatte man bald erkannt. Schon die erste europäische Choleraepidemie von 1831/32 wurde mittels der medizinischen Geographie gründlich erforscht: der Verlauf der Seuche und die Sterblichkeit in Karten aufgezeichnet. Natürlich wußte man sehr schnell, daß die Sterblichkeit dort am größten war, wo die Wohndichte am höchsten war – und das war nun einmal in den Wohngebieten der Armen.

Der Informationsfluß war erstaunlich. Ein August Petermann aus Potsdam fertigte nach dem ersten Auftreten der Cholera eine Karte der britischen Inseln mit den betroffenen Gebieten an; und schon zuvor waren deutsche Ärzte in staatlichem Auftrag nach St. Petersburg gereist, um sich über wirksame Maßnahmen zur Vorbeugung unterrichten zu lassen. Die Russen hatten Erfahrung mit der Cholera: die Seuche von 1846 kostete sie bis Mitte 1848 weit über hunderttausend Tote.

Die Briten, so scheint es, haben in dieser Zeit vermehrt die Tröstungen der Religion gesucht, während die Cholera in Frankreich den Klassenkampf schürte; allenthalben aber scheint sie gesundheitspolitisches Reformverlangen gefördert zu haben. Die umfangreichen »Reports on the Inquiry into the Sanitary Conditions of the Labouring Population« waren in erster Linie eine Folge der Choleraepidemie.[15]

Gegen die Cholera war kein Kraut gewachsen. Als Heilmittel nannte der »Brockhaus« von 1837: »Furchtlosigkeit, eine nüchterne Lebensweise, Vermeidung von Erkältungen, Schwelgereien, Ausschweifungen, übermäßigen geistigen und körperlichen Anstrengungen«; die »Medicinische Reform« empfahl: »Aderlässe, Reibungen der Haut mit reizenden Mitteln, warme Bäder von 29–30° mit kalten Übergießungen, Bedeckungen des Körpers mit erwärmenden Gegenständen, antiemetische Getränke [Mittel gegen Erbrechen] mit viel Opium, Senfteige auf verschiedene Teile, endlich Blutegel oder blutige Schröpfköpfe an den Nacken«. Viele Ärzte sahen damals in der Eindikkung des Blutes infolge der großen Wasserverluste die Ursache des tödlichen Verlaufs und empfahlen das alte Allheilmittel: den Aderlaß. Ein junger Wundarzt, der im Deutsch-Dänischen Krieg von 1848 mit dabei war, mußte dort zum erstenmal

Cholerakranke behandeln; er wandte diese Mittel an, die ihm ältere Kollegen rieten: »Ich befolgte den Rat, unerleichtert starben die beiden armen Burschen nach unserem Abmarsch.«[16]

Virchow hat in der Gesellschaft für wissenschaftliche Medicin mehrmals über die Cholera Vorträge gehalten. Er ging vor allem der Frage nach, »ob die Cholera als eine lokale Krankheit (des Darmkanals) oder als eine allgemeine (des Blutes) aufzufassen sei«. Über die Ursache der Erkrankung war er sich nicht im klaren; aber er ahnte, daß es sich um eine ansteckende Erkrankung handeln könnte, eine Infektionskrankheit, wie er bald als erster sagen wird. Vorläufig ist noch viel von Miasmen die Rede, von krankmachenden Luftströmungen.

Im September 1848 trug Virchow vor diesem Kreis einen weitläufigen Bericht über die siebzig Sektionen von Choleratoten vor, die er bis dahin vorgenommen hatte. Dabei stellte Virchow die Cholera des Jahres 1848 in einen größeren historischen Zusammenhang: »Abnorme Bedingungen erzeugen immer abnorme Zustände. Krieg, Pest und Hungersnot bedingen sich gegenseitig, und wir kennen keine große Periode in der Weltgeschichte, wo dieselben nicht in mehr oder weniger großer Ausdehnung neben- oder kurz nacheinander zur Erscheinung gekommen wären ... Woher dieses Auftreten gerade in diesen Zeiten, wo schon ohne eine Welt-Epidemie die Völker genugsam leiden? Se. Majestät Friedrich Wilhelm IV. von Gottes Gnaden König von Preußen geruhten einmal im Laufe des vorigen Jahres zu äußern, die Cholera erreiche immer in den Jahren ihre größte Heftigkeit und Verbreitung, wo die meisten Eide gebrochen würden. Wir vermögen nichts zu sagen, was dieses geistreiche und bewußte Eingehen in die Geschichte, insbesondere der gegenwärtigen und nächstvergangenen Zeit, irgendwie erschüttern könnte. Gewiß ist nie mehr Treulosigkeit den Vertrauensvollen entgegengetreten als in diesen Jahren; niemals sind Eide, und die feierlichsten, so wertlos gewesen. Aber die Jahre, wo die Eidbrüche epidemisch werden, sind auch die Jahre des Wahnsinns im Großen, die Jahre der abnormsten Bedingungen, und wir haben allerdings die Überzeugung, daß das Zusammentreffen solcher Cholera-Epidemien mit solchen zerrütteten Zuständen wie jetzt keine Zufälligkeit ist. Im vorigen Jahr war es das Proletariat und der niedere Bürgerstand, welche die meisten Opfer lieferten; gegenwärtig berührt die Epidemie schon die stolzen Träger der Wissenschaft, des Kriegsruhms, der Politik. Die somatischen Krankheiten fangen an, ein Gegenstand der hohen Politik zu werden.«[17]

Die große Reformbewegung kam 1849 endgültig zum Erliegen, und in der Mitte dieses Jahres stellte auch die »Medicinische Reform« ihr Erscheinen ein. Der preußischen Regierung war sie schon lange ein Dorn im Auge; sie witterte hinter ihren Forderungen nach grundlegenden Reformen Propaganda für eine rote Republik. Im letzten Heft, Nummer 52, erinnert Virchow an die Rolle der Gewalt in der Geschichte: »Wir hatten an die Macht der Vernunft gegenüber der rohen Gewalt, der Kultur gegenüber den Kanonen zuviel geglaubt; wir haben unsere Irrtümer eingesehen ... Wir haben von den Regierungen jetzt ... nichts mehr zu erwarten, ... wir können daher nur noch die Aufgabe anerkennen, die Fragen der öffentlichen Gesundheitspflege, die Fragen von dem täglichen Brot und der gesundheitsgemäßen Existenz in das Volk hineinzutragen und ihnen durch immer neue Apostel die breitesten Grundlagen für ihre endliche Durchkämpfung zu erringen. Die medicinische Reform, die wir gemeint haben, war eine Reform der Wissenschaft und der Gesellschaft.«[18]

Siebtes Kapitel

DIE WÜRZBURGER JAHRE

»Virchow hatte im Herbst 1849 Berlin verlassen, wo er so glänzend begonnen. Als Professor der pathologischen Anatomie nach Würzburg berufen, zog sein Name seit vier Jahren zahlreiche Jünger Äskulaps nach der ... berühmten Stätte.

So begreift man, warum ich gerade Würzburg für mein erneutes Studium wählte.«

Adolf Kußmaul

Wer heute von der Mark Brandenburg ins Fränkische reist, von Berlin nach Würzburg, der muß nicht nur eine schöne Strecke Wegs zurücklegen; seine Reise führt ihn auch durch ein anderes Land. Gleichviel, was ist diese Entfernung, was sind diese Unterschiede in Anbetracht des Wandels der Lebensverhältnisse im vorigen Jahrhundert? Damals lebten die Deutschen nicht nur von Landschaft zu Landschaft verschiedenartig; sie lebten auch in ein und demselben Raum in scharf voneinander getrennten, unterschiedlichen gesellschaftlichen Milieus. Ob Preußen oder Bayern, Stadt oder Land, klein- oder großbürgerlich, Handwerker oder Gelehrter, katholisch oder protestantisch – das war ein gewaltiger Unterschied.

Bayern gegen Mitte des vorigen Jahrhunderts: Staat und Gesellschaft waren vielleicht etwas liberaler als in Preußen, obwohl auch hier nach den Befreiungskriegen die Reaktion heftig zugeschlagen hatte. Der König hatte seinem Volk eine Verfassung gewährt, gewiß; aber Gesetzesinitiative des Parlaments, Budgetrecht, Ministerverantwortlichkeit und vieles mehr, was man sich in liberalen Kreisen wünschte, gab es trotzdem nicht, und das Verfassungsleben begann bald zu erlahmen. Ludwig I., der während des zweiten Jahrhundertviertels Bayern regierte, war von Natur ein Autokrat. In seiner Herrschaftszeit nahmen die Spannungen zwischen Krone und Volk zu.

Im März 1848 dankte Ludwig I. zugunsten seines Sohnes Max II. ab. Der neue König machte wichtige politische Zugeständnisse. Bayern, das schon zuvor für norddeutsche Liberale eine Hoffnung gewesen war, sollte es künftig noch viel mehr sein. Max II., der sich ohnehin gern für einen verkannten Professor hielt, begünstigte die Wissenschaften, wie sein Vater die Künste gefördert hatte. In den folgenden Jahren kamen etliche große Gelehrte, Natur- wie Geisteswissenschaftler, aus Deutschlands Norden nach Bayern, darunter bedeutende Forscher wie der Chemiker Justus Liebig, der Physiker Philipp Jolly, der Anatom Theodor Bischoff, die Historiker Heinrich Sybel und Leopold Ranke, die Dichter Paul Heyse und Immanuel Geibel – sehr zum Ärger der erzkatholischen Kreise am bayerischen Hof und in der Öffentlichkeit. »Nordlichter« war die herablassende Bezeichnung der Vornehmen für die Zugereisten; im Volk hieß man sie »Schmarotzerpflanzen«, »Maximilianskolonie« oder die »Fremdenlegion aus dem Norden«.

Altbayern war katholisch. Ludwig I. hatte die Kirche stark gefördert, vor allem die Zahl der Klöster nahm in dieser Zeit mächtig zu: Als Ludwig 1825 den Thron bestieg, gab es in Bayern 27 Klöster – vierzig Jahre später waren es 441. Auch das katholische Vereinswesen und die Laienfrömmigkeit erlebten einen ungeahnten Aufschwung. Die neue Bewegung machte nicht einmal vor den katholischen Universitäten halt. Carl Gegenbaur, ein gebürtiger Würzburger, der Mitte des Jahrhunderts in seiner Vaterstadt studierte, schreibt in seinen Erinnerungen »Erlebtes und Erstrebtes«, die Assistenten an der Universität seien verpflichtet gewesen, den Gottesdienst zu besuchen, was Gegenbaur sehr lästig war, »nachdem ich während der ganzen Schulzeit so viel mit geistlosem Kirchenbesuch geplagt war ... Überall waltete im Juliusspital die Oberhand der Pfaffen; unser Oberarzt hatte sich diesem längst gefügt, und die nächste Spitalbehörde, das Oberpflegeamt, stimmte immer mit den Pfaffen überein.«[1] Johann Nepomuk Ringseis und Joseph Goerres waren unter Ludwig I. in München sehr einflußreich. Ringseis war Leibarzt der königlichen Familie; der oberpfälzische Mundartforscher Andreas Schmeller sagte ihm nach, er wolle die Tradition der Hexenverbrennung wieder zur frommen Übung werden lassen.

Auch im unterfränkischen Würzburg war dieser Geist deutlich zu spüren. Ein junger Mecklenburger namens Ernst Haekkel studierte in diesen Jahren dort Medizin und schilderte seinen Eltern in vielen Briefen, was er tagtäglich auf den Straßen Würzburgs zu sehen bekam. Seine Briefe sind ein eindrucksvolles Zeugnis dafür, wie groß seinerzeit das Unbegreifen und die Abneigung zwischen den beiden großen Konfessionen in Deutschland waren. Das »abergläubische Formenwesen und der ganz unchristliche Bilderdienst, die Pfaffenherrschaft und der Marienkultus des Katholizismus«, wie Haeckel ihn bereits »in seinem widerwärtigsten Extrem« in Tirol und Oberitalien kennengelernt hatte, waren dem jungen Protestanten aus dem Norden tief zuwider. Er hat die Fronleichnamsprozessionen und andere feierliche Umzüge durch Würzburgs Straßen mit Staunen und Herablassung beschrieben: »Das beste sind dabei die wirklich äußerst eigentümlichen und barocken Volkstrachten … Namentlich zeichnen sich die Bauernweiber, deren Tracht an die der Altenburgerinnen erinnert, durch eine fabelhafte Geschmacklosigkeit und grelle Buntheit des Putzes aus, mit dem sie überladen sind und paradieren. Namentlich Rot und Gelb ist überall in den schauerlichsten Kombinationen.«[2]

Anfangs hatte sich die Universität gegen die politische Reaktion und die von staatlicher Seite geförderte Religiosität gewehrt. Die Würzburger Universität galt den Münchner Behörden seit jeher als politisch unzuverlässig; sie war die einzige katholische Universität, an der die jungen Burschenschaften stark vertreten waren. Nach dem Hambacher Fest, das 1832 im fränkischen Gaibach ein würdiges Gegenstück fand, schlug die Reaktion zu: namhafte Würzburger Professoren wie Lucas Schönlein und Gottfried Eisenmann wurden ihrer Ämter enthoben; selbst der Würzburger Bürgermeister Wilhelm Joseph Behr wurde aus nichtigem Grund zu zwölf Jahren Festungshaft verurteilt; auch Eisenmann mußte jahrelang im Kerker schmachten. Schönlein gelang es, nach Zürich zu fliehen; 1839 ging er nach Berlin und wurde dort ein hochgeachteter Professor.

Nach der Revolution von 1848/49 wurde in München Maximilian von der Pfordten Ministerpräsident, ein vormaliger Würzburger Privatdozent für römisches Recht. Mit ihm begann eine liberalere Ära. Auch in Würzburg schickte man sich nun an, die Folgen der großen »Säuberungen« wieder zu beheben. Der Rektor der Universität, Franz Rinecker, hatte bereits eine Reihe junger, fortschrittlicher Mediziner nach Würzburg gebracht: Rudolf Albert Kölliker, der den Lehrstuhl für Anatomie und Physiologie innehatte, und Franz Ritter von Kiwisch, den Ordinarius für Gynäkologie. Seit 1845 gab es in Würzburg einen Lehrstuhl für pathologische Anatomie, neben Wien den einzigen im Deutschen Bund, Lehrstuhlinhaber war Bernhard Mohr. Nach Mohrs Tod im Dezember 1848 dachte man in Würzburg daran, Virchow mit diesem Stuhl zu betrauen. Die medizinische Fakultät war von den Schriften dieses jungen Mannes angetan, nicht allein von der bloßen Vielzahl, sondern auch von der »Genialität der Auffassung«, von der »Klarheit der Darstellung« und der »Gediegenheit seiner Gelehrsamkeit« – und das waren in der Tat überzeugende Argumente zugunsten Virchows.[3]

In München gab es schwerwiegende Bedenken gegen ihn. Selbst der König hatte von Virchows Schrift über die Not in Oberschlesien gehört sowie von seinen respektlosen Aufsätzen in der »Medicinischen Reform«. Er konnte sich anfangs nicht für den Gedanken erwärmen, ausgerechnet diesem Berliner Radikalen einen Ruf zu erteilen. Die Universität hingegen wandte ein, sie wolle sich solchem »beträchtlichen Zuwachs von Lehrkraft und Talent« nicht versagen.

Im März 1849 trat die Universität Würzburg mit Virchow in schriftliche Unterhandlungen. Noch gab es für Virchow Hoffnung in Berlin; bald drohten ihm Schwierigkeiten aus München. Er fand die fränkische Alma Julia sehr anziehend; er war bereit, eine Berufung anzunehmen, falls die Berliner ihn weiterhin wegen seiner politischen Aktivitäten so schlecht behandelten. »Kann ich hier nicht bleiben, so kann ich keinen günstigeren Platz für meine Tätigkeit finden als diesen«, schrieb er am 8. März 1849 an seinen Vater. »Unangenehm wäre es allerdings, wenn gleichzeitig oder kurz hintereinander meine Suspension hier und eine abschlägige Antwort in München erfolgte ... Es ist nicht unmöglich, daß wir auch noch unserer Flugblätter wegen einen Presseprozeß bekommen.«[4] Bald öffnet sich eine weitere Tür: die Universität Gießen bietet Virchow eine ordentliche Professur an, und es scheint, daß auch Königsberg bereit war, ihn mit einem Lehrstuhl zu betreuen, den dann aber Hermann Helmholtz übernahm.

Kaum ist in München das neue Ministerium von der Pfordten im Amt, da wendet sich der Senat der Universität Würzburg untertänigst an den bayerischen Monarchen und bittet: »Eure Majestät möge auch dem dermalen von gedachter Fakultät einhellig gestellten und von uns einstimmig adoptierten Antrag Höchstdero allergnädigste Genehmigung erteilen und kraft dessen allerhuldvollst bewilligen, daß mit Dr. Virchow, Privatdozenten an der Universität zu Berlin, wegen Übernahme der ordentlichen Professur an der pathologischen Anatomie an hiesiger Hochschule mit einem Jahres-Gehalte von 1200 fl. in Unterhandlung getreten werde.«

Mit dem Jahresgehalt – zwölfhundert Gulden – war der König einverstanden; aber der Kandidat, verlangte er, sei vor allem in Kenntnis zu setzen, daß man von einem Lehrer der pathologischen Anatomie in Bayern erwarte, er werde seine politischen Doktrinen nicht öffentlich predigen. Als Ritter von Kiwisch die Bedenken des Königs an Virchow weiterleitete, entgegnete der: »Es gibt Zeiten, wo es für jeden ehrlichen Mann gilt, seine politische Meinung offen zu vertreten und in einem solchen Falle kann ich natürlich nie zu einer feigen Rolle mich verdammen. So lagen die Verhältnisse bei uns im vorigen Jahr. Wenn ich zu Ihnen in mir durchaus fremde Verhältnisse komme, so werde ich mich gewiß nicht in eine Stellung hineindrängen, welche meiner unmittelbaren Tätigkeit nur Hindernisse bereiten kann. Sie dürfen daher von mir erwarten, daß ich mit dem Wunsche, den politischen Vorgängen fernzubleiben, zu Ihnen gehe.«[5] Diesen Gesichtspunkt, daß er fortan zuvörderst seiner wissenschaftlichen Arbeit in Ruhe nachzugehen gedenke, hat er ein weiteres Mal hervorgehoben, wobei er vor allem darauf hinwies, daß er für seine Forschung der Ruhe bedürfe: »Sehnte ich mich nach politischer Tätigkeit«, schrieb er, »so läge kein Grund vor, warum ich Berlin verlassen sollte.« Die Münchner gaben sich vorläufig mit dieser Erklärung zufrieden.

Anfang Mai 1849, kurz nach seinem Auszug aus der Charité, setzte Virchow den preußischen Kultusminister über seine Verhandlungen mit Würzburg in Kenntnis und bat um eine Audienz. »Der Minister war außerordentlich freundlich, ja fast wehmütig«, faßte Virchow das Gespräch zusammen. »Er schwankte offenbar zwischen Scham und Furcht – Scham, daß die bayerische Regierung liberaler war als er, Furcht, daß seine eigene Partei ihn angreifen würde, wenn er mich beförderte.« Virchow hatte ihm die Bedingungen genannt, unter denen er bleiben würde: 1. Übertragung der Prosektur in der Charité ohne Bedingungen, 2. eine außerordentliche Professur, 3. Ein Gehalt von 800 Talern. Der preußische Kultusminister lehnte ab.

In der zweiten Maihälfte erhält Virchow ein förmliches Schreiben des Würzburger Senats. Seine »ausgezeichneten Leistungen im Gebiete der pathologischen Gewebelehre« hätten die Blicke der Wissenschaft auf ihn gelenkt, liest er stolz; zugleich fragt der Senat an, ob er »die öffentliche, ordentliche Professur der pathologischen Anatomie mit der Leitung der klinischen Leichenöffnungen übernehmen wolle«. Außerdem erwarte man von ihm, »die pathologische Gewebelehre vorzutragen, welches Kolleg bisher mit 10 fl. honoriert wurde«; es stehe ihm frei, Privatkurse abzuhalten und damit sein Gehalt aufzubessern. Virchow antwortet umgehend, er sei bereit, »zum nächsten Wintersemester in Würzburg einzutreten«.

Mitte Juli bittet der Senat der Universität Würzburg Virchow, er möge die Zusicherung der politischen Enthaltsamkeit, die er gegenüber Ritter von Kiwisch gleichsam privatim abgegeben habe, nun offiziell wiederholen; er solle versichern, »bei sich etwa ergebender Gelegenheit nicht auch Würzburg zum Tummelplatz seiner früher kundgegebenen radikalen Tendenzen« zu machen. Ein wenig gekränkt antwortet Virchow, er gedenke, sich in Bayern auf gesetzlichem Boden zu bewegen. Dann folgt die Erklärung, welche man von ihm erwartet: »Haben Sie daher die Güte, Magnifizenz, dem königlichen

Ministerium in meinem Namen die Versicherung zu geben, daß ich von dem Augenblicke an, wo ich meine Bereitwilligkeit, Ihrem Rufe zu folgen, erklärte, auch die Absicht gefaßt habe, mir bei Ihnen eine gesicherte wissenschaftliche Stellung und nicht einen Tummelplatz für radikale Tendenzen zu erwarten.«[6] Am 21. August 1849 trifft seine Ernennungsurkunde zum ordentlichen Professor in Berlin ein.

Die ultramontane Partei in Altbayern erhebt sofort ihre Stimme und protestiert gegen diese Berufung. In ihrem Organ, der Augsburger »Postzeitung«, erklären sie dem Ministerium, es mache sich des Hochverrats schuldig, wenn Virchow tatsächlich nach Würzburg berufen würde. Aber Ringseis, der unter Ludwig I. so mächtig war, daß er bei allen Besetzungen dieser Art seinen Einfluß geltend machen konnte, besaß unter Max II. diese Stellung nicht mehr; sein Nachfolger als Berater des Ministeriums in den bayerischen Gesundheitsangelegenheiten war Karl Pfeufer.

Bald heißt es für Virchow Abschied nehmen von Berlin, und dieser Abschied mag schwerer gefallen sein, als es zunächst den Anschein hat. Rudolf Virchow hatte sich nämlich in ein blutjunges Mädchen verliebt, Rose Mayer, einer Tochter seines Kollegen Carl Mayer. Virchow war mit Mayer, dem Vorsitzenden der Berliner Gesellschaft für Geburtshilfe, seit 1846 bekannt, und aus dieser Bekanntschaft war bald Freundschaft geworden. Die Familie lernte er erst im Jahr darauf kennen. »Röschen war damals fast noch Kind und beschäftigte mich gar nicht«, schrieb Virchow an seine Eltern, »dagegen gewann die Mutter mich lieb und namentlich seit dem März 48 bildete sich zwischen uns ein Vertrauens-Verhältnis heraus.« Es verging kaum eine Woche, wo er nicht zwei-, dreimal bei Mayers war; oft blieb er bis Mitternacht, und da wurde leidenschaftlich über Politik und Philosophie geredet, auch wenn der bedeutend ältere Carl Mayer nicht mit den Auffassungen des jüngeren Virchow in jeder Hinsicht übereinstimmte. »Was nun die Rose betrifft«, so schrieb Virchow später aus Würzburg nach Schivelbein, »so hat es lange gedauert, ehe wir näher aneinandergetreten sind, und noch bis zum Anfange dieses Jahres würde es mir keine sehr große Mühe gekostet haben, mich von ihr loszurei-

Rudolf Virchow mit seiner Frau Rose
1851 in Würzburg.

ßen. Rose ist sehr schweigsam, wenn sie nicht nötig hat zu sprechen und so hat sie mehr meinen Gesprächen mit ihrer Mutter, mit ihren Eltern überhaupt, zugehört, als sich daran beteiligt. Aber bei diesem Zuhören hat sie sich auch so in mich hineingehört, sie ist gewissermaßen so durch mich erzogen worden, daß ich nicht weiß, wer mich jetzt besser verstehen könnte als sie. Und ich, ich habe sie liebgewonnen, ich weiß nicht wie und wann; aber eines guten Tages bemerkte ich, daß sie mir unversehens ins Herz hineingewachsen war.«[7]

Rose Mayer ist noch ein Mädchen von 17 Jahren, als sie mit dem berühmten Rudolf Virchow verlobt wird. Virchows künftige Schwiegereltern haben insgesamt sieben Kinder, das älteste Mädchen ist mit einem Arzt namens Ruge verheiratet, einem Bruder des revolutionären Schriftstellers Arnold Ruge. Von den fünf Töchtern ist Röschen die drittälteste. Der ältere ihrer Brüder studiert in Halle Medizin, der andere besucht das Gymnasium.

Die Heirat zwischen Rudolf Virchow und Ferdinande Amalie Rosalie Mayer findet im August 1850 in der St. Petri-Kirche zu Berlin statt. Ist es nicht verwunderlich, daß ein so gelehrter und ehrgeiziger Professor von knapp 29 Jahren sich mit einem Mädchen von 18 Jahren vermählte? Erstaunlich ist es in der Tat, aber es zeigt auch eine andere Seite von Virchows Wesen: Ehrgeizig ist er ganz gewiß, aber er sucht auch Bewunderung – hier findet er sie, uneingeschränkt.

Über die Ehe der Virchows ist sehr wenig bekannt. Immerhin waren seine beiden Berliner Schwäger als Studenten zeitweise in Würzburg bei Virchow zu Gast, desgleichen auch Richard Ruge, ein Sohn Arnold Ruges. Aus den literarischen Hinterlassenschaften dieses jungen Herrn erfahren wir ein wenig über Virchows junge Ehe. Als Ehemann scheint Virchow liebevoll gewesen zu sein; zugleich aber auch ein Patriarch. Seine Frau war nicht die ihm gleichgestellte Partnerin; sie spielte fast die Rolle eines Kindes. Rose Virchow kränkelte stets; vielleicht hat sie damit versucht, seine Aufmerksamkeit auf sich zu lenken.

»Da bin ich nun endlich als wohlbestallter und anerkannter Professor in der glücklichen Main-Stadt. Heute habe ich meine

Tätigkeit im Juliusspital begonnen, und Montag werde ich meine Vorlesungen anfangen«, schrieb Virchow am 30. November 1849 seinen Eltern nach Schivelbein. Doch bevor er im Bayerischen richtig seßhaft werden konnte, mußte er erst ein paar Formalitäten erfüllen.

Vieles muß dem jungen Pommer fremd gewesen sein, als er nach Franken kam: die katholische Religion, die Mundart, Sitten und Gebräuche; nicht einmal Währung, Maße und Gewichte entsprachen dem, was er von Preußen her kannte. Fortan mußte Virchow bayerische Maße und Gewichte verwenden, wenn er verstanden werden wollte. Das ist wichtig, wie wir noch sehen werden.

Vieles war ihm fremd, doch es gab auch Dinge im Fränkischen, mit denen er vertraut war. Er hatte schon viel gehört vom fränkischen Land und seinem großen Bischof Otto von Bamberg, der im 12. Jahrhundert seine Reise nach Pommern gemacht hatte, um den Heiden an den Gestaden der Ostsee das Evangelium zu bringen. Und auch mit fränkischer Mundart muß Virchow schon ein wenig vertraut gewesen sein, denn sein Lehrer Lucas Schönlein sprach gewiß den Dialekt seiner oberfränkischen Heimat. Schönleins Familie stammte aus einem Dorf am Rande der Fränkischen Schweiz, drei Wegstunden von Bamberg entfernt.

In Bayern war Rudolf Virchow vorläufig Ausländer. Eine einheitliche deutsche Staatsangehörigkeit gab es im 19. Jahrhundert noch nicht. Man war Deutscher, wenn man die Staatsangehörigkeit eines der 39 deutschen Staaten besaß. Aber wer in Bayern in den zivilen Staatsdienst eintreten wollte, der mußte zunächst die bayerische Staatsangehörigkeit erwerben, das Indigenat. Das sah das bayerische Edikt über das Indigenat in Übereinstimmung mit der Verfassung von 1818 ausdrücklich vor. In der Regel erwarb man die Staatsangehörigkeit, in Bayern wie anderswo, durch Geburt; für Zugereiste kam die Naturalisation in Betracht. Wenn ein fremder Staatsangehöriger die Entlassung aus seinem bisherigen Untertanenverband nicht nachweisen konnte, wie dies für Virchow zutraf, dann mußte er das Indigenat durch ein eigenes Edikt erhalten, das vom König nach Anhörung des Staatsrates auszufertigen war.

Im Falle Virchows erteilte der bayerische Staatsrat seine Zustimmung einstimmig, und so konnte Virchow eingebürgert werden, ohne deswegen seine preußische Staatsangehörigkeit zu verlieren.[8]

Als Professor unterstand Virchow fortan dem bayerischen Kultusministerium; seine Personalakten wurden im Archiv des Ministeriums eingelagert. Gegen Ende des Zweiten Weltkriegs wurde dieses Archiv schwer in Mitleidenschaft gezogen; Virchows Personalakte verbrannte nach einem Bombenangriff auf München. So sind wir für die Würzburger Jahre auf die Aufzeichnungen der Universität angewiesen, soweit sie nicht nach München kamen, ferner auf die reichlichen Schriftstücke aus Virchows eigener Feder. Die Indigenatsurkunde kann heute noch eingesehen werden, sie kam ins Bayerische Hauptstaatsarchiv in der Münchner Schönfeldstraße.

Ein Wort ist hier noch zu sagen über Virchows Einkommen und über die Währung, in der es gezahlt wurde. Bis 1848 war es in Bayern üblich, einen Teil der Beamtenbesoldung in Naturalien zu leisten nach Maßgabe der Getreidepreise, und das aus gutem Grund: Die Ausgaben für Nahrungsmittel betrugen auch bei Familien mit höherem Einkommen ungefähr die Hälfte der Einnahmen. Wenn sich die Preise für Grundnahrungsmittel verdoppelten, wie dies in Krisenzeiten durchaus geschehen konnte, dann war es günstig, wenn das Einkommen gleichsam nach einer gleitenden Skala zubemessen wurde. Virchow erhielt neben seinem Jahresgehalt von 1200 Gulden jährlich zwei Scheffel Weizen und sieben Scheffel Korn. Der bayerische Scheffel maß 222,3 Liter (etwa 172 Kilogramm), diese Menge entsprach damals dem Jahresverbrauch eines Erwachsenen.

In Virchows Würzburger Zeit war noch der Gulden die bayerische Landeswährung. Währungseinheit gab es ebensowenig wie eine einheitliche Staatsbürgerschaft. Im Norden Deutschlands regierte, vereinfacht gesagt, der Taler, im Süden der Gulden; beide zerfielen wieder in Untereinheiten. Der Taler war etwa zwei Drittel mehr wert als der Gulden, aber diese nominellen Relationen besagen nicht viel, denn die bayerische Provinz war billig – dort waren allerdings auch die Löhne niedriger. Virchow merkte sehr bald, »daß ein Gulden hier einem Taler gleich zu achten sei«, was dessen Kaufkraft anlangte, aber das gleiche traf auch für seine Einkünfte zu: »Wo ich in Berlin 10 Taler Gold bekam, da nehme ich hier 10 Gulden ein, so daß ein sehr erheblicher Unterschied ist.« Die Münzverhältnisse waren für die meisten Menschen, die ohnehin wenig reisten, völlig unübersichtlich, zumal viele Berufsgruppen noch mit veralteten Münzen rechneten, die längst nicht mehr in Umlauf waren. Zeitgenossen klagten häufig, die Kellner in den Wirtshäusern verstünden dies zu ihrem Vorteil auszunützen.

Seit 1835 gab es in Deutschland die Eisenbahn, aber sie verband auch zur Jahrhundertmitte noch längst nicht alle größeren Orte untereinander. Selbst von Großstadt zu Großstadt zu reisen war schwierig; nicht einmal die beiden Hauptstädte des Deutschen Bundes waren durch Schienen miteinander verbunden. Wer von Frankfurt am Main schnell nach Wien reisen wollte, der nahm am besten den Rheindampfer nach Düsseldorf und von dort die Bahn, die ihn über Berlin nach Wien führte. Zwischen Berlin und Würzburg gab es 1849 noch keine direkte Bahnverbindung. Virchow nahm die Kutsche; sein Gepäck ließ er von einem Fuhrmann befördern. Auch da zeigten sich die Preisunterschiede: die Berliner Fuhrleute verlangten pro Zentner zweieinhalb Taler, die Würzburger hingegen nur den Gegenwert von einzweidrittel Talern.

Die Lebenshaltungskosten in Würzburg sind niedrig. Das bestätigen selbst die Studenten, vor allem die aus dem nördlichen Deutschland. Ein Kolleg kostet zwischen 5 und 9 Gulden, für Sezierübungen zahlt man 10 Gulden, was als sehr preiswert gilt. Professor Siebold freilich, der einer berühmten Ärzte-Dynastie entstammt, nimmt für seine Lehrveranstaltungen einen Gulden mehr. Mit 150 Talern (oder 250 Gulden) komme man bequem durch ein Semester, schreibt Haeckel an seine Eltern. Haeckel bewohnt eine Kammer und ein »extra Schlafzimmer«, für das seine Vermieter nur fünf – statt sechs – Gulden nehmen, denn er hat von zu Hause sein eigenes Bett mitgebracht. Billig ist auch das tägliche Leben: In der Gaststätte »Harmonie« kann man für 18 Kreuzer zu Mittag essen – 60 Kreuzer machten einen Gulden aus –, und zwar fünf Gänge: Suppe, Rindfleisch mit Sauce, ein weiteres gekochtes Fleisch mit Gemüse, meist Kohl, sodann eine Mehlspeise, Nudeln oder dergleichen, und zuletzt noch Trauben. Oben im Café – »wo sich sehr viel Studenten meist zum Billard oder Kartenspiel versammeln« – gab es Kaffee, die Tasse für vier Kreuzer, oder einen Leistenwein aus der Umgebung für sechs Kreuzer das Glas.

Die ersten beiden Wochen verbringt Virchow in einem Hotel, was den größten Teil der bewilligten Umzugskosten verschlingt. Am 13. Dezember zieht er in »eine kleine, aber freundliche und mäßig warme Wohnung bei dem Schreiner Reppenbacher auf dem Grabenberg ... Alles ist freundlich und voller Aufmerksamkeit gegen mich, und doch kann ich das Gefühl des Fremdseins nicht loswerden«, schreibt er gegen Weihnachten an seine Eltern. »Am Donnerstag bin ich von dem Rektor ›in Pflicht‹ genommen worden, d. h. ich habe drei Eide schwören müssen: einen Verfassungseid, einen Diensteid und einen gegen geheime Verbindungen.«[9]

Am 1. Dezember hielt Virchow in Würzburg seine erste Vorlesung in einem Hörsaal im Mitteltrakt des Theatrum anatomicum, wo auch Kölliker manchmal las. Joseph Greising hatte diesen Bau in den Jahren zwischen 1705 und 1711 errichtet, ein niedriges barockes Gemäuer im Garten des Juliusspitals, das seit 1726 im Dienste der Anatomie stand. Dort waren auch die Arbeitsräume von Kölliker und Virchow untergebracht: Kölliker arbeitete im nördlichen Turm, Virchow im südlichen, im Mitteltrakt befand sich der Holzvorrat für ihre Öfen. Die Räume waren eng; Kölliker pflegte seine Behausung stets als eine »finstere Spelunke« zu bezeichnen. Ein paar Jahre später, 1853, ließ die Universität einen Neubau errichten; fortan waren Anatomie, Physiologie und Pathologie unter einem Dach vereinigt.

Im Sommer 1850, nach ihrer Hochzeit, zog auch Röschen nach Würzburg. Die erste Wohnung des jungen Paares war in der Eichhorngasse 7; das Haus wurde um die Jahrhundertwende abgerissen. Ihre nächste Wohnung nahmen sie in der Ludwigstraße 1. Gar nicht weit davon entfernt wohnte zwanzig Jahre zuvor Richard Wagner. Drei der sechs Kinder der Virchows wurden in Würzburg geboren: Carl, der älteste Sohn, erblickte am 1. August 1851 das Licht der Welt. Er scheint stark behaart gewesen zu sein, denn sein Vater nannte ihn gerne den »kleinen Esau«. Carl wurde später Chemiker. Am 10. September 1852 kam Hans zur Welt; er studierte, unter anderem in Würzburg, Medizin und wurde Professor für Anatomie. Die Tochter Adele wurde am 1. Oktober 1855 geboren; sie wurde später die Frau des Straßburger Germanisten Rudolf Henning. Die Virchows hatten dann noch drei weitere Kinder, aber sie kamen erst in Berlin zur Welt: Ernst im Jahr 1858, Marie 1866, und einige Jahre später, am 10. Mai 1873, Hanna.

In Würzburg war Virchow von Anfang an »die eigentliche Seele und treibende Kraft« der medizinischen Fakultät, schreibt Carl Posner, ein Freund Virchows. Und es ist wirklich erstaunlich, wie arbeitswütig dieser junge Virchow war. In den letzten Novembertagen kommt er nach Würzburg, am 1. Dezember hält er vor einem sehr zahlreichen Publikum seine erste Vorlesung, und am Abend darauf gründet er, zusammen mit 23 weiteren Herren, die »Physikalisch-Medicinische Gesellschaft«. Mehr noch: der 28jährige wird am gleichen Abend zum ersten Sekretär dieser Gesellschaft gewählt; zusammen mit den Professoren Kölliker und Scherer sitzt er von Anfang an in der Redaktionskommission der Gesellschaft, die für die Publikation ihrer Vorträge und Forschungsergebnisse zuständig ist – und der erste Beitrag der »Verhandlungen der Physikalisch-Medicinischen Gesellschaft« stammt wie selbstverständlich aus Virchows Feder.

Was ist die Aufgabe dieser Gesellschaft? Sie hat sich die »Förderung der gesamten Medicin und Naturwissenschaft und Erforschung der naturhistorisch-medicinischen Verhältnisse von Franken« zum Ziel gesetzt. Knapp fünfzig Jahre später hat Wilhelm Röntgen vor diesem erlauchten Kreis seine bahnbrechenden Forschungsergebnisse vorgetragen. Die Mitglieder der Gesellschaft trafen alle 14 Tage zusammen. Zu den 24 Gründungsmitgliedern, allesamt Angehörige der Universität Würzburg, kamen später viele auswärtige und korrespondierende Mitglieder hinzu. Anläßlich ihrer Gründung überreichte Professor Kölliker der neuen Gesellschaft den Backenzahn eines fossi-

Der Chemiker Josef Scherer, Rudolf Virchow, der Gynäkologe Kiwisch von Rotterau, der Physiologe Albert Kölliker und der Rektor der Universität, Franz Rinecker (v.l.) 1850 in Würzburg. Virchow, Scherer und Kölliker bildeten das »berühmte Würzburger Kleeblatt« (Ernst Haeckel).

len Rhinoceros, ein Geschenk des Herrn stud. med. Carl Gegenbaur.

Die Physikalisch-Medicinische Gesellschaft lag Virchow sehr am Herzen, er zählte zu ihren unermüdlichen Referenten und hat sie mit Stolz wachsen sehen. Ende 1851 zählte die Gesellschaft 76 Mitglieder, davon 61 ordentliche, 10 auswärtige und 5 korrespondierende. Sie war bald überaus erfolgreich, und es mutet wie der Übergang vom natur*philosophischen* zum natur*wissenschaftlichen* Zeitalter an, daß die ältere Philosophische Gesellschaft zu Würzburg in diesen Tagen darum bat, sich der neuen Gesellschaft anschließen zu dürfen. Im Sommer 1851 fühlte sich Virchow nicht mehr imstande, den vielen Schreibarbeiten nachzukommen, und er bat um Ablösung von seiner Stelle als erster Sekretär. Der Gynäkologe Scanzoni, ein Südtiroler, übernahm die Stelle. Im Jahr darauf unterteilte sich die Gesellschaft in fünf Kommissionen. Virchow trat der epidemiologischen Kommission bei, die sich sogleich anschickte, eine Aufstellung der Epidemien und Epizootien – so nannte man seuchenhafte Erkrankungen bei Tieren – anzulegen.

Als Pathologe mußte Virchow bisweilen vor Gericht als Sachverständiger aussagen. Einmal hat er in der Gesellschaft davon berichtet, und es scheint, daß Virchow eher aus politischer Empörung denn aus medizinischen Gründen diesen Fall vortrug. Es handelte sich um ein unehelich geborenes Kind, das kurz nach der Geburt gestorben war. »Die Hauptfrage war demnach«, so Virchow, »auf welche Weise ist die eingetretene Respiration unterbrochen worden?«

Zunächst untersuchte er die Leiche des Säuglings. Sein Sektionsbefund lautete: »Das Kind war entweder ganz oder doch nahezu ausgetragen. Freilich war es leicht (3 Pfd. 30 Lth. bayr.) und klein (18½ Zoll bayr.), der Mutterkuchen etwas klein (6 Zoll bayr. im Durchmesser).« Das Neugeborene sei lebensfähig gewesen, berichtet Virchow dem Gericht, doch könnten nach der Geburt Veränderungen eingetreten sein, die den Tod spontan, ohne äußeres Zutun, herbeiführten. Nun versucht der Richter, Virchows Worte so zu deuten, als sei der Tod wahrscheinlich doch auf Gewaltanwendung zurückzuführen, aber

Virchow verneint dies ausdrücklich: »Ein Versuch zu einer absichtlichen Tötung lasse sich aus dem Sektionsbefunde nicht nachweisen, freilich auch nicht mit Sicherheit abweisen.« Virchow schenkte den Angaben der ledigen Mutter Glauben, sie sei kurz nach der Geburt ohnmächtig geworden.

Vor den Geschworenen und vor dem Richter finden die Angeklagten keine Gnade, sie nehmen den »Tatbestand des Komplottes zum Kindermord als vorhanden an. Beide Angeklagte wurden verurteilt: die Mutter zu dreijährigem Arbeitshaus, der Vater wegen ungünstiger Bestimmungen des bayerischen Gesetzbuches und anderweiter, gravierender Umstände zu lebenslänglicher Kettenstrafe«.[10]

Der jetzt dreißigjährige Virchow war nicht unempfindlich gegen Not und Unrecht, aber er hatte inzwischen eine Familie, und er hatte gelobt, sich politisch zurückzuhalten. Kölliker und er galten in Würzburg ohnehin als Radikale, da war Vorsicht geboten. Aber einverstanden mit dem, was er um sich herum sah, war Virchow nicht. »Ihre Klagen um die Heimat begreife ich«, schrieb er einem Freund in Amerika, »doch fürchte ich, daß es Ihnen auch nicht so leicht sein würde, in derselben zu leben. Wir stecken wieder in dem alten konfessionellen Hader und sind fast schlimmer daran als je.« Und seinem Vater zur Jahreswende 1851/52: »Die Sonne hat nun schon wochenlang nicht mehr geschienen ... Teuerung und Not breiten sich immer mehr aus ... Verfolgungen werden immer schamloser, mit immer empörenderer Offenheit organisiert und jede freie, anständige Regung wird allmählich geknebelt.« Sein Vater scheint ihn sogar verdächtigt zu haben, er liebäugle mit dem Kommunismus, denn in einem Brief platzt Virchow heraus, er solle endlich damit aufhören, er habe ihm schon vor langem klargemacht, daß er den Kommunismus »für einen Wahnsinn (halte) und (er) wiese die Systeme der französischen Sozialisten zurück, weil sie den Absolutismus zurückbrächten. Dabei vergißt Du«, fuhr Virchow fort, »daß das [in Preußen amtierende] Ministerium Manteuffel, wenn es Linie und Landwehr mobilisiert, um das preußische Volk niederzuhalten, ganz in der Weise der Kommunisten und Sozialisten verfährt; der eine Teil des Volkes arbeitet, um den andern zu ernähren ... Wir, die wir die soziale Reform wollen und in dem Sinne der Freiheit Sozialisten sind, wollen diesen Zustand eben verhüten. Aber Ihr, die Steuer-Zahlenden, Ihr wollt nicht sehen.«[11]

Virchow hat sich in Würzburg weniger um die Unterdrükkung durch den Staat gesorgt als vielmehr um die politische Macht der Kirche. »Das Beispiel von Österreich wird auch bei uns wahrscheinlich zur Emanzipation des Episkopats und zur Knechtung des Unterrichts führen, und wie die medizinische Fakultät von Würzburg dabei fahren wird, ist noch nicht fröhlich vorauszusehen«, teilte er seinem Freund Hans Wegscheider im Februar 1851 mit. »Die ultramontanen Blätter haben ihre Angriffe von der atheistischen medizinischen Fakultät allmählich auf die ganze Universität übertragen, so daß der Rektor kürzlich den Staatsanwalt zur gerichtlichen Verfolgung aufgefordert hat.«[12]

Trotzdem hat sich Virchow nicht gescheut, katholische Theologen in Würzburg mit kecken Äußerungen herauszufordern. Das berühmte Wort: »Ich habe Tausende von Leichen seziert, aber keine Seele darin gefunden«, ist hier gefallen, und zwar in einem Gespräch mit dem Theologen Franz Hettinger, der 1856 in Würzburg eine außerordentliche Professur erhielt.[13] Auch bei anderen Gelegenheiten soll Virchow mitunter gefragt haben: »Herr Kandidat, haben Sie schon einmal beim Präparieren eine Seele gefunden?«

Wie haben wir dies zu verstehen, war Virchow Atheist? Er hat sich bisweilen in gegenteiligem Sinne geäußert, aber vieles deutet darauf hin, daß Virchow Atheist war, auch wenn er sich mitunter etwas versöhnlicher als Agnostiker gab. »Lieber junger Kollega!« sagte er einmal bei einer Eisenbahnfahrt zu einem jungen Arzt, den er eben kennengelernt und der ihn über Gott befragt hatte, »ich will Ihnen nicht meine Anschauung über all das von Ihnen Dargelegte mitteilen, sondern Ihnen nur einen guten Rat geben. Denken Sie nie über Dinge nach, zu deren Erforschung das menschliche Gehirn absolut nicht genügend ausgebildet ist!«[14]

Ein gläubiger Christ wird kaum je eine ernstgemeinte Äußerung tun, die man als atheistisch auslegen könnte; aber ein im Christentum erzogener Agnostiker wird sich in einer christlichen Umgebung ohne weiteres auch so äußern, daß man ihn für einen Christen halten könnte. Virchow hat sich mitunter in einer Weise geäußert, die man als protestantisch deuten könnte; in Wahrheit war sie nur anti-katholisch – es war der Protestantismus des Ungläubigen.

Man kann nicht sagen, daß Virchow als akademischer Lehrer von seinen Schülern geliebt wurde; aber er genoß hohes Ansehen, und man achtete seine Sachkenntnis und seinen Fleiß. Ein amerikanischer Student, der bei ihm in Würzburg studierte, berichtet, in Virchows Arbeitszimmer habe nachts gewöhnlich bis um drei Uhr Licht gebrannt – und dabei pflegte Virchow früh aufzustehen. Carl Gegenbaur, den wir bereits kennengelernt haben, schreibt in seinem Erinnerungsbuch: »Es war auch bei gespanntester Aufmerksamkeit nicht leicht, einem Vortrag Virchows zu folgen. Man sagte, er trüge unvorbereitet vor. Um so größer war unser Gewinn. So kam ich auch dadurch einem Ziele näher und hatte keine Ursache, eine andere Universität zu besuchen, nachdem ich in Würzburg so vielseitige Vorteile fand.« Schwierigkeiten, diesem Bündel an Energie und Gelehrsamkeit zu folgen, hatte auch der junge Haeckel, der allerdings zugeben mußte, daß dies nicht allein am Vortragenden lag: »Dadurch, daß ich viele Ausdrücke, die hier gang und gäbe sind und die die andern verstehen, ohne noch Pathologie gehört zu haben, ganz und gar nicht kenne und mit den gewöhnlichsten medizinischen Redensarten usw. noch gar nicht vertraut bin, geht mir zum Beispiel ein großer Teil des Virchowschen Kollegs verloren.« Trotzdem: »Nach dem einstimmigen Urteile aller älteren Studenten und Dr. med., die jenen Kurs gehört haben und ihn für das beste Kolleg, das es hier gibt, halten, mit einem Wort ganz entzückt davon sind, kann man den wahren Nutzen davon nur haben, wenn man bereits der speziellen Pathologie und Therapie vollkommen Meister ist.«

»Dies Kolleg ist einzig in seiner Art, daß ich Dir unmöglich jetzt schon ein vollständiges Bild davon geben kann«, schwärmt Haeckel bei anderer Gelegenheit seinem Vater vor. »Jetzt nur einiges Äußerliche darüber. Das Kolleg behandelt größtenteils Sachen, die noch gar nicht gedruckt sind und die von Virchow selbst erst neu entdeckt sind. Aus diesem Grunde ist auch der Andrang dazu ein ganz ungeheurer. Der sehr große, amphitheatralische Hörsaal mit weit über 100 Plätzen ist vollständig gefüllt. Während die andern Kollegien meist periodisch geschwänzt werden, sucht hier jeder womöglich auch nicht einmal zu fehlen, weil er hier Dinge hört, die er sonst nirgends erfährt und liest. Trotzdem aber fast alle hier anwesenden Mediziner das Kolleg fleißig besuchen, möchte ich doch dreist behaupten, daß kaum der zehnte Teil ihn nur einigermaßen versteht. Wenigstens gilt dies von der überschwenglich philosophischen Einleitung, die er jetzt gegeben hat, und die das Phänomen des Lebens, der Krankheit und des Todes behandelt. Der Vortrag Virchows ist nämlich schwer, aber außerordentlich schön; ich habe noch nie solche prägnante Kürze, gedrungene Kraft, straffe Konsequenz, scharfe Logik und doch dabei höchst anschauliche Schilderung und anziehende Belebung des Vortrags gesehen, wie sie hier vereinigt sind. Aber andrerseits ist es auch, wenn man nicht gespannteste Aufmerksamkeit, eine gute philosophische und allgemeine Vorbildung mitbringt, sehr schwer, ihm ganz zu folgen, den roten Faden, der doch so schön durch alles hinzieht, zu behalten; namentlich wird das klare Verständnis sehr erschwert durch seine Masse dunkler, hochtrabender Ausdrücke, gelehrter Anspielungen, allzu häufigen Gebrauch von Fremdwörtern, die oft sehr überflüssig sind usw. Die meisten der Kommilitonen schauen nur starr und wie vernichtet dieses Wunder an.«

Virchows Kolleg über spezielle und pathologische Anatomie war unter Medizinern berühmt, und auch sein praktischer Kurs der pathologischen Anatomie und Mikroskopie soll nirgendwo seinesgleichen gehabt haben. Kußmaul gab in den fünfziger Jahren seine Praxis im Schwarzwald auf und ging, auf Anraten eines Heidelberger Bekannten, nach Würzburg. Zwei Semester lang besuchte der erfahrene praktische Arzt die Vorträge und Übungen Virchows. »Unübertrefflich waren die Demonstrationen und Vorträge Virchows«, schreibt er, »jeder Tag brachte Neues und Lehrreiches.«

Haeckel hat auch diese Übungen anschaulich beschrieben: »Wir sitzen zu 30–40 an zwei langen Tischen, in deren Mitte in einer Rinne eine kleine Eisenbahn verläuft, auf der die Mikroskope auf Rädern rollen und von einem zum andern fortgeschoben werden. Da bekommt man denn oft in einer Stunde die merkwürdigsten und seltensten, sorgfältig für das Mikroskop zurechtgemachten pathologischen Präparate in Menge zu sehen, während Virchow dabei ganz ausgezeichnete Vorträge (natürlich dem grade in die Hände kommenden Material von der Klinik angepaßt) hält. Diese setzen dann meist die Fälle, die man vorher auf der Klinik lebend beobachtete, ins klarste Licht, wie dies auch die abwechselnd mit dem Kursus von Virchow gehaltenen Lektionen tun, bei denen er zuweilen auch seine Schüler selbst die Obduktion ausführen läßt. Grade dieser Zusammenhang zwischen dem klinisch-pathologischen, anatomischen und mikroskopischen Befund, wie man ihn so auf die klarste und bequemste Weise als ein ganzes, einheitliches Krankenbild erhält, ist äußerst interessant, lehrreich und wichtig. Und so etwas sucht man in Berlin, wo überhaupt an pathologische Anatomie nicht zu denken ist, ganz vergebens! Das ist nur hier.«[15]

Seit der Mitte des vorigen Jahrhunderts nahm das Studium der Medizin in Würzburg einen ungeahnten Aufschwung, und unzählige Studenten kamen hierher, um Virchow zu hören. 1849 waren an der Alma Julia 98 Medizinstudenten eingeschrieben, ein Fünftel aller Studierenden – im Sommersemester 1856 waren es 356 Studenten der Medizin, die Mehrzahl davon kam nicht aus Bayern. »Die Zahl unserer Studenten ist wieder gestiegen, es sind über 700 hier, darunter gegen 300 Mediziner«, berichtete Virchow schon gegen Ende 1851 nach Hause. Tatsächlich machten nun die Mediziner in Würzburg in manchen Jahren fast die Hälfte aller Studierenden aus; und es gab Jahre, da promovierten in Würzburg zehnmal so viele Mediziner wie Doktoranden in allen anderen Fächern zusammen.[16]

Im Spätsommer 1851 machen die Virchows, inzwischen »alte Eheleute«, wie Rudolf befindet, eine Urlaubsreise in die Schweizer Berge. Gereist ist Virchow sein Leben gern, und stets hat er seine Eindrücke in lesbarer Form zu Papier gebracht. »Wir kamen in Grindelwald an«, berichtet er seinen Eltern, »einem

Dorfe, das in einem breiten Tale, aber immer noch 3000 Fuß über dem Meere liegt. Das Korn war noch überall grün, und die Kirschbäume hingen eben voll frischer Früchte, von denen große Körbe auf der Wirtstafel zum Dessert aufgesetzt wurden. Da sahen wir die ersten eigentlichen Gletscher und hielten uns eine Zeitlang in einer grünen Eishöhle auf, rings umschlossen von Eis, so daß das Licht nur durch die Schichten desselben in die Höhle dringen konnte. Am nächsten Tage stiegen wir zum Faulhorn hinauf, etwa 8000 Fuß, dem höchsten bewohnten Punkt in Europa, d. h. die Wohnung ist ein einzelnes, ärmliches Gasthaus, das wie in Kamtschatka zu liegen scheint, so öde und wüst ist es.«

Mit Staunen betrachten die jungen Leute die Schönheit des Berner Oberlandes. Rudolf ging gerne zu Fuß in die Berge, »die Rose (wurde) auf ein Pferd gesetzt, und so stiegen wir denn rüstig 6000 Fuß in die Höhe auf die Wengern-Alp, die gerade den großen Eishörnern der Jungfrau, des Mönchs und des Eiger gegenüberliegt, so daß man diese Kolosse von unten bis oben übersehen kann. Eben als wir oben ankamen, begrüßte uns von drüben krachendes Gepolter, und von der Jungfrau rasselte, von Abhang zu Abhang, donnernd und stäubend eine große Lawine ins Tal hinab. Es ist ein eigener Anblick, so einen Berg von 10000 Fuß unmittelbar vor sich aufgetürmt zu sehen, als ob man ihn greifen könnte, so nah erscheint er, und doch ist er durch ein weites Tal getrennt. Und nun so ein schneeiger Berg, so silbern, daß ein paar der höchsten Vorsprünge den Namen der Silberhörner tragen, ein Berg, an dem kein Gräschen wächst, so öde, kalt und hart!«[17]

Virchows Eltern im flachen Land an der Ostsee mögen sich geängstigt haben.

Halten wir einen Augenblick inne und betrachten die wirtschaftlichen Zustände im Deutschland der 1850er Jahre. Die vierziger Jahre waren Hungerjahre, an ihrem Ende steht ein großes Aufbegehren. Am Ende der fünfziger Jahre gibt es keine Revolution – das macht sie weniger spektakulär, weniger elend waren sie deswegen nicht. Die Preise für Kartoffeln stiegen zwischen 1850 und 1855 um 125 Prozent, für Roggen um 150 Prozent, Weizen verdoppelte seinen Preis. Die Reallöhne dagegen sanken. Sie lagen im Durchschnitt der Jahre 1852 bis 1855 nur ein wenig höher als für die Jahre unmittelbar vor 1848. Und gemessen an der Einwohnerzahl erreichte die Auswanderung aus Deutschland damals ihren Höhepunkt.

In den Mittelgebirgen, Krisengebiete seit alters her, geht der Hunger um; im Winter 1851/52 bricht im Spessart und in der Rhön der Typhus aus. Ein Dr. Heine bringt in der bayerischen Abgeordnetenkammer den Antrag ein, den Gelehrten Rudolf Virchow in den Spessart zu entsenden, damit er dort nach dem Rechten sehe. Dieser Antrag findet die Zustimmung des ganzen Hauses. Die bayerische Regierung bittet die Regierungsräte Koch und Schmidt von der Bezirksregierung in Unterfranken, Virchow auf dieser Reise zu begleiten. Sie erhalten den Auftrag, »die Nahrungsverhältnisse und Beschaffenheit der dort im Augenblick gebräuchlichen und vorhandenen Nahrungsmittel in ärztlicher Beziehung (zu erkunden) sowie zur Vorkehrung und Veranlassung geeigneter Maßnahmen gegen die diätetischen Mängel und gegen die Krankheitserscheinungen, welche in mangelhafter Nahrung ihre Ursache haben«, vorzugehen.

Am 21. Februar 1852 reisen die drei Herren aus Würzburg ab. Kaum im Spessart angekommen, erkennt der junge Virchow, woran es den Spessartbauern fehlt: Die Anbaufläche ist einfach zu knapp, die Erträge sind zu gering für die Menschenzahl, daher sind die Spessartbauern nicht imstande, die einfachsten Grundbedürfnisse zu befriedigen. Sie hausen in armseligen Hütten und sind erbärmlich genährt. »Wohin man kommt, sieht man im Spessart relativ kleine Häuser, die über einem meist ganz überirdischen Keller ein einziges Wohnzimmer mit engem Kämmerlein und eine kleine Küche enthalten. Man steigt über eine steinerne Treppe zu einem kleinen Vorplatz heraus, der geradezu in die Küche, an einer oder auch zu beiden Seiten in die Wohnzimmer, nach oben führt auf den Vorratsboden ... Der Rauch strömt von der Küche gewöhnlich durch den Vorplatz und durch die in der Mitte quer geteilte Tür zum Haus heraus, indem er natürlich alle inneren Räume mit durchdringt ... Im Innern einer solchen Wohnung haust eine fast immer sehr zahlreiche und mit Kindern gesegnete Familie.

Zuweilen sind mehrere Generationen gleichzeitig, zuweilen auch mehrere fremde Familien zusammen darin vorhanden. Insbesondere häufig ist es aber, daß Seitenverwandte mit Kindern zugleich dieselben Räume mit bewohnen. Die meist sehr schmutzigen ... Betten stehen in geringer Zahl sowohl im Zimmer selbst als auch in dem oft dunkeln und dumpfen Kämmerchen, so daß es gewöhnlich ist, wenn zwei bis drei Personen, selbst von verschiedenen Geschlechtern, in dem selben Bette schlafen.«

Die Nahrung der Spessartbauern ist eintönig: »Fleisch, an sich kein gewöhnliches Nahrungsmittel, hatte bei den meisten aufgehört; Brot, Butter gab es fast gar nicht, Milch sehr selten. Brot konnten nur wenige aus eigenen Vorräten noch backen, da selbst das Heidekorn erschöpft war, wo wir Brot sahen, war es von den Bäckern gekauft oder geborgt, dann aber von bester Qualität. Einzelne hatten nur Mehl, aus dem sie unschmackhafte Suppen bereiteten, einzelne besaßen noch Erbsen, Linsen oder Bohnen, gewiß die beste Kost unter solchen Verhältnissen ... Manche gebrauchten getrocknete und geröstete Gerste oder zerschnittene und gedörrte Rüben, und bereiteten daraus einen Aufguß vor, der als Kaffee getrunken und dessen Satz später als Mahlzeit verspeist wurde. Die, welche noch mehr Mittel besaßen, vermischten dies Fabrikat wohl mit wirklichen Kaffeebohnen. Die Kartoffeln, welche krank aus der Erde genommen waren, hatten glücklicherweise im Keller keine weitere Zerstörung erfahren; es war mehr ein trockener und daher begrenzter Brand. Allein an manchen Orten waren sie unvollkommen ausgebildet, äußerst klein und wenig mehlhaltig, und manche suchten jetzt mühsam die Knollen von den Äckern, die im Herbst vergessen oder absichtlich zurückgelassen worden waren. Relativ reichlich und daher viel gebraucht war das Kraut (Sauerkohl) und nächst ihm die Rüben.«[18]

Die Krankheit selbst, der Typhus – und diesmal war es wirklich der Typhus – wütete nur in einzelnen Familien; einige Krankheitsfälle hat Virchow beschrieben: »Zuerst erkrankte die Mutter der Familie, Margaretha geb. S., 53 Jahre alt, die bis dahin bis auf einen alten, beweglichen Bruch ganz gesund gewesen sein sollte. Nach einer Wäsche, die sie im Dezember vorigen Jahres besorgte, erkrankte sie unter Frost, klagte über den Leib und legte sich. Sie hatte jedoch weder Erbrechen, noch Durchfall oder Verstopfung ... Sie starb nach 8 Tagen am 26. Dezember, nach der Aussage ihres Mannes besinnlich.

Ihre Schwester, Katharina S., 48 Jahre alt, besorgte bald nach dem Begräbnis die Wäsche der hinterlassenen Bett- und Kleidungsstücke und benutzte dann auch diese Betten selbst. Schon acht Tage nach dem Tode ihrer Schwester erkrankte sie ihrerseits unter Frost, Hitze, Kopfweh, fröstelte stets, hatte sehr viel Abweichen ... Sie sprach nicht irre, soll bis zuletzt besinnlich gewesen sein, und nur ihr Gehör habe gelitten. Sie starb am 25. Januar.

Schon vor ihr hatte sich Johann Hermann, der zweite, 13jährige Sohn, gelegt, obwohl seine erste Erkrankung ziemlich gleichzeitig mit der seiner Tante erfolgt zu sein scheint. Er soll immer elend gewesen sein und eine böse Farbe gehabt haben. Schon während des Herbstes klagte er oft über Leibweh und entleerte einigemal Würmer. Gehustet hat er selten. Die gegenwärtige Krankheit entwickelte sich ohne bestimmten Anfangspunkt, namentlich ohne Schüttelfrost. Er fühlte sich matt, sah elend aus, klagte über den Bauch, fröstelte, hatte große Hitze und Schmerzen im Kopf, wurde schwerhörig, unbesinnlich, ... Lichtscheu und Ausschlag wurden nicht beobachtet. Tod am 26. Januar, nachdem er etwa einen Monat krank gewesen war.«[19]

Sein Hauptaugenmerk legte Virchow bei dieser Reise natürlich auf den Typhus, aber er achtete auch auf andere Krankheiten. Ein Leiden, das im Fränkischen damals weit verbreitet war, war der Kretinismus. Im weiteren Sinne kann man darunter jegliche Art von Schwachsinn verstehen; im engeren Sinne verweist man damit auf eine angeborene Unterfunktion der Schilddrüse, die zu einer spezifischen Form von Schwachsinn führt. Inzucht war in den unterentwickelten Waldgebirgen Deutschlands ein häufig vorkommendes Übel, und natürlich hat sie alle möglichen Krankheiten gefördert. Der Kretinismus hat das Problem der Armut noch verstärkt, denn die Erkrankten waren langfristig außerstande, für sich selbst zu sorgen und mußten von ihren Verwandten im Dorf unterstützt werden. Virchow hat bei dieser Spessartreise eine mehrköpfige Geschwisterschaft, die an Kretinismus litt, beschrieben: »Die beiden Brüder führten ein völlig tierisches Leben. Durch Harn und Exkremente der Bewohner verfaultes Stroh, das die Atmosphäre der scheußlichen Räumlichkeit verpestete, dient beiden als Lagerstätte, und sie verlassen diese nur, um mit Hilfe von großen Stöcken im Dorfe herumzulaufen und sich zu sonnen oder sich das ihnen angewiesene Brot zu holen und gierig zu verschlingen. Besserungsversuche in bezug auf ihre Kleidung, die aus den unreinsten Lappen besteht, oder in bezug auf ihre Lagerstätte, sind ohne Erfolg, da sie sogleich bemüht sind, das dargebotene Bessere zu zerstören und zu verunreinigen, um es auf den gewohnten Stand zurückzuführen; ähnlich verfahren sie mit etwa gestohlenen Viktualien, die sie nicht sogleich aufzuzehren vermögen. Sie werden deshalb von den Dorfbewohnern gehaßt und mit Schlägen verfolgt.«[20]

Das Problem im Spessart war nicht die Seuche, sondern der Hunger, und der war im Winter 1851/52 nur wenig stärker als zu anderen Zeiten. Also mußte der Hunger zuerst bekämpft werden. Private oder staatliche Mildtätigkeit war allenfalls ein Anfang, dann mußten andere Mittel einsetzen: »Gewiß steht es jedem gut an, bei dieser Not hilfreich beizustehen und durch reichliche Zufuhr von Geld den lokalen Mangel zu decken, allein die öffentliche Wohltätigkeit, auch wo sie mehr ist als Ostentation, kann nur die momentane krasse Not lindern, nicht die dauernde und schleichende beseitigen. Gegen diese kann nur das Volk selbst ankämpfen durch seine eigene Tätigkeit und Rührigkeit, durch selbständiges und selbsttätiges Wirken, und dies kann nachhaltig nur erregt und unterhalten werden durch Bildung, Unterricht und Erziehung. Wessen ist diese Aufgabe? Wer erkennt sie an? Wer erfüllt sie?« Virchow gibt selbst die Antwort auf diese Fragen – und seine Antwort ist nicht unbedingt liberal im Sinne der Nachtwächtervorstellung des 19. Jahrhunderts: »Der Staat kann es«, sagte er, »wenn er die gesamte Leitung des Unterrichtes in seiner Hand hält. Ist es nicht möglich, hier einen andern Standpunkt der Kultur zu gewinnen, so wird jedes ungünstige Jahr ähnliche oder noch schlimmere Zustände zurückbringen.« Und am Ende seines Berichts über die Not im Spessart nennt er, wie in dem Bericht über Oberschlesien, noch einmal die Mittel, mit denen man Hunger, Krankheit und Sittenlosigkeit am besten bekämpfen kann: »Bildung, Wohlstand und Freiheit sind die einzigen Garantien für die dauerhafte Gesundheit eines Volkes.«[21]

Kaum war Virchow aus dem Notstandsgebiet zurück, stattete er der Physikalisch-Medicinischen Gesellschaft an den Abenden des 6. und des 13. März einen Bericht über die Not im Spessart ab. Seine amtliche Mitteilung an die bayerische Staatsregierung ist uns nicht erhalten; doch es ist anzunehmen, daß sie nicht bedeutend abwich von dem, was er in den Sitzungen der Gesellschaft sagte und in den »Verhandlungen« abdrucken ließ. Virchows Kritik war bedeutend maßvoller als vier Jahre zuvor, als er aus Oberschlesien zurückkam, und sie war ohne jede Feindseligkeit gegenüber der Regierung. Dennoch nahm Ringseis in München diese zum Anlaß, den jungen Arzt heftig anzufeinden: da war von »stolzblinde(r) Professorenweisheit« die Rede, die nicht vertraut sei »mit der Spessartliteratur und dessen sozialen Verhältnissen, im Undanke gegen die Hierarchie der römisch-katholischen Kirche sich aufbläst«.[22]

Dabei hat Virchow, was die Hilfe gegen den Kretinismus anlangt, die Kirche gelobt. »Das sicherste Heilmittel gegen das in Rede stehende Übel hat unstreitig die katholische Kirche auf dem Konzilium in Trient dort angeordnet, wo sie jedem Pfarrer zur heiligen Pflicht macht, jeder Verehelichung ein mehrmaliges, umsichtsvolles Brautexamen und eine gründliche Belehrung vorher zu geben«, schreibt Virchow in einer seiner Studien über den Kretinismus in Unterfranken. Mit diesem Thema hat er sich auch in den nächsten Jahren mehrmals beschäftigt und der Gesellschaft zu Würzburg davon berichtet.

Bei einer dieser Erkundungsfahrten, in der Nähe des Schwanberges, mußte Virchow feststellen, daß die Dorfbewohner sich völlig abweisend verhielten; sie fürchteten offenbar um den Ruf ihrer Ortschaft. In Iphofen weigerten sich »auch die Gebildeten«, berichtete Virchow enttäuscht. »Nicht einmal in das alte Beinhaus, den Kernär[!], der voll von Knochen steckt, ließ man uns hinein, wohl eingedenk, daß die Pathologen von Würzburg schon zu wiederholten Malen reiche Beute daraus nach Hause getragen haben.«[23]

Die Vorträge in der Physikalisch-Medicinischen Gesellschaft waren sehr beliebt. Sie fanden meist am Samstagabend statt, von 18 bis gegen 21 Uhr. Neben den Mitgliedern der Gesellschaft hatten auch Studenten Zutritt. Hier wurde über alles gesprochen, was von naturwissenschaftlichem Interesse war, auch über Forschungsreisen, die Würzburger unternommen hatten, wie die Reise nach Sizilien, die Kölliker im Jahr 1852 mit einem seiner Studenten, Gegenbaur, unternahm, um in der Straße von Messina die Anatomie, Morphologie und Physiologie der niederen Seetiere zu ergründen. »Was mir besonders angenehm auffiel«, schrieb Haeckel nach Hause, »war die ungeheure Gemütlichkeit und Zwanglosigkeit, mit der die Professoren sowohl untereinander als mit den anderen Leuten verkehrten, und von der man in Berlin, namentlich unter Professoren, keinen Begriff hat.«[24]

Im Spätherbst 1852 erhielt Virchow zum zweiten Male einen Ruf von der Universität Zürich. Den ersten hatte er leichten Herzens ausgeschlagen; das zweite Angebot nahm er ernster. Es war der gleiche Lehrstuhl, den Schönlein von 1833 bis 1839 innegehabt hatte. Der Senat der Universität Würzburg wollte alles aufbieten, damit Virchow bleibe; sein Gehalt wurde von 1200 auf 1400 Gulden angehoben; daneben hatte Virchow in diesen Jahren einige kleinere Einnahmen, die sich noch einmal auf die Hälfte seines Gehalts beliefen.

Er sagte Zürich ab, und seine Studenten veranstalteten für ihn daraufhin, wie dies üblich war, einen Fackelzug, der von zwei großen Musikchören begleitet war. Ernst Haeckel war mit von der Partie. »Der Zug fiel übrigens ganz prächtig aus«, berichtete er, »die Umstände waren sehr günstig: die Nacht stockfinster und ein frischer Wind, in dem die Flammen herrlich hin und her flackerten ... Zuerst wurde ein großer Ring gebildet und *Gaudeamus igitur* gesungen, und dann flogen mit einem Male alle 150 Fackeln hoch, hoch in die Luft und beschrieben, wie Raketen, eine schöne Parabel, worauf sie in weitem Bogen niederfielen ... Vor Virchows Haus standen wir fast eine Stunde. Es wurde eine Delegation, die in einer Kutsche fuhr, zu Virchow hineingeschickt, um ihm unsre Sympathien (die bei uns grade nicht sehr groß sind, obwohl ich seinen kalten, festen, fast starren Charakter sehr bewundre) auszudrücken; dann kam er selbst heraus und hielt eine ziemlich lange Rede, voll edlem Selbstgefühl und Eifer für die Wissenschaft, der er ganz angehöre!«

Nach dem Fackelzug ging es noch in die Kneipe. »Anfangs war es recht nett, es ging sehr lustig her und wurde tüchtig musiziert und Burschenlieder gesungen. Bald fing aber die Sache an, etwas gar zu toll und bunt zu werden, und selbst bei den Professoren stellten sich gelinde Begriffsverwirrungen ein. Kölliker, der immer der Gescheuteste ist, drückte sich deshalb nach einem Stündchen, und ich folgte seinem Beispiel. Die anderen sind noch bis zum andern Morgen beisammengeblieben, bis sich zuletzt der ganze Wirrwarr in einem allgemeinen Katzenjammer aufgelöst hat. Virchow selbst ist nach 3 Uhr nach Hause gekommen; wie, weiß er wohl selbst am wenigsten!« Die nächsten Tage war Virchow einer »Grippe« wegen krank geschrieben.[25]

Mit ihren sechs- oder siebenhundert Studenten blieb die Alma Julia eine überschaubare Anstalt, wo jeder – fast – jeden kannte. Dem jungen Haeckel gelang es bald, mit Virchow in eine persönliche Beziehung zu treten. Bei einer kleinen Landpartie, im Juli 1853, zu der Kölliker ihn eingeladen hatte, kam der junge Mecklenburger mit dem Pommern ins Gespräch. Haeckel, ein hochaufgeschossener, etwas linkischer junger Mann, der Sohn von sehr betagten Leuten, erschrak fürchterlich, als er der jungen Damen ansichtig wurde, die, gleich ihm, diesen Ausflug mitmachten. Noch größer aber war sein Schrekken, als man ausgerechnet ihm die Aufgabe zuwies, die Damen zu unterhalten. Er habe dies »glücklich zu umsegeln gewußt«, schreibt er, und habe »den ganzen Tag mit keiner ein Wort gesprochen ...«

Im Guttenberger Wald angekommen, ließ man sich zu einem Imbiß nieder. »Da packten die respektiven Professorenfrauen die sämtlichen Schätze ihrer Küche und Speisekammer vor den schmachtenden Gaumen aus und suchten diese zu erquicken, wobei eine die andere Professorin zu übertreffen suchte. Nur

Frau Professor Kölliker, übrigens eine sehr schöne und noble Dame, hatte in diesem Wettstreit sich nicht hervorzutun gesucht. Es ist nämlich eine der wenigen, aber desto mehr schlimmen und schwachen Seiten Köllikers, daß er etwas sehr knickrig ist (horridum exemplum!) ... Das beste von der ganzen Geschichte war noch, daß ich dabei Virchow kennenlernte, dem ich noch alte Grüße von [seinem Verleger] Georg Reimer bestellte, an den er mir herzliche Gegengrüße bestellt hat. Dann amüsierte mich der herzliche, offene süddeutsche Ton, der auf der ganzen Partie herrschte, bei der die zarten und jungen Damen mit den Herren Bier tranken, schossen, kegelten usw. ...«[26]

Aus der flüchtigen Bekanntschaft wurde bald eine Arbeitsbeziehung, der wir eine Schilderung von Virchows Arbeitsweise verdanken. Virchow war zunächst, als er nach Würzburg kam, dem anatomischen Institut untergeordnet; im Etat der Universität hatte er keinen eigenen Posten. Eine Assistentenstelle wurde ihm erst im Juli 1852 zugestanden. Diese Stelle wurde jeweils für ein Jahr vergeben. Der Senat verlängerte die Anstellung nur ungern, denn es sollten möglichst viele die Gelegenheit haben, an dieser Stelle etwas zu lernen. Friedrich Grohé durfte zwei Jahre bleiben; er war ein überaus umgänglicher junger Herr. Im April 1856 erfuhr Haeckel, daß er »Königlich bayerischer Assistent an der pathologisch-anatomischen Anstalt zu Würzburg« mit einem Jahresgehalt von 150 Gulden wurde; damals munkelte man bereits, daß Virchow bald nach Berlin zurückgehen würde.

Im Sommer 1856 tritt Haeckel nun in Virchows Dienste. Er, Haeckel, stehe morgens um 5 Uhr auf, berichtet er, und sei um 6 Uhr bereits »auf der Anatomie«, wo er dann bis gegen 19 Uhr bliebe. »Dabei halte ich mich meistens in Virchows Arbeitszimmer auf, einem kleinen, einfenstrigen Stübchen, in welchem es so kunterbunt mystisch und genial liederlich aussieht, daß eine Hexenküche oder, besser, das Laboratorium eines mittelalterlichen Alchimisten auch nur eine schwache Vorstellung davon geben kann.«

Schon im Winter zuvor hatte Haeckel, damals gerade 22 Jahre alt, als Famulus Krankenbesuche gemacht und ein wenig in den Klinikbetrieb hineingerochen. »Ich wollte nur, Ihr könntet mich sehen, mit welcher hochwichtigen Amtsmiene, den grauen poliklinischen Hut auf dem Kopf, Stethoskop und Plessimeter in der Tasche der imposante Herr Doktor auf der Praxis herumläuft«, schrieb er seinen Eltern. Auch für Nachtbesuche ist Haeckel zuständig; Nacht für Nacht schrillt in diesem Dezember seine Glocke – Haeckel führt dies auf die lustigen Karnevalswochen zurück –, und er wird zu einer Entbindenden gerufen, so daß er »Mutter Natur verwünschte, welche das Menschengeschlecht nicht durch Eier, wie die meisten Tierklassen, oder noch besser durch Sproß- oder Knospenbildung, wie die Polypen, sich fortpflanzen läßt«. In den ersten Wochen seiner ärztlichen Tätigkeit verliert Haeckel keinen einzigen Patienten durch Tod. »Meine Kommilitonen beneiden mich darum, während es mir sehr leid tut, da ich auf diese Weise zu gar keiner Sektion komme, welche mir bei allen Kranken das Wichtigste, ja das einzig Interessante ist.«[27]

Als Assistent ist Haeckel den ganzen Tag über in Virchows Nähe. Aus seiner Feder haben wir eine sehr eingehende Würdigung von Virchows Persönlichkeit, wobei es freilich zu bedenken gilt, daß die beiden von sehr unterschiedlichem Naturell waren. Glauben wir Haeckel, dann war Virchow das Muster eines objektiven, strengen, sachlich-nüchternen Geistes: »Alles sieht er so fabelhaft ruhig, ungerührt und objektiv passiv an, daß ich seine außerordentliche stoische Ruhe und Kaltblütigkeit mehr bewundern lerne und bald ebenso hoch schätzen werde wie die außerordentlich klare Schärfe seines Geistes und den Überfluß seines Wissens«, schrieb er. »Und doch gibt es Stunden, in denen ich nicht mit Virchow tauschen möchte. Kann Virchow wohl je so eines entzückenden Genusses sich erfreuen wie ich ihn so oft in meiner subjektiven Naturbetrachtung, sei es einer schönen Landschaft oder eines allerliebsten Tierchens oder einer niedlichen Pflanze genieße? Sicher nicht! Auch müßte es schrecklich auf der Welt sein, wenn alle Männer so nüchtern und verständig wären, fast so schrecklich, als wie wenn alle solche krause Chaosköpfe wären wie meine Wenigkeit.«[28]

Was die »subjektive Naturbetrachtung« anlangt, hat er sich nun wirklich geirrt: Virchow hat seiner kleinsten Tochter wunderbar zarte Briefe über Blumen geschrieben. Schlicht, nüchtern und ruhig war Virchow gewiß; aber das ist bei einem Wissenschaftler kein Fehler. Virchow und Haeckel haben später noch manchen Strauß miteinander ausgetragen, denn Haeckel war auch in späteren Jahren noch der gleiche »krause Chaoskopf«, der er als junger Mensch war, und bestimmt hätte ihm Virchow auch später manches Mal gerne zugerufen, was er ihm schon in seinem Institut gesagt hat: »Nein, das geht hier nicht so, lieber Haeckel, nur ruhig, kalt, trocken! Was hilft die Hast und Hitze? Nur recht langsam und kalt, dann geht alles viel besser!«

Das Studium der Medizin bereitete Haeckel wenig Spaß; der Gedanke, praktischer Arzt zu werden, war für ihn unvorstellbar. Von seinen Neigungen her war er Biologe, Naturforscher, und so hat er später auch sein Leben zugebracht. Darin ähnelte er übrigens sogar Virchow, der auch nicht Arzt sein wollte wie die anderen Ärzte; er war eher Forscher als praktischer Heilkundiger. Das hat Haeckel schon von ihm gesagt, und er hatte ganz recht.[29] In der Tat entspricht Virchow nicht dem Bild, das man sich von einem Arzt gemeinhin macht. Er hat zwar stets Wert darauf gelegt, auch mit Kranken Umgang zu haben, aber den größten Teil seiner Arbeit verbrachte er mit Forschungen, und da er Professor für pathologische Anatomie war, hatte er viel mit Leichen zu tun.

In den Würzburger Jahren hat sich Virchow eingehend mit der Technik des Sezierens beschäftigt. Das Procedere der Sektion – selbst die Reihenfolge, in der man die Organe am zweckmäßigsten herausnahm und untersuchte – war im vorigen Jahrhundert noch längst nicht geregelt. Virchow hat sich lange Zeit damit beschäftigt und auch ein Buch über Sektionstechnik geschrieben. Virchow holte sich bei Leuten Rat, die viel Erfahrung hatten mit Kadavern – nämlich bei Metzgern. Von ihnen erfuhr er, was ihn keineswegs erstaunte, daß sie stets in einer festgelegten Weise vorgingen. In seinem Buch über Sektionstechnik, dessen erste Anfänge in Würzburg zu suchen sind, verlangt Virchow gleichfalls, daß der Pathologe bei der Sektion eine gewisse Reihenfolge einzuhalten habe. Über vieles ließe er mit sich reden, schreibt er, aber nicht darüber, daß die Leberuntersuchung als vorletzter Akt der Sektion der Bauchorgane vorzunehmen sei. Man müsse sich von der »liebgewordenen Gewohnheit« trennen, die »so unmittelbar vor der Hand des Sezierenden liegende Leber« sofort zu untersuchen, denn die Herausnahme dieses Organs verletzt fast zwangsläufig die großen Bauchvenen und das Zwerchfell.

Nicht nur die Reihenfolge war Virchow wichtig, ganz besonderen Wert legte er auf die Vollständigkeit der Leichenschau. Damals bestimmte der Kliniker, welche Organe zu untersuchen waren. Hatte der behandelnde Arzt die Krankheit eines Organs übersehen, dann blieb dieses Organ auch bei der Sektion unberücksichtigt. Die Pathologie konnte also der Klinik wenig nützen, solange sie sich an dieses Verfahren hielt. Virchow verlangte daher, daß der Pathologe die Leiche so gründlich wie nur möglich untersuche und daß Kliniker und Pathologe sich gegenseitig halfen. Doch Virchow hatte damit keineswegs sofort Erfolg. 1858 beklagte er sich in der »Vierteljahresschrift für gerichtliche und öffentliche Medicin«, daß auch künftig bei Leichen nur die erkrankten Teile zu untersuchen seien. Im Juni 1864 schrieb Billroth in einem Brief an den Chirurgen Friedrich Esmarch, Virchows ausführliche Sektionstechnik fände nicht seinen Beifall. Erst 1875 legte der preußische Kultusminister Falk in einem novellierten Regulativ über die Untersuchung von Leichen fest, Leichen so gründlich zu obduzieren, wie das Virchow seit langem gefordert hatte.[30]

Wichtig befand Virchow auch ein genaues Sektionsprotokoll. Die alten Würzburger Protokollbücher sind noch erhalten. Vor Virchows Zeit waren die Protokolle dürftig und teilten meist nur den Befund einzelner, erkrankter Organe mit; unter Virchow wurde das langsam anders. Er verlangte, daß im Protokoll alles festgehalten werde, auch der nicht-pathologische Befund. Die fehlerhafte Orthographie in den Würzburger Protokollbüchern macht glauben, daß Virchow während der Sektion einem Sektionsgehilfen diktierte.

Virchow hat in diesen Jahren unzählige Leichen seziert, auch die Leichen junger Frauen, die an Kindbettfieber gestorben waren. Nehmen wir einen von vielen Fällen: »Anna Maria Keller, 22 Jahre alt, von Rieden, wurde am 22. Februar 1853 normal entbunden, erkrankte am 26. an Puerperalfieber, wurde am 28. von der Gebäranstalt in das Juliushospital gebracht und starb daselbst am 2. März, nachmittags 3 Uhr.«

Die hohe Sterblichkeit junger Mütter wurde von den allermeisten Ärzten als unabänderlich hingenommen, obwohl hätte klar sein müssen, daß die Sterblichkeit an verschiedenen Orten und zu verschiedenen Zeiten unterschiedlich hoch war. Die meisten führten dies auf tellurische oder kosmische Einflüsse zurück – heute würde man sagen: auf die Gestirne.

Hier müssen wir für einen Augenblick Würzburg verlassen und uns nach Wien und Pest begeben, wo man, was die Ursachen des Kindbettfiebers anlangt, schon besser Bescheid wußte. Der Leser wird mit dem Namen des ungarischen Arztes Ignaz Semmelweis vertraut sein, den man den »Retter der Mütter« nannte. Es ist hier nicht der Ort, das Leben dieses unglücklichen Mannes zu schildern; da er aber Virchow namentlich angegriffen hat, bleibt nichts weiter übrig, als die Kontroverse zwischen Virchow und Semmelweis knapp zu skizzieren.

Lange Zeit vor Semmelweis, zu Beginn des 19. Jahrhunderts, war in Wien ein Gynäkologe tätig namens Lucas Johann Boer. Dieser Boer, er stammte aus dem mittelfränkischen Städtchen Uffenheim, vertrat die Auffassung, die Geburt sei ein so natürlicher Vorgang, aus dem die Ärzte sich nach Möglichkeit heraushalten sollten. Die Geburtszange, die kurz zuvor in Mode gekommen war, verwendete Boer nur selten, vielleicht in vier von tausend Fällen, während seine Kollegen sie hundertmal häufiger einsetzten. Boer verbot den Hebammenschülerinnen auch, mit Leichen zu arbeiten. Fälle von Kindbetterkrankungen waren in seiner Klinik selten.

Das Studium der pathologischen Anatomie, das in Wien unter Rokitansky einen so mächtigen Aufschwung erlebte, hatte in einer Hinsicht der Heilkunde auch einen Bärendienst erwiesen, und zwar gerade hinsichtlich des Kindbettfiebers. Die Studenten und die jungen Ärzte hatten viele Leichen zu sezieren, danach gingen sie zurück in die Klinik zu den Kranken und den Entbindenden. Von Antisepsis ahnte man damals noch nichts;

Gummihandschuhe gab es auch nicht. Man sezierte mit bloßen Händen. Anfangs habe er noch aufgepaßt, schrieb Haeckel, aber »jetzt wühle ich selbst mit angerissenen und geritzten Händen in all dem faulen Zeug so gleichgültig herum, als legte ich Pflanzen ein, und es hat mir auch noch gar nichts geschadet«.[31] Um die Hygiene – selbst um die einfachste Sauberkeit – stand es ganz jämmerlich; das war in Würzburg nicht anders als in Wien oder anderswo. Nur eines fiel dem jungen Arzt Ignaz Semmelweis auf: daß seine Hände nach der Sektion nach Leichen rochen. Er schloß daraus, daß ihnen in winzigen Mengen Leichenteile anhafteten. Der Geruch hörte erst auf, wenn er die Hände gründlich mit einer Chlorlösung gewaschen hatte. An belebte, krankmachende Stoffe, an ein Contagium vivum oder an Bakterien, glaubte Semmelweis nicht; er versuchte auch nicht, durch mikroskopische Untersuchungen diesen krankmachenden Stoffen nachzuspüren.

In Wien gab es zwei große Gebäranstalten: die erste bildete Ärzte aus, die zweite Hebammen. Diese beiden Kliniken hatten eine deutlich unterschiedliche Sterblichkeit nach Entbindungen: auf derjenigen, welche Ärzte ausbildete, war sie meist doppelt so hoch wie auf der zweiten. In beiden Häusern war die Entbindung kostenlos; es gingen ohnehin nur die Frauen aus den unteren Schichten zur Entbindung in die Klinik. In den 1840er Jahren war rund die Hälfte aller Neugeborenen in Wien unehelich. Die ledigen Mütter, die in einer der beiden Kliniken niedergekommen waren, durften ihre Neugeborenen dem k.u.k. Findelhaus überlassen, das Kaiser Joseph II. gestiftet hatte. Hatte die zweite Klinik Aufnahmedienst, dann gingen die Niederkommenden in die Klinik; hatte aber die erste Dienst, dann zogen es viele der Frauen vor, auf der Straße zu entbinden, und versuchten danach, ihr Kind in der Klinik unterzubringen. Die Wienerinnen waren sich über die hohe Sterblichkeit in der ersten Klinik sehr wohl im klaren. »Daß sie sich wirklich vor der ersten Abteilung fürchteten«, so Semmelweis, »davon konnte man sich leicht überzeugen, da man manchmal herzzerreißende Szenen mitansehen mußte, wenn Individuen kniend und die Hände ringend um ihre Wiederentlassung baten, welche auf die zweite Abteilung zur Aufnahme gehen wollten und wegen

Unkenntnis des Lokals auf die erste Abteilung gerieten.« Semmelweis hat sich lange den Kopf darüber zerbrochen, warum die Sterblichkeit in der ersten Abteilung höher war als in der zweiten; er kam nicht darauf. »Alles war unerklärt, alles war zweifelhaft, nur die große Anzahl der Toten war eine unzweifelhafte Wirklichkeit«, schrieb er rückblickend.

Eines Tages ritzte ein Student bei einer Sektion Professor Jakob Kolletschka mit dem Sektionsmesser. Kolletschka zeigte bald die gleichen Symptome wie die kranken Frauen, und nach seinem Tod wies auch seine Leiche den gleichen Befund auf wie die Leichen der Frauen, die an Kindbettfieber verstorben waren. Erst jetzt fand Semmelweis heraus: Kolletschka war am Gift einer Leiche gestorben, und daran starben auch die Wöchnerinnen, denen die Ärzte mit eigener Hand das Gift einführten.

Semmelweis' Entdeckung rettete – Jahre später – unzähligen Frauen das Leben, und man darf ihre Bedeutung auf keinen Fall schmälern. Trotzdem fällt es schwer, diese Entdeckung als genial zu bezeichnen, fast möchte man sagen: sie lag doch auf der Hand. Schon vor Semmelweis haben mehrere Ärzte das Geheimnis des Kindbettfiebers gelüftet. Ein Kieler Arzt namens Michaelis war sich sicher, daß er seine Cousine im Wochenbett infiziert und getötet hatte; er beging Selbstmord, statt seine Entdeckung bekanntzumachen. Und Oliver Wendell Holmes, der große amerikanische Mediziner, erkannte kurz vor Semmelweis, wo das Problem lag, desgleichen auch ein schottischer Arzt. Holmes faßte in einer Studie seine Verhaltensmaßregel für Ärzte wie folgt zusammen: »Ein Arzt, der sich mit Geburtshilfe beschäftigt, soll niemals an der Obduktion einer an Kindbettfieber gestorbenen Frau teilnehmen.«

Doch leider fehlte Semmelweis die Gabe, mit seiner Entdekkung an die Öffentlichkeit zu treten. Immerhin brachte er es fertig, seine Beobachtungen in Vorträgen und einem Buch vorzulegen. Der Prager Gynäkologe v. Nadherny, Schwiegervater des Würzburger Gynäkologen Kiwisch von Rotterau, empfahl seinem Schwiegersohn daraufhin, nach Wien zu reisen und sich umzuschauen. Im Winter 1848/49 war Kiwisch kurze Zeit in Wien. Was er dort sah und hörte, überzeugte ihn – angeblich – nicht; vielleicht hat er sogar aus Wien die Auffassung mitgebracht, Semmelweis behaupte, das Kindbettfieber sei *in allen Fällen* auf die Infizierung durch Leichenteile zurückzuführen. Immerhin liegt die Vermutung nahe, daß Kiwisch nach seiner Rückkehr aus Wien auch in Würzburg die Chlorwaschungen einführte, denn kurz nach seiner Rückkehr fiel die Sterblichkeit in seiner Entbindungsabteilung, die zuvor bei 26 Prozent gelegen hatte, drastisch ab. Von den theoretischen Erklärungen Semmelweis' hielt Kiwisch gar nichts.[32]

Semmelweis vermochte sich nicht in Wien zu halten; 1850 ging er zurück nach Pest, wo er fünf Jahre später Professor wurde. Die Räumlichkeiten in seiner Klinik waren miserabel; aber die Sterblichkeit lag nach Entbindungen bei ihm erstaunlich niedrig, unter einem Prozent. Trotzdem wurde er von den wenigsten ernst genommen. An die von den Klinikern herausgegebenen Statistiken glaubte ohnehin niemand, denn wer beschönigte die Zahlen nicht, indem er die sterbenden Frauen schnell verlegte? In Wien, Paris, München, Würzburg und Prag hielt man von Semmelweis wenig, sofern man überhaupt wußte, welche Ansichten er vertrat. Die berühmte Prager Gebärklinik, die viele Jahre von Antonin Jungmann geleitet wurde, leistete Semmelweis noch mehr Widerstand als die Wiener. Um das Kindbettfieber kümmert Jungmann sich nicht; da könne man nicht helfen, meinte er und beschäftigte sich lieber, hochgebildeter Mensch, der er war, mit seinem Steckenpferd, dem Sanskrit. Sein begabtester Schüler war Kiwisch von Rotterau, der nach Würzburg ging.

Würzburg war eine der hohen Schulen der Frauenheilkunde, und Franz Kiwisch Ritter von Rotterau galt in seiner Zeit als einer der hervorragendsten Lehrer der Geburtshilfe und der Gynäkologie; noch heute wird er mitunter als der Schöpfer der modernen Gynäkologie in Deutschland bezeichnet. Er verließ Würzburg kurz nach Virchows Berufung und ging zurück nach Prag, wo er 1852 starb, keine vierzig Jahre alt. Sein Nachfolger in Würzburg wurde Friedrich Wilhelm Scanzoni, auch er kein Unbekannter: Scanzoni war Leibarzt der bayerischen Königin, der Gemahlin Max II. Ein dritter Würzburger muß hier noch genannt werden, Caspar von Siebold. Sie alle waren Gegner von Semmelweis.

1848 schrieb Virchow anläßlich einer Puerperalfieber-epidemie in Berlin den Aufsatz »Der puerperale Zustand. Das Weib und die Zelle«. Dort heißt es: »Für das Vorkommen von Puerperalfieber-Epidemien sind wesentlich zwei Umstände von Interesse: die Witterungszustände und die gleichzeitigen Erkrankungen. In ersterer Beziehung scheint es, daß die größte Menge der Epidemien in den Wintermonaten vorgekommen ist, namentlich vom Dezember bis zum März: so schon vor einem Jahrhundert (Wien 1746) im Hôtel-Dieu zu Paris. Unter den analogen Krankheiten sind besonders drei Reihen zu erwähnen: zuerst Typhus, sodann Erysipel [Wundrose] und diffuse Verjauchungen, endlich akute Exantheme.«[33]

Semmelweis hat Virchow zum Vorwurf gemacht, er habe ihn ignoriert; aber das ist falsch. Es war nicht Virchows Schuld, daß Semmelweis außerstande war, seine Entdeckung in gebührender Weise bekannt zu machen. Selbst in Wien hielt man von Semmelweis' Beobachtungen wenig; die Chlorwaschungen wurden bald nach seinem Weggang wieder abgesetzt – und prompt stieg die Müttersterblichkeit in Wien zu Beginn der 1860er Jahre auf dreißig Prozent. Es scheint bei Virchow – wie bei vielen anderen Medizinern – der Eindruck entstanden zu sein, Semmelweis führe das Kindbettfieber »immer« auf Leicheninfektion zurück, und das war nun nachweislich nicht der Fall.

Wir sind über einige von Virchows Würzburger Vorlesungen gut unterrichtet. Es haben sich Mitschriften von Studenten gefunden, die seine Vorträge wörtlich wiederzugeben scheinen. Einer seiner Hörer schreibt: »Die Wiener Schule hat in neuester Zeit den Puerperalfieberprozeß auf eine kadaveröse Infektion zurückzuführen gesucht, indem sie behauptete (*Semmelweis*), daß durch das Touchieren der medizinischen Studierenden, die vom Sektionstisch in die Gebäranstalt zu Explorationsübungen kamen, die Infektion der Gebärenden ... bewerkstelligt worden sei. Wenn aber auch durch diese Erfahrungen die Entstehung vieler Fälle von Puerperalfieber als kadaveröse Infektion erklärt worden ist, so folgt doch keineswegs, daß das Puerperalfieber immer durch solche Veranlassungen eingeleitet wird. Das Puerperalfieber steht vielmehr unzweifelhaft auch unter epidemischen Einflüssen, deren nähere Wirkungsweise wir freilich nicht kennen.«[34]

Virchow hat Semmelweis nicht ignoriert, er hat ihn mißverstanden und die Bedeutung seiner Einsichten daher verkannt.

1854 begann Virchow ein großes Handbuch der speziellen Pathologie und Therapie herauszugeben, in dessen erstem Band er die Kapitel über Infektion und Intoxikation selbst verfaßte. Dort schrieb er: »Faulige Infektion von außen her, am bekanntesten bei dem Leichengift, jedoch ebenso gefährlich von jauchigen Absonderungsflächen, vielfach bei Tieren experimentiert und in der neueren Zeit speziell als Ursache der Puerperalfieber in Anspruch genommen (Semmelweis, Skoda).« Und ein paar Jahre später, am 9. März 1858, sagte Virchow in einem Referat vor der Berliner Gesellschaft für Geburtshilfe: »Zwischen Herbst 1856 und März 58 – 18 Monate – waren in der Charité 83 Todesfälle von Puerperalfieber vorgekommen. Man sieht also«, folgerte er, »daß das Puerperalfieber nicht dem Wundfieber an die Seite zu stellen ist, daß diese gegenteilig in den Sommermonaten ihre Höhe erreichen, und möchte der Grund vielleicht darin zu suchen sein, daß die Wochensäle, in dem Bestreben, jede Erkältung zu vermeiden, zu ängstlich geschlossen gehalten werden, und somit einen geeigneten Boden für die Ansammlung eines intensiveren Miasmas bilden.« Wenn wir Virchows Worten glauben, gab es in seiner Berliner Zeit, vor und nach Würzburg, wenige Fälle von Kindbettfieber. Möglicherweise hat Virchow, so kann man einer Andeutung in dem oben erwähnten Handbuch entnehmen, selbst die Reinigungsmethode von Semmelweis angewandt.[35]

Als Virchow dies vortrug, 1858, war Semmelweis bereits ein kranker Mann. Er litt an den Folgen einer Syphilis. 1860, als er seine Erkenntnisse endlich in seinem Buch »Die Ätiologie, der Begriff und die Prophylaxe des Kindbettfiebers« niederlegte, war er bereits vom Wahnsinn gezeichnet. Im ersten Teil dieses umfangreichen Werkes berichtet Semmelweis seine Beobachtungen und Folgerungen und wiederholt sie endlos. Im zweiten Teil setzt er sich mit seinen Gegnern auseinander, mit den wahren und den vermeintlichen, auch mit Rudolf Virchow: »Mit welchem Rechte leiht Virchow diesem Ausspruch die Autorität seines Namens, derselbe Virchow, welcher zwar meine Lehre noch nicht angegriffen, weil er selbe in seiner Überhebung vornehm ignoriert, und deshalb in solcher Unwissenheit über die Entstehung, den Begriff und die Verhütung des Kindbettfiebers steckt, daß er im Jahre 1858 in der Gesellschaft für Geburtshilfe in Berlin einen Vortrag über Puerperalerkrankungen in der Charité halten konnte, in welchem er die Epidemie im Monate November mit 20 Toten die höchste Höhe erreichen läßt, ohne auch nur zu ahnen, welche erschreckende und zugleich welch verbrecherische Sterblichkeit dies sei, nachdem diese Sterblichkeit sich ereignete elf Jahre später, als man in Wien die Sterblichkeit des Puerperalfiebers auf nicht eine Tote unter 100 Wöchnerinnen zu beschränken lehrte.

Seit 1847 gibt es für mich nichts Erschreckenderes als den trostlosen Zustand, in welchem sich noch immer der geburtshilfliche Unterricht in Betreff des Kindbettfiebers an der überwiegend großen Anzahl der geburtshilflichen Lehranstalten befindet ...

Von meinen Schülern, von den Medizinern und den Chirurgen gar nicht zu sprechen, üben bis jetzt 823 Schülerinnen von mir als Hebammen die geburtshilfliche Praxis in Ungarn aus, welche besser wissen als Virchow, warum die größte Anzahl der Puerperalfieberepidemien im Winter vorkommen, welche besser wissen als Virchow, was zu tun, um nicht gleichzeitig Puerperalfieber zu haben, wenn Kranke mit ... jauchigen und eitrigen Entzündungen ihrer Pflege anvertraut werden; und welche aufgeklärter als die Mitglieder der Gesellschaft für Geburtshilfe in Berlin, Virchow auslachen würden, wenn er ihnen einen Vortrag über epidemisches Puerperalfieber halten würde.«[36]

In der Sache hatte Semmelweis ja recht. Aber nicht Virchows Überheblichkeit war daran schuld, daß er Semmelweis' Einsichten nicht richtig wahrnahm, sondern die Art und Weise, wie Semmelweis seine Entdeckung bekannt machte. Semmelweis rief seinen Kollegen zu, sie selbst, die Ärzte, hätten die Frauen getötet – und da nahm ihn niemand ernst. Er schrieb an Scanzoni und andere Offene Briefe, »um dem Morden ein Ende zu machen«, und empfahl das gründliche Studium seiner Schrift über Kindbettfieber. »Ihre Lehre, Herr Hofrat«, schleuderte er Scanzoni entgegen, »basiert auf den Leichen, aus Unwissenheit ermordeter Wöchnerinnen.«[37]

Seine Schrift war ein einziger Fehlschlag, unglaubwürdig und keineswegs überzeugend. Semmelweis bezeichnete seine Entdeckung als »alleinige, ewig wahre Ursache des Kindbettfiebers«; in seinen Zahlenreihen, die er in schwierigen, ja unbegreiflichen Brüchen ausdrückte, wimmelte es von Rechenfehlern; mit einem krankhaften Wortschwall ging er auf seine Gegner los und käute seine Argumente endlos wieder; Ausdrücke wie »die puerperale Sonne ist aufgegangen« – damit meinte er offenbar sich selbst –, ließen an einen Geisteskranken denken.

Semmelweis starb am 13. August 1865. Seither haben sich seine Beobachtungen und Folgerungen, die ja noch keineswegs auf bakteriologisch gefestigten Einsichten gründeten, als richtig erwiesen; seine Gegner waren im Irrtum, darunter Rudolf Virchow. Man hat alle möglichen Gründe dargelegt, warum Virchow nicht auf Semmelweis hören wollte, darunter auch politische: Virchow, so hieß es, habe später seine politischen Ansichten des Jahres 1848 verraten, daher habe er dem ungarischen Arzt dessen Rolle in der Wiener Revolution von 1848 verargt. Aber das ist Unsinn; »Semmelweis hat in der Revolution keine Rolle gespielt«, sagt dessen letzter Biograph, der ungarische Psychiater István Benedek.[38]

Die Möglichkeit der Ansteckung hatte Virchow nie bestritten, obschon er lange Zeit auch andere Einflüsse nicht ausschließen wollte. Als Virchow viele Jahre später, 1879, seine »Gesammelten Abhandlungen aus dem Gebiet der öffentlichen Medicin und der Seuchenlehre« neu herausgab, machte er noch einen weiteren Schritt auf Semmelweis zu: »Mehr als damals hat die Idee der kontagiösen Entstehung aller Puerperalfieber seitdem an Ausbreitung gewonnen, und ich muß gestehen, daß die Zahl der beweisenden Erfahrungen sich viel stärker vermehrt hat, als vorauszusehen war.«[39]

In der Mitte der 1850er Jahre, noch während seiner Würzburger Zeit, verwickelte sich Virchow in einen weiteren Gelehrtenstreit. Es ging um die Ursachen der Cholera, die im Jahre 1854 Deutschland schwer heimsuchte, auch den gesamten Süden: allein in Bayern gab es fast 15 000 Erkrankungen und weit über 7000 Tote. Bayerns Norden war etwas weniger betroffen als der

Süden: Nürnberg verlor 305 Einwohner, Fürth 7 und Würzburg nur 3, ebenso viele wie Bamberg.

Diese zweite Choleraepidemie in Bayern muß in enger Beziehung zur Münchner Industrie-Ausstellung gesehen werden, denn die Ausstellung lockte Besucher an aus nah und fern. Obwohl Anfang August schon Fälle von Cholera bekannt waren, zählte man am 8. August weit mehr als fünftausend Messebesucher. Danach nahm der Besucherstrom deutlich ab, bis unter hundert im September; doch in den letzten Tagen der Ausstellung, Anfang Oktober, waren es wieder neuntausend Menschen pro Tag. Insgesamt haben knapp zweihunderttausend Menschen die Ausstellung gesehen.

Wer sich in diesen Tagen nicht in München aufhalten mußte, floh aus der Stadt. Luise Kobell berichtet, die nähere Umgebung, vor allem die Gegend um Starnberg, sei schrecklich überfüllt gewesen. In der zweiten Septemberhälfte ließ die Cholera in München nach. Am 1. Oktober hieß es amtlicherseits, die Seuche sei überwunden. Dies bewegte die Gemahlin des abgedankten Königs Ludwig I., Therese, in ihren Münchner Palast in der Brienner Straße zurückzukehren. Sie besuchte sogar die Industrie-Ausstellung. Am 25. Oktober verlautete, die Königinmutter sei erkrankt. Eine Stafette eilte von München nach Berchtesgaden, wo Ludwig gerade weilte, um ihn in Kenntnis zu setzen. Am Tag darauf war Therese tot.

Was Krankheitsursache, Diagnostik und Therapie anlangte, war man bei der Cholera noch keinen Schritt weiter als zwanzig Jahre zuvor. Da das Erscheinungsbild dieser Krankheit der einheimischen Gallenruhr (Cholera nostras) ähnelte, nannte man die neue Krankheit, weil sie aus Asien kam, Cholera asiatica; die leichteren Fälle wurden als Cholerine bezeichnet. Die Möglichkeit der Ansteckung wurde 1854 noch so gering eingeschätzt, daß man Erkrankten Decken gab, die zuvor im Gebrauch von bedürftigen Cholerakranken gewesen waren.

In dem nun anhebenden Gelehrtenstreit ging es um Pettenkofers sogenannte Bodentheorie. Max Pettenkofer, 1818 als Kind armer Leute im bayerischen Donaumoos geboren, beschäftigte sich vor allem mit Fragen der öffentlichen Gesundheit und der Hygiene – ihm verdanken wir übrigens die vereinfachte Form dieses Wortes, zuvor schrieb man Hygieine. Pettenkofer hat der Cholera mit Leidenschaft nachgespürt und viele Nebensächlichkeiten in seine Überlegungen einbezogen. Er verzeichnete allein in München 2885 Cholerafälle. Obwohl Pettenkofer viele Örtlichkeiten persönlich in Augenschein nahm, verließ er sich doch auch häufig auf Angaben von Leuten, die ihm als »Autoritäten« vorgestellt wurden, was des öfteren zu falschen Ergebnissen führte.

Geomedizinische Erklärungen standen seinerzeit hoch im Kurs. Neben dem Glauben an tellurische und atmosphärische Einflüsse trat die Vorstellung, schlechte Luft könne Krankheiten hervorrufen. Man war noch nicht weit entfernt von den Vorstellungen der Antike, vom Glauben eines Lukrez, der in seinem Buch »Natura rerum« Wolken und Nebel verdächtigte, zusammen mit krankmachenden Stoffen aus dem Körperinnern Seuchen auszulösen.

Die Entstehung einer Choleraepidemie stellte sich Pettenkofer so vor: Die Verwesungsstoffe eines Kranken dringen in lockeres Erdreich ein und entwickeln dort das krankmachende Gas, das Choleramiasma. Die Beschaffenheit des Bodens war also für das Auftreten einer Seuche sehr wichtig. Pettenkofer prüfte seine Hypothese, indem er ein Protokollbuch anlegte, worin er alle Angaben über den Wohnort des Toten, Alter, Stand, Todestag und vieles mehr aufzeichnete. Über die Wasserversorgung konnte er sich in München kein klares Bild machen, denn diese erfolgte nach einem völlig unübersichtlichen System. Pettenkofer glaubte nicht, daß die Wasserversorgung wichtig sei; immerhin hielt er aber fest, daß in der Münchner Straße »Im Tal« die Häuser mit eigenem Wasseranschluß nur halb so viele Cholerafälle hatten wie die Häuser ohne Wasser. Infolge seiner Beobachtungen in weiten Teilen Bayerns schrieb Pettenkofer nach der Epidemie von 1854: »Alle von der Cholera epidemisch ergriffenen Orte und Ortsteile sind auf porösem, von Wasser und Luft durchdringbarem Erdreich erbaut und soviel bis jetzt bekannt geworden ist, gelangt man an allen in einer nicht zu großen Tiefe (etwa 5 bis 50 Fuß) auf Wasser. Diese Bodenbeschaffenheit ist es auch, welche für die Möglichkeit einer Epidemie gefordert erscheint. So weit indes

Orte oder Ortsteile unmittelbar auf kompaktem Gestein oder auf Felsen liegen, welche vom Wasser nicht durchdringbar sind, hat man in denselben meist gar keine, oder höchst selten nur vereinzelte Cholerafälle, niemals aber eine Cholera-Epidemie beobachtet.«[40]

Pettenkofer machte seine Bodentheorie seit dem Spätsommer 1854 in den Versammlungen Münchner Ärzte publik. Er vermochte längst nicht alle davon zu überzeugen; einer seiner heftigsten Widersacher war ein praktischer Arzt namens Dr. Friedmann. Pettenkofers Gegner mochten zwar auf die Ungereimtheiten der Bodentheorie hinweisen, aber sie hatten keine bessere Erklärung anzubieten. Sie warfen Pettenkofer zu Recht vor, er habe nur den Wohnort der Erkrankten untersucht. Pettenkofer hielt es für wichtig zu wissen, wo einer lebte und schlief, denn nur das Einatmen der Miasmen über einen längeren Zeitraum hinweg, so lautete seine Erklärung, könne einen Menschen krankwerden lassen. Aber Pettenkofer ließ völlig außer acht, wo einer arbeitete, und die Menschen verbrachten damals in der Regel weit mehr als die Hälfte eines Tages am Arbeitsplatz.

Justus Liebig unterstützte die Bodentheorie seines Schülers Pettenkofer und sandte der »Medical Times« im Dezember 1854 einen Brief, in dem er sie über Pettenkofers Beobachtungen und Folgerungen in Kenntnis setzte. Ende Dezember druckten die »Medical Times« und die »Gazette Hebdomadaire de Médecine« Pettenkofers Einsichten ab. Daraufhin schrieb Virchow am 18. Januar 1855 seinem Berliner Lehrer Lucas Schönlein, der sich gleichfalls Pettenkofers Auffassungen zu eigen gemacht hatte, einen Offenen Brief – die »Wiener Medizinische Wochenschrift« druckte ihn wenig später ab –, in dem er Schönlein vorwarf, er wiege die Bewohner der Stadt Würzburg in falsche Sicherheit, wenn er behaupte, »die Stadt würde nie von Cholera heimgesucht werden, weil sie auf einem eigentümlichen Felsen liege«. Außerdem hielt Virchow Pettenkofers Erklärung für völlig falsch, der sich brüstete, er habe »das Wesen der Cholera nun so ziemlich ergründet«.[41] Virchow wollte den Zusammenhang zwischen der Seuche und der Beschaffenheit des Bodens nicht anerkennen. Die Sache zog noch weitere Kreise, als Tageszeitungen wie die wichtige »Augsburger Allgemeine« sich auf die Seite Pettenkofers stellten.

Das Rätsel Cholera war mit Pettenkofers Bodentheorie nicht gelöst. In den 1860er Jahren, unter dem Eindruck neuer Choleraepidemien, wuchs in Virchow die Überzeugung, daß es sich bei der Cholera um eine ansteckende Krankheit handelt.

In der zweiten Jahreshälfte 1855 versuchte Zürich ein drittes und letztes Mal, Virchow für sich zu gewinnen. Diesmal bot ihm die Schweizer Universität einen Lehrstuhl für Pathologie, Anatomie und Physiologie an; darüber hinaus sollte er auch noch die Aufsicht über eine Krankenabteilung führen, denn Virchow wollte weiterhin Kranke behandeln. Es fiel ihm schwer, den Ruf auszuschlagen; er bat den Erziehungsrat des Kantons Zürich um Bedenkzeit bis Ostern des folgenden Jahres.

Den Herbst verbrachten die Virchows in Würzburg und im benachbarten Veitshöchheim, einige Kilometer flußabwärts, wo sie, unweit vom Park der Fürstbischöfe, eine Sommerwohnung unterhielten. Virchow liebte es, sich im Freien aufzuhalten und den Wechsel der Jahreszeiten zu beobachten. »Überall auf Straßen und Feldern wird das Obst abgenommen, das dieses Jahr einen außerordentlichen Ertrag gewährt«, schrieb er in diesen Herbsttagen. »Der Wein reift und verspricht noch ein gutes Getränk zu liefern; die Stare sammeln sich zu vielen Tausenden und machen ihre Exerzitien; dazu das schönste Herbstwetter, daß es eine wahre Lust ist. Wir sind fast den ganzen Tag über draußen auf den Bergen oder im Garten, und ich kenne fast das halbe Dorf.«[42]

Natürlich erfuhren auch die Münchner Behörden bald von dem Werbebrief aus Zürich; die bayerischen Würdenträger wußten sehr wohl, welchen Ruf dieser Mann weit über die Grenzen des Landes hinaus genoß. Sie wollten, daß Virchow blieb. Im Dezember 1855 erhielt Virchow, der preußische Protestant, das Ritterkreuz I. Klasse des Verdienstordens vom Hl. Michael.

Mit dem Gedanken, aus Würzburg wegzugehen, spielte er schon lange. Virchow fühle sich »förmlich verbannt«, schrieb

Haeckel schon kurze Zeit nach ihrem Kennenlernen. Virchow wollte zurück nach Berlin; Berlin bedeutete einfach die Zukunft. Virchow hat später sein Weggehen aus Würzburg mit den »minderen Schulen« in Bayern begründet; seine Kinder wurden schulpflichtig in diesen Jahren, vielleicht graute ihm auch vor den katholischen Schulen. Sicherlich gab es für diesen ehrgeizigen Norddeutschen noch bessere Gründe, nach Berlin zu gehen: seine Laufbahn. Die großen Fortschritte in der deutschen Medizin mußten das Augenmerk der Welt zuvörderst auf Deutschlands künftige Hauptstadt lenken.

In der zweiten Aprilhälfte 1856 hielt er das offizielle Berufungsschreiben aus Berlin in Händen. »Man hat sich dazu verstanden, mir 2000 Taler Gehalt zu geben, ein neues pathologisches Institut zu bauen und eine Abteilung in der Charité hinzuzufügen«, schrieb er voller Freude an seine Eltern. »In Berlin sowohl als hier hat der Abschluß großes Aufsehen gemacht, dort hauptsächlich, weil man es nicht begreifen konnte, daß gerade der Kultusminister mich ohne Bedingungen politischer Art zulassen würde.« In der Tat war der preußische König von dem Ruf an diesen »undankbaren Pepin« wenig erbaut.

Im September verbrachte die Familie noch ein paar Ruhetage in Brückenau, am Fuß der bayerischen Rhön; Röschen Virchow fühlte sich nicht wohl, sie litt an Kopfweh und an allgemeiner Schwäche. Gegen den 6. Oktober wollten sie nach Berlin aufbrechen. »Für den Transport der Sachen habe ich zwei große Wagen gemietet, so daß wir fast alles mitnehmen können«, schrieb er in diesen Tagen nach Schivelbein. »Freilich ist das eine bittere Angelegenheit, da die Fracht nebst Packerei, welche der Fuhrherr vollständig besorgt, 500 fl. kostet. Indes hätte es mich auf der Eisenbahn nicht sehr viel weniger gekostet, und ich hätte eine große Menge Scherereien dazu gehabt. In Berlin werden wir zunächst bei Mayers wohnen, da unsere künftige Wohnung (Leipziger Platz 13) erst eingerichtet werden muß.«[43]

Nach Virchows Weggehen aus Würzburg vertrat Nicolaus Friedreich den Lehrstuhl kommissarisch, 1858 folgte ihm ein Virchow-Schüler, August Förster. Danach kamen weitere Schüler Virchows, Edwin Klebs und Eduard von Rindfleisch.

Achtes Kapitel

MATERIALISMUS UND ZELLULARPATHOLOGIE

»Alles Leben ist an die Zelle gebunden, und die Zelle ist nicht bloß das Gefäß des Lebens, sie ist selbst der lebende Teil.«

Rudolf Virchow

Gegen Mitte des vorigen Jahrhunderts war der naturwissenschaftliche Materialismus auf dem Vormarsch. »Unsere Generation hat noch unter dem Drucke spiritualistischer Metaphysik gelitten, die jüngere wird sich wohl vor dem des materialistischen zu wahren haben«, schrieb Hermann Helmholtz, der als Mediziner begann und als Physiker berühmt wurde. Die romantischen, naturphilosophischen und vitalistischen Anschauungen gerieten in den Jahren nach 1850 in die Defensive; um so heftiger war ihre Gegenwehr. Rudolf Virchow stand mittendrin in diesem Kampf zwischen Materialisten und Vitalisten; die einen wie die anderen haben ihn damals wie später für einen der ihren gehalten.

Es ist nicht nötig, an dieser Stelle zu erläutern, was hier unter Materialismus zu verstehen ist; die folgenden Zitate von Büchner und Vogt erhellen, daß es sich nicht um historischen oder dialektischen Materialismus handelt; auch nicht um das, was wir heute mitunter als Materialismus bezeichnen: den Hang zum Wohlleben und zu materiellen Gütern. Davon ist hier nicht die Rede; es geht um den erkenntnistheoretischen Materialismus, den man – grob vereinfacht – auf die einprägsame Formel des Philosophen Ludwig Feuerbach bringen könnte: »Der Mensch ist, was er ißt.«

Dieser Materialismus gebar in den 1850er Jahren ein neues Selbstbewußtsein. Jakob Moleschott erklärte damals die Chemie zur höchsten Wissenschaft; der Mensch, so sagte er, sei nur das Produkt physikalischer Einflüsse, Denken nichts weiter als eine Funktion des Gehirns; ohne phosphorsauren Kalk gebe es kein Denken und keinen Gedanken. 1854 verliert Moleschott seinen Lehrstuhl in Heidelberg. Auch die beiden anderen Apologeten des Materialismus, Carl Vogt und Ludwig Büchner, werden zeitweise schwer bedrängt. Vogt ist Physiologe, 1848 Mitglied der Frankfurter Paulskirche, wo er links außen sitzt. Die Existenz einer menschlichen Seele lehnt Vogt ab; der Gedanke sei das Produkt des Gehirns wie die Galle der Ausfluß der Leber ist, wobei Vogt allerdings hinzufügt, daß er sich hier »einigermaßen grob« ausgedrückt habe. Dann Ludwig Büchner, der wie sein älterer Bruder Georg, der früh verstorbene Dichter, Medizin studierte. In seiner Doktordisputation verteidigte Ludwig den Satz: »Die persönliche Seele ist ohne ihr materielles Substrat undenkbar.« Auch Ludwig Büchner ist Verfolgungen ausgesetzt. Er gibt die nachgelassenen Schriften seines Bruders Georg heraus, reist im Land umher, nach Wien und Würzburg, wo er auch mit Virchow zusammentrifft. 1854 besucht er die Versammlung deutscher Naturforscher und Ärzte, die in diesem Jahr in Göttingen tagt.

Dort kommt es zu einem Zusammenstoß. Der Physiologe Rudolf Wagner hält einen streng religiösen Vortrag mit dem Thema: »Über Menschenschöpfung und Seelensubstanz«. Wagner fordert damit die gesamte junge Naturwissenschaft in die Schranken. Seiner Auffassung nach lasse sich die gesamte Menschheit auf ein Ur-Paar zurückführen, was auch in der Zeit vor dem berühmten Buch von Charles Darwin ein allzu engstirniges, die Geschichte von Adam und Eva überaus eng auslegendes Unterfangen ist. Carl Vogt, der bereits durch seine allgemeinverständlichen »Zoologischen Briefe« hervorgetreten ist, entgegnet Wagner mit seiner Streitschrift: »Köhlerglaube und Wissenschaft«. Darin zieht Vogt gegen eine »gläubige Physiologie« zu Felde, welche sich zu dem Bekenntnis versteigt, »daß Organe ebenso ohne Funktion existieren können wie Funktionen ohne Organe«. So unzulänglich und bissig viele von Vogts Argumenten sind, muß man doch sagen, daß seine Schrift viele Mythen zerstört hat. »Köhlerglaube und Wissenschaft« ist im Nu vergriffen; noch im Erscheinungsjahr, 1855, kommt die dritte Auflage heraus. Auch Ludwig Büchners kleine Schrift mit dem materialistischen Titel »Kraft und Stoff« wird den Buchhändlern aus den Händen gerissen; Büchner kostet sie allerdings seine Assistentenstelle in Tübingen. Mitte Oktober des Erscheinungsjahres liegt die dritte Auflage vor, die vierzigste kurz vor der Jahrhundertwende. »Nichts ist so unwiderstehlich als Wahrheit, als Natur« – diese Worte Georg Forsters hat Büchner der dritten Auflage vorangestellt. Die Lektüre dieser kleinen Schrift lohnt auch heute noch.

Büchner wie Vogt geht es darum, dem Spiritualismus und Vitalismus den Boden zu entziehen und den sogenannten Leib-Seele-Dualismus auf eine rein materielle und somit materialistische Grundlage zu stellen. »Wir müssen die Dinge nehmen, wie sie wirklich sind, nicht wie wir sie uns denken«, zitiert Büchner zustimmend Rudolf Virchow. Noch eindringlicher als Virchow wendet er sich gegen naturphilosophische und kirchliche Äußerungen zu naturwissenschaftlichen Problemen. Büchner verlangt, wie auch Virchow, nach empirischer Forschung und klarer, logisch einwandfreier Sprache: »Die Kraft ihrer Beweise besteht in Tatsachen, nicht in unverständlichen und nichtssagenden Redensarten.« Sprache muß verständlich sein, fordert er: »Philosophische Ausführungen, welche nicht von jedem Gebildeten begriffen werden können, verdienen nach unserer Ansicht nicht die Druckerschwärze, welche man daran gewendet hat. Was klar gedacht ist, kann auch klar und ohne Umschweife gesagt werden.«[1]

Büchner leugnet das Übersinnliche und das Übernatürliche. Er findet den Gedanken unerträglich, daß es in seiner Heimat Denker gibt, die, wie er sagt, »bekanntlich über alles in der Welt und speziell über überirdische Angelegenheiten noch etwas genauer als der liebe Gott selbst unterrichtet« sind. Diese »Herren Philosophen« hält er für »sonderbare Leute«, denn »sie definieren das Absolute, als hätten sie jahrelang mit ihm zu Tische gesessen; sie plaudern über das Nichts und das Etwas, über das Ich und das Nicht-Ich, über das Für-sich und das An-sich, über die Universalität und die Singularität, über die Zergehbarkeit und die Schlechthinnigkeit, über das Objekt und das Subjekt usw. usw. mit einer Zuversicht, als hätte ihnen ein himmlischer Kodex über diese Dinge und Begriffe die genaueste Auskunft gegeben; und sie verwässern und verschmieren die einfachsten Begriffe und Meinungen mit einem solchen Wuste hochtrabender, gelehrt klingender, aber nichtssagender Worte und Redensarten, daß einem verständigen Manne Hören und Sehen dabei vergeht.«[2]

Seit es Friedrich Wöhler 1828 erstmals gelungen ist, eine organische Verbindung, den Harnstoff, künstlich herzustellen, steckt der ältere Vitalismus in einer Krise. Büchners physiologische Überlegungen fußen vor allem auf den Forschungsergebnissen eines Julius Robert Mayer, der 1842 in seinem kurzen Aufsatz über die Erhaltung der Kraft diesem Vitalismus einen weiteren entscheidenden Schlag versetzt hat. Liegt es nunmehr nicht auf der Hand, daß auch die Vorgänge im lebenden Organismus dem Gesetz von der Erhaltung und Umwandlung der Energie unterliegen? Für Büchner stehen Kraft und Stoff in einem unauflöslichen inneren Zusammenhang; zustimmend zitiert er Justus Liebig, der in Umkehr von Mayers Satz sagte: »Aus Nichts kann keine Kraft entstehen.« Und nun Büchner selbst: »Keine Kraft ohne Stoff – kein Stoff ohne Kraft.« Diesen Satz überträgt er auf die Sinnesorgane: »Es kann eine Kraft so wenig ohne Stoff existieren, als ein Sehen ohne einen Sehapparat, als ein Denken ohne einen Denkapparat.« Ähnlich hat auch Vogt argumentiert: »Es ist nie jemandem eingefallen, zu behaupten, daß die Absonderungsfähigkeit von der Drüse, die Zusammenziehungsfähigkeit getrennt von der Muskelfaser existieren könne.« Ebenso Moleschott: »Eine Kraft, die nicht an den Stoff gebunden wäre, die frei über dem Stoffe schwebte, ist eine ganz leere Vorstellung.« Büchner sieht im Stoff nichts Minderes, nichts was unsere Verachtung verdiente; für ihn ist Stoff einfach die materielle Grundlage von Geist und Kraft.

Wo es um die Entstehung von Materie geht, hat diese Lehre auch Folgen für das Christentum. »Die Materie ist unerschaffbar, wie sie unzerstörbar ist«, sagt Vogt, und ähnlich schreibt auch Büchner: »Die Welt oder der Stoff mit seinen Eigenschaften und Bewegungen, die wir Kräfte nennen, mußten von Ewigkeit sein und werden in Ewigkeit sein müssen – mit einem Worte: die Welt kann nicht erschaffen werden.« Wer hinter alledem einen Schöpfer erblickt, muß sich die Frage nach dem Schöpfer des Schöpfers gefallen lassen. »Es ist kein Spiritus rector, kein Lebens-, Wasser- oder Feuergeist zu erkennen«, schreibt Virchow. »Überall nur mechanisches Geschehen in ununterbrochener Notwendigkeit der Verursachung und Bewirkung, ... und wer die Frage nach dem Urheber des Planes aufwirft, der muß auch zugleich den Urheber des Stoffes zu erkennen trachten.«[3]

Die Entstehung der Erde im Laufe von Jahrmilliarden und die schier unvorstellbar große Vielfalt tierischer und pflanzlicher Arten sind diesen Gelehrten in den Jahren unmittelbar vor dem Erscheinen von Darwins Buch über den Ursprung der Arten (1859) wichtige Argumente, ihre Überzeugungen wissenschaftlich zu untermauern. Büchner ist mit dem britischen Geologen Charles Lyell einer Meinung, die Welt sei im Laufe von unermeßlichen Äonen entstanden; in den 1860er Jahren übersetzt er Lyells Buch »Über das Alter des Menschengeschlechts«. Wem hat das Menschengeschlecht seine Entstehung zu verdanken? Hat der Schöpfer das alles binnen sieben Tagen geschaffen, wie es im ersten Buch Mose steht?

Die naturwissenschaftliche Kosmogonie der 1850er Jahre verwirft den Glauben an den Schöpfer, und auch in der Entstehungsgeschichte des Menschen findet Ludwig Büchner viele Hinweise, die, wie er sie versteht, gegen einen Schöpfer-Gott sprechen. Büchner weiß, daß es »geradezu unmöglich ist, ein entstehendes Schaf von einem entstehenden ... Menschen zu unterscheiden«. Die anthropomorphe Vorstellung, die Erde sei dem Menschen als wohnliche Stätte eingerichtet, weist er als unsinnig zurück. Gerade in dem Umstand, daß die Entstehung über so viele Stufen geführt hat, aus der einen – offenbar planlos – in die andere überging, hält Büchner für einen Beweis dafür, daß hinter alledem keine ordnende Hand stand: »Welche Sonderbarkeit, ja Abenteuerlichkeit der Vorstellung liegt überdem darin, von einer schaffenden Kraft zu reden, welche die Erde und ihre Bewohner durch einzelne Übergangsstufen und ungeheuere Zeiträume hindurch zu stets entwickelteren Formen geführt habe, um sie am Ende zu einem passenden Wohnplatz für das zuletzt auftretende Glied der Schöpfung, für das höchste organisierte Tier, für den Menschen, werden zu lassen! Kann eine willkürliche und mit der vollkommensten Macht ausgerüstete Kraft solcher Anstrengungen bedürfen, um ihren Zweck zu erreichen? Kann sie nicht unmittelbar und ohne Zögern tun und schaffen, was ihr gut und nützlich scheint?«

Auch Bewußtsein und Intelligenz sind für diese jungen Materialisten bloße Funktionen der Materie. Sie ziehen neueste Forschungen der Psychiatrie heran, um zu beweisen, daß selbst der menschliche Geist aus dem Gehirn hervorgeht, mithin aus der Materie. Büchner führt an, daß bei der großen Mehrzahl aller im Prager Irrenhaus an Geisteskrankheiten Verstorbenen organische Veränderungen des Gehirns nachzuweisen waren. Er überschreitet mit seinem krassen Materialismus die Grenzen des Lächerlichen, wenn er sagt, es sei eine »tägliche Erfahrung der Hutmacher, daß die gebildeten Klassen durchschnittlich ungleich größerer Hüte bedürfen als die ungebildeten«.[4]

Immer wieder beruft sich Büchner auf Veröffentlichungen Virchows. Er sendet dem bekannten Gelehrten, der nur um wenige Jahre älter ist als er, ein Exemplar seines umstrittenen Buches. Natürlich hat Büchner sich die Textstellen ausgewählt, die am treffendsten seinen eigenen Materialismus unterstreichen, etwa: »Leben ist nur eine besondere Art von Mechanik, und zwar die allerkomplizierteste Form derselben«, wie Virchow einmal geschrieben hat. Die Verbindung zwischen den beiden ist einige Zeit sehr eng; 1854 veröffentlicht Büchner in Virchows »Archiv« einen Aufsatz über »Das therapeutische Experiment.«

Virchow ist nicht der Vorkämpfer des Materialismus, als den ihn Leute wie Büchner und Vogt zeitweise gesehen haben. Aber er ist auch nicht das Gegenteil, ein Mystiker oder gar ein »spekulierender Struwwelpeter«, wie Carl Vogt Anhänger dieser Denkrichtung nennt. Virchow ist vielmehr »der Mann der vernünftigen Mitte« (Klaus Panne), obgleich man auch sagen muß, daß er dem Materialismus weitaus näher stand als dem Vitalismus. Er hat sich allerdings diesbezüglich so unklar, so zweideutig ausgedrückt, daß man Virchow schon zu beidem gemacht hat: zu einem Materialisten und zu einem Neovitalisten.

An dieser Stelle erscheint es doch geboten, die Begriffe materialistisch und mechanistisch kurz zu erörtern. Der liberale Staatsrechtler Bluntschli weist auf eine Verwendung des Adjektivs materialistisch in seiner Zeit hin, von der er sagt, er könne sich mit ihr nie befreunden: »Ich konnte es begreifen, daß ein Chemiker in einem Gemälde von Michelangelo nur den Grund von Mauerkalk und die darauf gestrichene Ölfarbe, in einem Karton von Kaulbach nur Papier und Kreide sah; ich nahm es dem Mathematiker nicht übel, wenn er die Kuppel des römischen Pantheon nur als geometrische Figur betrachtete; ich verstand es, wenn der Physiker bei einer Symphonie von Beethoven an die Zahl der Schwingungen dachte, welche die verschiedenen Töne bemaß und bestimmte, oder wenn er das schöne Farbenspiel der Blumen ausschließlich nach den verschiedenen Strahlenbrechungen des Sonnenlichtes beurteilte. Ich hatte an sich gegen solche wissenschaftliche Betrachtung nichts als das einzuwenden, daß sie die Hauptsache nicht erkläre, daß sie nur untergeordnete Beziehungen aufdecke. Ich fand, daß viele Naturforscher ... ganz denselben Irrtum machen und über einzelne im Grunde untergeordnete stoffliche Seiten den Geist übersehen, der in dem Ganzen waltet und sein Wesen bestimmt.«[5]

Wir würden heute das Adjektiv mechanisch meiden, wenn es um die Erklärung von Lebensvorgängen geht; wir würden heute materialistisch sagen, wo Virchow mechanisch schrieb. »Die neueste Medizin hat ihre Anschauungsweise als die mechanische ... nachgewiesen«, schreibt Virchow zustimmend, denn unter mechanisch versteht er, daß man von den »gewöhnlichen physikalischen und chemischen (d. h. mechanischen) Gesetzen« ausgeht. Der »letzte Grund alles pathologischen Wissens« sei »in der Physik und Chemie zu suchen. Das sind die grundlegenden Wissenschaften, und ihre Einführungen in den täglichen Gebrauch der Ärzte war der größte und sicherste Fortschritt, den die Medizin je gemacht hat. Darin liegt die Erklärung für die Tatsache, daß in der immerhin kurzen Zeit des Bestehens dieser Anstalt der Charité eine größere Veränderung in der medizinischen Anschauungs- und Handlungsweise eingetreten ist als in den 2000 Jahren von Hippokrates bis auf Harvey«.[6]

Virchow verstand unter Materialismus ein System, und er war gegen Systeme, wie er gegen die medizinischen Romantiker und gegen die Rationalisten war, die noch immer versuchten, die Wissenschaft auf Logik aufzubauen statt auf Beobachtung. Aber er wandte sich auch gegen einen »Hyperempirismus«, der über seinen Beobachtungen den Sinn für schlüssige Folgerungen vergaß. Auf jeden Fall haben die Materialisten ein größeres Recht, Virchow für sich in Anspruch zu nehmen, als die Vitalisten. Virchows philosophische Entwicklung fand auf dem Boden des Materialismus statt. Schon in jungen Jahren hat er sich mit Fragen der Erkenntnistheorie beschäftigt. In seinen programmatischen Aufsätzen, die er später unter dem Titel »Die Einheitsbestrebungen in der wissenschaftlichen Medicin« neu veröffentlichte, hat er das Problem von Leib und Seele, von Materie und Geist, von Glaube und Wissen dargelegt. In diesen frühen Schriften hat Virchow gezögert, sich ausdrücklich zum Materialismus zu bekennen und sich loszusagen von der Vorstellung der Lebenskraft (vis vitalis), die seinerzeit noch vorherrschte; er hat, mit der gleichen Zweideutigkeit wie sein Lehrer Johannes Müller, den Begriff verwendet, obwohl er, wie Müller, hinter dieser Lebenskraft nur chemische und physikalische Abläufe zu sehen vermochte.

In diesen frühen Schriften kommt Virchow auch auf die Beziehung zwischen Glaube und Wissen zu sprechen. Er grenzt die beiden auf die gleiche Weise voneinander ab, wie es in unserem Jahrhundert Bertrand Russell getan hat. Das gesicherte Wissen, sagt Russell in der Einführung seiner Geschichte der abendländischen Philosophie, gehöre in den Bereich der Wissenschaft, wie das Dogma zur Theologie gehört. Aber zwischen diesen beiden Bereichen erstrecke sich ein Niemandsland, und hier fände man auch die Fragen, welche der Wissenschaftler noch nicht beantworten kann, auf welche der Theologe aber Antworten gäbe, die nun wiederum den Wissenschaftler nicht zu befriedigen vermögen. Ganz ähnlich Virchow: »Über den Glauben läßt sich wissenschaftlich nicht rechten, denn die Wissenschaft und der Glaube schließen sich aus. Nicht so, daß der eine die andere unmöglich machte oder umgekehrt, sondern so, daß, soweit die Wissenschaft reicht, kein Glaube existiert und der Glaube erst da anfangen darf, wo die Wissenschaft aufhört.«[7]

Natürlich gab es immer Streit, wo diese Grenze zu ziehen war, und in der Mitte des vorigen Jahrhunderts wogte er ziemlich heftig. »Wie zu den Zeiten des Galilei«, schreibt Virchow, »wird auch künftig der Konflikt niemals ausbleiben, so oft die Wissenschaft in ihrem unaufhaltsamen Fortschritte genötigt wird, ihre Grenzen vorzurücken. Dieses Vorrücken wird von den Dogmatikern natürlich als ein Angriff betrachtet, wenn es sich auch nur um die Geltendmachung von Hoheitsrechten der Wissenschaft über ein ihr zustehendes Gebiet handelt; sie suchen mit aller Gewalt ihren traditionellen Besitz zu behaupten und bringen es durch ihren ungerechten Widerstand endlich dahin, daß die Ungestümeren unter ihren Gegnern wirklich aggressiv werden. So ist es auch in den letzten Jahren gegangen, und das Endergebnis davon ist gewesen, daß sich bei den Trägern der kirchlichen und staatlichen Gewalt vielfach ein ganz allgemeines Mißtrauen gegen die naturwissenschaftliche Richtung als eine destruktive und ihrem Wesen nach negierende gebildet hat und daß man unter dem gemeinschaftlichen Namen des Materialismus alle freie Forschung mit empirischem Charakter für verdächtig erklärt. Vielleicht zu keiner Zeit ist es daher notwendiger gewesen, die berechtigten Grenzen der Naturforschung zu wahren und sowohl die Angriffe des Dogmatismus auf dieselben als ihre Überschreitung durch Naturforscher abzuwehren.«[8]

Hier wird ein weiteres Moment deutlich für Virchows undeutliche Stellungnahme: Er wollte nicht als Materialist verketzert werden; Feinde hatte er im staatlichen und kirchlichen Bereich genug. Außerdem waren ihm die Materialisten verdächtig, soweit sie selbst dogmatisch auftraten: »Es gibt einen materialistischen Dogmatismus so gut wie einen kirchlichen und idealistischen, und ich gestehe gern zu, daß der eine wie die anderen reale Objekte haben *können*. Allein sicherlich ist der materialistische der gefährlichere, weil er seine dogmatische Natur verleugnet und in dem Kleide der Wissenschaft auftritt, weil er sich als empirisch darstellt, wo er nur spekulativ ist und weil er die Grenzen der Naturforschung auch an Orten aufrichten will, wo die letztere offenbar noch nicht kompetent ist.«[9]

Diese Worte verdeutlichen die Einstellung des jungen Virchow ganz gut: Virchow sieht, wie später Russell, die beiden einander innerlich fremden Reiche, Wissenschaft und Glaube, dazwischen das Feld der freien Forschung. Er weigerte sich, etwas für gesicherte wissenschaftliche Erkenntnis auszugeben, was noch in das Feld des zu Erforschenden gehört. Virchow hat noch Jahre später gegen »den Materialismus« gewettert, ohne klar zu sagen, daß er nur den dogmatischen Materialismus meinte.

Virchow hat auch eine vermittelnde Stellung eingenommen, wo es um den Determinismus und die Frage nach der Verantwortlichkeit des Menschen ging. Er greift den Vorwurf auf, »daß die Naturwissenschaft, indem sie das Denken als einen an das Gehirn gebundenen Vorgang auffaßt und die Spontaneität des Willens zurückweist, damit zugleich die *Zurechnungsfähigkeit und Verantwortlichkeit* der einzelnen aufhebt«. Das bestreitet Virchow ausdrücklich: »Kein Naturforscher, er mag eine noch so materialistische Richtung haben, wird es in Abrede stellen, daß der Mensch denkt, daß dieses sein Denken nach bestimmten Gesetzen vor sich geht und daß der denkende Mensch sich selbst bestimmen, seine Handlungen regulieren kann. Dies sind aber auch die Voraussetzungen des Staatsmannes und Richters, welche den gesetzmäßig denkenden und darum zurechnungsfähigen Menschen für seine Handlungen verantwortlich machen. Es kommt dabei stets durchaus nicht darauf an, ob man das Denken in das Gehirn (den Körper) oder in die Seele (den Geist) verlegt, ... niemals wird aber dabei das Prinzip der Verantwortlichkeit in Frage kommen.«

Gleichwohl erkennt Virchow eine »Differenz zwischen dem Humanismus«, den er vertritt, und der Rechtsprechung seiner Zeit, und zwar in bezug auf die Strafe. »Der Humanismus verfolgt auch in dieser Richtung mit Konsequenz seine pädagogische Aufgabe«, sagt er. »Die Strafe kann für ihn im allgemeinen nur eines der Mittel sein, durch welche das Volk zu einer sittlichen und bewußten Haltung erzogen werden soll. Deshalb verlangt er in einer ganz anderen Weise als es heutzutage geschieht die Prüfung der psychologischen Motive des Angeklagten. Es genügt ihm nicht, daß bloß den groben körperlichen Zuständen

Rechnung getragen werde; vielmehr fordert er, daß auch die Fehler der Erziehung, der Mangel an Urteil und Erfahrung, die Irrtümer der Zeit und der Gesellschaft, die Vorurteile des Glaubens und des Aberglaubens, die falschen Voraussetzungen der Unwissenheit sowohl für den Grad der Zurechnungsfähigkeit als für die Wahl der pädagogischen Strafe entscheidend werden.«[10]

Das sind die Grundzüge von Virchows wissenschaftlicher Weltanschauung, die er in Berlin zu bilden begann und in Würzburg fortentwickelte. Die Jahre in Würzburg waren eine große, schaffensreiche Zeit. Virchows Zellularpathologie ist in Würzburg entstanden; sie wurde zu einem Grundstein der Medizin und der Biologie.

In die Würzburger Jahre fallen auch die Cannstattschen »Jahresberichte über die Leistungen und Fortschritte der Gesamten Medizin«, die Virchow zusammen mit Scherer herausgab, und das »Handbuch der speciellen Pathologie und Therapie«. Die damals vorliegende Auflage war seit längerer Zeit veraltet, und so schickte sich der Erlanger Verleger Ferdinand Enke an, einen Herausgeber für eine Neuauflage zu finden. Enke wandte sich an Virchow, und der sagte zu und machte sich auch bald an die Arbeit. Er überwachte die Tätigkeit der anderen Autoren und schrieb wesentliche Teile der sechsbändigen Neuauflage selbst.

Bemerkenswert ist vieles an diesem Handbuch, angefangen von Virchows Vorwort. Mit einem heutigen Lehrbuch der inneren Medizin zeigt es wenig Ähnlichkeit. Heute unterteilt man die Krankheiten im großen und ganzen nach dem Organbefall in Herz- und Lungenkrankheiten, Magen- und Darmkrankheiten usw., mitunter auch nach weitausgreifenderen Krankheiten, etwa bei der Tuberkulose. Damals standen jedoch die Symptome und die gestörten Funktionsabläufe im Vordergrund: Fieber, Entzündungen und ähnliches zum einen; zum anderen dann die Störungen der Blutmischung, Störungen der Verdauung usw. Virchow nannte seine Auffassung von der Medizin eine genetische, und darauf war er sehr stolz. Außerdem erwähnte er ausdrücklich, daß er an Therapie glaube, was seinerzeit keineswegs selbstverständlich war. Und er machte gleich eingangs deutlich, daß er nicht beabsichtigte, ein weiteres System in die Medizin einzuführen, also eine einseitige, weil ausschließliche Betrachtungsweise: »Die beiden großen Sekten der Humoral- und Solidarpathologen beherrschen noch jetzt das ärztliche Gebiet, obwohl hoffentlich die Zeit nicht mehr fern sein wird, wo ein exklusives System in der Pathologie ebensowenig Geltung gewinnen kann, als es gegenwärtig schon in der Physiologie der Fall ist.«

Formen der Tuberkulose, die Zusammensetzung des Blutes, die Einflüsse der Drüsen der inneren Sekretion – dieser Begriff wird gegen 1855 von Claude Bernard geprägt , Erkrankungen durch Schimmelpilze – Virchow hat dafür den Begriff Mykose geprägt –, und schließlich die Zelle – das alles hat Virchow in diesen sieben Würzburger Jahren fieberhaft erforscht. Nicht überall war er erfolgreich – und man darf unmöglich übersehen, daß die moderne Medizin noch in ihren Anfängen steckte. Ein so kluger Forscher wie Virchow hat »Einsichten« formuliert, die heute beinahe jeder gebildete Laie besser weiß.

Am berühmtesten wurden Virchows neue Erkenntnisse über die Zelle. Vorlesungsskripte aus der Würzburger Zeit, vor allem von Anton von Troeltsch vom Sommer 1851, sowie andere Veröffentlichungen Virchows lassen die Entstehung seiner Zellularpathologie sehr gut deutlich werden. Den Begriff verwendet Virchow erstmals in einem Aufsatz, »Die Cellular-Pathologie«, abgedruckt 1855 in seinem »Archiv«. Stärker als in dem gleichnamigen Buch von 1858 geht es in dem Aufsatz um den Gegensatz zwischen Materialismus und Vitalismus. Virchow bekennt sich auch hier nicht eindeutig zu einer der beiden Anschauungen. Trotzdem wird deutlich, daß Virchow dem Materialismus nähersteht, denn die mechanische Auffassung, zu der er sich darin bekennt, ist nichts weiter als eine materialistische: »Das Leben wird immer etwas Besonderes bleiben, wenn man auch bis ins kleinste Detail erkannt haben sollte, daß es mechanisch erregt und mechanisch fortgeführt sei ... Alle unsere Erfahrung weist uns darauf hin, daß das Leben sich nur in konkreter Form zu äußern vermag, daß es an gewisse Herde von Substanz gebunden ist. Diese Herde sind die Zellen und Zellengebilde.«

Rudolf Virchow (ca. 1850)

Die Zelle war seit langem bekannt, seit ein »paar hundert Jahren«, sagt Virchow, der eifrig mit dem Mikroskop diesen Gebilden nachspürte. Aber über ihre Bedeutung war man sich noch nicht im klaren. Im frühen 19. Jahrhundert waren den Naturforschern große Entdeckungen gelungen: Carl Ernst von Baer, der von 1815 bis 1819 in Würzburg lehrte, hatte bei seinen Studien über die Embryonalentwicklung des Huhns das Säugetierei entdeckt, wovon er 1827 in einer dünnen Schrift mit dem Titel »De ovi mammalium et hominis genesi« berichtete. Baer bestätigte den Ausspruch des englischen Gelehrten William Harvey, daß alles Leben aus dem Ei komme. Er beschrieb als erster die embryonalen Entwicklungsstadien und die Ähnlichkeit zwischen den Frühformen und den fertig ausgebildeten niederen Tieren. Den Zellkern entdeckte wenig später der Engländer Robert Brown; doch dessen Bedeutung erkannte erst Matthias Jacob Schleiden, der gegen 1830 in Berlin mit Brown darüber ins Gespräch kam. Schleiden setzte die Auffassung durch, die ganze Pflanze sei aus Zellen aufgebaut. In einer kleinen Schrift, »Beiträge zur Phytogenesis«, 1838 erschienen, setzte er sich für die Eigenständigkeit der Pflanzenzelle ein. Die Ähnlichkeit zwischen Tier- und Pflanzenzelle hatte ein Jahr früher der tschechische Physiologe Purkinje entdeckt, der schon einige Jahre zuvor das Keimbläschen im Vogelei bemerkt hatte.[11]

Schleiden unterhielt freundschaftliche Beziehungen zu den jungen Anatomen im Umkreis von Johannes Müller sowie zu Theodor Schwann, dem Gehilfen am anatomischen Museum, der sich bereits durch seine Studien über die Vorgänge bei der Verdauung und Gärung einen Namen gemacht hatte. Die beiden unterhielten sich oft über ihre Forschungen, und es ist Schleidens Anregung zu verdanken, daß Schwann zu der Erkenntnis kam, das Tierreich sei im Prinzip nicht anders aufgebaut als das Pflanzenreich.

Nun lag der Weg offen zu der Erkenntnis, daß die Zelle der allgemeine Baustein des Lebens sei; und da auch die Eizelle nur eine Zelle ist, war zugleich die Verbindung hergestellt zur Embryologie.

Schwann und Schleiden sind die Väter der Zelltheorie. Virchow selbst ging einen Schritt weiter: Er erkannte die Zelle als die kleinste Vermehrungseinheit der Lebewesen. Und als Pathologe zog er eine weitere Folgerung: Morgagni hatte die Krankheit ins Organ gelegt, und der Pariser Pathologe Bichat verlegte sie ins Gewebe; Virchow suchte sie nun in den kleinsten Teilen der Gewebe, also in den Zellen. Die Zelle war Trägerin des Lebens und der Krankheit. »Das Leben ist die Tätigkeit der Zelle, seine Besonderheit ist die Besonderheit der Zelle.« Diesen Satz wiederholte Virchow unermüdlich. Und Virchow ging noch einen Schritt weiter: Er schloß die freie Zellbildung aus amorpher Masse, etwa aus Knorpelgewebe, aus, während Schwann und Schleiden noch geglaubt hatten, Zellen könnten aus derartigen Stoffen spontan entstehen. In seinem Aufsatz von 1855 schrieb Virchow den berühmten Satz: »Omnis cellula a cellula.« In der ersten Auflage seines Buches »Cellular-Pathologie« fehlt dieser Ausspruch; er findet sich erst, leicht abgewandelt – *Omnis cellula e cellula* – in der vierten Auflage.

Am Ende dieser Entwicklung steht die moderne Zellenlehre. Sie besagt: Alle Lebewesen sind aus Zellen und ihren Produkten aufgebaut; alle Zellen stimmen in den Grundzügen ihres Aufbaus überein; die Leistungen der Lebewesen sind letzthin die Leistungen der Zelle; Zellen gehen einzig und allein aus Zellen hervor.

Die Zellularpathologie war ein neues Prinzip, kein neues System. Virchow hat seine neue Lehre zu Beginn des Jahres 1858 in Berlin in einer Folge von zwanzig Vorträgen dargelegt. Er wollte an die Stelle der älteren Systeme nicht ein neues setzen, denn er hielt beide Schulen – Solidar- wie Humoralpathologie – für falsch, weil sie unvollständig waren. »Die gegenwärtige Reform der Medizin«, sagte er zu seinen Hörern – die meisten waren Ärzte –, »ging wesentlich aus von neuen anatomischen Erfahrungen, und auch das, was ich Ihnen vorzutragen habe, soll sich vorzüglich auf anatomische Demonstrationen stützen.«[12] Er ergänzte seine Referate durch mikroskopische Demonstrationen und versuchte, auf die praktischen Bedürfnisse der Hörer Rücksicht zu nehmen. »In einer so unmittelbar praktischen Wissenschaft wie die Medizin«, sagte er in der Vorrede des gedruckten Werkes, »in einer Zeit des so schnellen Wachsens der praktischen Erfahrungen wie die unsrige, haben wir doppelt die Verpflichtung, unsere Kenntnisse der Gesamtheit der Fachgenossen zugänglich zu machen. Wir wollen die Reform, nicht die Revolution. Wir wollen das Alte konservieren und das Neue hinzufügen.«

Was wir bislang über die Zellularpathologie erfahren haben, klang eher theoretisch, aber viele Teile des Buches – wie der Vorträge – verdeutlichen doch an praktischen Beispielen Virchows zelltheoretischen Ansatz. Er brachte Beispiele aus Bereichen, in denen er schon längere Zeit empirisch geforscht hatte, etwa über Gewebe und ihre Gefäßversorgung, über den Faserstoff im Blut, über Pyämie und Leukozytose, über Leukämie, über Phlebitis und Thrombose. Breiten Raum nahmen Virchows Vorstellungen von der Entzündungslehre ein.

Die erste Auflage dieses Buches war bald vergriffen; 1859 erschien die zweite, 1861 die dritte; im gleichen Jahr lagen bereits Übersetzungen in fünf Sprachen vor. 1871 kam die überarbeitete, stark erweiterte vierte Auflage, in der Virchow die alte Einteilung nach Vorträgen zugunsten einer übersichtlicheren Systematik aufgegeben hatte.

»Die Cellular-Pathologie in ihrer Begründung auf physiologische und pathologische Gewebelehre« lautet der vollständige Titel des Buches, und wie schon der Titel besagt, gründet es einen Teil der Medizin, eben die Pathologie, auf ein Teilgebiet der Biologie, der Histologie, der Lehre von den Geweben. »Was Schwann getan hat für die Gewebelehre, das ist für die Pathologie bis jetzt sehr wenig ausgebaut und entwickelt worden, und man kann sagen, daß nichts weniger in das allgemeine Bewußtsein gedrungen ist als die Zellentheorie in ihrer nahen Beziehung zur Pathologie« – und genau das hat Virchow getan: Pathologie und Histologie zusammenführen und dies einer breiten Öffentlichkeit bekanntmachen.

Schlägt man heute dieses Buch auf, so glaubt man, ein neueres Lehrwerk der Biologie in Händen zu halten, mögen die Illustrationen noch so einfach, die Abbildungen von mikroskopischen Details noch so grob sein. Die »Cellular-Pathologie« beginnt wie die meisten heutigen Lehrwerke der Biologie: mit einem Kapitel über die Zelle. Geschrieben ist es in der schmucklosen, nüchternen Prosa, die Virchow eigen war; es war seine Art, sich durch eine, wie er sagte, »entschiedene Sprache« vorzustellen, und das tat er auch hier.

Die »Cellular-Pathologie« fand bei den praktischen Ärzten freundlichere Aufnahme als bei den materialistischen Denkern. Aber es gab auch Kritik aus dem Lager der Praktiker; sie wurde teils mit persönlichen Spitzen gegen den Verfassser vorgetragen. Theodor Billroth schrieb am 7. März 1858, also noch bevor das Buch vorlag, die Zellularpathologie sei »in ihren Konsequenzen ... so allgemein, daß ihre Bedeutung sehr zusammenschrumpft«; damit hatte er aus seiner Warte als Chirurg nicht unrecht. W. Griesinger, ein Freund Pettenkofers, sprach sich bald gegen die Zellularpathologie aus, desgleichen die beiden Serologen August Wassermann und Emil Behring. Behring ging so weit, die Zellularpathologie als eine »augenblickliche Verwirrung« zu bezeichnen. Später war oft zu hören, die Zellularpathologie betone allzusehr das Statische, die Morphologie, und vergesse darüber das Dynamische, die Physiologie; doch inzwischen ist längst klar, daß Form und Funktion in engem Zusammenhang stehen, und gerade das hat Virchow nie aus den Augen verloren: Er hat zeit seines Lebens die Dynamik der physiologischen Abläufe in seine anatomisch-morphologischen Überlegungen miteinbezogen.

Heute wird Virchows Zelltheorie in Biologielehrbüchern häufiger genannt als in den Lehrwerken der Inneren Medizin, und das mit gutem Grund. Die Zellularpathologie bedeutet den Schlußstein der Zellenlehre; zugleich stellt sie die Medizin auf ein biologisches Fundament. Virchows Absicht bestand darin, eine sich in empirischer Kleinarbeit zersplitternde Forschung in eine große Richtung zu weisen, und das ist ihm gelungen.

Damit sind wir auch der Antwort auf die Frage, ob Virchow Materialist war, ein gutes Stück nähergekommen, denn die Zelle, die Virchow dem Leben zugrunde legt, ist Materie. Als Virchow gegen das Jahr 1860 seine Zellenlehre vor einem größeren Publikum zu popularisieren begann, kam er immer wieder auf den Materialismus zu sprechen, und auch da verwendete er immer das Adjektiv mechanisch, wo andere von materiell und materialistisch gesprochen hätten. Bei einer Gelegenheit verwarf er den Materialismus, bei der anderen nahm er ihn wieder in Schutz. Überdies verwendete er gelegentlich den Begriff Lebenskraft; aber er gebrauchte ihn anders als die Vitalisten: Er bezeichnete damit eine »abgeleitete und zusammengesetzte, mechanische Kraft, ... die offenbar zumeist durch die eigentümlichen Affinitäten der organisch-chemischen Stoffe bedingt wird«. Er sehe nicht ein, daß man nicht von Lebenskraft sprechen könne, »wenn man darüber klar ist, daß es sich um eine ganz mechanische Kraft« handelt.

Virchow vermutete hinter allen Lebensvorgängen chemische oder physikalische Prozesse, die auf der Tätigkeit von Zellen beruhen. Was er verwarf, war der empirisch nicht begründete Materialismus; er wandte sich gegen die Leute, die »aus den Lehrsätzen der Naturwissenschaft eine neue Art des Glaubens errichten wollen. Wenn man sich aber genau umsieht, so zeigt sich leicht, daß diese Art des Materialismus gerade von unwissenschaftlichen Naturen ausgegangen ist«.[13]

Daß er sich sprachlich nicht genau festlegte, mißfiel bereits seinem alten Lehrer Schleiden: »Andere sprechen zwar die materialistischen Sätze unumwunden aus, aber protestieren gegen den Vorwurf des Materialismus, behauptend, daß ihre Worte ganz etwas anderes (man weiß nur nicht, was) bedeuten, z. B. Virchow.« Und dann noch schärfer: »Virchow z. B. will es durchaus nicht gelten lassen, daß er Materialist sei und ist es gleichwohl ganz entschieden.«[14]

Auch Virchows Schüler Haeckel hat die Einstellung des Meisters in einem Brief an die Eltern trefflich beschrieben: »Virchow ist nämlich durch und durch Verstandesmensch, Rationalist und Materialist; das Leben betrachtet er als die Summe der Funktionen der einzelnen, materiell, chemisch und anatomisch verschiedenen Organe. Der ganze lebende Körper zerfällt danach in eine Summe einzelner Lebensherde, deren spezifische Tätigkeiten an die Beschaffenheit ihrer Elementarteile, also in letzter Instanz an die Zellen, aus denen der ganze Körper besteht, gebunden ist. So ist die Seelentätigkeit die inhärierende Eigenschaft der lebenden Nervenzelle, die Bewegung das Resultat des Baues der Muskelfaserzelle usw. Mit der normalen physikalischen und chemischen Beschaffenheit dieser feinsten mikroskopischen Formelemente ist also ihre gesunde Lebenstätigkeit unabänderlich verbunden. Mit ihr steht und fällt sie.«[15]

Neuntes Kapitel

AUF DER SUCHE NACH ÖFFENTLICHKEIT

»Die naturwissenschaftliche Anschauung kann nicht mehr mit dem kirchlichen Glauben, der philosophischen Transzendenz und der medizinischen Flachheit bestehen; sie hat das Menschliche im Menschen für souverän und die Erde für den Himmel des Menschen erklärt.«

Rudolf Virchow

Heinrich Meckel, genannt von Hemsbach, unterrichtete in Berlin pathologische Anatomie. Nach seinem Tod erklärte sich sein Kollege Johannes Müller außerstande, neben Physiologie auch noch dieses Fach zu übernehmen. Müller schlug vor, Rudolf Virchow nach Berlin zu berufen und ihm einen Lehrstuhl für pathologische Anatomie und Physiologie einzurichten. Unerwartet schnell setzten sich der König und das Ministerium über ihre anfänglichen Bedenken hinweg und erteilten Virchow einen Ruf.

Noch bevor Virchow nach Berlin übersiedelte, zum Wintersemester 1856, reist der Verwaltungsdirektor der Charité nach Würzburg, um mit Virchow über das neu zu errichtende pathologische Institut zu sprechen, das an der Stelle des alten Leichenhauses entstehen sollte. Für die damalige Zeit erschien dieser neue Bau verschwenderisch ausgestattet.

Die Charité bildete den Mittelpunkt des klinischen Lebens in Berlin; sie war noch immer das einzige große Krankenhaus in der schnell wachsenden Stadt. Bernhard Naunyn, ein junger Arzt, hat sie in seinen »Erinnerungen« ausführlich beschrieben. Die Klinik bestand »seit alters aus zwei großen Gebäuden, der alten und der neuen Charité. Die alte Charité hatte ihren großen Mittelbau in der Charitéstraße, mit der Front gegen Westen...; zwei diesen Hauptbau flankierende, ebenso hohe

Seitenflügel reichten zur Luisenstraße. Sie umschlossen einen großen stattlichen, mit schönen Bäumen bestandenen Hof. Aus diesem gelangte man durch eine Durchfahrt im nördlichen Seitenflügel auf den zweiten Hof. Ein weiter Platz mit guten Wegen und jungen Anpflanzungen, zur linken Hand das pathologische Institut, zur rechten ein schönes, luftiges, helles Gebäude mit großen hohen Sälen, die sogenannte ›Sommercharité‹, so geheißen, weil es ursprünglich der chirurgischen Abteilung zum Sommeraufenthalt gedient hatte (später Nervenklinik). Weit hinten gegen Norden schloß den großen Platz der weit ausgreifende Bau der ›neuen Charité‹. Ein häßliches, düsteres Gebäude, drei oder vier Stockwerke hoch, mit kleinen vergitterten Fenstern. Hier waren die Geisteskranken, die Syphilitischen und die ›kombinierte Station‹ untergebracht, zu der die aus den Gefängnissen eingelieferten Kranken gehörten. Diese ›kombinierte Station‹ hatte merkwürdigerweise Virchow zum dirigierenden Arzt, der sich dort, wie man erzählte, mit großem Eifer der praktischen Heilkunde befliß.

Im Untergeschoß dieser neuen Charité befanden sich eine Druckerei, eine lithographische Anstalt, ferner eine Schneiderei, eine Korbflechterei und einige weitere Werkstätten, worin die Gefangenen aus Virchows Abteilung tagsüber beschäftigt wurden. Virchows Abteilung war in der dritten Etage, über den Syphilitischen. Er hatte etwa sechzig Gefangene beiderlei Geschlechts auf seiner Station.«

Mitte der 1850er Jahre studierte Otto Braus in Berlin Medizin; ihm verdanken wir eine anschauliche Schilderung dieser Krankenstation. Am 1. Oktober 1859 stellte sich Braus bei Virchow vor. »Meine Station wird doch so wie eine Art Strafabteilung von Ihren Herrn Vorgesetzten betrachtet?« wollte Virchow wissen. Die Krankenvisite dauerte bei Virchow eine knappe Stunde, schreibt Braus, danach ging er zu seiner täglichen Vorlesung über pathologische Anatomie, die von 11 bis 12 Uhr anberaumt war. Virchow untersuchte seine Patienten durch Beklopfen und Behorchen wie andere Ärzte, doch der junge Arzt glaubte zu bemerken, daß Virchow darin nicht die gleiche Sicherheit besaß wie die alten Praktiker. »Seine Diagnosen stellte er auch so, daß man immer heraushörte, daß er mehr an den Leichentischen mit den Erscheinungen dachte, die man im Leben nicht erkennen kann.«[1]

Die Nahrung der Gefangenen aus Virchows Abteilung bestand aus Hülsenfrüchten, Brot und Kartoffeln; Fleisch gab es nur an den Sonntagen und an hohen Feiertagen. Als Pflegekräfte waren auf dieser Station vorzugsweise Diakonissen eingesetzt; für schwerere Arbeiten war ein Pfleger zuständig namens Figall, ein kleiner, krummbeiniger Kerl mit einem schwarzen Bart, der ihm bis auf die Brust reichte. Figall war ein ehemaliger Wachtmeister der ungarischen Armee. Er pflegte Geschichten aus dem Krieg zu erzählen und dazu ungarische Reiterlieder zu singen.

In Preußen, wie später auch im Deutschen Reich, bestand, wie damals fast überall auf der Welt, die Todesstrafe; in Berlin wurde sie mit dem Beil vollzogen. Eines Tages wurde auf Virchows Station ein kranker Strafgefangener eingeliefert, der dort »hinrichtungsfähig« gemacht werden sollte. Der Kranke hatte von langer Zuchthaushaft »eine aschfahle Farbe und glanzlose, torpide Augen«, schreibt Braus. Er bekam Chinarinde, bessere Kost und Wein. »Hoffen wir«, sagte Virchow eines Tages zu seinem jungen Kollegen, »daß seine Krankheit so rasche Fortschritte macht, daß er hier sein Ende findet.« Braus war über diese wenig staatstreue Äußerung überrascht. Virchows Hoffnung ging in Erfüllung.[2]

Ins Krankenhaus gingen auch in diesen Jahren fast ausschließlich Kranke aus den unteren Volksschichten. »Das Krankenmaterial der Charité war damals im sozialen Sinne kein auserlesenes«, erzählt Naunyn. »Den besten Teil in jedem Sinne stellten die unverheirateten Bediensteten und Werkstattarbeiter, Dienstmägde, Handwerksgesellen und Lehrlinge, welche bei ernstlicher Erkrankung der Charité zugeführt werden mußten, denn diese fungierte als das einzige städtische Krankenhaus. In zweiter Linie kamen Kranke, die der städtischen Armenpflege angehörten. Ein dritter, großer Teil war von der Polizei eingewiesen: Erkrankte aus Gefängnissen, aus dem städtischen Arbeitshaus (für Landstreicher und Obdachlose, dem ›Ochsenkopf‹), in den Herbergen und Absteigequartieren, den sogenannten ›Pennen‹, erkrankte Zugereiste. Dies war ein gefährliches Material, sie brachten uns Pocken, ansteckenden Typhus und Rückfallfieber. Dann die Unglücksfälle und die sonst in Stadt oder Umgegend Aufgelesenen. Schließlich die Erkrankten aus den öffentlichen Häusern und die Frauenzimmer unter Polizeiaufsicht. Arbeitslose und Arbeitsscheue, ganz oder halb Invalide suchten gern Unterschlupf, namentlich zur Winterszeit. Selten wurden uns interessante Fälle von den Ärzten der Stadt zugewiesen, immer ganz anspruchslose Menschen, denn es gab nur eine Verpflegungsklasse in gemeinschaftlichen Krankensälen mit deren damals sehr geringem Komfort und der wenn auch nicht schlechten, doch sehr einfachen Verpflegung. Also ein Material, von dem ein Teil die schlechtesten Elemente der Stadt bildeten, und sicher ist es erstaunlich, wie gut mit den Leuten auszukommen war. Launenhaftigkeit, kleine Ungezogenheiten und Widersetzlichkeiten kamen vor, im ganzen aber steckten sie alle ihre liebenswürdigsten und anständigsten Seiten aus... Dabei war die Charité im Publikum nicht beliebt, man scheute sie, viel weniger wegen der klinischen Vorstellungen (die Dienstmädchen allerdings wollten auch ›wegen der Studenten‹ nicht immer gern hin), als wegen der Sektionen.«[3]

Soviel zur Charité als Krankenhaus; daneben gab es noch die Universität. Hier fand Virchow nach seiner Rückkehr nach Berlin sofort eine große Hörerschaft; bei seiner ersten Vorlesung über pathologische Anatomie soll das Auditorium zum Bersten voll gewesen sein. Ein Augenzeuge schreibt: »Der kleine, unscheinbare Mann mit dem glatt an den Kopf angelegten blonden Haar, der gut entwickelten Stirn, unter der scharfblikkende, durchdringende Augen hinter scharfen Brillengläsern hervorlugten, machte durch seine äußere Erscheinung keinen besonderen Eindruck auf den Zuhörer; er veranlaßte im Gegenteil durch sein nüchternes, kaltes Wesen eher eine Abneigung als ein Interesse. Dazu kam, daß seine Stimme monoton, sein Vortrag ohne jeden rednerischen Schmuck, seine Darstellung ohne jede Lebendigkeit der Farbe war. Aber um so mächtiger wirkte der Inhalt dieser Rede, der ein eminentes Wissen und Können verriet, der die kompliziertesten Befunde am Leichentisch in unzweideutigster Weise auf ihren ursprünglichen

Zusammenhang sowie ihre Wechselbeziehung zurückzuführen wußte.«[4]

Virchow bot seine pathologische Anatomie zunächst in zwei Semesterkursen an. Seine Berliner Vorlesungen sollen, so erfuhr Theodor Billroth von Virchows Studenten, vor allem für die Anfänger sehr unverständlich gewesen sein. Virchow begegnete diesem etwas jüngeren pommerschen Kollegen mit viel Freundlichkeit, so berichtet dieser; Billroth gab die pathologische Anatomie auf, als Virchow nach Berlin zurückkam, er hatte sich zuvor selber Hoffnungen auf diesen neuen Lehrstuhl gemacht. Virchow schlug Billroth vor, ein Praktikum in Histologie zu unterrichten und bot ihm dazu seinen Hörsaal und seine Instrumente an.

Sehr bald zog Virchow Studenten aus aller Herren Länder nach Berlin. »In Virchows Auditorium sah man alle Nationen vertreten«, berichtet Braus, und oft konnte man ihn »in der Gesellschaft dieses oder jenes fremden Mediziners in französischer, englischer oder auch italienischer Sprache reden hören«. Zu den Vorlesungen erschien Virchow stets mit großer Verspätung, so daß er von den Hörern häufig mit unwilligem Getrampel empfangen wurde. Virchow blickte bei all seinen Arbeiten niemals auf die Uhr, das Zuspätkommen war die Folge davon. Als Prüfer war er sehr streng; er konnte vor allem zwei Dinge nicht leiden: daß ein Kandidat nicht beobachten konnte und daß einer nicht imstande war, aus dem Beobachteten schlüssige Folgerungen zu ziehen.

In Würzburg war Virchow zu einem großen Gelehrten herangereift; in Berlin begann er eine Berühmtheit zu werden. Was er in mühevollen Jahren gesät hatte, war nun aufgegangen, nun war an die Ernte zu denken. Politik ist Medizin im Großen, hatte er gesagt, diese Art von Medizin wollte er fortan betreiben. Und Politik bedeutete für ihn die Tätigkeit für die Polis, für die Stadt, für die große Öffentlichkeit. Das war es, was Virchow suchte, Öffentlichkeit, und die Öffentlichkeit blickte zu ihm auf. Nicht nur in Berlin, in ganz Deutschland und weit darüber hinaus begann man seinen Rat und seine Hilfe zu suchen. Virchow war Professor, er war Herausgeber einer wichtigen Fachzeitschrift, bald wurde er Stadtverordneter von Berlin und ein beliebter Redner vor Laien und vor wissenschaftlichen Versammlungen; die Leitungen von Krankenanstalten und die Regierungen fremder Staaten wandten sich gerne an ihn, wenn sie Rat brauchten in Sachen öffentlicher Gesundheit – so beispielsweise die Regierung von Norwegen, die Virchow 1859 bat, das Land zu bereisen und sie wissen zu lassen, wie sie die weitverbreitete Lepra bekämpfen könne.[5] Kurzum, Virchow wurde in diesen Jahren eine gesundheitspolitische Institution.

Seit dem frühen Tod seines Freundes Benno Reinhardt, 1852, war Virchow Alleinherausgeber des »Archivs«, das inzwischen zu einem hochgeachteten Periodikum geworden war; es sei schon so mancher Angriff gegen die Person des Herausgebers gerichtet worden, schreibt Virchow, aber keiner gegen das »Archiv«. Seit Ende der fünfziger Jahre begann Virchow sich von seinem Organ zu emanzipieren, oder vielmehr umgekehrt, das »Archiv« emanzipierte sich von ihm. Er hörte auf, Hauptbeiträger zu sein und übernahm mehr und mehr die Aufgabe, die er sich auf der Titelseite zuwies: er beschränkte sich auf die Herausgeberschaft, was nicht heißt, daß er nicht auch weiterhin manchen Beitrag darin veröffentlichte und dann und wann dem Aufsatz eines jungen Kollegen eine berichtigende Ergänzung hinterherschickte. Im 17. Heft erschien erstmals kein Aufsatz aus seiner Feder. Er war nicht mehr der junge Mann, der sich Gehör verschaffen mußte. Die Hefte, die anfangs nicht regelmäßig erschienen waren, trafen nun pünktlich ein, jedes Vierteljahr eines. Sie bewahrten sich vorläufig noch ihre große thematische Vielseitigkeit: es gab Beiträge von Ärzten, die sich mehr mit allgemeinen Fragen der Naturwissenschaften beschäftigten und über Dinge schrieben wie das Wiederkäuen der Paarhufer; da gab es einfache Beschreibungen von – heute so alltäglichen – Vorgängen wie dem Versuch, eine Bluttransfusion durchzuführen, sei es mit menschlichem, sei es mit tierischen Blut. Viele dieser Beiträge sind heute ein Stück Medizingeschichte.

Der Mitarbeiterstamm und dessen Betätigungsfeld wurde zunehmend größer. Mehr und mehr Ärzte aus dem Russischen Reich sandten Aufsätze ein und baten um Veröffentlichung, teils waren es deutsche, teils russische Kollegen. Bald trafen die ersten Beiträge aus dem Reich der Mitte ein, geschrieben von deutschen Gelehrten über so wunderliche Dinge wie den gebundenen chinesischen Damenfuß, oder auch aus Japan, das gerade, Mitte der 1850er Jahre, seinen gut zweihundertjährigen Dornröschenschlaf aufgegeben und sich dem Westen geöffnet hatte. Zuvor hatte der Shogun fremden Ärzten zwar erlaubt, Japan über die abendländische Medizin ins Bild zu setzen; doch nun durften Fremde erstmals in Japan umherreisen, und voller Staunen erfuhr die Leserschaft des »Archivs«, daß Japan in den Jahren seiner Abschottung die Abtreibung gestattet hatte. Die Oberschicht wollte die Bevölkerungsvermehrung eindämmen, um die hierarchische Ordnung der Gesellschaft zu bewahren.

»Im Februar 1863 operierte Langenbeck in Berlin einen Mann wegen einer Geschwulst am Halse. Während der Operation bemerkte er, daß die bloßgelegten Muskeln voll von verkalkten Trichinen waren. Als der Mann nun gefragt wurde, ob er nicht irgend einmal in besonderer Weise erkrankt sei, erzählte er eine wunderbare Geschichte. Im Jahre 1845 fand in Jessen (Kreis Schweinitz, Reg.-Bez. Merseburg) eine Schulrevision statt. Die Kommission nahm bei einem Kaufmann ein gemeinschaftliches Frühstück (Schinken, Wurst, Käse, usw.) ein. Ein Mitglied entfernte sich, ohne etwas anderes als ein Glas Rotwein genossen zu haben. Die anderen sieben tranken Weißwein und aßen von den aufgesetzten Speisen. Alle sieben, darunter der Operierte, erkrankten und vier starben. Der Verdacht lenkte sich natürlich auf das Mahl und den Wirt. Es wurde eine gerichtliche Untersuchung, zunächst auf den Weißwein, eingeleitet; diese blieb erfolglos, aber der Wirt konnte den Verdacht nicht wieder loswerden und sah sich endlich genötigt, nach Amerika auszuwandern.«[6]

Virchow hat diesen aufsehenerregenden Fall in einem für die breite Öffentlichkeit bestimmten Büchlein mit dem Titel »Die Lehre von den Trichinen mit Rücksicht auf die dadurch gebotenen Vorsichtsmaßregeln für Laien und Ärzte dargestellt«, das 1863 erschien. Zuvor hatte Friedreich, sein Nachfolger in Würzburg, bereits im »Archiv« über Trichinenbefall beim Menschen berichtet; der Erlanger Prosektor Friedrich Albert Zenker hatte an gleicher Stelle eine Trichinenepidemie geschildert. Diese Krankheit ist deshalb von Interesse, weil sie zeigt, wie wirtschaftliche Entwicklung zur Veränderung der Lebensgewohnheiten führen kann und wie neue Lebensgewohnheiten – in diesem Fall betrafen sie die Ernährung – neue Krankheiten zur Folge haben können.

Trichinenbefall bei Menschen war wenige Jahre zuvor erstmals beobachtet worden. 1831 hatte der englische Anatom Hilton die Trichinenkapsel beschrieben; Paget und Owen, gleichfalls Briten, entdeckten 1835 den Wurm in der Kapsel. In den 1850er Jahren nahm der Trichinenbefall rasch zu; nach 1859 fand Virchow innerhalb kürzester Zeit mehr Fälle »als in 30 Jahren in der gesamten Literatur verzeichnet waren«, schreibt er. »In einem Vierteljahre kamen 1863 sieben neue Fälle bei Leuten vor, die in der Charité gestorben waren.«[7] Vorläufig wurden diese Fälle nur bei der Obduktion bekannt.

Warum traten die Erkrankungen auf und wie kam es zu dieser Häufung? Virchow erklärte dies mit den veränderten Kochgewohnheiten. In früherer Zeit, schreibt er, habe man das Fleisch, wenn man zu Martini schlachtete, derart stark eingepökelt oder geräuchert, daß davon die Trichinen abgestorben seien. Doch die Industriegesellschaft veränderte auch die Konsumgewohnheiten, und mit dem steigenden Realeinkommen stieg der Fleischverbrauch: vor der Mitte der 1830er Jahre hatte er in Deutschland pro Person und Jahr unter 20 Kilogramm gelegen, im Hungerjahr 1816 sogar unter 14 Kilogramm; in den mittsechziger Jahren lag er knapp unter 30 Kilogramm. Besonders stark nahm der Verzehr von Schweinefleisch zu. »Gerade in den sächsischen Ländern ist nach den mir zugegangenen Nachrichten erst in den letzten 10–15 Jahren die Sitte immer allgemeiner geworden, gehacktes frisches Schweinefleisch (sog. Hackfleisch) auf Brot zu essen, und bekanntlich sind fast alle großen und mörderischen Epidemien auf sächsischem Boden aufgetreten... Vielleicht ist die zunehmende Anhäufung von Fabrikbevölkerung, denen Zeit und Neigung fehlt, die Küche ordnungsmäßig zu besorgen, nicht gering zu veranschlagen«, schreibt er in seinem Buch über die Trichinen.[8] Tatsächlich hatte die Bevölkerung Sachsens damals einen überaus hohen Anteil an Fabrikarbeitern.

Virchows Gedanken schweiften zurück in die Geschichte; ein Verbot aus dem Buch »Leviticus« kam ihm in den Sinn: »Doch dürft ihr von denen, welche wiederkäuen, und von denen, die gespaltene Klauen haben, folgende nicht essen: ... das Schwein, denn es hat allerdings gespaltene Klauen, und zwar völlig getrennte Klauen, ist aber kein Wiederkäuer, als unrein soll es euch gelten.« (3. Moses, 11,7). Möglicherweise stützte sich dieses Verbot zunächst auf die Beobachtung, »daß das Schwein unreine, zum Teil faulige Nahrung zu sich nimmt, aber darf man nicht auch vermuten, daß schon damals wirkliche Erkrankungen nach dem Genusse von Schweinefleisch wahrgenommen worden sind? Gerade unter den einfacheren Lebensverhältnissen eines, damals wenigstens noch mehr nomadenhaft lebenden Volkes konnte ja eine gruppenweise Erkrankung leichter auf ihre bedingenden Ursachen zurückgeführt werden.«

Ungeklärt war, welche Tiere von Befall bedroht waren und ob auch sie Krankheitssymptome zeigten. Virchow fand heraus, daß Schweine gelegentlich Anzeichen des Befalls aufwiesen, ja sogar an Trichinen sterben konnten. Aber gerade die Epidemie von Hettstädt bei Magdeburg machte ihm die Gefahr augenfällig: Sieben Fleischer hatten das Tier gesehen und für völlig gesund erklärt, einer kaufte es, schlachtete es und verzehrte es mit seiner siebenköpfigen Familie. Der Fleischer und das Dienstmädchen starben an den Trichinen. Virchow schickte seinen Assistenten Julius Cohnheim nach Hettstädt und ließ sich Trichinen aus einer der Leichen beschaffen. Er fütterte sie Hunden, in deren Därmen er wenige Tage später neue Trichinen entdeckte. Virchow fand heraus, daß Trichinella spiralis aufgrund ihrer Fortpflanzung fast nur in fleisch- und allesfressenden Tieren vorkommt; er erkannte außerdem, daß Trichinen den Menschen ohne Zwischenwirt befallen können, und er wies nach, daß die jungen Trichinen nicht in den Gefäßen liegen, sondern in den Muskelfasern.

Was war dagegen zu tun? In Braunschweig war man bereits dazu übergegangen, Schweinefleisch regelmäßig zu untersuchen. Die Tatsache, daß dort nur 2 von 3000 Schweinen trichinenhaltig waren, war für Virchow nur ein geringer Trost; anderswo, in Blankenburg etwa, waren es immerhin 4 von 700

Schweinen. Virchow nannte es eine Torheit oder ein Verbrechen, lediglich von »Trichinenfurcht« zu sprechen – die Trichinen waren das Problem, nicht die Furcht vor ihnen. Der Verdacht, Trichinen würden vor allem oder ausschließlich in importierten Schweinen auftreten, half auch nicht weiter, zumal abzusehen war, daß Deutschland in den nächsten Jahren immer mehr Schweinefleisch aus Übersee einführen würde.

Wie konnte man dem Übel Herr werden? Virchow dachte zunächst an Aufklärung. Aber gerade die Fleischer, von denen er glaubte, sie sollten das größte Interesse daran haben – »da sie nicht bloß in ihrem Gewerbe, sondern auch in ihrer Person bedroht sind«, denn sie haben »die Gewohnheit, etwas frisches Fleisch beim Schlachten probeweise zu kosten« –, gerade sie waren gegen jede öffentliche Aufklärung. In der Versammlung der Berliner Schlachter vom 16. Dezember 1865 zeigten sie ihren Widerstand ganz offen. Und natürlich gab es auch schon gerissene Geschäftemacher, die ihre Anti-Trichinen-Mittel »in pomphaften Zeitungsartikeln« anpriesen und für »zuverlässige Mittel gegen Trichinen« erklärten, schimpfte Virchow.

Es gab verschiedene Möglichkeiten, das Übel längerfristig zu bekämpfen. Stallfütterung ohne begleitende Maßnahmen hielt Virchow für zu unsicher, selbst bei größter Reinlichkeit. Er empfahl eine sorgfältige Fleischbeschau. In Städten sollte überall eine mikroskopische Fleischbeschau amtlich eingerichtet werden und durch Ärzte, Tierärzte, Apotheker oder sonstige Naturkundige vorgenommen werden. Auch die Einrichtung öffentlicher Schlachthäuser würde helfen, dem Problem beizukommen: »Mit Recht hat man an verschiedenen Orten, auch Deutschlands, sich schon zu ihrer Einrichtung entschlossen... Hat man Schlachthäuser, so ist nichts einfacher, als darin Mikroskope aufzustellen und kein Schweinefleisch früher zum Verkauf gelangen zu lassen, als bis ein amtlicher Schein über die Reinheit des betreffenden Tieres vorliegt.« Die Untersuchung sollte zwangsweise eingeführt werden, »denn der Eigennutz der Schlächter kann leicht um geringer Vorteile willen einen Teil der Schweine ununtersucht lassen«. Virchow hielt die Überwachung für gerechtfertigt. Ein Metzger, schrieb er, der für die Erkrankung vieler Menschen verantwortlich ist, könne sich »nicht beklagen, wenn er in ähnlicher Weise überwacht wird wie ein Fabrikant, der mit gefährlichen Chemikalien arbeitet«.[9]

Virchow wollte die Fleischbeschau, und zwar durch »Naturkundige«, und darunter waren natürlich zuallererst Fachleute zu verstehen; aber Virchow forderte zugleich, den Kreis der Kundigen auszudehnen. »Ich bin nicht der Meinung«, schrieb dieser demokratisch gesinnte Arzt, »die vom Standpunkte des Gelehrten wohl geäußert wird, daß ein Heranziehen von Laien zu mikroskopischen Untersuchungen eine Entheiligung des Instruments sei; im Gegenteil, ich meine, man gewinne damit zugleich ein Mittel, bessere Anschauung von der Natur in einen größeren Kreis von Laien zu verpflanzen.« Natürlich wollte er zuverlässige Fleischbeschauer; aber er gab auch Laien seinen Rat, wo man in Berlin ein billiges Mikroskop erhalten könne und wie damit umzugehen sei: »Man nimmt ... am besten mehrere Stückchen vom Zwerchfell, von den kleinen Kehlkopfmuskeln, von den Muskelansätzen am Kiefer, an den Rippen und am Schenkel, schneidet mit einer kleinen Schere oder einem scharfen Rasiermesser dünne Stückchen nach der Faserrichtung ab, breitet diese unter Zusatz von etwas Wasser auf einem Gläschen aus, zupft die Fasern mit feinen Nadeln etwas auseinander, drückt ein Deckgläschen auf und bringt das Ganze unter das Mikroskop.«[10]

Die größte Sorge bereitete Virchow das Schweinefleisch, aber er wußte sehr wohl, daß auch von anderen Tieren Gefahr drohte, denn auch Katzen wurden »in großen Städten ... zuweilen ... gegessen«. Aus diesem Grund wollte er auch die endemischen Herde der Trichinosis erforschen lassen, um die Seuche wirksamer bekämpfen zu können. Außerdem sollte der Verkauf trichinenhaltigen Fleisches streng bestraft werden. Als die Königlich Wissenschaftliche Deputation für das Medizinalwesen ein Gutachten von ihm erbat, schrieb er: »Unserer Meinung nach ist es höchst dringlich, daß endlich einmal auch der Verkauf des Fleisches von kranken Tieren mit Strafe bedroht wird. Wir halten es für ganz begründet, das Feilhalten und den Verkauf trichinenhaltigen Fleisches ausdrücklich mit Strafe zu bedrohen, und dies zugleich für das einzige wirksame Mittel, die beteiligten Gewerbetreibenden zu der ihnen obliegenden Aufmerksamkeit und Sorgfalt zu bewegen.«[11]

Dieser Forderung haben wir es zu verdanken, daß 1875 in Preußen die amtliche Fleischbeschau eingeführt wurde, für das Reich wurde sie erst 1900 verbindlich. Noch 1923 mußten 1,25 Prozent der geschlachteten Schweine ausgesondert werden. Berlin war schon vor der Reichsgründung – ohne Einwirkung der Staatsgewalt, wie der Liberale Virchow stolz vermerkte – Virchows Forderung nachgekommen. Virchow zog es vor, Menschen durch Aufklärung zu vernünftigem Handeln zu bewegen; aber er hatte auch nichts dagegen, vernünftige Maßnahmen mit staatlichen Zwangsmitteln durchzusetzen, wo es nicht anders ging.

Gesundheit und Bildung gehörten für Virchow zusammen. Er wollte beides vermitteln, denn die Bildung half auch der Gesundheit weiter. Aber er wollte sein Wissen nicht nur seinen Kollegen mitteilen, nein, jedermann sollte davon erfahren. Bildung war damals ein großes Anliegen der liberalen Kräfte. Schon seit den 1820er Jahren haben gerade Liberale immer wieder Arbeiterbildungsvereine gegründet, die ihnen als das »wichtigste Mittel der Selbsthilfe und des sozialen Fortschritts« (Jürgen Kocka) vorkamen. Als die Liberalen sich 1861 in der Fortschrittspartei parteipolitisch zusammenschlossen, versuchte ihr linker Flügel, dem Virchow angehörte, diese Vereine unter seine Fittiche zu nehmen. Auch im Bildungsbereich fand die Genossenschaftsidee bei den Arbeitern mehr Anklang als Lassalles Vorstellung vom starken Staat, der seine Hilfe gnädig austeilt.[12]

In der zweiten Hälfte des Jahrhunderts kamen Arbeiterbildungsvereine fast ein bißchen in Mode. Fachleute boten Vorträge in allgemeinverständlicher Form an. Da sprach Bluntschli über die Bedeutung und die Fortschritte des modernen Völkerrechts, ein Dr. Lette über die Wohnungsfrage; Schulze-Delitzsch referierte über soziale Rechte und Pflichten; Werner Siemens stellte die elektrische Telegraphie vor; Professor Holtzendorff, der mit Virchow die Reihe »Sammlung gemeinverständlicher Vorträge« herausgab, sprach über die Verbesserung in der gesellschaftlichen Stellung der Frauen; ein Professor der Rechte aus Königsberg namens Richard John verbreitete sich über die Todesstrafe und ein J. Möller aus Königsberg über den Alkohol; Ernst Haeckel, inzwischen Professor in Jena, hielt zwei Vorträge über die Entstehung und den Stammbaum des Menschengeschlechts und Rudolf Groß, ein Oberappellationsgerichtsrat, berichtete über irländische Gefängnisse. Die meisten dieser Vorträge hatten nicht nur einen bildenden, sondern auch einen praktischen Bezug. Virchow hielt vor diesen berufsständischen Vereinen eine ganze Reihe von Vorträgen; er sprach über Hospitäler und Lazarette, über Nahrungs- und Genußmittel, über das Fieber, den Aufbau des Gehirns, das Leben des Blutes, aber auch über Hünengräber und Pfahlbauten.

Über Hospitäler und Lazarette hatte Virchow bereits 1860 anläßlich der 35. Versammlung Deutscher Naturforscher und Ärzte in Königsberg gesprochen; das war mehr als ein Stück Krankenhausgeschichte, es war seine Philosophie der Geschichte. In der Geschichte der Menschheit seien die kleinen, unscheinbaren Taten oftmals bezeichnender gewesen für den Geist der Zeit »als große und prunkende Kriegstaten, welche für eine kurze Zeit die Teilnahme aller fesselten«. Und nicht nur die Großen seien an dem Prozeß beteiligt, den man Geschichte nennt: »Jeder einzelne hat seinen Anteil daran, der einfache Mann, der des Tages Lasten im Dienste der Gesellschaft trägt, wie die stille Hausfrau, welche ein neues Geschlecht für die kommende Zeit heranbilden hilft.« Das versuchte Virchow an der Geschichte der Krankenpflege zu verdeutlichen. »Wenn man auf die Geschichte der Menschheit zurückblickt, so möchte es kaum ein anderes Merkmal geben, welches so bestimmt das rein menschliche Wirken bezeichnet, als die Sorge für Kranke und Hilflose.« Die Leistungen des Christentums übersah er dabei am allerwenigsten: »Gibt es ein rührenderes Bild christlicher Barmherzigkeit als das der heiligen Elisabeth, wie sie von der Wartburg herabsteigend, in den von ihr gestifteten Spitälern Brot und Wein austeilt, die Schwären des Leidens wäscht und verbindet, die Nackten kleidet und die Frierenden bettet?« Christentum und Krankenpflege, das steht in unauflöslicher Verbindung, und Lazarett rührt von dem armen Lazarus, den Christus vom Tode erweckte. Freilich ließ Virchow auch nicht unerwähnt, daß schon zuvor, in Indien und Ceylon, Krankenhäuser in Betrieb waren, ja sogar Heilstätten für Tiere.

Bei seinem Vortrag in Königsberg im Jahr nach der Schlacht von Solferino (1859) sprach Virchow die Hoffnung aus, »daß dereinst Kasernen als gemeinschädliche Anstalten erkannt werden und daß es ein Angriff auf die Gesundheit des kräftigsten Teils unserer Jugend ist, sie in großen Schlafsälen zusammenzudrängen«. Nur widerwillig räumt er ein, daß Kriege die Medizin auch schon vorangebracht haben – aber wie sehr doch zum Leidwesen des einzelnen.

Er machte die Versammlungen Deutscher Naturforscher und Ärzte zu seinem großen Forum; nur selten fehlte er auf ihren Tagungen, die vorläufig allerdings nur bescheidene Besucherzahlen hatten. 1858 hielt er in Karlsruhe »eine glänzende Rede ›Über die mechanische Auffassung der Lebensvorgänge‹, (welche) die Zuhörer, fast tausend an Zahl, stürmisch begeisterte«, berichtet Kußmaul. 1863 in Stettin sprach Virchow über die Trichinose, 1865 in Hannover über Pigmentbildung der Kranken, die an Morbus Addison (Erkrankung der Nebennieren) litten; in Hannover regte er an, die allgemeine Organisation der Tagungen zu verbessern, und es entstand eine eigene Sektion, die sich ganz der Medizinalreform zuwandte, zwei Jahre später eine Sektion für öffentliche Gesundheitspflege; die Sektion für Medizinalreform wählte ihn 1868 zu ihrem Vorsitzenden. Im Jahr darauf begann die »Vierteljahresschrift für öffentliche Gesundheitspflege« zu erscheinen.

Es ist dies ein Zeitalter der großen gesellschaftlichen Reformen. In den USA und in Großbritannien gibt es mehrere Buchtitel wie »The Age of Reform« oder »The Age of Improvement«; die deutsche Geschichtsschreibung hat diesem Reformprozeß bislang viel weniger Aufmerksamkeit geschenkt. Doch in diesen Jahren verändert sich in Deutschland mit der Gründung des Norddeutschen Bundes (1866/67) und des Deutschen Reiches (1871) nicht nur der Staat, auch Wirtschaft und Gesellschaft erneuern sich grundlegend. »Man kann spüren, daß die alte Welt am Ende ist«, schreibt Tocqueville in der Mitte des Jahrhunderts und fragt: »Wie aber wird die neue aussehen?« Ist das Neue ein Fötus, der nur auf die Hebamme wartet, oder müssen die Politiker das Neue von sich aus bilden? Friedrich Engels meint, es sei Sache der Politiker, Deutschland »bewußt und endgültig auf die Bahn der modernen Entwicklung zu leiten, seine politischen Zustände seinen industriellen anzupassen«. Und wie ist es mit den gesellschaftlichen Zuständen, möchte man Engels fragen, müssen nicht auch sie sich den wirtschaftlichen und technischen Veränderungen anpassen? Gerade darin sah Virchow die große Aufgabe seiner Zeit: Er gewahrte die unaufhörliche Umwälzung in der wirtschaftlichen Produktionsweise, und er begriff, daß die gewaltigen Umwälzungen der Wirtschaftsweise von nicht minder tiefgreifenden Veränderungen in den anderen Bereichen begleitet sein mußten.

Wenn es eine große Pressestimme gab, die Virchow in diesem Kampf unterstützte, dann war es »Die Gartenlaube«. Diese Wochenzeitschrift, 1853 erstmals erschienen, machte sich die Volksaufklärung zur Pflicht. Sie war keineswegs das harmlose Unterhaltungsblättchen, für das man sie mitunter hält. Ihr Herausgeber, Ernst Keil, war ein Mann von 1848, er hatte die Zeichen der Zeit erkannt: daß Bildung, auch die neuesten Erkenntnisse der Wissenschaften, in die breiten Massen getragen werden mußte, denn nur so konnte sie der Menschheit zum Nutzen gereichen.

»Die Gartenlaube« wollte auch medizinische Erkenntnisse vertiefen; sie wollte vor allem Maßregeln für eine gesunde Lebensweise geben. Zwei ihrer Mitarbeiter ließen sich dieses Thema angelegen sein: der Pathologe Carl Ernst Bock und der Leipziger Arzt Moritz Schreber, der sich mit sozialhygienischen Fragen beschäftigte. »Hätten die praktischen Staatsmänner, Theologen, Pädagogen und Schulmänner das Studium der Menschennatur zur Grundlage ihrer Berufstätigkeit gemacht, oder wäre von erleuchteten Ärzten nur ein Teil der unermeßlichen Mühe und Sorgfalt, welche seit Jahrhunderten schon allein auf den Ausbau der zu 7/8 unfruchtbaren Arzneimittelchen verwendet wird, auf den Ausbau der sozialen Gesundheitslehre verwendet worden, so stände es wahrlich besser um das Wohl der Kulturvölker«, schrieb Schreber 1860.

In der Medizin – wie in den Naturwissenschaften – tut sich viel in dieser Zeit. In der ersten Hälfte des Jahrhunderts haftete den Entdeckungen oftmals das Element des Zufalls an; doch seit dem sechsten Jahrzehnt arbeitet die Forschung mit besser planender Hand, die Entdeckungen werden zielgerichteter. Noch etwas: Seit dem zweiten Viertel des Jahrhunderts sind die Deutschen im Bereich der Physiologie führend und übertreffen bald, etwa seit den sechziger Jahren, die anderen Nationen, was wesentliche Entdeckungen anlangt.[13]

Die deutsche Medizin genoß im Ausland einen guten Ruf, und innerhalb Deutschlands war Virchow eine Koryphäe. In diesen Jahren fand in allen Industriegesellschaften ein starkes Städtewachstum statt; die Städte wucherten nun endgültig über die alten Mauern hinweg, die sie seit dem Mittelalter umschlossen hielten. Als man in Prag daran dachte, eine neue Gebäranstalt zu bauen, ließ die Stadtobrigkeit sich von Virchow beraten. Auch als bald darauf Leipzig eine Erweiterung seiner Krankenanstalten plante, wandte sich die Stadt an Virchow sowie an den Geheimen Hofrat Dr. Hasse in Göttingen. Im August 1864 erstellten die beiden Herren ein Gutachten, wobei es vor allem darum ging, »ob eine Erweiterung und Umgestaltung desselben an seinem jetzigen Platze genüge, oder ob ein gänzlicher Neubau an einem anderen Platze rätlich sei«. Die beiden Ratgeber begaben sich daraufhin nach Leipzig, um die Örtlichkeiten in Augenschein zu nehmen. Sie gelangten zu der Auffassung, daß die bisherige Lage des Krankenhauses im Rosental der Gesundung seiner Insassen abträglich sei, weil »die anerkannt feuchte und tiefe Lage« die Luftzufuhr beeinträchtige, und empfahlen, das neue Krankenhaus an einer anderen Stelle zu errichten. Nun wählten die Leipziger Stadtväter den Johannisgarten als neuen Standort, gleich neben dem Waisenhaus. Nach seiner Eröffnung, einige Jahre später, galt das Jakobshospital zu Leipzig als ein wahres »Musterkrankenhaus« – unter diesem Titel stellte es 1871 »Die Gartenlaube« ihren Lesern vor. Es war ein modernes Klinikum, das sich nach dem damals ganz neuen Pavillonsystem ausrichtete.

Seine medizinische und gesundheitspolitische Arbeit genügte Virchow noch nicht, er suchte sich ein weiteres öffentliches Betätigungsfeld. Seine Freunde und Kollegen Paul Langerhans sen. und Salomon Neumann, beide Stadtverordnete von Berlin, führten ihn in diese Versammlung ein, und 1859 wurde Virchow von der III. Wählerklasse des 7. Berliner Kommunalwahlkreises zum Stadtverordneten gewählt; er blieb es für den Rest seines Lebens. Virchow war ein politisch bewußter, modern denkender Mensch, der verstand, daß der einzelne Anteil nehmen muß am politischen Geschehen in seiner Gemeinde. Wie altmodisch elitär wirkt daneben ein Friedrich Engels, der dafür nur Hohn und Spott übrig hatte: »Den Gipfelpunkt des deutschen Kleinbürger- und Kleinstädtertums«, nennt es Engels in einem Brief an Wilhelm Brake, daß ein Mann »von dem wissenschaftlichen Ruf Virchows seinen höchsten Ehrgeiz darin« sucht, der Gemeinde als Stadtverordneter zu dienen.[14]

Die Berliner Stadtverordnetenversammlung war nicht sein einziges politisches Ziel. Im Juni 1861 gründete Virchow zusammen mit einer Gruppe bekannter Persönlichkeiten die Deutsche Fortschrittspartei; die Mehrzahl der Gründungsmitglieder soll zunächst für »Demokratische Partei« gestimmt haben; wenn wir Werner Siemens glauben dürfen, hat er selbst den Namen Fortschrittspartei durchgesetzt. Schon dieser Name war ein Programm; darüber hinaus gab sich die neue Partei auch eine eigene Satzung, das erste Parteiprogramm in der deutschen Geschichte. Die Parteiführung errichtete in Berlin ein zentrales Komitee zur Leitung der Partei und zur Unterstützung örtlicher Gruppen.[15]

»Der drängende Ernst der Zeiten, die unsichere Lage der äußeren Verhältnisse unseres Vaterlandes, die inneren Schwierigkeiten, denen das gegenwärtige Abgeordnetenhaus sich nicht gewachsen zeigt, verpflichten wie noch nie zuvor jeden wahlberechtigten Preußen zu einer eifrigen und furchtlosen Betätigung seiner politischen Überzeugung und in Ausübung seines Wahlrechtes«, heißt es im Vorwort des Parteiprogramms. Die Liberalen bekannten sich »in der Treue für den König« und zur preußischen Verfassung von 1849, die der König oktroyiert hatte; sie bejahten die Einigung Deutschlands, die für sie »ohne eine starke Zentralgewalt in den Händen Preußens und ohne gemeinsame deutsche Volksvertretung« undenkbar war; sie verlangten »eine feste liberale Regierung«, Verantwortlichkeit der Minister gegenüber dem Parlament, starke Gemeinden und Landkreise, Förderung des Unterrichtswesens in allen Schulformen, die Trennung von Kirche und Staat sowie die Zivilehe. Sie bekannten sich zur Ehre des Vaterlandes, verlangten aber die »größte Sparsamkeit für den Militäretat im Frieden«. Sie stellten sich klar gegen die von der Regierung geplante Militärreform: »Wir hegen die Überzeugung, daß die Aufrechterhaltung der Landwehr, die allgemeine einzuführende körperliche Ausbildung der Jugend, die erhöhte Aushebung der waffenfähigen Mannschaft, bei zweijähriger Dienstzeit für die vollständige Kriegstüchtigkeit des preußischen Volkes in Waffen Bürgschaft leistet.« Und sie verlangten »eine durchgreifende Reform des gegenwärtigen Herrenhauses«.[16] Stellt man diese Forderungen neben die Vorstellungen und Vorhaben der preußischen Regierung, dann war ein Konflikt unausweichlich.

Mit diesem Programm kam die junge Partei beim Wähler an. Aber die Stimmen der Wähler wurden unterschiedlich gewichtet, denn in Preußen bestand damals – und für die nächsten mehr als fünfzig Jahre – das Dreiklassenwahlrecht. Die reichste Steuerklasse, sie machte knapp fünf Prozent der Wahlberechtigten aus, wählte demnach ebenso viele Wahlmänner wie die mittlere Steuerklasse, die rund ein Achtel der Wähler hinter sich scharte, und die untere Steuerklasse, die den großen Rest vertrat: weit über achtzig Prozent, mehr als vier von fünf Steuerzahlern. Gemeinhin unterschied man in Preußen die Wähler nach ihrem Schuhwerk in Lackstiefel-, Schnürstiefel- und Schmierstiefelbesitzer, und Rudolf Virchow, dessen Rat die Regierenden schon mehrfach gesucht hatten, wurde im Herbst 1861 von den Schmierstiefelbesitzern des Wahlkreises Saarbrücken ins preußische Abgeordnetenhaus gewählt. Aus den Wahlen vom 6. Dezember 1861 ging seine Fortschrittspartei mit 109 Mandaten als die stärkste Fraktion hervor. In dieser Fraktion saßen damals fast nur höhere Verwaltungsbeamte, Professoren und andere Akademiker, ein paar Geschäftsleute und Großgrundbesitzer. Im großen und ganzen war es die Partei der Stadt.

Rudolf Virchow ist inzwischen zu einer Art öffentlicher Einrichtung geworden in Deutschland. Wenn wir uns fragen, was wir über sein Privatleben wissen, muß die Antwort lauten: nicht viel. Wie hat er seine Freizeit verbracht? Was hat er gelesen am Abend nach des Tages Müh'? Aus seinem privaten Leben wissen wir herzlich wenig. Mitunter zitiert er aus den Werken Joseph Victor v. Scheffels, der damals ein berühmter Dichter war. Aber das muß nicht heißen, daß er abends in dessen Werken las, denn seine Verse gingen damals durch das Land, und wer mit offenen Augen und Ohren durch die Welt ging wie Rudolf Virchow, der kannte sie.

Virchows Besuch der Naturforschertagung in Stettin, 1863, hat ihn in das Haus seines alten Kösliner Schulfreundes Rudolf Magunna geführt, mit dem Virchow übrigens in späteren Jahren per Sie war. Magunnas Frau Johanna hat den Besuch des damals knapp 42jährigen schriftlich festgehalten. »Am Donnerstag abend d. 17ten September 1863 erschien mit dem letzten Zuge Professor Virchow«, notierte sie. »V. machte mir vom ersten Augenblick einen äußerst angenehmen und wohltuenden Eindruck. Er hat ein volles, wohltönendes Organ, reine schöne Sprache, und dabei eine Ruhe und Klarheit, die alles bewältigend ist! Seine Gestalt ist mittelgroß, er hat schöne braune Augen, die ernst und sinnend sind – sein ganzes Benehmen und Wesen ist unbeschreiblich liebenswürdig und fein.«

Nach einem »genußreichen Abend« stand man am nächsten Morgen etwas später auf. »Dann frühstückten die Herren, tranken ein Glas Bier und gingen in die Versammlung, die um 10 Uhr begann! Gegen 2 Uhr erschien V. wieder, um mit Magunna zum großen *diner* zu gehen, was in der Turnhalle gegeben wurde! Es war dies außerordentlich glänzend und schön gewesen, Virchow hatte eine beifallssturmerregende Rede gehalten und war von einer Unzahl Begeisterter fast erdrückt worden.« Danach ging es heim zu den Magunnas. »Er aß bei uns zu Mittag, wir drei in großer Gemütlichkeit – dann zeigte er uns Trichinen! Das war eine köstliche Stunde, so interessant und belehrend wie ich noch nie etwas gesehen, das wird eine unvergeßliche Erinnerung bleiben.«[17]

Nach der Stettiner Tagung fuhr Virchow nach Schivelbein zu seinem Vater. Virchows Mutter war im Dezember 1857 gestorben; die Post zwischen Schivelbein und Berlin war so lange unterwegs, daß Virchow erst am Tag vor der Beerdigung vom Tod seiner Mutter erfuhr. Als ihre Leiche ins Grab gesenkt wurde, war ihr Rudolf nicht dabei. Er lud den Vater ein, die Weihnachtstage in Berlin zu verbringen – »oder wünschest Du, daß ich zu Dir komme? Ich würde Röschen, die sehr ängstlich ist und ihrer Entbindung mit trüben Gedanken entgegensieht, nicht gern verlassen.«

Im Dezember 1857 war Rose Virchow mit ihrem vierten Kind schwanger, dem Sohn Ernst, der am 24. August 1858 in Berlin geboren wurde und später Hofgärtner in Kassel wurde. Von der Geburt der Tochter Marie wissen wir aus einem Brief Virchows an die Magunnas: »Gestern früh ist bei uns ein ganz kleines, zartes Fräulein einpassiert«, schrieb der stolze Vater Ende Juni 1866. Marie heiratete den Prager Anatomen Carl Rabl und gab nach Virchows Tod die Briefe ihres Vaters heraus.

Nach dem Tod seiner Frau blieben Virchows Vater noch sieben Jahre; Ende Dezember 1864, wenige Tage nach seinem 79. Geburtstag, legte er sich zum Sterben nieder. Sein Rudolf war an seiner Seite, als er die letzten Atemzüge machte. Rose Virchow, die stets etwas kränkelte, blieb daheim in Berlin bei den Kindern, und Virchow sandte ihr aus Schivelbein die ergreifendsten Briefe seines Lebens. Er saß in dem alten Haus im Schatten der Marienkirche, in der alten Stube, wo der Vater lag, »mit seinem schnellen Atem und seinen wirren Träumen, jeden Augenblick im Begriff, aus dem Bette zu steigen«. Es war der zweite Weihnachtstag.

Am Tag darauf war der Vater tot. »Wenn Du diese Zeilen erhältst«, schrieb Virchow an sein Röschen, »wird Dich die telegraphische Depesche längst unterrichtet haben, daß das unruhige Herz des Vaters aufgehört hat zu schlagen. Die erste Zeit der Nacht war recht schlimm, er wollte auf, sah seine Tiere, rief seine Leute; nachher wurde er ruhiger, hustete loser, aber viel Blut, dann schlief er mit Unterbrechungen, endlich wurden die Atemzüge langsamer und langsamer, es kamen lange Pausen, und am Ende eine, die nicht wieder aufhörte.«

Spätabends setzte Rudolf sich noch einmal hin und schrieb einen langen Brief: »Mein liebster Schatz, es ist wieder Mitternacht geworden, und ich bin mit Hund und Katzen allein, zum ersten Male in diesem Hause ganz allein. Selbst die Tiere können sich nicht in diese Einsamkeit finden. Und mich umdrängen tausend Erinnerungen. Das Leben des Vaters bis lange vor meiner Geburt schließt sich mir in zahlreichen Dokumenten auf, und ich lebe meine Jugend wie im Traum noch einmal durch. Und ich sage mir dabei, daß es wohl zum letzten Male so geschieht. Ich komme mir an diesem Tag alt und fremd vor … Da liegt er nun schon in dem selbst bestellten Sarge, mit seinem Feierkleide angetan, in der Hand einen grünen Strauß aus seinem Garten, und sein Gesicht sieht ruhig, mild und wenn auch recht blaß und etwas scharf, so doch nicht mager, ich möchte fast sagen, gesund aus …

Ich habe dann ein paar Stunden geschlafen und wieder Besuch gehabt und nun angefangen, die Papiere zu ordnen. Es ist ein großes und ermüdendes Geschäft. Seit länger als 50 Jahren liegen die Papiere angehäuft, die kleinsten Zettel sind erhalten.«

Und am Tag darauf: »Wieder ist ein Tag herum, und es ist noch einsamer um mich geworden. Nur noch die Kanarienvögel, die über mir schlafen, sind als lebende Zeugen dessen, der hier so viele Jahre gewirkt hat, zurückgeblieben. Um mich her liegen wüste Haufen von Papier, … und die Geschichte des menschlichen Herzens, wie es jung fühlt und im Alter empfindet, ist mir selten so schroff vor die Seele getreten. Welchen Kummer bereiten sich die Leute, die sich doch am liebsten haben sollten und die sich auch am liebsten gehabt haben, in der Verfolgung ihrer oft eingebildeten Interessen! Welch ein Bild des Unfriedens und des Zankes ist mir aus diesen Bergen von Aktenstücken und Briefschaften entgegengetreten, welche ich nun endlich heute zu Ende durchgesehen habe! … Ach, es ist mir oft recht weh ums Herz geworden.«

Nach der Beerdigung schrieb er wiederum an seine Frau: »Wieder ist es Nacht, und ich bin noch einsamer als gestern. Heute nachmittag um 3 Uhr haben wir den Vater zu Grab gebracht. Die allgemeine Teilnahme, ich kann fast sagen, der ganzen Stadt hat mir den schmerzlichen Gang etwas erleichtert...

Die Tiere können nicht hier bleiben, wenn ich fort bin, und so muß ich mich ihrer entledigen. Schon habe ich den Hund und verschiedene Katzen an Leute gegeben, die voraussichtlich sie gut halten werden; eine Kuh ist verkauft, über andere und über die Hühner wird unterhandelt, die Enten sollen geschlachtet und mitgenommen werden. Das Haus wird vielleicht die Stadt kaufen, um darin ein Rathaus zu machen, und ich habe erklärt, daß ich gern darauf eingehen würde, da es mir und meinen Kindern erwünscht sein muß, in einem öffentlichen Gebäude künftig die Stelle zu zeigen, wo unser Geschlecht einst seine Heimat hatte.

Magistrat und Stadtverordnete erschienen in corpore, um die Leiche zu Grabe zu tragen. Von Belgard waren Raatz und der junge Virchow gekommen. Alle hiesigen Familienmitglieder und viele andere Leute waren hier, so daß die Vorderstube unten nicht alle fassen konnte. Nur der Superintendent machte anfangs Schwierigkeiten; er wollte den Leichnam nicht zu Grabe geleiten, weil der Vater sich ›von der Kirche ferngehalten habe‹, und erst nach einer Intervention des Bürgermeisters entschloß er sich. Dann hielt er eine gute, stellenweise sogar angenehme Rede und streifte alles Zelotische ab.«[18]

DAS DUELL MIT BISMARCK

Und immer mehr und immer mehr
Und immer mehr Soldaten!
Herr Wilhelm braucht ein großes Heer,
Er sinnt auf große Taten ...
Er braucht es nicht wie Friedrich
Auf fernen Siegesbahnen –
Herr Wilhelm braucht es innerlich
Für seine Untertanen

Georg Herwegh

1858 hatte in Preußen eine neue Ära begonnen: In diesem Jahr dankte der geisteskranke Friedrich Wilhelm IV. zugunsten seines Bruders ab, der zunächst als Prinzregent, nach dem Tod des Königs im Januar 1861 als König Wilhelm I. in Preußen regierte. Breite Kreise der Bevölkerung richteten ihre Hoffnungen auf eine wahrhaft liberale Ära; aber liberal war diese Zeit bald nur noch in wirtschaftlicher Hinsicht. Die preußische Wirtschafts- und Handelspolitik begünstigte den Adel und das Bürgertum, sofern diese sich dieser neuen Freiheiten zu bedienen wußten; und wenn auch in Preußen die Devise »Enrichissez vous!« nicht so lautstark ausgegeben wurde wie im Frankreich Louis Philippes, so wurde die Politik der Regierung doch so verstanden.

Die politische Arena Europas bot dem deutschen Adel und dem erstarkenden Bürgertum wenig Aussicht auf eine befriedigende politische Tätigkeit. Im Krimkrieg (1853–1856) besiegten Großbritannien, Frankreich und Italien das reaktionäre Rußland und erweckten in Deutschland die Sehnsucht nach eigener Machtstellung. Die Einigung Italiens, die 1859 so schwungvoll begann, stärkte die nationalen Erwartungen im deutschen Bürgertum. Wenn Italien sich zu einer Nation zusammenschloß, warum dann nicht auch Deutschland? Als die

Nation 1859 den hundertsten Geburtstag ihres Dichters Friedrich Schiller feierte, stand ihr Nationalgefühl vor dem Höhepunkt. Im gleichen Jahr trat in Deutschlands Mitte ein Nationalverein zusammen. Auch die neue Fortschrittspartei, zu deren Gründungsmitgliedern Virchow zählte, stand ganz im Zeichen der nationalen Einigung Deutschlands.

Nicht nur die Gesellschaft, auch die Regierenden in Preußen und anderswo in Deutschland befaßten sich mit dem Einswerden dieser Nation. Eine solche Einigung mußte zwangsläufig gegen die Mächte vollzogen werden, die seit dem Westfälischen Frieden (1648) den nationalen Status quo in der Mitte Europas gewährleisteten. Aber dies war nicht der einzige Grund, warum die preußische Regierung ihre Armee stärken wollte, auch die Entwicklung im Innern – die Wirtschaftskrise der 1850er Jahre und das Anschwellen einer besitzlosen Schicht von Fabrikarbeitern – beunruhigte die Obrigkeit. Den preußischen Ministerpräsidenten ängstigte bald »die jährliche Vermehrung der bedrohlichen Räuberbande, mit der wir gemeinsam unsre größeren Städte bewohnen«.[1] Und Wilhelm I. hatte schon immer eine Vorliebe für die Armee gezeigt; 1848 hatte er sich als »Kartätschenprinz« bei den reformerischen Kräften verhaßt gemacht. Die Armee zu stärken war sein Traum.

Das preußische Heer bestand aus zwei verschiedenen Abteilungen: der Linie, die man vereinfachend als Königsheer bezeichnet hat; und der Landwehr, dem Volksheer, das aus den Freiheitskriegen gegen Napoleon I. hervorgegangen war und dem noch immer etwas vom Geist der Freiheitskriege anhaftete. Nun wurde damals – und seither – kaum bestritten, daß eine zahlenmäßige Verstärkung der preußischen Armee durchaus angezeigt war; und nicht einmal Liberale wie Viktor Unruh zweifelten, daß es gute Gründe dafür gab, vor allem die Linie zu stärken: Die Technik des Transportwesens und die industrielle Waffenproduktion verlangten ein schneller einsatzbereites Heer; das alte Bürgerheer, die Landwehr, seit Jahren vernachlässigt, war zu schwerfällig.[2]

Aber Wilhelm I. ging es nicht nur um die zahlenmäßige Verstärkung, es ging ihm auch um den Geist der Truppe. Er wollte die Wehrdienstzeit der Linie von zwei auf drei Jahre verlängern, denn »erst im dritten Jahr«, so ließ er 1859 verlauten, bekäme der Rekrut »Sinn für die Würde des Rocks, für den Sinn des Berufs«, erst im dritten Jahr »zöge der Standesgeist bei ihm ein«. Diesen Standesgeist suchte er zu fördern; aus diesem Grund waren in Preußen auch zwei Drittel der Offiziere Adlige, viel, viel mehr als in Süddeutschland. Die Armee sollte ja nicht nur nach außen einsatzfähig sein – dagegen hatten auch die Liberalen nichts einzuwenden –, sie sollte auch nach innen einsetzbar sein, falls es den Besitzlosen einfiel, über die Besitzenden herzufallen. Diese Auffassung teilte auch der Kriegsminister v. Roon, nicht jedoch das ganze Kabinett.

Von 1858 bis zur Gründung der Fortschrittspartei im Juni 1861 hatten verschiedene liberale Gruppierungen im preußischen Landtag eine Mehrheit von 195 von insgesamt 352 Sitzen; die Konservativen besaßen 47 Sitze. Die Katholiken, seit 1852 eine eigene Fraktion, standen unter der Leitung des Rheinländers August Reichensperger; sie nannten sich seit 1859 Zentrum. Diese Partei war nicht grundsätzlich gegen die Regierung; aber sie mißtraute den preußischen Konservativen.

Über dieser Frage der Heeresreform zerbrach die preußische Regierung. Sie löste das Abgeordnetenhaus auf und schrieb Neuwahlen aus. Bei den Wahlen am 6. Dezember 1861 wurde die Fortschrittspartei, die ganz im Zeichen der inneren Auseinandersetzung angetreten war, auf Anhieb die stärkste Fraktion. Zusammen mit der altliberalen »Fraktion Vincke« und dem Zentrum sowie den Polen im Abgeordnetenhaus besaß sie eine überwältigende Mehrheit. Die konservative Regierungspartei fiel in der Gunst der Wähler stark zurück, obwohl sie den Wahlkampf mit scharfer Klinge geführt hatte.

Mitte Januar 1862 trat das Abgeordnetenhaus zusammen; zwei Monate später wurde es erneut aufgelöst, nachdem der Abgeordnete Hagen den Antrag eingebracht hatte, die Budgetvorlage so übersichtlich zu machen, daß die Mehrkosten für die Heeresreform deutlich zutage traten. Die Maiwahlen waren für die Regierung eine einzige Schlappe; keiner ihrer Minister wurde direkt gewählt. Die konservative Partei schrumpfte auf 11 Sitze; infolge seiner schwankenden Haltung büßte selbst das Zentrum 21 seiner 54 Sitze ein; desgleichen verloren auch die

Altliberalen, ihr linker Flügel schloß sich jetzt der Fortschrittspartei an, die mit 133 Sitzen ein gutes Drittel der Plätze besetzte und stärkste Fraktion war. Blieben die Konservativen – trotz des Dreiklassenwahlrechts – auch im Parlament schwach, so nahmen sie doch in Politik und Wirtschaft weiterhin ihre alten Machtpositionen ein.

Erstmals zog jetzt auch Rudolf Virchow in den preußischen Landtag ein. Virchow war sich von Anfang an darüber im klaren, daß die Heeresreform eine Verfassungs- und eine Machtfrage darstellte und daß es nicht die liberalen Kräfte im Parlament waren, die das alte Recht brechen wollten. »Endlich ist der Zeitpunkt gekommen«, sagte Virchow am 5. Juni 1862 in seiner ersten großen Rede im Landtag, »wo wir wissen müssen: ist dieses konstitutionelle Leben eine Wahrheit, will man wirklich konstitutionell regieren, oder will man es nicht? ... Es geht niemand darauf aus, die Rechte Seiner Majestät des Königs oder der Königlichen Staats-Regierung in irgendeiner Weise zu schmälern«, versichert der Redner und läßt durchblicken, daß weder der König noch das Volk, sondern eine dritte Kraft hier darauf aus sei, ihre Macht auszudehnen. »Wir meinen, daß diejenigen der Krone und dem Volk gleich schlecht dienen, welche beide in Konflikte bringen. Wir meinen, daß die wahren Interessen beider in Preußen untrennbar zusammenfallen, und daß man nicht das Königtum bekämpft, wenn man eine Anforderung der Regierung ablehnen zu müssen glaubt.« Abschließend forderte Virchow die Regierung auf, die Mehrheitsverhältnisse im Parlament zu respektieren.[3]

Virchow wollte nicht glauben, daß es weiterer Machtmittel bedurfte, um eine deutsche Einigung herbeizuführen. Er mißtraute denen, die die Armee als Werkzeug der Einigung benutzen wollten. In der Sitzung vom 11. September 1862 machte er geltend, sich auf amtliche preußische Statistiken stützend, »daß der etatsmäßige Armee-Aufwand im Durchschnitt von der gesamten Brutto-Ausgabe des Staates schon gegenwärtig 31 Prozent und von der gesamten Netto-Ausgabe über 55 Prozent beträgt, und daß, wenn man die besonderen Rüstungs-Ausgaben hinzurechnet, dieser Aufwand von der Gesamt-Brutto-Ausgabe über 34 und von der Gesamt-Netto-Ausgabe über 61 Prozent erreicht«, von den Opfern einmal ganz abgesehen, welche den Bürgern etwa bei Einquartierung von Soldaten zugemutet werden.

Er warf die Frage auf, »ob die Ausgaben, welche wir für das Militär tragen, für die Dauer mit den Zwecken des Staates vereinbar sind, ... wie weit die anderen Zwecke des Staates und der Verwaltung leiden müssen unter einem solchen Zustand«. Für viele andere Dinge – etwa für die Universitäten oder die Besoldung der Elementarschullehrer – sei kein Geld vorhanden. »Ich möchte darauf hinweisen«, fuhr Virchow fort, »daß nach den neuesten Verhandlungen wir nicht umhin können, anzuerkennen, daß selbst noch in den Verkehrsmitteln des Staats die größten Lücken existieren, daß die Regulierung der Ströme, die nutzbringenden Kanalbauten, die Anlegung von Wegen, ja die Befreiung von lästigen Zöllen auf den Verkehrsstraßen nicht zu Stande gebracht werden konnten, weil die Ausgaben für das Militär-Budget so hoch sind. Hier handelt es sich zum Teil um ebenso dringende Verpflichtungen, welche der Staat gegen einzelne Beamte hat, wie es in der Militär-Verwaltung der Fall ist, zum Teil um produktive Anlagen, die sehr reichlich die Zinsen des Kapitals decken würden; aber es ist eben nicht möglich.«[4]

Auch die einseitige Verwendung der Gelder zugunsten der Linie will Virchow nicht gefallen. Den Kriegsminister erinnert Virchow daran, daß er vor gar nicht langer Zeit selber ein begeisterter Anhänger der Landwehr gewesen ist. Er warnt davor, aus der Rechts- und Finanzfrage eine Verfassungs- und Machtfrage zu machen und erinnert an die Worte des zurückgetretenen Finanzministers v. Patow, der am 28. Mai 1861 versichert hatte, die Regierung werde die Rechte des Hauses achten: »Sie wird niemals in Abrede stellen«, zitiert Virchow aus dieser Rede, »daß das Haus, kraft des ihm verfassungsmäßig und unbestritten zustehenden Rechtes, die von der Regierung geforderten Geldmittel zu bewilligen oder zu versagen, auch auf die Entschlüsse einen Einfluß nehmen kann, welche von dem obersten Kriegsherrn gefaßt werden.«

Dann kommt Virchow auf die Lücke zu sprechen, die es angeblich in der preußischen Verfassung gebe; diese Theorie hatte 1851 der junge Otto v. Bismarck in die Verfassungsdebatte eingebracht. Sie besagt, daß die Verfassung nicht regele, was zu geschehen habe, falls ein Etatgesetz nicht zustande komme – das eben sei die Lücke. Da aber nach dem Geiste Preußens, so Bismarck, die Exekutive die maßgebliche Kraft sei und da das politische Leben weitergehen müsse, falle es der Exekutive zu, die letzte Entscheidung zu treffen. »Man wagt es, uns von einer Lücke in der Verfassung zu sprechen«, sagt Virchow dazu, »und man leitet daraus ab, daß die Staats-Regierung gegenüber dieser Lücke sich in ihrem Rechte befinden würde, willkürlich die Lücke ergänzen zu können.«

Diese Deutung wollte Virchow überhaupt nicht gefallen; er vertrat die Auffassung, »die Verfassung läßt der Regierung zwei Möglichkeiten, wenn ein derartiger Konflikt eintritt... Die eine Möglichkeit ist die Auflösung des Hauses und die Appellation an das Volk, die andere Möglichkeit ist der Abtritt des Ministeriums und der Eintritt eines Ministeriums, welches das Budget-Gesetz erwirken kann. Das ist die verfassungsmäßige Situation, und nur in diesen Grenzen kann sich meiner Überzeugung nach ein verfassungsmäßiges Ministerium bei einer solchen Kollision bewegen. Will das Ministerium aber weder auflösen noch abtreten, nun, dann scheint mir, gibt es noch andere Möglichkeiten, nämlich die, daß es ein anderes Budget-Gesetz einbringt, oder daß es das betreffende Armee-Gesetz auf Grund dessen überhaupt die Bewilligung stattfinden soll, zur rechten Zeit einbringt und darauf sich die Bewilligung geben läßt, oder endlich, daß es sich eine Indemnität für das Vergangene und unter ganz bestimmten Zusicherungen einen Kredit für eine kurze Zukunft erbittet und daß es dann versucht, in den regelmäßigen verfassungsmäßigen Weg einzutreten, auf dem, wie ich überzeugt bin, die Landesvertretung ihm zu jeder Zeit bereitwillig zur Seite stehen wird...

Die Prärogativen der Krone sind ... in der Verfassung niedergelegt... Da steht, daß der König den Oberbefehl führt, daß er alle Stellen im Heere besetzt, daß er das Recht hat, Krieg zu erklären und Frieden zu schließen, daß er nach Maßgabe des Gesetzes den Landsturm aufbieten kann. Aber es steht nicht da, daß er Stellen kreieren kann ohne Zustimmung der Landesvertretung, daß er neue Ämter in der Armee einrichten kann, ohne daß dieselben in regelmäßiger Weise beraten und bewilligt sind, daß er Gelder anweisen kann ohne Zustimmung der Landesvertretung, daß er in der Lage ist, die Armee auf neuen gesetzlichen Grundlagen zu formieren.«

Warnend ruft Virchow am Ende dieser Rede – mehrmals von Bravo-Rufen unterbrochen – seinem Monarchen zu: »Dadurch werden die Könige nicht stark, daß sie mit ihrem Volke in Unfrieden leben... Daß das Königtum mitten im Volke stehe, daß es als eine volkstümliche, aus dem Leben des Volkes selbst hervorgegangene und immer mit ihm zusammenhängende Macht existiere, die eben auch aus dem Volke heraus ihre Macht schöpft, mit diesem Volke nach außen hin schöpferisch agiert: das ist das, was wir, denke ich, nach natürlichem und historischem Rechte verlangen können. Aber wenn die Herren die Stärke des Königtums nicht nach außen, sondern nach innen suchen, wenn sie sie darin suchen, daß die Willkür die persönliche Entscheidung in den gesetzlichen und verfassungsmäßigen Fragen die maßgebende sein soll, dann, meine Herren, schwächen Sie, glaube ich, das Königtum schon durch das bloße Streben. Die Stärke der Staatsgewalt im Innern kann niemals eine andere sein, als daß sie mit der Schärfe des Gesetzes agiert; wo sie das Gesetz verläßt oder wo der gesetzliche Boden auch nur zweifelhaft wird, da, meine Herren, ist immer ein gefahrdrohender Schritt geschehen.«

Und dem Kriegsminister gibt Virchow eine Lektion in moderner Kriegsführung: »Wo Hingebung, wo Aufopferung für die Idee eines Krieges nicht fehlt, wo die Überzeugungen, wo die Vorurteile eines Volkes mitsprechen, wo endlich eine große Persönlichkeit alle disponiblen Kräfte in Tätigkeit zu setzen versteht: da vermehren sich auch die Streitmittel auf überraschende, auf unglaubliche Weise, wie der Vendée-Krieg, der Kampf der Tiroler im Jahre 1809, wie Preußens Aufstand im Jahr 1813, der hartnäckige Widerstand der Basken in unseren Tagen, wie Friedrichs II. siegreicher Kampf gegen das vereinte Europa und andere Beispiele hinlänglich beweisen.«

Am Ende dieser wahrlich großen Rede weist er noch einmal den Verdacht zurück, seine Partei wolle die Krone ihrer Vorrechte berauben, und er lenkt den Verdacht, umgekehrt, auf diejenigen, die so tun, als setzten sie sich für altes Recht und alte Ordnung ein: »Die Prärogativen des Königs kommen in keiner Weise in Frage; es handelt sich nur darum, ob unter dem Vorwande dieser Prärogative verfassungsmäßige Rechte der Landesvertretung in Besitz genommen werden können... Es ist vielmehr die Alternative, daß wir entweder bewilligen, und daß dann die verfassungsmäßigen Rechte des Landes geachtet werden oder daß wir nicht bewilligen und daß dann ohne Budget regiert wird, d. h. also, daß der Artikel 99 der Verfassung in der allerauffälligsten Weise verletzt wird... In dem Augenblick, in welchem die Staats-Regierung auf ein verweigertes Budget die Ausgaben fortsetzen wollte, würde es, meiner Ansicht nach, den Staatsstreich begehen... Und, meine Herren, ich darf wohl hoffen, daß die bloße Möglichkeit, es könnte sich ein Ministerium finden, welches einen solchen Staatsstreich beginge, nicht dieses Haus bestimmen kann, von seinem verfassungsmäßigen Rechte zu weichen, und die Stellung aufzugeben, welche das Volk uns anvertraut hat.«[5]

Das waren klare, mutige Worte, wie man sie in einem deutschen Parlament selten gehört hatte. Mochte Virchow auch nicht dazu aufrufen, diesem Staat und dieser Heeresreform einfach die Steuern zu verweigern – wie es sein Kollege Dr. Jacoby verlangte –, so war diese Rede doch eine Herausforderung an die Krone und an die Regierung. Kriegsminister v. Roon, der als nächster das Rostrum des Landtags bestieg, zollte Virchow erst einmal das Kompliment, er sei dessen »rhetorischen Kräften« nicht gewachsen. Da mochte dem Kriegsminister niemand widersprechen.

Zwei Tage zuvor, am 9. September 1861, hatte sich das Kabinett in einem Immediatbericht an den König einhellig zu der Auffassung bekannt, die verfassungsmäßige Grundlage der Verwaltung sei entzogen, falls das Haus den Etatentwurf ablehne; als Alternativen sah dieser Bericht die Neuauflösung des Landtags oder das Nachgeben der Regierung. Die Kompromißverhandlungen mit der Fortschrittspartei scheiterten; ihr Abgeordneter Karl Twesten mußte seinen Vorstoß mit dem Verlust des Fraktionsvorsitzes bezahlen.[6]

Damit war die Politik Wilhelms I. vorläufig gescheitert: das Kabinett konnte seinen Etatentwurf nicht durchsetzen, und ohne Budget konnte es nicht regieren. Der König war nahe daran, abzudanken – der Gedanke freilich an seinen Sohn, den liberalen Kronprinzen Friedrich, machte ihn schaudern. War es nicht möglich, mit einem entschlossenen Führer die Krise zu meistern? Da fiel Wilhelm ein Mann ein, den er bislang zwar keineswegs als ein Muster an politischer Zuverlässigkeit angesehen hatte, Otto v. Bismarck, der ihm im Gegenteil als Scharfmacher erschienen war, ein Anhänger der Krone zwar, aber doch auf seine Weise ein Umstürzler, eben ein »weißer Revolutionär« (Henry Kissinger).

In einem Akt der Verzweiflung machte der König diesen Bismarck am 24. September 1862 zu seinem Ministerpräsidenten. In Wirtschafts- und Handelsfragen führte Bismarck den liberalen Kurs seiner Vorgänger fort; doch die Budgetfrage schnürte er nun zu einem Gordischen Knoten, und er löste ihn mit den gleichen Mitteln wie Alexander: mit Gewalt.

Nur wenige Tage nach seinem Amtsantritt hielt Bismarck vor der Budgetkommission des Landtags eine Rede. Dieser Kommission gehörten so alte Liberale an wie der Verleger Franz Duncker, der Historiker Heinrich von Sybel, Max von Forckenbeck und Karl Twesten und auch Rudolf Virchow, der bald Referent seiner Partei in Budgetfragen wurde. Vor dieses Gremium trat nun der neue Ministerpräsident und warnte vor »catilinarischen Existenzen«, deren ganzes Bestreben auf Umsturz gerichtet sei. Dann fielen die berühmten Worte: »Nicht auf Preußens Liberalismus sieht Deutschland, sondern auf seine Macht; ... nicht durch Reden und Majoritätsbeschlüsse werden die großen Fragen der Zeit entschieden – das ist der große Fehler von 1848 und 1849 gewesen –, sondern durch Eisen und Blut.« Über die zweijährige Dienstzeit beim Militär, deutete er an, könne er mit sich reden lassen, nicht jedoch darüber, wer in Haushaltsfragen die Entscheidungsbefugnis besitze.

Die Kommission war empört. Als erster ergriff Virchow das Wort. Auf das Angebot Bismarcks, die Außenpolitik künftig miteinander zu machen statt gegeneinander, ging er mit keiner Silbe ein. Er warf dem Ministerpräsidenten vor, er stürze sich in eine gewalttätige Machtpolitik nach außen, um die Krise im

Innern zu meistern. Von Anfang an war klar, daß diese beiden Männer niemals zusammenarbeiten konnten.

Neben Twesten und v. Vincke war Virchow bald einer der Hauptredner des preußischen Abgeordnetenhauses. Auf die Thronrede zur Eröffnung des Landtags 1863 – sie bildete vor Einführung des parlamentarischen Regierungssystems gleichsam die königliche Regierungserklärung – ergriff Virchow das Wort. Eine Beilegung des Konflikts, ließ er wissen, sei nur möglich, wenn die Regierung zu einer verfassungsmäßigen Regierungsweise zurückkehre. Bismarck, der darauf antwortete, deutete dies als eine Anmaßung der Abgeordneten, die dem König seine Vorrechte abzutrotzen versuchten, »aber eine solche Alleinherrschaft« des Landtags, sagte er, »ist nicht verfassungsmäßiges Recht in Preußen«, denn die preußische Regierung beruhe auf der Idee des Gleichgewichts zwischen den drei Gewalten – damit meinte Bismarck die Exekutive und die beiden Kammern des Landtags – und »keine dieser Gewalten kann die andere zum Nachgeben *zwingen*«, in Konflikten wie dem gegenwärtigen müsse man aufeinander zugehen. »Wird der Kompromiß dadurch vereitelt, daß eine der beteiligten Gewalten ihre eigene Ansicht mit doktrinärem Absolutismus durchführen will«, fuhr er fort, »so wird die Reihe der Kompromisse unterbrochen und an ihre Stelle treten Konflikte, und Konflikte, da das Staatsleben nicht stillzustehen vermag, werden zu Machtfragen; wer die Macht in Händen hat, geht dann in seinem Sinne vor, weil das Staatsleben auch nicht einen Augenblick stillstehen kann.«[7]

Das war eine seltsame Erklärung; die Einigung scheiterte schließlich nicht am »doktrinären Absolutismus« der Volksvertretung, sondern am Absolutismus der Krone.

Bismarcks Politik sei nach außen auf Gewalttätigkeit angelegt, hatte Virchow im September 1862 dem Ministerpräsidenten zum Vorwurf gemacht, und bald zeigte sich, wie berechtigt dieser Vorwurf war. Als die Polen in Rußland gegen Jahresbeginn 1863 versuchten, sich von der Bevormundung durch den Zaren zu befreien, ging Bismarck mit dem Vertreter des Zaren eine Abmachung ein, die Alvenslebensche Konvention, in der er den russischen Häschern erlaubte, polnische Aufständische bis ins benachbarte Preußen zu verfolgen. Virchow meinte, der Abschluß einer solchen Vereinbarung hätte der Zustimmung des Landtags bedurft, was Bismarck verneinte. Es war Virchows Bestreben, ein Regierungssystem herbeizuführen, in dem letzten Endes die Regierung der Mehrheit im Parlament verantwortlich war. Genau dies aber wollte Bismarck nicht. Er selbst wollte nicht einmal konstitutioneller Minister Seiner Majestät sein, sondern dessen Diener, wie er noch vor seiner Ernennung zum Ministerpräsidenten beteuerte. Er legte nicht einmal Wert darauf, daß Preußen auf der Grundlage der Verfassung regiert wurde, die der König 1849 oktroyiert hatte. Als Bismarck ein paar Jahre später Reichskanzler des Deutschen Reiches war, drohte er oft mit Staatsstreich, und auch schon am Beginn seiner Herrschaft in Preußen steht die Vergewaltigung der Verfassung.

»Das Haus der Abgeordneten«, so beschloß die überwältigende Mehrheit von 239 gegen 61 Stimmen dieses Hauses am 22. Mai 1863 in einer Adresse an den König, »hat kein Mittel der Verständigung mehr mit diesem Ministerium; es lehnt seine Mitwirkung an der gegenwärtigen Politik der Regierung ab. Jede weitere Verhandlung befestigt uns nur in der Überzeugung, daß zwischen den Ratgebern der Krone und dem Lande eine Kluft besteht, welche nicht anders als durch einen Wechsel der Personen, und mehr noch, durch einen Wechsel des Systems ausgefüllt werden wird.« Der König lehnte es ab, die Delegation zu empfangen, die diese Botschaft überbringen sollte. »Meine Minister besitzen Mein Vertrauen«, ließ er dem Haus entgegnen, »und ich weiß es ihnen Dank, daß sie sich angelegen sein lassen, dem verfassungswidrigen Streben des Abgeordnetenhauses nach Machterweiterung entgegenzutreten.« Er erklärte die Sitzungsperiode für beendet, ohne das Parlament vorher aufzulösen, und erließ am 1. Juni, formal gestützt auf das Notverordnungsrecht seiner Regierung außerhalb der Sitzungszeiten des Parlaments, eine von Bismarck längst geplante Presseverordnung, die mit äußerster Entschiedenheit gegen die Presse vorging: Sie ermächtigte die Behörden, Zeitungen und Zeitschriften bereits aufgrund »der Gesamthaltung des Blattes« zu verbieten. Kronprinz Friedrich Wilhelm sagte damals in einer vielbeachteten Rede in Danzig, daß er »diejenigen, welche Seine Majestät... auf solche Wege führten«, als die »allergefährlichsten Ratgeber für Krone und Vaterland« betrachte.[8]

Der König löste den Landtag auf, weil eine Mehrheit für das vorgelegte Budget nicht in Sicht war. Die Wahlergebnisse zeigten eine noch stärkere Spaltung des preußischen Volkes und wachsenden Unwillen gegen die Regierung: Fortschritt und linke Mitte stiegen von 229 auf 247 Stimmen; die wankelmütige katholische Fraktion fiel deutlich zurück, obschon gerade diese Partei infolge ihres Bekenntnisses mit einer festen Stimmenzahl rechnen konnte; die Konservativen andererseits stiegen von 11 auf 35 Sitze. Das neue Parlament zeigte also die Polarisierung des Wählervolks; zugleich nahm die Wahlbeteiligung ab: In der III. Wählerklasse gab nur wenig mehr als ein Viertel der Wähler ihre Stimme ab, und bezeichnenderweise lag die Wahlbeteiligung in den fortschrittlicheren Landesteilen – Rheinland und Westfalen – weitaus niedriger als im Osten. Das zeugte nicht von Gleichgültigkeit, sondern von Unwillen. Offenbar wollte die Krone so lange wählen lassen, bis sie den Landtag hatte, der ihr paßte. Welcher Wähler mochte sich dazu hergeben?

Ein weiterer Konflikt, diesmal ein äußerer – und zudem einer, an dem die preußische Regierung ganz unschuldig war –, drohte Preußen, als die dänische Regierung versuchte, die Herzogtümer Schleswig, Holstein und Lauenburg zu vereinnahmen. Die Hintergründe dieser Geschichte sind verzwickt – nur drei Männer, so hat der englische Außenminister Lord Palmerston einmal behauptet, hätten sie je wirklich verstanden: der eine sei tot, der andere darüber verrückt geworden und der dritte, er selbst, habe sie wieder vergessen. Für unseren Zweck genügt es, sie knapp zu umreißen: Schon 1848 war es über der Frage, wem diese Ländereien angehören sollten, zu einem Krieg gekommen, der Ende August 1848 mit dem Waffenstillstand von Malmö endete. Der Vertrag von London von 1852 versuchte das Problem endgültig zu regeln; doch zu Beginn der 1860er Jahre machte die dänische Krone Anstalten, die seit langem bestehende Personalunion zwischen Dänemark und den Herzogtümern in eine Realunion zu verwandeln. Die preußische Regierung zeigte anfangs wenig Neigung, dagegen etwas zu unternehmen, daher verlangte Virchow am 2. Dezember 1863, sie solle sich mit der Regierung des Deutschen Bundes absprechen und dann »als deutscher Bundesstaat und im Zusammenwirken mit den Zielen, welche wir wünschen, daß sie der Deutsche Bund im Ganzen verfolge«, vorgehen. Virchow forderte den Schutz der Rechte der Herzogtümer und die Anerkennung des Erbprinzen von Schleswig-Holstein-Sonderburg-Augustenburg, außerdem sollte die preußische Regierung ihm helfen, seine Ansprüche durchzusetzen. Den Abgeordneten Reichensperger vom Zentrum, dem dies zu weit ging, klärte Virchow auf, daß das Parlament sehr wohl das Recht habe, in der Außenpolitik mitzureden. Zugleich ließ Virchow wissen, daß er in diese Regierung kein Vertrauen setzen könne, »weil die Personen, die gegenwärtig in der Regierung stehen, durch ihre ganze Vergangenheit in diese Dinge zu sehr verwickelt sind. Wir wissen ja, welche Gesinnung der Ministerpräsident über den Krieg in Schleswig-Holstein im Jahre 1848 und 1849 gehabt hat. Wenn er uns heute nun sagt, daß er jetzt die Situation so auffasse, wie sie sei, was ich gerne anerkenne, so hat er doch uns bis auf diesen Augenblick noch nicht gesagt, daß er gegenwärtig den Krieg von 1848 und 1849 für rechtmäßig halte.« Und dem Vorwurf des Grafen von Bethusy-Huc, das Haus sei ja nicht bereit, Gelder für Kriege zu bewilligen, entgegnete Virchow, »daß wir für gerechte Kriege, für Kriege, die für die Ehre und die Interessen unseres Landes geführt würden, uns auf immer verpflichtet halten würden, Geld zu bewilligen, daß wir aber für ungerechte Kriege, welche gegen das Interesse des Landes und gegen seine Ehre geführt würden, das Geld nicht bewilligen würden«.[9] Dies war unter Liberalen seinerzeit eine weitverbreitete Ansicht, auch wenn eine solche Unterscheidung heute nicht mehr so einleuchtend erscheint.

In der Fortschrittspartei gab es Differenzen darüber, wie man in Schleswig-Holstein vorgehen sollte. Theodor Mommsen machte sich für einen Anschluß der Herzogtümer an Preußen stark, weil er Preußen für den Stellvertreter Deutschlands im Deutschen Bund ansah. Aber das war nicht die Auffassung der Mehrheit. Virchow und Stavenhagen legten mit weiteren 115 liberalen Abgeordneten einen Antrag vor, der die Regierung praktisch zur Übernahme der von der nationalen Bewegung angestrebten Ziele aufforderte: die Herzogtümer zu beschützen und den liberalen Erbprinzen von Augustenburg als Herzog von Schleswig-Holstein anzuerkennen und seine Rechte für ihn durchzusetzen. Aber viele Abgeordnete stimmten dafür, daß die Herzogtümer einfach bei Dänemark blieben, statt das reaktionäre Preußen zu stärken.

Die Konservativen, die so gerne von der fürstlichen Legitimität sprachen, legten in diesem Fall auf die Rechte des Augustenburgers keinen Wert; er war ihnen zu liberal. Sie spürten, daß hinter dem Wunsch nach Anschluß der Herzogtümer die Hoffnung auf eine nationale Einigung Deutschlands stand, hinter der sich auch demokratische Forderungen regten. Aus diesem Grund ließ Bismarck die Dinge treiben; er wußte eher, was er nicht wollte, als was er wollte. Auf keinen Fall wollte er die Einsetzung des Augustenburgers und eine Stärkung der liberalen Bewegung. Virchow machte ihm am 18. Dezember im Landtag den Vorwurf, er habe in kurzer Zeit allzu viele Standpunkte bezogen: »Man kann nur das angreifen, daß er eigentlich keine Politik hat, daß er ohne Kompaß in das Meer der äußeren Verwicklungen hinausstürmt, daß ihm jedes leitende Prinzip fehlt! Das war ja das, was wir von Anfang ihm vorgehalten haben. Er ist gekommen aus der Fremde ohne irgendein Programm! Seine Person war das einzige Programm und seine Person stand damals in der Voraussetzung des russisch-französischen Bündnisses... Die Politik eines großen Staates kann so steuerlos nicht gehen, die Politik eines großen Staates muß nach festen Prinzipien geführt werden.«[10]

Das ließ Bismarck nicht auf sich sitzen. Er griff den streitbaren Professor an, indem er auf die Spezialisierung der Fachbereiche hinwies. »Die Politik ist keine exakte Wissenschaft«, hielt er Virchow entgegen. »Wenn aber der Herr Vorredner sich aus seinem Gebiete entfernt und auf mein Feld unzünftig übergeht, so muß ich ihm sagen, daß über Politik sein Urteil ziemlich leicht für mich wiegt. Ich glaube wirklich, meine Herren, ohne Überhebung, diese Dinge verstehe ich besser. Der Herr Vorredner hat gesagt, mir fehle das Verständnis für die nationale Politik; ich kann ihm den Vorwurf nur mit Unterdrückung des Epithetons zurückgeben. Ich finde bei dem Herrn Vorredner Verständnis für Politik überhaupt nicht.«[11]

Nun hatte Bismarck die Lacher auf seiner Seite. Richtig ist sicherlich, daß Virchow sich stark von der inneren Frontbildung leiten ließ und insgesamt wenig Vertrautheit mit den europäischen Machtverhältnisssen zeigte.[12] Wenig später, am 11. Januar 1864, forderte Virchow in einer Interpellation die Regierung auf, vom Londoner Vertrag zurückzutreten. Inzwischen scheint sich auch bei Bismarck eine neue Sichtweise durchgesetzt zu haben, denn ein paar Tage später gab auch er der Überzeugung Ausdruck, daß der Londoner Vertrag nicht beibehalten werden könne. Aber Virchows Antrag fand nicht einmal die Zustimmung der gesamten Fortschrittsfraktion.

Im preußischen Abgeordnetenhaus kam es zu keiner Einigung, geschweige denn zwischen Dänen und Deutschen. Im Februar 1864 brach der Krieg aus, er dauerte bis August. Die preußisch-österreichische Waffenbrüderschaft war einer harten Bewährung ausgesetzt, doch am Ende trug sie den Sieg davon. Nun schlugen die Vertreter Österreichs die augustenburgische Lösung vor; doch dafür war Bismarck nicht zu gewinnen. Schließlich trat Dänemark im Wiener Frieden die Herzogtümer ab, sie sollten fortan von Preußen *und* Österreich gemeinsam regiert werden. Für die Liberalen war dies eine Niederlage. Sie machten sich am Sitz des Deutschen Bundes, in Frankfurt am Main, für einen schleswig-holsteinischen Mittelstaat unter dem Augustenburger stark; doch zwei ihrer bedeutendsten Führer, Mommsen und Twesten, glänzten durch Abwesenheit. Sie erklärten in Offenen Briefen ihr Fernbleiben, Mommsen verlangte die »ewige Unterordnung unter den preußisch-deutschen Großstaat«![13] So leicht war es, die Liberalen zu spalten.

Mit dem Ende des Deutsch-Dänischen Krieges war der Konflikt in Preußen noch lange nicht aus der Welt geschafft; die Regierung konnte nun darauf verweisen, daß sie für ihre siegreiche Armee mehr Geld fordern durfte. Die liberale Mehrheit ließ sich davon – vorläufig – nicht blenden, sie wies auch das Budget für 1865 zurück und lehnte die Heeresreformen erneut ab.

Die Regierung Bismarck versuchte noch immer, die Bevölkerung glauben zu machen, sie regiere nicht gegen, sondern bloß neben der Verfassung, sie fülle gleichsam nur eine Lücke aus. Virchow, der sich inzwischen in Budgetfragen solide Kenntnisse angeeignet hatte, wies diese Irreführung zurück. »Wenn die Herren glauben, daß in der Verfassung eine Lücke ist, so irren sie«, sagte er im März 1865 im Landtag. »Wir können auf ein bestimmtes Gesetz hinweisen, das Gesetz vom 6. April 1848, welches verfassungsmäßig erlassen ist von Sr. Majestät dem Könige nach Anhörung der zum Vereinigten Landtage versammelten getreuen Stände ... und worin der § 6 ausdrücklich sagt: ›Den künftigen Vertretern des Volkes soll jedenfalls die Zustimmung zu allen Gesetzen, sowie zur Festsetzung des Staatshaushalts-Etats und das Steuerbewilligungsrecht zustehen.‹« Nun forderte Virchow die Regierung auf, dieses Gesetz anzuwenden, statt zu behaupten, in der vom König oktroyierten Verfassung gebe es eine Lücke.[14] Er wies alle Unterstellungen des Kriegsministers und des Ministerpräsidenten zurück, die liberale Mehrheit des Landtags wolle die Verfassung brechen. Die Warnung der Regierung, Preußens Stellung nach außen beruhe einzig und allein auf der Größe seiner Armee, ließ er gleichfalls unbeachtet. Statt dessen sprach er von der »Unzulänglichkeit Preußens in seiner gegenwärtigen Gestalt« und von der »Notwendigkeit, auf Deutschland zurückzugehen«.[15]

Der Sieg über Dänemark hatte die Regierung zuversichtlich gemacht. Sie wollte sich nicht mehr Jahr für Jahr der Demütigung unterziehen, mit den Abgeordneten um das Budget zu feilschen; sie wollte künftig auf Jahre hinaus freie Hand haben. Die Volksvertretung besaß ohnehin nur in einer Hinsicht das Recht auf Mitsprache, und das war bei Aufbringung und Ausgabe der Haushaltsmittel; doch gerade dieses Recht wollte die Regierung ihr beschneiden. Nicht die Volksvertretung wollte die bestehende Ordnung umstürzen, sondern die Regierung. »Nach unserer Auffassung beruht die ganze Differenz darin«, sagte Virchow im Juni 1865, »daß die Regierung, wenn sie mit dem Hause über einen bestimmten vorgelegten Etat nicht zur Einigung kommt, entweder einen neuen Etat vorlegen, oder daß sie, wenn auch der nicht zu Stande kommt, abgehen muß. Dann sagt aber wieder der Herr Minister: ›Ja, dann greifen Sie das Königtum an.‹ Also ein Ministerium braucht nur zu kommen und irgendeinen unannehmbaren Etat zu bringen, dann ist das Königtum in Gefahr, weil die Landesvertretung nicht Ja sagt.« Dabei ging es keineswegs um dieses oder jenes Ministerium. »Ich nehme mit Ernst in Anspruch«, sagte Virchow, »daß wir auch einem ganz und gar verfassungstreuen, aus der Mitte der Majorität dieses Hauses hervorgegangenen Ministerium eine Anleihe wie die gegenwärtige verweigern würden. Wir würden uns niemals entschließen, auf eine solche Vorlage hin eine Anleihe zu bewilligen, wir würden uns niemals entschließen, im voraus auf eine Reihe von Jahren, wo noch gar nicht zu übersehen ist, wie die Etats sich gestalten werden, ein Vertrauensvotum dieser Art zu bewilligen.«

Bismarck war von diesen Gedanken, so scheint es, wenig beeindruckt. Der Wählerwille, der hinter den Liberalen stand, galt ihm wenig; er versuchte sogar, die Legitimität dieser Abgeordneten zu unterhöhlen, indem er die Wählerschaft als »urteilslose Wähler« bezeichnete, womit er sich erneut mit Virchow anlegte. »Das ist eine sehr bedenkliche Sache«, entgegnete ihm der Gelehrte, »einer großen, gebildeten Nation, die die Meinung von sich hat, daß sie mindestens doch eine der gebildetsten überhaupt auf der Welt sei, solche allgemeine Urteilslosigkeit an den Kopf zu werfen. Wir meinen vielmehr, daß in Kreisen, die der Regierung nahestehen, eine Urteilslosigkeit herrscht, die dem gewöhnlichen Gange des logischen Denkens vollständig abgewendet ist.«[16]

Die Abneigung zwischen diesen beiden Männern war gegenseitig, daher auch die ständige Gereiztheit. Als Virchow in dieser Debatte vom 2. Juni 1865 mit vorsichtigen Worten die Richtigkeit einer Aussage des Ministerpräsidenten in Zweifel zieht, entschließt sich Bismarck, diese »Beleidigung« mit einer Duellforderung zu beantworten. »Der Referent bemerkt«, hält er Virchow entgegen, »wenn ich den Bericht wirklich gelesen hätte, so wisse er nicht, was er von meiner Wahrheitsliebe denken solle. Der Herr Referent hat lange genug in der Welt gelebt, um zu wissen, daß er sich damit der technischen und spezialen Wendung gegen mich bedient hat, vermöge derer man einen Streit auf das rein persönliche Gebiet zu werfen pflegt, um denjenigen, gegen den man den Zweifel an seiner Wahrheitsliebe gerichtet hat, zu zwingen, daß er sich persönliche Genugtuung fordert... Es ist dies, da wir Sie nicht verklagen können, der einzige Weg, auf dem wir uns Genugtuung verschaffen können.«[17]

Für ihre Äußerungen im Parlament genossen die Abgeordneten Indemnität, Straflosigkeit; für Beleidigungen konnten sie allerdings vor Gericht gezogen werden. Bismarck und sein Justizminister zogen einmal Twesten einer Äußerung wegen vor Gericht. Das Gericht lehnte zunächst die Verfolgung ab, doch der Oberste Gerichtshof, den der Justizminister durch Heranziehung entsprechender Richter gefügig gemacht hatte, bejahte die Zulässigkeit der Anklage und legte Twesten eine Gefängnisstrafe von zwei Jahren auf. »Diese Entscheidung ist eins der schwärzesten Blätter in der Geschichte der preußischen Justiz«, urteilte der liberale Historiker Erich Eyck. Einige Jahre zuvor hatte Twesten in einer Schrift mit dem Titel »Was uns noch retten kann« das preußische Herrenhaus angegriffen und den Chef des Militärkabinetts, Manteuffel, als »einen unheilvollen Mann in unheilvoller Stellung« bezeichnet. Manteuffel forderte Twesten auf Pistolen und zerschoß ihm den Arm. Duelle infolge von geringfügigen politischen Händeln waren in der zweiten Hälfte des 19. Jahrhunderts keine Seltenheit. 1856 tötete ein v. Rochow den Berliner Polizeipräsidenten v. Hinckeldey im Duell; Hinckeldey hatte den geheimen Ausschweifungen einiger adliger Herren allzuviel Aufmerksamkeit geschenkt, daher war er ihnen ein Dorn im Auge. Im August 1864 wurde der Arbeiterführer Ferdinand Lassalle in einem Duell getötet. Werner Siemens, der selbst eines Duells wegen eine Kerkerstrafe absitzen mußte, schreibt in seinen »Lebenserinnerungen«, daß trotz der hohen Strafen, die auf Duelle standen, die Aussicht auf Begnadigung recht groß war.

Daß politische Streitigkeiten bis in die Spitzen der Gesellschaft in dieser gewaltsamen Form ausgetragen wurden, wirft fraglos ein düsteres Licht auf die politische Kultur Preußens. Und daß der preußische Ministerpräsident unter einem fragwürdigen Vorwand versuchte, einen Mann, den er nicht anzeigen konnte, schließlich zu erschießen, kann man nur als niederträchtig bezeichnen. Bismarck konnte sich im Parlament fürchterlich erregen, wenn ein Abgeordneter auch nur Zweifel an seiner Wahrheitsliebe hegte; in privaten Kreisen scheute er sich nicht, sich über Menschen lustig zu machen, die nicht wußten, daß Lügen zum Handwerk des Politikers gehört – zumindest war dies Bismarcks Meinung.[18]

Die Nachricht von dieser Duellforderung verbreitete sich wie ein Lauffeuer. »Man vermutet allgemein, daß Bismarck sich mit Professor Virchow aus dem Abgeordnetenhaus schießen werde«, schrieb der Kronprinz am 7. Juni in sein Tagebuch. Noch am gleichen Tag, als Bismarck die Forderung aussprach, schrieb der konservative Abgeordnete v. Kleist-Retzow an den Ministerpräsidenten, er halte die Beleidigung an sich nicht für so erheblich. Der Präsident des Abgeordnetenhauses, Unruh, erklärte sich für zuständig, darüber zu befinden, ob der Ministerpräsident tatsächlich beleidigt worden sei. Unruh stellte ausdrücklich fest, er könne aus Virchows Äußerung nicht die direkte Beschuldigung der Lüge heraushören. Darüber gab es im Landtag eine lange Debatte. Kriegsminister v. Roon, der sich für Bismarck als Vermittler zur Verfügung gestellt hatte, meinte, jeder sei der Wächter seiner Ehre und niemand sonst.[19]

Die Behörden versuchten nun, das Duell zu verhindern. Vor Virchows Wohnung erschien eine Wache, die nicht zulassen sollte, daß er den Ort des Duells aufsuche. Zuspruch bekamen beide Parteien, Bismarck von seinen Standesgenossen, Virchow von Gelehrten und Studenten und der breiten Öffentlichkeit. Die »Wiener Medizinische Wochenschrift« schrieb: »Als Ärzte also vermögen wir es nicht einmal annäherungsweise anzugeben, um wieviel werter uns das Leben Virchows als das von *hundert Bismarcks* ist.« Der Ministerpräsident erhielt am 7. Juni einen Brief von einem Duzfreund, v. Natzmer, der ihn bat, sein Werk fortsetzen zu dürfen, falls ihn »eine jüdische [!] Kugel« treffen sollte. Als Virchow an Bismarck schrieb, daß er sich unter keinen Umständen schlagen werde, schrieb v. Roon als Randnotiz auf diesen Brief, dies reiche aus, Virchow künftig »als Straßenjungen zu qualifizieren«.

Virchow hatte in der Tat keine Lust, sich auf diesen feudalen Unsinn einzulassen. Er ging Streitereien nur ungern aus dem Weg, aber geistige Auseinandersetzungen pflegte er mit geistigen Mitteln auszutragen. Am 17. Juni, als die Öffentlichkeit längst durch Zeitungsberichte über die Duellforderung ins Bild gesetzt war, zitierte Virchow im Abgeordnetenhaus aus der scheinheiligen Begründung, die Bismarck gegeben hatte: Virchow, hieß es da, habe sich »in der Leidenschaft der Rede so weit vergessen, einen kränkenden Zweifel an der Wahrhaftigkeit des Ministers auszusprechen«. Und weiter: »Der Vorgang hat insofern eine große Bedeutung, als er zeigt, wie weit die Abgeordneten von der Fortschrittspartei den Mißbrauch der ihnen verliehenen Rechte und Freiheiten zu treiben bedacht sind... Das Abgeordnetenhaus würde sich damit völlig außerhalb allen Gesetzes, außerhalb aller Sitte, außerhalb aller Begriffe von Ehre und von persönlicher Verantwortung stellen. Das kann der Geist und Wille der Verfassung nicht sein, das kann und darf in Preußen nicht als Recht anerkannt werden, wenn nicht das Wohl des einzelnen wie des Staates der schrankenlosen Willkür des Parteigeistes preisgegeben werden soll.«

Nun rückte Virchow einiges von dieser Behauptung zurecht. »Ich habe nachgewiesen«, sagte er, »daß gerade in diesem technischen Teile diejenigen Stellen enthalten seien, welche ich als Gegenbeweis beibrachte, und ich kann daher noch gegenwärtig die Überzeugung aussprechen, daß der Herr Ministerpräsident sich wirklich nicht die Mühe gemacht hatte, den Bericht vollständig und in allen seinen einzelnen Punkten zu lesen.« Zweifel an der Wahrheitsliebe waren also erlaubt. Sodann rügte Virchow die Art, wie die ganze Geschichte an die Öffentlichkeit gelangt sei: »Diese Mitteilung ist bekanntlich schon am Sonntag an öffentliche Blätter mitgeteilt worden, nicht, soviel habe ich erfahren können, unmittelbar auf Veranlassung etwa des Ministeriums der auswärtigen Angelegenheiten, aber allerdings aus diplomatischen Quellen, welche zunächst aus dem Ministerium der auswärtigen Angelegenheiten schöpfen... Ob das die ritterliche, kavaliermäßige Art ist, auf die die Herren provozieren, das will ich Ihrem eigenen Urteil anheimstellen.«[20] In den Jahren 1862 bis 1890 hieß der preußische Außenminister Otto v. Bismarck.

Zu einem Duell kam es nicht. Aber noch hundert Jahre später war vor allem unter Ärzten das Gerücht im Umlauf, Virchow habe die Forderung angenommen unter der Bedingung, daß er die Waffen aussuchen dürfe, und er soll Würste verlangt haben, von denen die eine stark mit Trichinen durchsetzt war. Daß Virchow mit diesem Gedanken gespielt hat, ist möglich; beweisen läßt es sich nicht.

Statt Bismarck und Virchow lieferten sich bald Österreich und Preußen einen Zweikampf: Im Krieg gegen Dänemark hatten die beiden deutschen Großmächte die Herzogtümer Schleswig und Holstein für sich gewonnen, und Bismarck hatte es einzurichten gewußt, daß die Beute zwischen ihnen aufgeteilt wurde. Was sollte Österreich aber mit dem fernen Holstein anfangen? Der satirischen Zeitschrift »Kladderadatsch« kam es vor, als versuchten zwei Männer, in ein und dieselbe Hose hineinzuschlüpfen, deren Hosenbeine Schleswig und Holstein hießen – fürwahr ein treffender Vergleich. War es andererseits sinnvoll, die schöne Hose entlang ihrer Nähte aufzutrennen und den beiden je ein Hosenbein zu übereignen? Gewiß nicht. Wie sollte die Aufteilung geschehen? Über eben diese Frage kam es zum Streit. Bismarck ließ sich durch den Antrag Virchows, die Personalunion zwischen Preußen und seinem neuen Besitz für ungültig zu erklären, solange nicht der Landtag zugestimmt habe, nicht aus der Ruhe bringen. Im Abgeordnetenhaus fand der Antrag eine große Mehrheit – 251 gegen 44 Stimmen –, aber Bismarck ließ sich davon nicht beirren. Er drängte Österreich zum bewaffneten Konflikt, wobei Preußen im internationalen Umfeld von Anfang an klar im Vorteil war: Rußland schuldete ihm Dank für seine Hilfe bei der Niederschlagung der aufständischen Polen, Frankreich erwartete eine territoriale Entschädigung für sein Stillhalten, und Italien war selbst halb mit Preußen verbündet, denn es hatte vor, die Österreicher endgültig hinauszuwerfen, was es bei dieser Gelegenheit auch tat.

Auch militärisch war Preußen im Vorteil. Dies war auf grundlegende Modernisierungen zurückzuführen: Preußen hatte bessere Schulen und daher klügere, diszipliniertere Soldaten; Preußen besaß schnellere, zielsicherere Gewehre – das berühmte Zündnadelgewehr –, ein größeres, besseres Eisenbahnnetz und die schlagkräftigere Organisation; außerdem hatte es mehr Geldmittel zur Verfügung. Nach der Entscheidungsschlacht bei

Königgrätz am 3. Juli 1866 zählte man auf österreichischer Seite an Toten, Verwundeten und Gefangenen über 44000 Mann, auf preußischer nicht ein Viertel davon, wenn man die Choleratoten dieses Feldzugs außer acht läßt.

In dieser Stunde erwies sich Bismarck als Meister der Diplomatie. Er hatte Österreich ausmanövriert und besiegt – demütigen wollte er es nicht. Gegen den Willen seines Königs behandelte er Österreich maßvoll. Anders hingegen verfuhr er mit Österreichs Verbündeten in Deutschland, die ihm auf Gnade und Barmherzigkeit ausgeliefert waren. Das alte Königreich Hannover ließ er Preußen einverleiben, ungeachtet seiner alten fürstlichen Legitimität von Gottes Gnaden, und die Freie Reichsstadt Frankfurt bedrohte er mit Plünderung, falls sie nicht bereit war, die preußischen Schadensersatzforderungen zu befriedigen. Nicht minder schwer war der Schlag, den Bismarck seinen Gegnern im Innern versetzte, wenngleich die Auswirkungen davon erst viel später zu spüren waren. Am Tag von Königgrätz fanden in Preußen Wahlen zum Abgeordnetenhaus statt, und obwohl zu dieser Stunde der preußische Sieg noch nicht bekannt sein konnte, gewann Bismarck diese Wahlen unerwartet hoch: die Fortschrittspartei und das Zentrum verloren rund hundert Sitze an die Konservativen.

Am 6. August trat der neue Landtag zusammen. Wilhelm I. eröffnete die Sitzungsperiode mit einer versöhnlichen Thronrede, in der er die Erwartung aussprach, das Haus werde seiner Regierung Indemnität erteilen. »Die Thronrede hat einen großen Eindruck gemacht, und ich hoffe, daß wir auch im Innern zur Verständigung gelangen werden«, bemerkte Moltke hinterher. Die Indemnität, um die Wilhelm I. nachsuchte, bedarf einer kurzen Erläuterung. Wir haben erfahren, daß die Indemnität dem Abgeordneten für seine Äußerungen im Parlament Straflosigkeit zusichert. Aber dieser Begriff wurde auch in einem anderen Sinne gebraucht, und es scheint, daß Virchow ihn erstmals in diesem Sinne verwendete, als er die Forderung stellte, die Regierung müsse um Indemnität bitten. Das war am 11. September 1862. Einen Tag später beantragten auch die Brüder Reichensperger, die Regierung müsse eine »Indemnitäts-Erklärung« leisten.[21]

Das tat die Regierung nun – doch verband sie das Friedensangebot gleich mit neuen Forderungen. Virchow fragte sich, ob ihr Palmenzweig wohl echt sei und befand, daß das Angebot nicht aus der Überzeugung kam, bisher unrecht gehandelt zu haben. »Ich finde ganz einfach«, sagte er, »daß ihr Friedensbedürfnis hervorgeht aus der äußeren Situation, in der wir uns befinden. Ich finde kein inneres Bedürfnis für die Regierung, sondern nur ein äußeres.« Virchow war bereit, der Regierung einen Kredit zu bewilligen; aber er war nicht bereit, die geforderte Indemnität zu erteilen, für ihn war der Konflikt noch nicht vorbei. »Dieser Friede, dieser Schluß des Konfliktes, der liegt nach meiner Auffassung eben nicht in der Annahme des Indemnitätsgesetzes, sondern er liegt in der Herstellung des verfassungsmäßigen Budgetzustandes, d. h. also in der Publikation eines Staatshaushalts-Etats für das Jahr 1867 in der Gesetzsammlung... Von allen Dingen, die uns heute vorliegen, von der Indemnität, von der Kreditbewilligung, steht kein Wort in der Verfassung. Man kann im Gegenteil fragen, ob wir verfassungsmäßig berechtigt sind, eine solche Indemnität zu erteilen, ob die Verfassung uns überhaupt dieses Recht gibt, ob die Verfassung bei einer groben Verletzung, wo vier Jahre hindurch kein Etat zu Stande gekommen ist, wo zweimal die Regierung durch die frühzeitige Auflösung des Landtages sogar die Möglichkeit des Zustandekommens verhindert hat, es gestattet ist, von der Minister-Anklage abzustehen... Mir liegt also in diesem Augenblick am allerwenigsten die Möglichkeit einer Indemnitätserteilung vor, da wir noch nicht in einem verfassungsmäßigen Zustande sind und auch durch die Bewilligung eines provisorischen Kredits einen solchen nicht erlangen.«

Es fiel Virchow nicht im entferntesten ein, so zu tun, als sei mit dem Kriegserfolg auch der Frieden im Innern wiederhergestellt. Der Erfolg im Krieg, der die Möglichkeit einer baldigen nationalen Einigung in Aussicht stellte, weckte in ihm sogar schwere Zweifel, ob die Einheit und die Freiheit kommen würden, die er suchte. Vor allem aber ärgerte ihn, daß die Regierung mit neuerlichen Forderungen auftrat. »Und was bietet sie uns?« fragte er. »Uns bietet sie nicht die mindeste Erleichterung... Weder die Presse wird erleichtert, noch das Verfahren der Regierung gegenüber den Gemeinde-Verwaltungen wird geändert, noch denkt man daran, etwa durch eine Amnestie ein äußeres Zeichen der Versöhnung zu geben. Meine Herren! Nicht das Mindeste, nicht die allerleiseste Spur eines Entgegenkommens... Keine Regierung der Welt«, schloß er, sei berechtigt, auch nicht nach den größten militärischen Triumphen, »einem Volke seine verfassungsmäßigen Rechte vorzuenthalten.«[22]

Johann Jacoby hat in diesen Augusttagen 1866 im Landtag in einer leidenschaftlichen Rede das Geschehene als nacktes Unrecht angeprangert. Dieser Krieg sei »ohne, ja gegen den Willen des Volkes unternommen« worden, rief er. »Nur im Dienste des Rechts und der Freiheit darf die Fahne des Nationalitätsprinzips erhoben werden; in den Händen eines Louis Napoleon und seinesgleichen dient sie zur Beirrung und zum Verderben der Völker.«

Diesen Worten wollte Virchow sich nicht anschließen. »Ich habe ausdrücklich hervorgehoben«, schränkte Virchow ein, »daß es nicht unsre Sache ist, gegenwärtig die Ursachen des Krieges zu untersuchen, aber ich glaube, daß dieser Krieg zwei Fiktionen beseitigt hat. Die Regierung ist in den Krieg hineingezogen mit der Fiktion, als ob man Krieg führen könne gegen Regierungen, nicht gegen die Völker; von dieser Fiktion wird die Regierung geheilt sein. Wir haben früher geglaubt, die Regierungen könnten Krieg führen auf ihre eigene Hand und das Volk könne nicht daran teilnehmen; das ist die zweite Fiktion, die zerstört ist.« Virchow freute sich über den Erfolg Preußens und bedauerte zugleich den Blutzoll, den das Volk entrichtet hatte. »Ich trage auch kein Bedenken zu sagen, daß ich überhaupt nicht zu den Vertretern des Krieges gehöre, und wenn ich in der Politik einen Weg ohne Krieg sehe, so kann ich ... zugestehen, daß ich immer bereit sein werde, auf diesem Wege an seiner Seite für die Freiheit zu streiten.«[23]

Bei der Abstimmung am 3. September nahm das Abgeordnetenhaus das Indemnitätsgesuch mit 230 Stimmen an; nur 75 Abgeordnete sprachen sich dagegen aus, darunter Rudolf Virchow. Die größten Bannerträger des Liberalismus brachten nun das Opfer und wechselten ins Lager der Realpolitik, wie man schon damals gern sagte; Virchow versagte es sich, dem Götzendienst des Erfolgs zu huldigen. Auch die Wähler schlugen sich zum größeren Teil auf die Seite der Nationalliberalen, wie sich die neue politische Gruppierung nannte, zu der auch Bennigsen, Forckenbeck, Gneist, Lasker, Miquel, Sybel und Twesten gehörten. Rudolf Virchow gehörte diesem Kreis nicht an; er blieb beim Fortschritt, was ihm und Jacoby von Bismarck den Vorwurf einbrachte, sie seien »Unverbesserliche«.

»Als Königgrätz vorüber war«, schrieb Eduard Goldstücker aus London am 13. Mai 1867 an seinen Freund Rudolf Virchow, »sagte ich hier meinen Freunden: Der größte Erfolg, den Bismarck errungen, ist nicht die Besiegung Österreichs, sondern die Verwirrung, die diese Schlacht in den Köpfen der Besten anrichten wird, die Zerklüftung der liberalen Partei und das *divide (et) impera.*«[24] Mit dem bürgerlichen Rückgrat war es nun vorbei. »Unsere Revolution wird von oben vollendet, wie begonnen«, befand Heinrich v. Treitschke dankbar, »und wir mit unserem beschränkten Untertanenverstande tappen im dunklen.« Der Historiker Mommsen freute sich, er hielt es für »ein wundervolles Gefühl, dabei zu sein, wenn die Geschichte um die Ecke biegt«, und er machte die Wendung mit. Ein wenig niedergeschlagen klangen die Worte eines anderen Historikers, Hermann Baumgarten, eines Onkels von Max Weber: »Der Bürger ist geschaffen zur Arbeit, aber nicht zur Herrschaft, und des Staatsmanns wesentliche Aufgabe ist zu herrschen.« Bismarck hatte Erfolg mit seiner Politik, was sollte der dumme Michel da hineinreden?

Der preußische Verfassungskonflikt war in der Tat eine schwere Machtprobe zwischen dem – ohnehin spät erwachten – bürgerlichen Parlamentarismus und dem – von jeher starken – spätabsolutistischen Militärstaat. Am Ende siegte der Militärstaat; das bürgerliche Rückgrat zerbrach. Nun galt es den Preis zu zahlen von Bismarcks »eisernem Würfelspiel«: die Heeresstärke des Reiches wurde auf ein Prozent seiner Einwohner festgesetzt; sodann forderte die Regierung die Bewilligung des Militärhaushalts auf sieben Jahre, daher als Septennat bezeichnet; verlängert wurde dieses Septennat des öfteren unter dem Druck erfundener Kriegsdrohungen. Am liebsten hätte die Regierung gleich ein Aeternat bekommen, eine Bewilligung für alle Zeit. Nicht erst nach 1871, schon nach dem Erfolg von 1866 war Bismarcks Deutschland »im Fundamentalbestand seines Daseins ein Militärstaat« (Ernst R. Huber). Wenn die Entscheidung über ein neues Septennat fällig war, dann wurde erneut das Verhältnis von militärischer Macht und bürgerlicher Gesellschaft in Frage gestellt – dies war »für den Bismarckstaat die Stunde der Wahrheit« (Michael Stürmer).

Nun stand noch die Organisation dieses neuen Deutschland zur Debatte. Preußen errichtete den Norddeutschen Bund, mit Preußen als der großen Hegemonialmacht und den kleineren Staaten als seinen Junioren. Den badischen Abgeordneten Franz v. Roggenbach erinnerte dieser Bund an das Bündnis eines Hundes mit seinen Flöhen. Süddeutschland gehörte diesem Bund nicht an, doch nötigte Bismarck den süddeutschen Staaten Schutz- und Trutzbündnisse auf; Österreich war völlig abgetrennt vom Norddeutschen Bund. »Dies ist der Schritt, mit dem erst ganz und vollständig das Mittelalter, die Feudalität, von unserer Nation überwunden und beseitigt wird«, jubelte die »National-Zeitung«. »Indem wir uns vom Hause Habsburg trennen, ... werden wir eine vollständige Nation und stehen... vor der Möglichkeit, einen deutschen Nationalstaat zu errichten.«

Nicht jeder war von diesem Gedanken begeistert. Ernst Haeckel schrieb in diesen Tagen an seinen ehemaligen Lehrer, er solle doch »einmal als Naturforscher die verwickelte Sachlage mit ihren tiefliegenden Kausalverhältnissen richtiger und objektiver beurteilen, und dann darin, daß Sie Süddeutschland genugsam kennen, um auch die Vorzüge, welche dasselbe von uns Norddeutschen voraus hat, und welche man bei uns gewöhnlich übersieht, anzuerkennen. Gewiß werden auch Sie die blutige und tiefe Spaltung des Südens und Nordens, die allerdings jetzt leider schon die vollendete Tatsache ist, auf das tiefste beklagen und für das größte Unglück Deutschlands halten.«[25]

Ganz im Sinne dieser Bitte hat Virchow am 11. September 1866 im preußischen Abgeordnetenhaus das Wort ergriffen. Er wolle nicht bestreiten, führte er aus, daß der Norden und der

Süden Deutschlands eines Tages wieder zusammenkommen könnten, doch habe zunächst die Spaltung obsiegt. »Dieses Hinauswerfen eines bestimmten Abschnitts eines deutschen Staates aus der Union, dieses Begrenzen strikt auf der Mainlinie…, dies alles ist für mich der Grund dringender Besorgnis«, führte er aus, denn er befürchtete, »daß es nicht bloß durch den Gang der Ereignisse, nicht bloß durch die Gewalt der Umstände zu einer dauernden und anhaltenden Trennung deutschen Landes und deutschen Volkes kommen wird, sondern daß es auch wirklich darauf angelegt ist, … daß man die Süddeutschen hinausgetan hat; weil sie ganz unverdauliche Gesellen sind, weil der Freiheitsdrang im Süden nun einmal als ein ungeeignetes Element des großen Norddeutschen Staates erscheint.«

Das Element der Freiheit vermißte Virchow in der neuen Reichsverfassung des Norddeutschen Bundes, die dann wenige Jahre später mit unbedeutenden Änderungen die Verfassung des Deutschen Reiches wurde. Das Parlament, wie es diese Verfassung festschrieb, war ihm zu zahm, allzusehr beschnitten in seinen Rechten. »Ich, meine Herren«, sagte Virchow, »der ich leider an einem gewissen Grade von Mißtrauen gegenüber den gegenwärtigen Personen der königlichen Staatsregierung noch immer leide, ich bin weder durch die sachliche Vorlage noch durch die Rücksicht auf die persönliche Politik der Herren (auf die Ministerbank deutend) in der Lage, für den Gesetz-Entwurf stimmen zu können.«[26] Was er jetzt von allen Seiten zu hören bekomme – »Graf Bismarck ist allweise, Graf Bismarck ist allmächtig, er wird alles zum Besten hinausführen« –, das genügte ihm nicht; er verlangte verfassungsmäßige Garantien: die Grundrechte des deutschen Volkes, mehr Mitwirkung des Parlaments, die Verantwortlichkeit der Minister, Diäten für die Abgeordneten.

1867 zog als erster Sozialdemokrat der Drechsler August Bebel in den Reichstag des Norddeutschen Bundes. Wovon sollte der Mann leben, wenn er den ganzen Tag für das Wohl seiner Wähler tätig war? Warum wurde er für diese Arbeit nicht bezahlt? Bei den Sozialdemokraten zahlte die Partei, schlecht genug, für ihre Abgeordneten, auch für ihre Reisen nach Berlin

– was zur Folge hatte, daß viele oft nicht im Reichstag anwesend sein konnten. Aber Bismarck wollte keine Diäten, er hat sie zeit seines Lebens verhindert. »Die Diäten sind die Besoldung des gebildeten Proletariats zum Zwecke des gewerbsmäßigen Betriebes der Demokratie«, befand er, und das wollte er nicht. Virchow verstand sehr wohl, daß der Abgeordnete »abkömmlich« sein mußte, um mit Max Weber zu sprechen; er selbst war abkömmlich; aber sollten nicht auch die Fürsprecher der unteren Schichten im Parlament vertreten sein?[27]

Virchow lehnte sich auch gegen die Vertreibung des Königs von Hannover und die Beschlagnahmung von dessen Gütern auf. Er warnte, dessen Güter und Gelder – später nannte man sie aus gutem Grund »Reptilienfonds« – einfach der preußischen Regierung zu überlassen, denn dies würde zu einer Korruption großen Stils führen. So ist es dann auch gekommen. Bismarck hat die Zinsen dieser Gelder zum Teil dazu verwendet, Journalisten für seine politischen Zwecke zu kaufen. Aber Virchow hat sich auch über das Unrecht erregt, daß die Güter der Welfen, auch ihre schönen Gartenanlagen in Hannover, einfach in preußische Hände kamen. Dies hat Bismarcks Geheimdienstchef, Polizeirat Wilhelm Stieber, dazu bewogen, sich darüber den Kopf zu zerbrechen. Stieber, ein ungemein fleißiger Wühler, dessen Motiven freilich nicht einmal seine eigenen Auftraggeber trauten, kam zu dem Ergebnis, daß Virchow den blinden König von Hannover, Georg V., behandelt habe und um sein Honorar fürchtete. Das ist sicherlich unwahr, denn welcher König wandte sich um 1860 an einen Pathologen wegen einer Behandlung, auch wenn dieser einen großen Namen hatte? In der Charité pflegte Virchow bekanntlich Gefangene zu behandeln. Das Niedersächsische Hauptstaatsarchiv enthält keine Belege, die Stiebers Behauptung stützen.[28]

Für den Sieg von Königgrätz bekam Bismarck von seinem König ein Geldgeschenk von 400000 Talern. Er kaufte sich dafür das Gut Varzin in Hinterpommern, ganz in der Nähe von Köslin, mit 22000 Morgen Land und sieben Dörfern; dazu mußte ihm allerdings sein Finanzier, Gerson Bleichröder, einige Gelder vorstrecken. Eine weitere große Dotation erhielt Bismarck 1871, nach dem Sieg über Frankreich: davon erwarb er das Gut Friedrichsruh mit 25 000 Morgen Wald und 2000 Morgen Land.

Die nationale Einigung Deutschlands, die sich in diesen Jahren vollzog, wird oft als ein Verdienst Bismarcks bezeichnet, ohne daß die Frage gestellt wird, inwieweit andere Kräfte dabei im Spiel waren. Ein Abgeordneter der Berliner Fortschrittspartei, Rudolf Löwenstein, erklärte bei einem Festbankett, die deutsche Einheit sei so unabwendbar wie ein Naturgesetz, und »nicht ›Eisen und Blut‹, sondern Eisen und Kohle« seien »die bindenden Mittel, die ungenügenden Grenzen des preußischen Staates zu binden«. Der englische Ökonom John M. Keynes hat später ein ähnliches Urteil gefällt. Und der Dichter Theodor Fontane reimte: »Das bißchen Deutschland zusammenzuschweißen, / Das lag in der Zeit, das will nicht viel heißen.« Bismarck hat übrigens mitunter eingeräumt, ein Politiker könne nur wenig beitragen beim Entstehen der Gegenwart. »Ich wenigstens bin nicht so anmaßend zu glauben, daß unsereiner Geschichte *machen* könnte«, schrieb er einmal.

Bismarcks Verdienste um die Einigung Deutschlands sollen hier nicht geschmälert werden; aber die Deutschen haben für Bismarcks Politik auch einen Preis bezahlt: Der »Schaden« dieser Politik sei am Ende »unendlich viel größer (gewesen) als ihr Nutzen«, befand Theodor Mommsen, der 1866 die »Wendung« mitgemacht hatte, gegen Ende seines Lebens, nach der Ära Bismarck. Und weiter: »Die Gewinne an Macht waren Werte, die bei dem nächsten Sturm der Weltgeschichte wieder verlorengehen; aber die Knechtung der deutschen Persönlichkeit, des deutschen Geistes, war ein Verhängnis, das nicht mehr gutgemacht werden kann.«[29] Rudolf Virchow hätte jedes dieser Worte seines Parteifreundes unterschrieben.

Das Ende des preußischen Verfassungskonflikts – mit dem gewaltsamen Sieg Bismarcks und der Spaltung der liberalen Fortschrittspartei – war für Virchow eine schwere persönliche Niederlage. Virchows Briefe beginnen oftmals mit der Anrede »Lieber Freund«, und so wissen wir nicht, an wen er den Brief vom 3. April 1867 richtete, in dem es heißt: »In den politischen Dingen habe ich nach und nach mich von der harten Ekelkur erholt, die wir durchzumachen hatten. Ob ich mich für lange

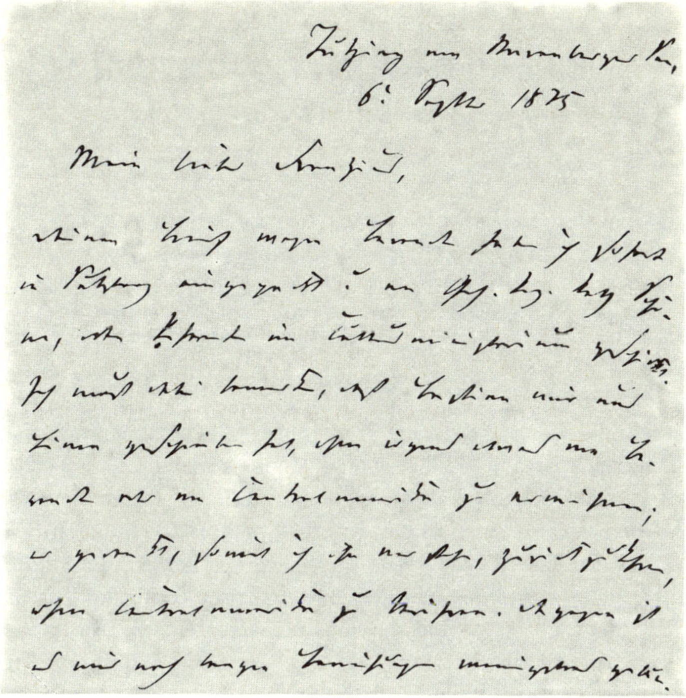

Privatbrief Virchows an seinen Jugendfreund Alexander v. Frantzius

oder für immer ganz von der Politik zurückziehen werde, habe ich noch nicht ausgemacht, doch habe ich große Neigung dazu. Da ich keine Versuchung in mir verspüre, für die Revolution zu arbeiten, so betrachte ich meine Rolle unter der Regierung König Wilhelms als ziemlich abgeschlossen. Zum National-Liberalen bin ich verdorben, und wenn ich einmal für die Zukunft arbeiten muß, so tue ich es lieber im Wege der Wissenschaft als in Pseudoparlamenten.«[30]

Tatsächlich erfuhr Virchows politische Laufbahn einen schweren Schlag, aber sein Augenmerk gehörte fortan stärker der kommunalen als der nationalen Politik.

Elftes Kapitel

IM KRIEG GEGEN FRANKREICH

»Jeder Krieg ist ein schweres Übel, und der wirkliche Gewinn aus demselben liegt oft genug auf einem ganz anderen Gebiete als auf dem der materiellen Erwerbungen.«

Rudolf Virchow (1871)

Nach den Kriegen der 1860er Jahre, gegen Dänemark und Österreich, war Virchow weniger denn je geneigt, den Forderungen des preußischen Staates nach immer mehr Geldern für Kriegszwecke zuzustimmen. Er war der Ansicht, Preußen produziere zu viele Rüstungsgüter und zuwenig Kultur: die Studierenden an den Universitäten hatten kaum genügend Mittel, sich die wichtigsten Lehrbücher anzuschaffen; die Bibliothek der Berliner Universität war viel zu knapp ausgestattet mit Mitteln für Neuerwerbungen; es fehlte an Personal; die Öffnungszeiten waren so kurz, daß viele Menschen, die tagsüber ihrem Beruf nachgehen mußten, am Abend vor den verschlossenen Türen der Bibliotheken standen – all dies schien Virchow vordringlicher zu sein als die Ausstattung des Heeres mit immer vollkommeneren Waffen. Im November 1868 sah Virchow – so sagte er in einer Rede im Abgeordnetenhaus – die Zeit gekommen, in der »die Frage der Gewinnung Deutschlands nach meiner Meinung nicht auf dem Wege der Politik von Blut und Eisen und daher nicht auf dem Wege des großen stehenden Heeres zu lösen ist, sondern wo wir an den inneren Ausbau unserer Freiheiten denken müssen«. Virchow brachte den Antrag ein, daß die preußische Regierung mit ihren Gegnern Abrüstungsgespräche aufnehmen sollte – er wurde abgelehnt.[1]

Der Krieg beherrschte die Gedanken der Mächtigen. Nur auf dem Schlachtfeld werde sich letzten Endes die deutsche Frage lösen lassen, befand Bismarck. »Dieser Einsicht müsse sich alles unterordnen.« Für ihn war seit langem klar, daß eine deutsche Einigung nur durch einen Krieg gegen Frankreich vollzogen werden konnte.

Vom Ende der Napoleonischen Kriege im Jahr 1815 bis gegen Mitte der 1850er Jahre hatten die Waffen in Europa geschwiegen, dann trat Gott Mars wieder auf: zuerst auf der Krim, dann in Italien (1859), wo das Frankreich Napoleons III. dem italienischen Volk half, das habsburgische Joch abzuwerfen; es folgten in den sechziger Jahren die Kriege Preußens, die sich ausnehmen wie blitzartige Zweikämpfe. In Nordamerika versuchten in diesen Jahren die Südstaaten der USA, aus der Union auszuscheiden, was ihnen der Norden in einem vierjährigen blutigen Ringen verwehrte. Dieser Krieg war der erste moderne in der Geschichte, ausgefochten mit den mörderischsten Waffen eines neuen, technischen Zeitalters, der erste, der den Einsatz industriell gefertigter Schnellfeuerwaffen und moderner Transportmittel sah.

Der Krieg bekam eine andere Qualität. Die Umwälzungen der Produktion und des Verkehrswesens machten auch vor dem Krieg nicht halt. Mit den neuen Transportmitteln konnte man Millionen von Menschen hin und her bewegen wie Figuren auf einem Schachbrett. Es war nicht mehr nötig, Soldaten in wochenlangen, auszehrenden Märschen an die Front zu führen und sie in völliger Erschöpfung gegen den Feind zu werfen. Die Armeen waren jetzt nicht mehr von den Feldfrüchten abhängig, die sie unterwegs fanden – sofern sie welche fanden. In dem ersten europäischen Krieg, der den Wert der Eisenbahn unter Beweis stellte, dem Krieg in Norditalien von 1859, beförderte Frankreich binnen elf Tagen eine Streitmacht von 120000 Mann auf den Kriegsschauplatz – ein paar Jahre früher wäre die gleiche Armee zwei Monate auf dem Marsch gewesen. Natürlich konnte man mittels der Eisenbahn auch die Kranken und Verletzten schnell und vergleichsweise schonend in die Heimat schaffen, wo sie medizinisch besser versorgt werden konnten.[2]

Die wirtschaftlichen und gesellschaftlichen Umwälzungen seit der Mitte des Jahrhunderts reichten noch weiter: die industrielle Fertigungsweise vermochte mehr und zielgenauere Schußwaffen in größerer Menge herzustellen; und das Fabriksystem und die Erweiterung der allgemeinen Schulpflicht brachten es mit sich, daß besser disziplinierte und mithin leichter lenkbare Menschenmassen in immer größerer Zahl auf die Schlachtfelder strömten. 1868 rühmte der französische Baron Stoffel an den Preußen die allgemeine Wehrpflicht, den Schulzwang und das Pflichtgefühl der Soldaten sowie das hohe Niveau des preußischen Generalstabs.

Im preußischen Generalstab war man den ausländischen Kriegen mit größter Aufmerksamkeit gefolgt. Der Krieg in Italien und der amerikanische Bürgerkrieg boten viele lehrreiche Beispiele, wie man die Eisenbahnen einsetzen konnte. Generalstabschef v. Moltke befaßte sich eingehend damit und schrieb ein maßgebliches Werk mit dem Titel »Der italienische Feldzug des Jahres 1859«, das auch die Öffentlichkeit erwerben durfte; binnen Jahresfrist lag eine zweite Auflage vor.

Die Ärzte in Deutschland verfolgten diese Kriege gleichfalls mit Interesse. Virchows Augenmerk richtete sich aber nicht nur auf die Versorgung der Kranken und Verletzten, er fragte sich auch, ob man nicht Seuchen verhüten oder eindämmen könne, und mehr noch, ob nicht auch die Völker aus diesen Kriegen etwas lernen könnten. Auf der Versammlung Deutscher Naturforscher und Ärzte 1869 in Innsbruck verlangte er, die Ärzte sollten ihre Stimme erheben, »nicht um die Diplomaten zu unterstützen in ihren äußeren Künsten, sondern um die Staatsmänner zu durchdringen mit der Kenntnis, wie das Volk gesund, wie das Volk glücklich gemacht werden kann«, denn dies sei wichtiger, »als die Frage, mit wem man sich zuerst schlagen und wen man zuerst töten soll«. Und während der Verhandlungen der internationalen Konferenz von Vertretern der in der Genfer Konvention beigetretenen Regierungen und der Vereine und Genossenschaften zur Pflege im Felde verwundeter und erkrankter Soldaten, die Ende April 1869 in Berlin tagten, wandte sich Virchow unter dem Beifall der Anwesenden gegen das hohe Maß an Aufmerksamkeit, das man dem Krieg schenkte: »Gleich als wenn der Krieg die regelmäßige Institution in Europa wäre, und der Friede nur dazu da wäre, um auf den Krieg vorzubereiten! ... Wir erkennen nicht mehr den

Krieg als die Hauptbestimmung an, sondern wir erkennen überhaupt die öffentliche Krankenpflege, die öffentliche Gesundheitspflege, wie dies ja zum Teil ... schon beantragt worden ist, als unsere Aufgabe an.«[3] Hinzuzufügen bleibt hier, daß im 19. Jahrhundert Kriege im großen und ganzen populär waren; nur eine Minderheit hielt sie für einen Fluch, kaum einer für ein Verbrechen.

Als es 1866 zum Krieg gegen Österreich kam, stand Virchow als Mediziner seinen Mann. Die »Instruction für die Krankenwärter des Reserve-Lazaretts des Berliner Hülfsvereins für die Armee im Felde« trug seine Unterschrift, daneben die der Herren Twesten und v. Unruh, die gleichfalls dem Vorstand des Berliner Hilfsvereins für die Armee im Felde angehörten. Sorgsam wird darin unterschieden, welche Aufgaben die Wärter und welche die grauen Schwestern haben. Für die Unterbringung der Kranken seien die Wärter zuständig, erfahren wir da; zur Lagerstätte gehören: »Eine Bettstelle mit Fußbrett und Kopftafel, eine Stroh- oder Pferdehaarmatratze, ein Strohkissen, ein Kopfpolster von Pferdehaaren, eine wollene Unterlage, ein Laken, eine wollene Decke, die benötigten Unterzüge von weißen Leinen.«

Auch mit den Fragen der Kriegsheilkunde hat sich Virchow beschäftigt, lange ehe der Krieg gegen Frankreich begann. Vor allem galt es Seuchen zu vermeiden, was 1870/71 hervorragend gelang. »Noch im Krim-Kriege verlor die französische Armee 1 Mann auf 3 des Gesamtbestandes, und man rechnet, daß von den 95615 Mann, welche ihr Leben einbüßten, nur 10240 vor dem Feinde fielen«, schreibt Virchow. »Ungefähr ebenso viele Verwundete starben in den Hospitälern. Der Rest, mehr als 75000 Mann, fiel Seuchen zum Opfer. Im amerikanischen Secessionskriege rechnet man 97000 Todesfälle auf die Schlachten und 184000 auf die Seuchen und Krankheiten. Welches Unmaß von Leid und Schmerz, welches Meer von Blut und Tränen liegt in diesen Zahlen verschlossen!« Virchow hat vor allem die hervorragenden Dokumentationen der Amerikaner sehr geschätzt: »Wer die umfangreichen Publikationen des amerikanischen Militär-Medizinalstabs zur Hand nimmt und durchsieht, der wird immer wieder von neuem in Erstaunen gesetzt werden durch den Reichtum der Erfahrungen, welche darin niedergelegt sind. Die äußerste Genauigkeit im Detail, eine bis ins Kleinste sorgsame Statistik, eine alle Seiten der medizinischen Erfahrung umfassende, gelehrte Darstellung sind hier vereinigt.«[4]

Im Sommer 1870 stand der Krieg mit Frankreich unmittelbar bevor. Selten ist ein Krieg so sehnsüchtig erwartet und beinahe liebevoll vorbereitet worden. In der zweiten Hälfte der 1860er Jahre war in Deutschland die Franzosenfeindlichkeit weit verbreitet. »Die Politik scheidet die Nationen, die Wissenschaft verbindet die Nationen«, sagte Virchow, der stets versucht war, ein einigendes Band um die Menschheit zu schlingen. Nur selten hat Virchow feindliche Töne gegen ein fremdes Volk angeschlagen, doch in diesen Jahren tat er es, als er von der Stadt Straßburg sagte, sie sei »durch welschen Verrat und habsburgische Schwäche von Deutschland losgerissen« worden. Ansonsten war Virchow zeit seines Lebens keinesfalls ein Franzosenhasser, wie Chauvinismus und die Geringschätzung fremder Völker niemals seine Sache waren.

Befohlen haben den Krieg die Regierenden; sie sorgten dafür, daß das zustande kam, was sich so viele wünschten, Deutsche wie Franzosen. Der Anlaß tut hier nichts zur Sache, er ist tausendmal erzählt worden und töricht genug. August Bebels Worte, »Bismarck (habe) alle Welt düpiert und den Glauben zu erwecken verstanden, daß Napoleon den Krieg provozierte und er, der friedliebende Bismarck, sich mit seiner Politik in der Rolle des Angegriffenen befindet«, würden heute die meisten deutschen Historiker unterschreiben. Mit seiner berühmten Emser Depesche führte der Eiserne Kanzler die Franzosen dahin, wo er sie haben wollte. »Sein Telegramm schuf nicht den Krieg, sondern zwängte ihn in die richtige Stunde«, urteilte Fontane.[5]

Das war im Juli 1870. Mitte des Monats berief der Norddeutsche Bund in aller Eile den Reichstag ein. Die Geldforderungen der Regierung wurden einstimmig bewilligt. »Möge der Segen des allmächtigen Gottes auf unsrem Volke ruhen auch in diesem heiligen Kriege.« Mit diesen Worten schloß Präsident Simson diese denkwürdige und kürzeste Sitzung dieses Parlaments. Dann ging es mit Hurra nach Frankreich.

Rudolf Virchow blieb nicht untätig. Im Auftrag des Berliner Hilfsvereins entwarf er Gesundheitsregeln für die Soldaten im Feld. Der Verein ließ diese Empfehlungen in einer Auflage von 120000 Stück drucken und verbreiten. »Die Erfahrung aller Kriege hat gelehrt«, schrieb Virchow in der Einleitung, »daß die Heere ungleich mehr Verluste durch Krankheiten als durch Verwundung und Tötung auf dem Schlachtfelde erleiden.« Dies ließe sich vermeiden, wenn man sich an bestimmte Regeln halte. Dann folgt ein ganzer Katalog von Verhaltensmaßregeln für die Soldaten, etwa, daß man reines, kaltes Wasser nur in voller Ruhe und ganz abgekühlt genießen solle, daß gut gegorenes und nicht zu frisches Bier in nur mäßiger Menge genossen werden solle; vor allem riet der Verfasser, Tee zu trinken. Auch zur Bekleidung gab er Ratschläge: »Es sind ... Hemden von Baumwolle (Shirting) oder Flanell den leinenen vorzuziehen, und Leute mit schwacher Brust sollten entweder ein Hemde von Flanell oder wenigstens ein Unterwams von dünner Wolle (gestrickt oder gewirkt) tragen. Wechseln des Hemdes bei schwitzendem Körper muß vermieden werden. Bei Neigung zu Durchfall und Leibweh ist eine wollene Leibbinde nützlich. Beim Marschieren in großer Hitze ist der Kopf leicht bedeckt zu halten, auch der Nacken durch ein übergehängtes Tuch (Schnupftuch) zu schützen. Bedecken der Lippen mit einem dünnen Tuch hält den Durst länger ab.«

Die Antwort auf diese gutgemeinten Ratschläge ließ nicht auf sich warten. »Geehrter Herr«, schrieb ein Soldat am 2. Oktober 1870, »das Sie selbst noch keinen Feldzug mitgemacht haben ist aus ihrer sehr weisen Gesundheitslehre zu ersehen. Das Sie in Berlin und hinter den Ofen alle diese Bequemlichkeiten sich verschaffen können ist sehr selbstverständlich nicht aber der Soldat im Felde.« Und ein anderer, der seinem Schreiben gar unflätige Bemerkungen voranstellte, warf ihm vor: »Hier schreibt Ihr von Hemden von Schirting oder Flanell gebt uns doch welche oder meint Ihr wir sollten die ganze Regimentsmontierungskammer oder das Zeughaus aus Berlin auf den Rücken schnallen ... Ich gebe Sie die Versicherung, daß Sie mit samt Ihrem Hilfsverein zu spät aufgestanden sind und zweitens behalten sie ihre Hilfsregeln gern für sich oder geben sie den armen Gemeinen Soldaten welcher schon genug geknechtet und gepeinigt wird die Hoffnung d. h. die einzige Hoffnung wieder Essen und trinken zu können wenn er etwas hat und nicht ihre Regeln welche weder Offizier noch sonst jemand befolgen will oder wird. Geben sie jeden Gemeinen Soldaten Ihre Interessen oder Ihre Gage, denn sonst ist es unausführbar von Kaffee Rum Tee. Tagtäglich reine Wäsche meinen sie der Mensch ist ein Säugetier nun dann sind das Erste, gebet den Soldaten Brodt oder etwas anderes damit er was Essen kann und dann verbietet das Essen von Obst und Wein.«[6]

Die armen Kerle hatten ja völlig recht; was wußte der Professor in Berlin, der niemals bei den Preußen gedient hatte, vom Leben im Feld? Virchow hatte immerhin genug selbstkritisches Bewußtsein, daß er diese Briefe in seinem »Archiv« und später in seinen »Gesammelten Abhandlungen aus dem Gebiete der Öffentlichen Medicin und der Seuchenlehre« abdrucken ließ.

Der Feldzug braucht uns hier nicht zu beschäftigen; wer will, mag ihn in Fontanes vierbändigem Werk »Der Krieg gegen Frankreich 1870–1871« nachlesen, in dem es heißt:

»Da lagen, Freund und Feind,
An die Dreißigtausend vereint,
Im stummen Tode friedlich gesellt –
Ein unabsehbar Leichenfeld.«

Fontane hat die deutschen Armeen begleitet, er war Augenzeuge der Schlachten und der Not, welche die Verwundeten ausstehen mußten. »Auf der Bahre lag es sich gut«, berichtete einer, »vorsichtig ward ich in einen Transportwagen hineingeschoben und nach dem vor St. Ail etablierten Verbandplatz gefahren. Hier war es entsetzlich, ein Stöhnen, Wimmern, Schreien, die Ausbrüche des gräßlichsten Schmerzes – eine lange Reihe Gewehrpyramiden zeigte bereits die Zahl der aufgenommenen Opfer an. Endlich ward ich auf meiner Bahre in einen Stall getragen; auf hochaufgeschichtetem Strohlager befanden sich hier schon dreißig Leidensgefährten oder mehr.

Mit vielen Schmerzen für mich war die Umsiedelung von der Bahre auf das Strohlager verbunden. Es war noch unausgedroschenes Weizenstroh und daher ein recht hartes Lager. Außer meinem Mantel hatte mir der meine Bahre vom Schlachtfelde aus begleitende Unteroffizier noch den seinigen gegeben. Trotzdem fror mich entsetzlich, und das Wundfieber trat mit heftigsten Krämpfen in Brust, Schultern und Schenkeln auf... Es begann nun eine entsetzliche Nacht, rings um mich röchelte, stöhnte und jammerte es, ich selbst wimmerte vor Fieber und Schmerzen und konnte dabei nicht liegen; das Vordringen der Kugel bis zum Rückenmark hatte die rechte Seite völlig gelähmt.«[7]

Die Verletzten wurden an Ort und Stelle nur notdürftig versorgt. Nicht nur deutsche Ärzte waren zum Kriegsschauplatz gereist, um Hilfe zu leisten und neue Erfahrungen zu sammeln, auch Österreicher und Russen waren unter ihnen. Theodor Billroth, der inzwischen seit vielen Jahren Professor für Chirurgie in Wien war, stellte am 21. Juli 1870 den Antrag, sich ohne Arbeitsentgelt auf den Kriegsschauplatz begeben zu dürfen. Dies wurde ihm bewilligt, und so reiste er ein paar Tage später mit seinem Assistenten, Dr. Czerny, in das Elsaß. »Das helfende Individuum ist angesichts dieser ungeheuren Masse von Verwundeten gegenüber wie ein Tropfen im Meere«, schrieb er Ende August aus Weißenburg an seine Frau. »Anfangs überwältigte mich das so, daß ich mir einigemal die Frage vorlegte, ob es denn überhaupt etwas nützen könnte, unter diesen Verhältnissen mit Hand anzulegen; man steht diesen Vorgängen gegenüber, wie einem ungeheuren Naturereignis; es scheint wie eine Ironie, sich mit der Erhaltung des einzelnen abzumühen, während Tausende draußen hingeopfert werden... Diejenigen Herren, welche die gleichen Szenen in Böhmen durchgemacht hatten, versicherten uns, daß die Anzahl von Verwundeten hier bedeutend größer gewesen sei, als nach Königgrätz.«

Als Billroth im Elsaß ankommt, ist noch viel zu tun. Sein Assistent und er versuchten, im Dominikanerkloster von Weißenburg ein Notlazarett einzurichten; anfangs »sah es schlimm aus: dunkle, nicht gut ventilierbare Zimmer, gar keine Betten, keine Küche, keine Wirtschaftsräume, eine Menge anderer Mißstände, welche die Verwendung dieses Lokals für Schwerverwundete sehr bedenklich machten. Es wurde daher sehr bald der Entschluß gefaßt, dies Lokal zu räumen und andere dafür aufzusuchen. Nachdem die Verwundeten von hier transferiert waren, wurde das Dominikanerkloster auf eine Zeit lang für innerlich Kranke, Ermüdete, Fußkranke, kurz für die Passanten behalten.«[8]

Die nächste Etappe waren dann größere Krankenanstalten – oder behelfsmäßig errichtete Lazarette – im oberen Rheintal, in Städten wie Karlsruhe und Mannheim. »Am östlichen Ende des Karlsruher Bahnhofes, in einer eben fertig gebauten großen Lokomotivwerkstätte, welche einen immensen Saal von 300 Fuß Länge und 200 Fuß Breite bildete, fand ich 400 Betten aufgeschlagen«, schreibt A. Socin, Professor für Chirurgie, in seinen Erinnerungen an diesen Krieg. »Wenn bei alledem unsere Erfolge oft hinter den gehegten Erwartungen zurückblieben, so ist dabei der Zustand in Rechnung zu bringen, in welchem die meisten unserer Verwundeten zu uns kamen: die Strapazen aller Arten, die weiten Transporte hatten sie wenig geeignet gemacht, schmerzhafte und eingreifende Behandlungsweisen zu ertragen. Dazu kamen die unstillbaren Diarrhöen, die hartnäkkigen Bronchialkatarrhe, die Dysenterien, an denen viele, besonders die aus der Umgebung von Metz Herkommenden, schon lange Zeit laborierten.«[9]

Vor allem das Wundfieber machte den Ärzten zu schaffen. Vor Einführung der antiseptischen Wundbehandlung lag die Sterblichkeit bei rund fünfzig Prozent; noch im Deutsch-Französischen Krieg von 1870/71 kam es vor, daß Soldaten nach einem einfachen Durchschuß durch die Hand an einer Infektion starben. Joseph Lister hatte wenige Jahre zuvor, 1867, die Bedeutung der antiseptischen Wundbehandlung entdeckt; allein, es dauerte Jahre, ehe sich das Verfahren endgültig durchsetzte. Selbst ein so erfahrener Chirurg wie Billroth spielte anfangs ihre Wichtigkeit herunter. Professor Socin war allerdings ein überzeugter Anhänger dieses Verfahrens. Er hatte wenige Jahre zuvor Vergleiche bei Arbeitern durchgeführt, die sich an einer Maschine verletzt hatten: bei zwanzig Verletzten, die 1867 ohne Karbolsäure behandelt wurden, betrug die mittlere Fieberdauer

23 Tage, der Spitalaufenthalt im Durchschnitt 64,9 Tage; in 4 Fällen war die Amputation von Fingergliedern notwendig. Im Jahr darauf zählte Socin bei zwanzig Verletzten, die mit Karbolsäure behandelt worden waren, im Durchschnitt 4,4 Fiebertage; Verweildauer im Krankenhaus: 38,8 Tage; keine einzige Amputation war notwendig.[10]

Auf dem Kriegsschauplatz freilich sahen die Dinge anders aus. Die Verletzten trafen bereits mit hohem Fieber ein. Die Sterblichkeit bei den von Gewehrkugeln Verletzten war hoch; Socin schätzte sie für sein Karlsruher Notlazarett auf 85 Prozent. Der Pathologe Edwin Klebs, der sein Erinnerungsbuch an den Krieg »Herrn Rudolf Virchow«, seinem »verehrten Lehrer und Freund« widmete, schreibt: »So vortrefflich die von den Hilfsvereinen hergestellten Reservelazarette eingerichtet waren, so blieben ihre Erfolge doch hinter den Erwartungen zurück, was in der Hauptsache unzweifelhaft der unzureichenden Versorgung der Verwundeten unmittelbar nach der Schlacht und den damals sehr mangelhaften Transportmitteln zuzuschreiben ist: die Verwundeten kamen bereits septisch erkrankt in der Heimat an. Wir müssen es deshalb als das Ideal der Verwundetenpflege bezeichnen, dieselben sofort nach der Schlacht und in vollem Umfange der Wohltaten einer auch administrativ vollendeten Krankenpflege teilhaftig zu machen.«[11]

Höchst unzulänglich war aber auch die Krankenpflege. Während des Feldzugs kümmerten sich wohltätig gesinnte Damen aus den höheren Ständen um die Verletzten; allein, was wußten sie vom Umgang mit todkranken Verwundeten. Der Dichter Joseph Victor v. Scheffel, der den Sommer 1870 in seinem Geburtsort Karlsruhe verbrachte, spottete über die hohen genealogischen Anforderungen, welche die Johanniter an ihre Mitglieder stellten: »Daß man, um christliche Samariterdienste zu tun, 16 Ahnen bedarf, einen weißen Mantel und eine rote Uniform, und daß man, weil man dies besitzt, das Monopol beansprucht, in einem großen nationalen Krieg diese Samariterdienste zu kommandieren«, das wollte ihm nicht einleuchten. Virchow, der sich in den Jahren zuvor viel um die Ausbildung des Pflegepersonals gekümmert hatte, war der gleichen Meinung. Mit Konfession und Stand hatte Krankenpflege für Virchow nichts zu tun; ihm ging es einzig und allein darum, besser geschulte Pflegekräfte ans Krankenbett zu bringen. Bissig bemerkte er über das preußische Königspaar Wilhelm und Augusta: »Wie er seine Soldaten hat, so hat sie eben ihre Spitäler! Die Leutchen müssen sich doch auch beschäftigen.«[12]

In diesem Krieg kümmerte sich Virchow vor allem um den Heimtransport von Kranken und Verletzten; er war also auch hier wieder mehr in der Medizin im Großen beschäftigt als im rein Heilkundlichen. Die Erfahrungen von 1866 hatten gezeigt, daß es noch viel zu tun gab, denn damals waren die Transportmittel sehr unzulänglich: Man hatte die Kranken und die Verwundeten meist auf Güterwagen fortbewegt, die auf eine Last von hundert bis zweihundert Zentner berechnet waren, so daß die paar Verwundeten, die auf dem Boden des Wagens lagen, im Verhältnis allzu leicht waren, was zur Folge hatte, daß die Federung des Wagens nicht wirken konnte.

Gleich zu Beginn des Krieges hatte der Vorstand des Berliner Hilfsvereins, dem Virchow angehörte, dreitausend Taler zur Einrichtung von zehn Sanitätswaggons gestiftet. Die Ausstattung dieser Wagen mit kleinen Apotheken, Verbandsmaterial und dergleichen übernahm Viktor v. Unruh. Zuvor schon hatten einige wohlhabende, humanitär gesinnte schlesische Gutsbesitzer auf eigene Kosten solche Wagen einrichten lassen. Doch als die Wagen gebraucht wurden, waren sie plötzlich unauffindbar. Die preußische Regierung sandte zunächst einmal gewöhnliche Waggons. »Auf dem Boden gewöhnlicher Güterwagen ausgestreckt, meist ohne alle Unterlagen als einige Strohhalme, kamen selbst die Schwerverwundeten hier an«, klagte Virchow. »Ein ärztliches Personal fehlte; selbst Krankenwärter waren in der Regel nicht vorhanden; die mit dem roten Kreuz versehenen Begleiter wußten oft kaum, ob und welche Verwundete der Zug führe.« Als einige Herren des Hilfskomitees im zuständigen preußischen Handelsministerium vorsprachen, erfuhren sie, daß das Kriegsministerium von ihren Wagen keinen Gebrauch machen könne. Es bedurfte einer Audienz Virchows bei der Königin, um die Wagen endlich zum Einsatz zu bringen.[13]

In den ersten Oktobertagen fährt Virchow mit seinem Sanitätszug los. Mit ihm reisen drei Ärzte, als Materialverwalter steht ihm sein Parteifreund Eugen Richter zur Seite; fünf ehrenamtliche Helfer, darunter ein Sohn Ruges und zwei seiner eigenen Söhne, stehen Virchow als Krankenpfleger zur Verfügung. An besoldetem Personal reisen neun Krankenwärter und Heilgehilfen mit ihm, ferner zwei Köche und zwei Bahnbeamte. Ein spaßiger Freund Virchows fragt kurz vor dessen Abreise, warum er nicht auch noch eine Amme mitnehmen will. Trotzdem ist das Personal viel zuwenig, und wer des Nachts in einem Wagen Wache hält, muß trotzdem am nächsten Morgen zum Dienst antreten.

Am 5. Oktober 1870 langt Virchow mit seinem Zug in Saarburg an, wo er noch Brot, Butter und Kartoffeln einkaufen läßt, denn je näher man dem Kriegsschauplatz kommt, desto höher sind die Preise für Grundnahrungsmittel. Im Umkreis von Metz wüten Typhus und andere Seuchen, und Virchow, der sich in der Medizingeschichte auskennt, erinnert sich, daß von dem Heer Kaiser Karls V. anno 1552 hier wenigstens ein Drittel durch Seuchen dahingerafft wurde; nach der Schlacht von Valmy, 1792, sind in den Spitälern dieser alten Reichsstadt fast fünftausend Mann an Ruhr und Typhus gestorben. Nach einem kurzen Aufenthalt in Nancy fuhr Virchows Zug nach Pont-à-Mousson. Hier waren vor allem Kranke mit inneren Leiden untergebracht: »Die großen Räume des Seminars waren fast ganz damit erfüllt, und in der Kirche desselben, deren Boden ganz mit Strohsäcken und Matratzen bedeckt war, drängten sich eben angekommene Passanten in endloser Schar. Alle Räume waren von ihnen erfüllt; zwischen den Kirchenstühlen, rings um den Altar lagen sie hingestreckt, und manche müde und gebrochene Gestalt wankte mühsam umher, um noch ein leeres Plätzchen zu erspähen.«

In Mars-la-Tour läßt Virchow noch einmal anhalten und weitere Verletzte einladen. »Alles griff tätig mit an. Ein schönes Bild bereitwilligster Menschenliebe! In kaum 3 Stunden waren bei der sorgsamsten Aufmerksamkeit und ohne irgendeine Störung 5 Wagen gefüllt.« Vor dem letzten Waggon kauerten 14 Verwundete – in dem Wagen waren nur noch 10 Plätze. Man redete auf sie ein, versuchte, sie zum Bleiben zu bewegen. »Vergeblich – jeder bemühte sich, ein Stück des Wagens zu fassen;

wie Schiffbrüchige nach dem Rettungsboote, so griffen sie nach der Wagentreppe, auf welcher sie einzusteigen versuchten. Es blieb nichts übrig, als sie sämtlich zuzulassen. Matratzen wurden in den schmalen Gang zwischen die Tragen auf den Fußboden gelegt, und mit herzlichem Danke streckten die Armen sich darauf nieder. Und doch ergab sich, als wir zum Verbande schritten, daß fast alle schwere Verwundungen erlitten hatten. Kopfschüsse, einer mit Durchbohrung des Schädels, Schüsse durch die Schulter, den Arm und die Hand mit Zerschmetterung des Knochen waren darunter. Erst in den folgenden Tagen, wo einzelne unserer Pflegebefohlenen auf verschiedenen Zwischenstationen abgesetzt wurden, um in ihre Heimat zu gelangen, fanden sich regelrechte Plätze für sie…

Wir fuhren hier mit der Geschwindigkeit eines Schnellzuges. Mitten in der Nacht wurde ich mit der Meldung geweckt, die Verwundeten in dem hannöverschen Wagen könnten es nicht länger aushalten. In der Tat ergab sich, … daß ihre verwundeten Gliedmaßen kaum in den Verbänden zu erhalten waren. Ich mußte mich entschließen, langsamer fahren zu lassen, wodurch unsere Ankunft in Berlin um wenigstens 4 Stunden verzögert wurde… Es wird gewiß allen Teilnehmern unvergeßlich bleiben, den freudigen Empfang erlebt zu haben, der unserm Zuge wurde, als er am 13. Oktober nachmittags in das Barackenlager auf dem Tempelhofer Felde einfuhr.«[14]

Inmitten der Kranken und Verletzten, die nach Tausenden zählen, wird Virchow eines besonders klar: wie wichtig es ist, geschulte Pflegekräfte zu haben. Über den Pflegeberuf wußte Virchow Bescheid, er hatte nicht nur als Arzt mit Pflegern und Diakonissen zu tun, er hatte auch Ende der 1860er Jahre vor der Konferenz der Frauenvereine zu Berlin über die berufsmäßige Ausbildung zur Krankenpflege außerhalb der kirchlichen Organisationen gesprochen. Dies war übrigens ein Thema, das damals bei Frauen viel Aufmerksamkeit fand. Während die Hochindustrialisierung das Land von Grund auf veränderte, setzte sich in der Gesellschaft – und keineswegs nur bei Frauenrechtlerinnen – der Eindruck fest, »daß in heutiger Zeit, wo der Mann den weitaus größten Teil des Tages in anstrengenden

Berufsgeschäften verbringt, und nur karg die Zeit zur Muße und Erholung zugemessen erhält, es sich für eine ebenbürtige Lebensgefährtin nicht gezieme, den Tag mit lauter unproduktiven Beschäftigungen zu verbringen, daß es auch für die Frau ein Stolz sein müsse, zu dem gemeinsamen Bunde einer behaglichen und sichern Existenz beigetragen zu haben«, wie ein Dr. Runge im Vorwort seines Büchleins über Krankenpflege schrieb. Die Erinnerungen der in Deutschland geborenen englischen Krankenschwester Florence Nightingale wurden seinerzeit mit Bewunderung aufgenommen. Hier nahm der Beruf der Krankenschwester seinen Anfang.

Virchow hat in seiner ärztlichen Tätigkeit noch den ungeschulten Wärter kennengelernt, der nur die einfachsten Handhabungen an Kranken zu verrichten wußte; daher forderte er, noch vor dem Krieg gegen Frankreich, Frauen am Krankenbett eine größere Rolle einzuräumen. Aber er war – nach dem Krieg mehr denn je – nicht der Meinung, daß ausschließlich Frauen in diesem Beruf arbeiten sollten. Und Virchow war zweitens der Ansicht, daß die Krankenpflege auf eine stärker verweltlichte und professionalisierte Stellung gehoben werden solle. »Meiner Auffassung nach«, sagte er 1869, »ist die kirchliche Organisation der Krankenpflege ... immer mit dem Nebenzweck behaftet, für die Kirche arbeiten zu wollen. Das wird vielleicht nicht in jedem Augenblicke und nicht jedem einzelnen Mitglied dieser Organisationen klar sein ... Sehen Sie sich viele dieser Krankenhäuser an, welche einer bestimmten kirchlichen Organisation angehören, und Sie werden auch nicht ein einziges finden, wo sich nicht im Laufe der Zeit eine hierarchische Organisation gestaltet hat, welche es schließlich hindert, daß die Sachen rein sachlich angesehen werden, welche vielmehr immer dahin strebt, an die Stelle von technischen Personen kirchliche Personen, an die Stelle von sachlichen Aufgaben kirchliche Aufgaben zu drängen.«

Virchow wollte besser ausgebildetes, weltliches Pflegepersonal beiderlei Geschlechts; es sollte vom Geist der Naturwissenschaften durchdrungen sein und seine Aufgabe als eine rein humanitäre verstehen: Dienst am kranken Menschen.[15]

Der Winter 1870/71 war ungewöhnlich kalt. In Berlin waren

die Kriegsverletzten in einem neuen Barackenkrankenhaus untergebracht. Die alten Großbauten galten nicht mehr als geeignet für die Aufnahme von septisch Erkrankten, denn sie gewährleisteten nicht die nötige Luftzufuhr. Aus diesem Grund fing man an, kleinere Einheiten, Pavillons, zu errichten. Die an septischen Krankheiten Leidenden wurden in einer eigenen Baracke untergebracht. »Es war immerhin ein bedenkliches Experiment«, schreibt Virchow, der dies von den Amerikanern übernommen hatte, »gewissermaßen einen großen Herd für Hospitalbrand zu etablieren, und es war zu erwägen, ob eine solche Anhäufung von Kranken gerade dieser gefürchteten Kategorie nicht wesentlichen Schaden für die anstoßenden Baracken bringen würde.« Dazu kam es nicht.

Die Zahl der Toten betrug auf deutscher Seite knapp 50000, auf französischer beinahe 140000 – die besiegte Macht hat meist auch höhere Verluste. Nur etwa ein Viertel der deutschen Toten war einer Seuche oder einer inneren Erkrankung zum Opfer gefallen, das sei »gewiß ein sehr günstiges Verhältnis«, schrieb Virchow und fügte als Erklärung hinzu: »Aber wir hatten die Erfahrungen zweier kurz vorhergegangener Kriege für uns, welche wissenschaftlich und administrativ wohl erörtert und benutzt waren; wir besaßen die unschätzbaren Erfahrungen der Amerikaner, und endlich – wir hatten die deutsche Wissenschaft.«[16]

Während das Morden in Frankreich noch weiterging, dachte Virchow bereits an die künftige Zeit des Friedens. »Es wird die Augen der Völker öffnen«, schrieb er in seinem »Archiv«, »auf daß sie ihre Aufgabe fürderhin darin suchen, ohne Neid und Haß in fruchtbarem Wetteifer die Werke des Friedens zu tun, und vor allem jenes bei sich selbst mit strenger Hand Unwissenheit und Unsittlichkeit, dieses schlimme Schwesterpaar zu vertreiben.« Wieder schien ihm die tiefste Ursache allen Leids die Unwissenheit: »Unwissenheit und was draus folgt, Unwahrheit, Unsittlichkeit und Hoffart.«[17]

Im Schloß Ludwigs XIV. zu Versailles wurde inzwischen unter größtem Jubel das deutsche Kaiserreich ausgerufen: In einem fremden Schloß, in einem fremden Land, unter dem Lärm der Waffen wurde das deutsche Kaiserreich geboren. An seiner Wiege standen Fürsten, Menschen eines verflossenen Zeitalters; die gewählte Vertretung des deutschen Volkes mußte sich im Hintergrund aufhalten; und der Dank für den Sieg ging an die Großen des Landes, die sich ohnehin im Glanz ihres Ruhms sonnten: »Sie, Kriegsminister v. Roon, haben unser Schwert geschärft; Sie, General v. Moltke, haben es geleitet, und Sie, Graf von Bismarck, haben seit Jahren durch die Leitung der Politik Preußen auf seinen jetzigen Höhepunkt gebracht«, ließ der dankbare König von Preußen vernehmen, alsdann Kaiser Wilhelm I.

Die Friedensbedingungen für Frankreich waren hart, so hart, daß Frankreich in den nächsten Jahrzehnten nur den Wunsch hatte, sie rückgängig zu machen. Der Verlust von Elsaß-Lothringen schmerzte weitaus mehr als die Geldzahlungen, die Frankreich leisten mußte. Durch die Annexion französischen Territoriums einen Schutz gegen französische Einfälle zu bekommen, sei ein Vorwand »für schwachsinnige Leute«, schrieb Marx im Herbst 1870, gerade der jüngste Feldzug in diesem Raum habe doch gezeigt, welchen strategischen Vorteil nunmehr Deutschland mit dem Besitz dieser Gebiete einnehme.

In Deutschland, im neuen Deutschen Reich, war dies allenfalls die Meinung der Sozialdemokraten und einiger bürgerlicher Radikaler. »Straßburg wird nicht wieder zu Strasbourg werden«, befand selbst ein so liberaler Mann wie Fontane, der für das Land seiner Ahnen gewiß ein Herz hatte. Die Sozialdemokraten wendeten sich schon bald gegen den Raub dieser französischen Provinzen. Ihre Zeitschrift »Der Sozialdemokrat« sprach dies bereits am 31. August 1870 unverblümt aus. Doch wer sich zu dieser Auffassung öffentlich bekannte, lief Gefahr, in Ketten auf eine Festung verbracht zu werden. Die Mächtigen im Lande glaubten lieber, was Karl Frenzel in der »National-Zeitung« über den Tag von Sedan schrieb: »Mit dem 2. September beginnt ein neues Zeitalter, die Hegemonie des germanischen Geistes.«

August Bebel äußerte die Meinung, eine militärische Niederlage sei für die innere Freiheit eines Volkes eher förderlich: »Siege machen eine dem Volke gegenüberstehende Regierung hochmütig und anspruchsvoll, Niederlagen zwingen, sich dem Volke zu nähern und seine Sympathien zu gewinnen.« Wenn man den militärischen Sieg von 1870/71 neben die Niederlagen von 1918 und 1945 stellt, kann man ihm nur beipflichten. Nach dem Sieg über Frankreich wurde die deutsche Regierung ihrem eigenen Volk gegenüber, das den Sieg mit seinem Blut bezahlt hatte, noch übermütiger. Die Kampfhandlungen waren längst vorbei, und noch immer machte die Regierung keine Anstalten, den Kriegszustand im Innern aufzuheben. Im Gegenteil, sie benützte diesen Zustand dazu, mißliebige Sozialdemokraten hinter Schloß und Riegel zu bringen.

Rudolf Virchow war kein Sozialdemokrat, sein Stand scheint ihn davon abgehalten zu haben. Dennoch fand er es empörend, daß die preußische Regierung mit Hilfe des Kriegsrechts die freie Meinung knebelte. Während einer Debatte im preußischen Abgeordnetenhaus am 14. Februar 1871 setzte er sich für die Verfolgten ein: »Wenn jemand auf Grund gewissenhafter Überzeugung und Prüfung dieser sehr schwierigen Verhältnisse zu der Überzeugung kommt, daß Elsaß und Lothringen besser nicht annektiert werden, daß der Friede zwischen den beiden Nationen und die innere Entwicklung Deutschlands glücklicher und günstiger vor sich gehen werde, wenn man Elsaß und Lothringen bei Frankreich läßt – ja, meine Herren, dann kann man diese Ansichten bekämpfen, man kann sie bestreiten, man kann sie mit Gründen widerlegen, man kann sie auch unwiderlegt lassen und doch die Sache ausführen, aber man hat meiner Meinung nach nicht das allermindeste Recht, Leute dieser Art von vornherein des Mangels an Patriotismus anzuklagen, man hat noch viel weniger Recht, sie in Gefängnisse einzusperren und sie positiven Mißhandlungen zu unterziehen.«

Virchow forderte, den Kriegszustand endlich aufzuheben. Kurz zuvor war ein Sozialdemokrat aus Hannover nach einem Gefängnisaufenthalt verstorben, und Virchow war empört, daß auf der rechten Seite des Abgeordnetenhauses Lachen zu vernehmen war, als er den Tod dieses Mannes zur Sprache brachte: »Wenn ein Mann, der schon krank war, dessen schwächliche Konstitution festgestellt ist, Hunderte von Meilen weit in einer Weise auf der Eisenbahn transportiert ist, die unzweifelhaft die

Folge haben mußte, ihn zu schädigen, wenn derselbe dann in eine enge Kerkerzelle eingesperrt wird, wenn er auf nur wenige Stunden des Tages der frischen Luft zugeführt wird in einem – ich glaube – Kasernenhof oder Kasemattenhof, wenn er genötigt wird, mit einer sehr unvollständigen Beköstigung sich durchzubringen, wenn man ihm sogar nicht einmal gestattet, sich in einer besseren Weise zu beköstigen, wenn dieser Mann aus dem Gefängnis heraus Briefe schreibt, in denen er sagt: ich fühle, daß ich diese Sache nicht überleben werde, und wenn er dann wirklich 14 Tage nach seiner Entlassung stirbt, dann liegt doch eine Reihe von Tatsachen vor, die es in der Tat recht schwer machen zu glauben, daß der Tod nicht veranlaßt worden sei durch diese Art der Behandlung. Ich behaupte daher, es handelt sich in der Tat um die allerschwersten Fälle, um Fälle, wo das Recht preußischer Staatsbürger in der allerschlimmsten Weise verletzt worden ist.«

Virchow hatte nichts übrig für diese Art »Rechtszustand«, der nur dazu diente, das Volk zu knebeln und zu knechten. »Es würde in der Tat eine sonderbare Illustration preußischen Verfassungslebens sein«, sagte er während der gleichen Sitzung, »wenn Freiheiten, die in Frankreich mitten im Kriege als möglich und als zulässig erscheinen, bei uns nicht mehr als möglich und zulässig erscheinen im vollsten Frieden, wenn man den bloßen Vorwand des Krieges benutzte, um für gewisse Zeiten die preußischen Staatsbürger entweder bestimmter Rechte zu berauben oder sie wenigstens soweit zu bedrohen, daß sie sich dadurch eingeschüchtert fühlen können.«[18]

1870/71 war ein Sieg der Militärs und der Herrschenden in Deutschland, nicht ein Sieg des deutschen Volkes.

Zwölftes Kapitel

CANALISATION ODER ABFUHR?

»Mit einer Wohnung kann man einen Menschen genauso töten wie mit einer Axt.«

Heinrich Zille

Mit der Gründung des Deutschen Reiches am 18. Januar 1871 im Spiegelsaal von Versailles wurde Berlin zur Hauptstadt des neuen Deutschen Reiches. Aber es war weniger diesem Umstand zuzuschreiben, daß die Stadt in diesen Jahren förmlich aus den Nähten platzte: Berlin erlebte, wie das ganze Reich, im Zeitalter der Hochindustrialisierung einen ungeheuren Wirtschaftsaufschwung, und dieser Aufschwung begünstigte wiederum die Verstädterung. Die Stadt mit ihren Erwerbsmöglichkeiten und ihren Vergnügungen zog die Menschen magnetisch an.

Zur Zeit der Reichsgründung lebte die große Mehrzahl der Deutschen, 82,5 Prozent, noch immer in Orten mit weniger als 10000 Einwohnern; nur rund 5 Prozent lebten in Großstädten mit mehr als 100000 Einwohnern. In den nächsten vierzig Jahren vervierfachte sich die Zahl der Großstädter. Die Städte wucherten wie Krebsgeschwüre. Prozentual am stärksten wuchsen natürlich die völlig neu gegründeten Orte, die Früchte der Industrialisierung oder der Verkehrsrevolution, oder so alte, beschauliche Orte wie Essen, das sich plötzlich im Herzen einer schnellwachsenden Industrieregion wiederfand und von 900 Einwohnern im Jahr 1850 auf knapp 300000 Einwohner im Jahr 1910 hochschnellte. Großstädte wie Berlin oder Hamburg wuchsen prozentual weniger schnell; aber sie hatten eine Menge alter Bausubstanz, und sie mußten Jahr für Jahr viele Zehntausende aufnehmen. Berlin war schon im Jahr 1800 eine Großstadt mit 172000 Einwohnern. Als die Virchows nach Berlin zurückgingen, im Herbst 1856, hatte die Stadt 442000 Einwohner – in den folgenden dreißig Jahren verdreifachte sich diese Zahl auf mehr als 1363000. Innerhalb von drei Jahrzehnten mußte Berlin 900000 Menschen aufnehmen. Seine Bevölkerungsdichte betrug 1818 nur 2829 Einwohner pro Quadratkilometer, 1841 waren es 4753 – das war bereits höher als heute –, und 1870 machte die Dichte 11239 Einwohner pro Quadratkilometer aus. Wie ein Riesenstrom ergoß sich die Binnenwanderung über die großen Industriestädte.

Das Wachstum der Städte berührte die öffentliche Gesundheit, insofern ging es auch die Mediziner an. Das Leben in der Stadt war ungesünder und kürzer als auf dem Land, daran vermochte vorerst nicht einmal die größere Arztdichte etwas zu ändern. Bis weit in die zweite Hälfte des 19. Jahrhunderts hinein wuchsen die deutschen Städte nicht infolge ihrer natürlichen Bevölkerungsvermehrung aus sich selbst; sie wuchsen durch Zuzug von außen. Das Land ernährte nicht nur die Menschen in den Städten, es speiste die Städte auch mit Menschen.

Die medizinische Forschung hat sich in Deutschland seit langem mit der Frage beschäftigt, welchen Einfluß die Umwelt auf den Menschen hat. Seit dem ausgehenden 18. Jahrhundert waren unzählige sogenannter medizinischer Topographien erschienen, örtliche Statistiken des Gesundheits- und Krankenwesens einer Stadt oder einer Region. In manchen Ländern, beispielsweise in Bayern, waren die staatlich besoldeten Medizinalbeamten verpflichtet, die Grundlagen für derlei Beschreibungen zu erheben. Über die preußische Hauptstadt hatte der Berliner Arzt L. Formey 1796 eine medizinische Topographie verfaßt, welche auch die sanitären Zustände der Stadt ausführlich würdigte. Je weiter das 19. Jahrhundert voranschritt, desto mehr wurden diese medizinischen Abhandlungen zu soziologischen und sozialkritischen Studien, denn mit fortschreitender Industrialisierung nahmen nicht nur die Klassenunterschiede sichtbar zu, auch die Lebenserwartung der verschiedenen Volksschichten klaffte immer weiter auseinander. Vielleicht ließ Virchow sich von der 1854 erschienenen Schrift »Hygieinisch-statistische Studien über die Lebensdauer in verschiedenen

Ständen« des Würzburger Arztes Dr. Escherich anregen, als er – noch in Würzburg – sich mit diesen Fragen zu beschäftigen begann. Virchows Arbeit über Krankheit und Sterblichkeit in Würzburg ist erst 1860 im Druck erschienen, als die Virchows wieder in Berlin lebten; seine Ergebnisse hat er ein Jahr zuvor, im Mai 1859, den Würzburger Kollegen vorgetragen. Im Laufe der folgenden beiden Jahrzehnte hat Virchow sich ausgiebig mit der Lebensdauer und der Sterblichkeit der Berliner auseinandergesetzt. Seine Resultate waren sehr wichtig, denn sie dienten den Stadtvätern als Grundlage ihrer sanitärpolitischen Planungen.

Zunächst war Virchow erstaunt über das langsame Wachstum Würzburgs und über die Sterblichkeit in der Stadt, die höher war als die Zahl der Neugeborenen: Die Sterblichkeit in Würzburg schwankte im 19. Jahrhundert zwischen 31 und 45 Promille, und sie stieg an; im ländlichen Unterfranken hingegen lag sie nur bei 25 Promille. Nach Virchows Berechnungen hatten die Würzburger nach 1850 eine »wahrscheinliche Lebensdauer« von 32 Jahren. Bei diesen frühen medizinisch-statistischen Studien scheint er noch wenig vertraut gewesen zu sein mit der Sterblichkeit in Stadt und Land, denn er hielt es für einen »anomalen Zustand, wo die Bevölkerung der Stadt ohne Zuzug von außen endlich dem Aussterben ausgesetzt sein müßte«.[1]

Virchow und vielen andern aufmerksamen Zeitgenossen in der Mitte des 19. Jahrhunderts war längst klar, daß das rasche Wachstum der Städte zu tödlichen Seuchen führen mußte, sofern die Behörden nicht eingriffen und für mehr Hygiene sorgten. Virchow war ein Liberaler, aber er hatte niemals die Vorstellung, der Staat müsse sich aus Wirtschaft und Gesellschaft heraushalten; im Gegenteil, er erwartete von der Obrigkeit, daß sie in die gesellschaftlichen Vorgänge eingreife. Der deutsche Liberalismus, zumindest der Linksliberalismus, wollte ein Höchstmaß an individueller Freiheit und den Eingriff des Staates, wo es um soziale Verbesserungen ging.

Wie ließ sich die Zunahme der Sterblichkeit im Zusammenhang mit der Zunahme der Verstädterung erklären? Virchow glaubte zunächst, »es werde sich ein konstanter Zusammenhang zwischen der Zunahme der Sterblichkeit und der Abnahme im Verbrauch der Nahrungsmittel nachweisen lassen«; aber dann stieß er auf Fakten, die ihn an dieser Vermutung zweifeln ließen. Der Fleischverbrauch nahm in den zwanzig Jahren nach 1846/47 um rund fünfzig Prozent zu, und auch der Verbrauch an anderen Nahrungsmitteln stieg. Virchows Augenmerk richtete sich sodann auf andere Faktoren: auf die Güte des Trinkwassers, die allgemeine Reinlichkeit, die Beseitigung der Abfallstoffe. Er hat sehr bald zum Vergleich Daten aus Großbritannien herangezogen, denn das in wirtschaftlicher Hinsicht fortgeschrittenere Land konnte Preußen-Deutschland auch bezüglich der sanitären Verhältnisse als Modell dienen.

Anfangs neigte Virchow zu der Meinung, die Entwicklung in Großbritannien für eine Eigentümlichkeit des Inselreiches anzusehen. Er bemerkte, daß dort die Sterblichkeit auf dem Land niedriger sei als in den Großstädten, in Deutschland dagegen sei es gerade umgekehrt, wobei er sich zunächst von den – ziemlich unterentwickelten – Regionen Preußens irreführen ließ, die er zufällig etwas besser kannte: Pommern und Posen. Den Klagen über die Unreinlichkeit Berlins begegnete er mit einem Verweis auf die meisten Bauerndörfer. Kurzum, Virchow schien die Erfahrungen zu bestätigen, die der junge Friedrich Engels in England gemacht hatte: die Liberalen leugnen das Elend der Fabrikstädte, wie die Konservativen das der Ackerbaudistrikte leugnen. Aber gerade der Vergleich mit Großbritannien schärfte Virchows Sinn für Ähnlichkeiten und für Unterschiede und erweckte in ihm die Frage, was die Folge der Industrialisierung in beiden Ländern sein würde.

In Westeuropa ist man in Sachen öffentlicher Gesundheitspflege schon wesentlich weiter als in Deutschland; England und Frankreich haben seit den vierziger Jahren deren Bedeutung erkannt. 1842 erscheint der berühmte »Report on the Sanitary Condition of the Labouring Population of Great Britain«. Zuvor hatten Reisende wie Alexis de Tocqueville die schlimmen Zustände in den Industriestädten gegeißelt. Romanciers wie Charles Dickens nahmen sich der sozialen Frage an und schilderten die fürchterliche Not der Armen; nach dem Erscheinen des »Oliver Twist« (1838) sollen die milden Gaben, die man den

Armen reichte, größer geworden sein. 1845 nahm Engels, und mit ihm eine ganze Reihe von Leuten, die Lage der arbeitenden Klassen in England unter die Lupe.

Rudolf Virchow beschäftigte sich seit den späten 1860er Jahren mit der Sterblichkeit in Berlin. Aus seinen Forschungsergebnissen folgerte Virchow, die Stadt müsse sauberer werden, damit ihre Bewohner länger leben könnten. Die Mortalität in Berlin, befand er, unterliege von Jahrzehnt zu Jahrzehnt, und selbst von Jahreszeit zu Jahreszeit, beträchtlichen Schwankungen. In den 1760er Jahren lag sie bei knapp 32 Promille im Jahr, stieg dann auf knapp 40 Promille in den Jahren nach 1800 und sank dann wieder auf knapp 31 Promille in den dreißiger Jahren. In den vierziger Jahren lag sie im Durchschnitt bei 26,5 Promille – in England fing man damals gerade an, sich Sorgen zu machen, wenn sie 23 Promille überstieg. Mit fortschreitender Industrialisierung nimmt die Sterblichkeit in Berlin wieder deutlich zu: in den 1860er Jahren liegt sie zwischen 36 und 40 Promille. Der starke Anstieg der Sterblichkeit in den Sommermonaten fällt Virchow auf: von den Toten eines Jahres sterben 7,3 Prozent im Januar und 6,7 Prozent im Februar; aber im Juli und August sind es mehr als 10 Prozent im Monat – innerhalb eines *Viertel*jahres stirbt ein *Drittel* der Toten eines Jahres. Die höchste Sterblichkeit ist im Sommer (33,1 Prozent), die niedrigste im Winter (21,6 Prozent) zu verzeichnen. Virchow hält zunächst fest, daß zwischen der Sterblichkeit und dem Wasserstand ein umgekehrtes Verhältnis besteht: je höher der Wasserstand, desto niedriger die Sterblichkeit.

Dann schlüsselt er die Sterblichkeit nach Lebensjahren auf und kommt zu ganz neuen Einsichten, die er auch graphisch festhält (s. Abb. S. 249): Bei den über 15jährigen stellt er einen schwachen Anstieg der Sterblichkeit in den kalten Monaten fest, indes die Sterblichkeit der Säuglinge im Sommer in die Höhe schießt. Virchow folgert: »1. die Gesamtsterblichkeit Berlins wird in ihrem zeitlichen Verlaufe gänzlich bestimmt durch die enorme Sterblichkeit der Kinder unter einem Jahre, 2. die Sterblichkeit der Erwachsenen ist hauptsächlich von der Temperatur und nur in geringerem Maße von dem Stande des

Die Sterblichkeit Berlins im Jahre 1870 nach Altersklassen und Monaten.

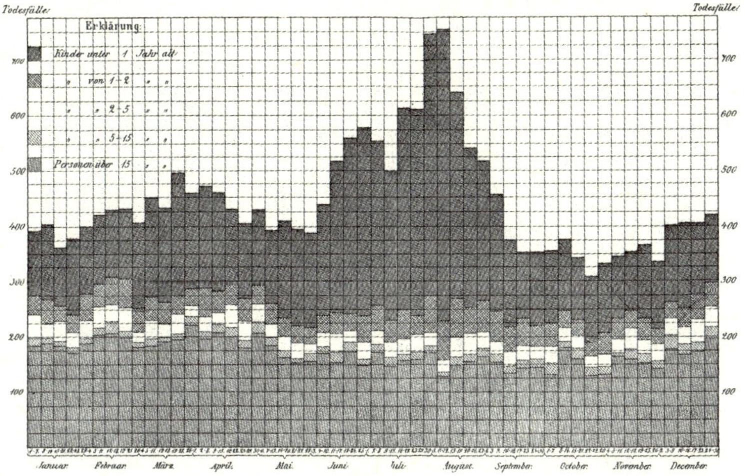

Grund- und Flußwassers abhängig, 3. die Sterblichkeit der Kinder unter einem Jahre ist zum Teil abhängig von der Temperatur, stimmt dagegen in ihrer erschrecklichen Sommerzunahme mit der Zeit des fallenden Grund- und Flußwassers überein.«[2] Nun betrachtet er die Sterblichkeit der verschiedenen Altersgruppen im Laufe der vorangegangenen beiden Jahrzehnte und stellt fest, daß die Sterblichkeit der Säuglinge unter einem Jahr sich zwischen 1854/58 und 1864/68 weit mehr als verdoppelt hat; die Sterblichkeit der anderen Altersgruppen ist weniger angestiegen, je älter die Toten, desto geringer die Zunahme der Sterblichkeitsrate: bei den 1- bis 15jährigen hat sie sich noch fast verdoppelt, bei den über 60jährigen ist sie nur knapp anderthalbmal so hoch. Die unter 5jährigen machen mehr als die Hälfte aller Toten aus (56,3 Prozent), obwohl sie gerade gut zehn Prozent der Berliner Bevölkerung bilden.

Mit Erschrecken muß Virchow feststellen, daß die Säuglingssterblichkeit in Berlin bedeutend höher ist als im Landesdurchschnitt und daß der Anteil der Säuglinge unter den Toten weiter wächst. In Berlin erleben zwischen 1868 und 1870 29,28 Prozent der Neugeborenen nicht ihren ersten Geburtstag; in Lübeck liegt die Sterblichkeit dieser Altersgruppe bei 16,8 Prozent, in ganz Preußen (1859–1864) wenig über 20 Prozent, wiewohl in einzelnen Städten, etwa in Stettin, die Säuglingssterblichkeit noch höher ist.

Woher kommt die hohe Sterblichkeit ausgerechnet im Hochsommer? »Man könnte leicht glauben«, schreibt Virchow, »die exzessive Sommersterblichkeit der Kinder falle mit einer gerade um diese Zeit besonders reichlichen Zahl der Geburten zusammen. Dies ist aber keineswegs der Fall; im Gegenteil, die größere Zahl der Geburten fällt auf den Winter, namentlich auf den Januar.« In der Tat zeigt die Berliner Vitalstatistik der Jahre 1861 bis 1871, daß ab Oktober die Geburtenzahl deutlich zunimmt. In diesem Zeitraum fanden im Monatsdurchschnitt 24078 Geburten statt: im Juni und Juli nur 23000 bis 23500, im Januar hingegen 26733. Virchow folgert: »Ebensowenig erklärt sich die große Sommersterblichkeit durch das Geschlecht oder die unehelichen Geburten. Es können also nur Verhältnisse der Luft oder des Wassers oder der Nahrung sein, auf welche man sie zurückführen darf, und in jedem dieser Fälle handelt es sich um vermeidliche Verhältnisse, also um Aufgaben der öffentlichen Gesundheitspflege.«[3]

Sodann kommt Virchow auf die Leiden zu sprechen, welche den Tod der Säuglinge und der Erwachsenen herbeigeführt haben. Ausdrücklich bedauert er, daß die meisten Berliner Ärzte nicht imstande sind, eine Todes*ursache* zu nennen; viele begnügen sich mit Symptomen oder umschreibenden, häufig irreführenden Begriffen. Allein die Lungentuberkulose wird mit den verschiedensten Namen belegt: »Lungenknoten, Lungenabzehrung, Lungentuberkel, Brustkrankheit, Lungensucht, Zehrhusten, Lungenschleimfluß, Luftröhrenschleimfluß, Schleimschwindsucht usw.«[4] Die Tuberkulose nicht einmal eingerechnet, stellt Virchow einen erschreckend hohen Anteil von Infektionskrankheiten als Todesursache fest, und die ansteckenden Krankheiten gewinnen in den zehn Jahren nach 1862 eine noch größere Bedeutung: in den Jahren 1854/61 machen sie 21 Prozent der Todesfälle aus, in den Jahren 1862/71 hingegen schon 29,9 Prozent.

Arm und Reich haben in Berlin lange Zeit Seite an Seite gewohnt; die Menschen mit höherem Einkommen bevorzugten die erste und zweite Etage eines Wohnhauses; in den übrigen Stockwerken lebten Menschen mit geringerem Lohn. Virchow stellt auch in diesem Bereich Unterschiede in der Sterblichkeit fest: Sie ist bei Menschen, die im Kellergeschoß und in den Stockwerken über dem zweiten wohnen, deutlich höher als dazwischen. Auch die Zahl der Totgeburten ist dort höher. Mit der zunehmenden Trennung der Wohnlage wird auch die Sterblichkeit in den verschiedenen Stadtvierteln unterschiedlicher: in der Friedrichstadt liegt sie im Jahresmittel bei 21,8 Promille, in der Luisenstadt jenseits des Kanals bei 47,8 Promille und im Wedding kaum weniger hoch. Die höchste Sterblichkeit zeigen durchweg die Vorstädte und die neu angelegten Stadtteile.[5] Auch in der Geburtenhäufigkeit und Kindersterblichkeit unterscheiden sich die Stadtteile voneinander: »Die Luisenstadt jenseits des Kanals hat eine Sterblichkeit der Kinder unter einem Jahr von 33,64 p.ct., und es fielen auf 100 Einwohner 19,2 Geburten; die Friedrichstadt außerhalb zeigt bei einer Kindersterblichkeit von 17,78 p.ct. nur 7,6 Geburten.« Daß der Wohlstand die Sterblichkeit berührt, vor allem die der Kinder, ist unzweifelhaft, sagt Virchow; aber das Verhältnis sei nicht allein vom Reichtum abhängig, sondern auch von der Wohngegend: die Friedrich-Wilhelm-Stadt stehe in der allgemeinen Sterblichkeit an 4. und in der Kindersterblichkeit an 2. Stelle – aber in der Einkommensliste an 10. Stelle, mit 909 Talern liege sie nur wenig unter dem Mittel der ganzen Stadt (960 Taler); Alt-Cölln stehe mit 1164 Talern in der Steuerliste an 4. Stelle und in der Sterblichkeit fast in der Mitte (an 9. Stelle von 20 Stadtteilen).[6]

Nach der schweren Choleraepidemie von 1866 gibt die Stadt bei Virchow ein Gutachten in Auftrag. Im Oktober 1867 liegt es vor, und er kommt darin zu dem Schluß: »Immerhin ist das Resultat sehr bemerkenswert, daß von den mit Wasserleitung versehenen Häusern nur 19,9, von den übrigen dagegen 27,8 p.ct. Cholerafälle aufwiesen. Nur wird man nicht übersehen dürfen, daß die mit Wasserleitung versehenen Häuser meist auch sonst besser eingerichtet und von einer besseren Bevölkerung bewohnt sind, und daß daher ihre größere Immunität nicht allein der Wasserleitung zuzuschreiben ist. Außerdem kommt hier der Einfluß des Trinkwassers mindestens ebenso sehr in Betracht wie der Einfluß der Wasser-Closets.« Gleichwohl zeige die Ausbreitung und die Tödlichkeit dieser Epidemie, daß nicht das Wetter oder der Genius epidemicus, sondern örtliche Bedingungen entscheidend sein müssen. Wie es Krankenhäuser gebe, die ihre Insassen töten, so gebe es auch Wohnhäuser, die ihre Bewohner krank machen und sogar töten.[7]

Virchow richtet an die Stadtobrigkeit die Forderung, für größere Reinlichkeit und mithin für bessere Lebensbedingungen zu sorgen: »Es ist daher unumgänglich nötig, daß eine häufige Entfernung der Auswurfstoffe aus den Wohnungen erfolge. Je schneller diese geschehen, um so besser. Von diesem Gesichtspunkte aus ist das Tonnensystem dem System der Gruben, das Canalisationssystem wiederum dem Tonnensystem vorzuziehen.« Gegen die Tonnen sei aus sanitätspolizeilichen Gründen nichts zu sagen, meint er, denn deren Einsatz schone Boden und Grundwasser. Aber Virchow wünscht eine noch schnellere Beseitigung der Auswurfstoffe: »Die Einrichtung von Water-Closets in Verbindung mit einer tiefliegenden Kanalisation leistet jedoch in Beziehung auf die einzelnen Häuser ohne Zweifel das Vollständigste... Die Salubrität [hygienisch einwandfreier Zustand] der Wohnungen wird auf diese Weise am vollkommensten erreicht, immer natürlich vorausgesetzt daß genügende Wassermassen zur Verfügung stehen, um die Verdünnung und Fortführung der Auswurfstoffe in ausreichendem Maße sicher zu stellen.«[8]

Gerade die Seuchen gegen Ende der sechziger und zu Beginn der siebziger Jahre fachen die Diskussion um die Sauberkeit der Städte heftig an. Die Seuchen dieser Zeit fordern viele Todesopfer: die Cholera von 1866 kostet Berlin 6174 Menschenleben, ganz Preußen rund 115000; 1871 raffen die Pocken in Berlin mehr als 5000 Menschen dahin; 1872 und 1873 stirbt eine noch größere Zahl an Typhus.

Wenn man die Sterblichkeit niedrig halten will, muß man die sozialen Verhältnisse verbessern: »Mag man sich immerhin auf Witterungsverhältnisse, auf allgemeine kosmische Veränderungen und Ähnliches beziehen, niemals machen diese an und für sich Epidemien, sondern sie erzeugen sie immer nur da, wo durch die schlechten sozialen Verhältnisse die Menschen sich längere Zeit unter abnormen Bedingungen befanden.« Für Virchow steht fest, daß eine Großstadt wie Berlin zuerst für mehr Sauberkeit sorgen muß: dabei hat die Forderung nach Gesundheit des einzelnen den obersten Rang, die Kostenfrage sei daneben zweitrangig. Aber das ist nicht einfach humanitäres Gerede bar jeglicher wirtschaftlichen Vernunft: Rudolf Virchow weiß sehr wohl, was die Stadtreinigung die Allgemeinheit kostet; aber er weiß auch, was der einzelne der Gesellschaft wert ist.[9]

Was sagt nun die moderne historische Sozialwissenschaft zu diesem Befund? Man kann ihn in jedem Punkt nur bestätigen, selbst wenn man nach heutigen Erkenntnissen noch manches ergänzen könnte. So konnte Virchow gegen 1870 noch nicht wissen, daß die soziale Ungleichheit hinsichtlich der Lebenserwartung ihren Höhepunkt in diesen Jahren schon überschritten hatte; diese Ungleichheit scheint ihren Gipfel erreicht zu haben, als der Würzburger Arzt Dr. Escherich 1854 seine Studie über die Lebensdauer der verschiedenen Stände vorlegte: Die Buchbinder wurden damals nur 35 Jahre alt und starben zu 60 Prozent an Tuberkulose; indes die Schullehrer durchnittlich 55 Jahre alt wurden und nur halb so oft an Tuberkulose starben. Von den Lehrern starben 12,2 Prozent an Altersschwäche, von den Buchbindern nur 4,2 Prozent. Unter den freien Berufen fand Escherich die niedrigste Lebenserwartung bei den Ärzten, die höchste bei den protestantischen Geistlichen: »Von 1168 im Jahre 1852 lebenden Ärzten befanden sich nur 4 (oder 0,34 Prozent) im Alter von 80 Jahren, während gleichzeitig von 1085 protestantischen Geistlichen 30 (oder 2,82 Prozent) dieses Lebensalter erreicht hatten... Die Ärzte haben die wenigste Hoffnung eines langen Lebens und die größte Sterblichkeit in allen Altersklassen unter allen Ständen; die extremste Sterblichkeit ist im frühesten Alter, ¾ unterliegen schon vor dem 50. Lebensjahr und $^{10}/_{11}$ vor dem 60. Lebensjahre.«[10]

Doch der große Unterschied bestand nach wie vor zwischen Arm und Reich. Die »Übersterblichkeit« der ärmsten im Vergleich mit den reichsten Volksschichten betrug 1817, also noch vor der Industrialisierung, in Deutschland 47 Prozent, sie erreichte im Jahr 1850 85 Prozent, danach fiel sie wieder ab. Die Errungenschaften besserer Hygiene, besserer medizinischer Betreuung und Versorgung mit Nahrungsmitteln kamen zuerst den Wohlhabenden zugute. Auch die Seuchen trafen die Armen weitaus härter als die Reichen, und sie trafen die Frauen stärker als die Männer.

Von der Unreinlichkeit der Städte war bislang nur am Rande die Rede; wir müssen uns damit nun etwas ausführlicher beschäftigen. Man muß sich die Verhältnisse einer Großstadt wie Berlin genauer ansehen, sonst würde man sich leicht eine falsche Vorstellung machen. Die städtischen Einrichtungen für die Wasserversorgung und die Abwasserbeseitigung waren gegen 1850 noch die gleichen, wie sie seit Jahrhunderten bestanden hatten. Berlin gehörte zu den übelriechendsten Städten Europas. Wie oft konnte man hören, man könne die Menschen aus Berlin »an dem Geruche ihrer Kleider erkennen«.

Fontane schreibt, es habe in seiner Jugendzeit niemand von der »Prosa Berlins« gesprochen; aber es bleibt doch festzuhalten, daß die Verunreinigung der Stadt schon lange zuvor Ärzte auf den Plan gerufen hatte. 1792 hatte der Leibarzt Friedrich Wilhelms II., L. Formey, darüber geklagt, daß die Nachteimer einfach in die Spree gegossen wurden; seinen Berechnungen zufolge hätte Berlin alljährlich zweihundert Opfer weniger auf seinen Totenlisten haben können, wenn man aufgehört hätte, den Unrat einfach in den Fluß zu kippen. Das Ober-Collegii Sanitatis empfahl, die Nachteimer als Dünger über den Feldern zu entleeren, was einen wohltätigen Einfluß auf die Landwirtschaft habe.

Die Beseitigung der Exkremente war ein Problem; nicht minder groß war die Geruchsbelästigung in den Häusern. Die Abfallstoffe blieben zunächst in den Wohngebäuden, ehe sie, meist des Nachts, abgeholt wurden. Es waren übelriechende Wagen, die diese Fuhre besorgten; jeder führte etwa hundert Eimer mit sich, und zehn oder zwölf alte Frauen begleiteten, mit Laternen ausgerüstet, dieses Gefährt. Die Frauen gingen in die Häuser, holten die gefüllten Eimer heraus und tauschten sie gegen leere aus. Wer um diese Stunde nach Hause kam, blieb eine Weile draußen stehen, sofern er es nicht vorzog, ein Taschentuch fest an Nase und Mund zu pressen und durch das Treppenhaus in seine Wohnung zu eilen.

Nicht einmal innerhalb der Häuser war die Berührung mit Fäkalien ausgeschlossen. Der sozialistische Abgeordnete Bebel war entsetzt, als er eines Tages mit seiner Frau das Königliche Schauspielhaus besuchte und »in einem Zwischenakt in den Raum trat, der für die Befriedigung kleiner Bedürfnisse der Männer bestimmt war. Mitten in dem Raum stand ein Riesenbottich, längs den Wänden standen einige Dutzend Pots de Chambre, von denen man den benutzten höchst eigenhändig in den großen Kommunebottich zu entleeren hatte.«[11]

Die hygienischen Verhältnisse in den Häusern waren nicht viel besser als auf den Straßen. Gemessen an den Vorstellungen einer späteren Zeit waren die Behausungen der meisten Menschen äußerst unwirtlich. Die Häuserblocks der Mietskasernen standen dicht nebeneinander; ihre Wohnungen waren winzig, die Bewohner lebten auf engstem Raum zusammengepfercht. Die Zimmer waren vom Licht der Petroleumlampen verrußt, dazu stickig und feucht. Das rasche Bevölkerungswachstum brachte es mit sich, daß die Häuser bezogen wurden, sobald sie fertig waren; es blieb keine Zeit, sie richtig trocknen zu lassen. Man sprach vom »Trokkenbewohner«, den die satirische Zeitschrift »Kladderadatsch« 1863 so definierte: »Trockenbewohner nennt man in Berlin die Proletarier, welchen die Häuserspekulanten die Wohnungen in ihren neu erbauten, eben fertig gewordenen Häusern ohne Forderung eines Mietzinses überlassen, bis jede Feuchtigkeit aus dem Neubau verschwunden ist und das Haus für zahlende Mieter bewohnbar ist.« In den Unterschichten herrschte noch immer die Auffassung, bloß um Gottes willen keine frische Luft hereinzulassen; die Gebildeten wußten zumindest, daß gerade die stickige und verbrauchte Luft Krankheiten begünstigte, auch wenn sie von den »Miasmen« die tollsten Vorstellungen hatten. In den Häusern der Bessergestellten fielen um diese Zeit die einst so beliebten Vorhänge an den Betten, und man hörte auf, Alkoven einzurichten. Aufmerksame Beobachter dieser Gesellschaft behaupteten, man könne die Schichten nicht nur durch ihr Aussehen auseinanderhalten, sondern auch aufgrund ihres Geruchs.

Die deutschen Großstädte blickten in der zweiten Hälfte des vorigen Jahrhunderts gerne nach Paris und London, denn von diesen Städten konnten sie etwas lernen. Industrialisierung und Verstädterung hatten dort früher eingesetzt, und die beiden Städte hatten nur wenige Jahre zuvor die gleichen Probleme wie Berlin in den 1860er Jahren. Auch diese Metropolen hatten lange Zeit das Problem vernachlässigt, was mit den menschlichen Fäkalien geschehen sollte. Die Haushaltungen der Ärmsten waren in dieser Hinsicht kaum schlechter bestellt als die der Reichsten. Die sanitären Einrichtungen von Schloß Versailles beispielsweise waren sprichwörtlich schlecht, und der königliche Palast von Madrid soll bis 1773 keine richtige Toilettenanlage besessen haben. Die ersten Wasserspülungen kamen im späten 18. Jahrhundert in England in Gebrauch; von dort kommt auch die Abkürzung WC. Es dauerte einige Zeit, ehe das »Water Closet« technisch einigermaßen ausgereift war und sich durchsetzen konnte. Aufgrund des Chatham-Reports von 1842 wurden in Clerkenwell einige Modellhäuser mit WCs als Vorbilder für moderne Arbeitersiedlungen eingerichtet. Einige Jahre später begann man, das WC serienmäßig herzustellen.[12]

Aber wohin mit dem vielen, von Fäkalien durchsetzten Abwasser? Die Londoner bauten eine Kanalisation. Sie leiteten die Abwasser aber nur kurz außerhalb der Stadt in die Themse, was zwar die Stadt von dem Unrat befreite, dafür aber den Fluß verunreinigte. Die Pariser hatten das gleiche Problem: wohin mit dem Zeug, wenn nicht in die Seine? Kaiser Napoleon III. bat den großen englischen Sozialreformer Chadwick persönlich um seine Meinung. Napoleon werde selbst Kaiser Augustus noch übertreffen, schmeichelte Chadwick, wenn er Paris in seinem Innersten so wohlriechend mache, wie es von außen schön anzublicken sei. 1854 begann Napoleons Stadtbaumeister Baron Haussmann, sich mit Fragen der Hygiene zu beschäftigen. Er entsandte seinen Mitarbeiter Mille nach London. Nach seiner Rückkehr schlug er vor, alle Wohnungen mit Wasseranschluß zu versehen, die Abtrittstoffe in die Kanalisation zu leiten und die Abwasser mit Hilfe von Pumpen und Rieselanlagen der Landwirtschaft zu überlassen. Mille konnte sich damit nicht sofort durchsetzen. Unter dem Einfluß eines Mannes

(Heinrich Zille)

namens A. Mosselmann versuchten die Franzosen zunächst, die Abtrittstoffe mit Chlorkalk zu desinfizieren, obwohl dieses Verfahren nicht eben billig und das Endprodukt für die Landwirtschaft weniger nützlich war. Später stellte sich heraus, daß Mosselmann enge Verbindungen zur Kalkindustrie unterhielt.[13]

Zwei weitere Städte wurden von Berlin Ende der sechziger Jahre als vorbildlich angesehen: Hamburg und Prag. Beide Städte hatten bereits Anstrengungen unternommen, dem Abfall Herr zu werden. Prag war schon seit dem frühen 19. Jahrhundert kanalisiert, und Hamburg besaß seit den 1840er Jahren eine Schwemmkanalisation. Beide Städte leiteten ihre Abwässer allerdings in die sie durchfließenden Ströme, in Moldau und Elbe. Als der Berliner Stadtingenieur James Hobrecht nach Prag reiste, um sich die Anlagen anzusehen, stellte er fest, daß diese ziemlich unreinlich waren und keineswegs moderneren

Vorstellungen entsprachen. Die Hamburger Kanalisation – sie wurde in diesen Jahren gern von fremden Städtehygienikern besucht – war erst in den vierziger Jahren entstanden, aber der Umstand, daß sie die Abwasser einfach in den Fluß führte, war doch ein entscheidender Nachteil.

Seit dem Internationalen Hygiene-Kongreß in Brüssel, 1852, hatte sich in Westeuropa ein Gremium wissenschaftlicher Stadthygieniker herausgebildet. Dort wurden folgende Grundsätze aufgestellt: »1.) Verhinderung der schädlichen Ausdünstung und des nachteiligen und üblen Geruchs; 2.) Einfachheit, Wohlfeilheit und Dauerhaftigkeit der Anlage; 3.) Erhaltung der Exkremente in ihrem natürlichen Zustand, und Entfernung derselben auf leichteste Weise ohne jede Gefahr und Unbequemlichkeit.«[14]

Vom Standpunkt der Stadthygieniker waren für das gemeine Wohl drei Dinge von größter Wichtigkeit: die Beseitigung der Auswurfstoffe, die Versorgung der Stadt mit reinem Trinkwasser und die allgemeine Sauberkeit. Für die allgemeine Sauberkeit mußte jeder einzelne Bürger stärker herangezogen werden. Die Trinkwasserfrage war in Berlin gelöst: bereits Friedrich Wilhelm IV. hatte sich für dieses Problem interessiert und eine wissenschaftliche Kommission eingesetzt, die sich damit beschäftigte; ihr gehörte auch der greise Alexander v. Humboldt an. 1852 schloß der Berliner Polizeipräsident Carl Ludwig v. Hinckeldey mit zwei englischen Unternehmern einen, wie sich bald herausstellt, für Berlin sehr ungünstigen Vertrag über die Errichtung einer Wasserversorgungsanlage. Die Berliner Wasserwerke nahmen am 1. Juli 1856, in Form einer Aktiengesellschaft, ihren Betrieb auf. Für Abwasserbeseitigung war damit freilich noch nicht gesorgt.[15]

In den folgenden Jahren gingen nun weitreichende Reformvorschläge ein. 1859 versuchte ein Dr. Sieber in einem Aufsatz mit dem Titel »Über die gesundheitlichen Rücksichten bei Anlage von Latrinen mit besonderer Bezugnahme auf Berlin« zwar die Brüsseler Empfehlungen aufzunehmen, zugleich wollte er aber auch die alten Nachteimer beibehalten. Er fürchtete, die allgemeine Einführung des Wasserklosetts würde die Abwassermassen gewaltig vergrößern, was er für unzumutbar hielt, da er die Abwasser weiterhin durch offene Rinnsteine leiten wollte. »Berlin würde zuletzt durch die Wasser-Closets gedrängt werden, seinen natürlichen Bodenverhältnissen zuwider unterirdische Kanäle anzulegen und die Rinnsteine eingehen zu lassen«, schrieb er. Er wollte ganz einfach das alte System beibehalten: Gruben, die regelmäßig geleert wurden.

Aber was sollte mit den immer größer werdenden Bergen von Auswurfstoffen geschehen? Der Chemiker Justus Liebig hatte darauf eine Antwort. Er sah dies nicht vorrangig als ein Entsorgungsproblem an; er dachte vor allem daran, aus den Abfällen neue Nahrungsmittel zu produzieren. In Fortführung von Albrecht v. Thaers Leitgedanken einer rationellen Landwirtschaft hatte Liebig immer wieder darauf hingewiesen, daß man am Boden nicht Raubbau treiben dürfe, indem man ihm diese Stoffe entzog. Die Chinesen mit ihrer großen Bevölkerungszahl seien sich dieses Problems seit langem bewußt, schrieb er im 49. seiner »Chemischen Briefe«; und weiter: »Die Schätzung dieses Düngers geht so weit, daß jedermann weiß, was ein Tag, ein Monat, ein Jahr von einem Menschen abwirft, und der Chinese betrachtet es mehr denn eine Unhöflichkeit, wenn der Gastfreund sein Haus verläßt und ihm einen Vorteil verträgt, auf den er durch seine Bewirtung einen gerechten Anspruch zu haben glaubt.« Daher lautete Liebigs Empfehlung: »Die Regierungen und Polizeibehörden sollten dafür Sorge tragen, daß durch eine zweckmäßige Einrichtung der Latrinen und Kloaken einem Verlust an diesen Stoffen vorgebeugt werde.«

Diese Aufgabe war in Berlin tatsächlich Sache des Polizeipräsidenten. Erst gegen Ende der sechziger Jahre nahmen sich die Berliner Stadtverordneten dieser Dinge selbst an, nachdem sich der Polizeipräsident während der Choleraepidemie von 1866 für unzuständig erklärt hatte, eine Zwangsdesinfektion durchzuführen. »Ich bin überzeugt«, schimpfte Virchow in diesem Dezember im Abgeordnetenhaus, »daß wenn dieselben Skrupel sich erhöben, wo es sich darum handelte zu entscheiden, ob das Polizei-Präsidium berechtigt wäre, irgendeiner politischen Tätigkeit dieses oder jenes einzelnen oder dieses oder jenes Vereins entgegenzutreten, sicherlich in einem solchen Falle immer das Polizei-Präsidium sich für kompetent halten wird... Was ich unserer

Polizei-Verwaltung hauptsächlich zum Vorwurf mache, ist das, daß sie an Stellen, wo sie wirksam sein sollte, nicht wirksam ist, daß sie mehr nach den Richtungen eine ungebührliche Tätigkeit entwickelt, wo es durchaus nicht notwenig wäre, z. B. der freien Entwicklung der bürgerlichen Gesellschaft entgegenzutreten.«[16]

Das Problem der Abfallbeseitigung gewann mit dem stetigen Anwachsen der Einwohnerschaft eine immer größere Dringlichkeit. Der Berliner Baurat Wiebe schlug 1866 in einem Bericht an den Magistrat ein Kanalprojekt vor: alle Abwässer – ob Schmutz-, Brauch- oder Regenwasser – sollten in einem gemeinsamen Rohrnetz gesammelt und außerhalb der Stadt in die Spree geleitet werden. Aber Wiebes Vorschlag hatte gleich zwei Haken: die Spree kam, anders als die Themse, als Vorfluter nicht in Frage, weil sie zu langsam floß, viel zu wasserarm war und außerdem zwischen Berlin und der Havel bereits durch bebautes Gebiet strömte; und Wiebe ging von völlig unzulänglichen Bevölkerungszahlen aus: die Stadt werde von einer halben auf eine dreiviertel Million anwachsen, meinte er – dabei hatte sie 1866 schon knapp 700000 Einwohner. Virchow und einige weitere Stadtverordnete wehrten sich gegen Wiebes Projekt. Daraufhin wurde eine Kommission eingesetzt, um diese Frage erneut zu beraten; an ihrer Spitze stand Rudolf Virchow.

Kanalisation oder Abfuhr? – so lautete oftmals die Alternative, vor die sich die Reformer gestellt sahen. 1867 legte H. Grouven eine Schrift dieses Titels vor, in der er die Vor- und Nachteile beider Möglichkeiten darlegte. Selbst wenn man die Abfuhr der Fäkalien mittels neuer, luftdichter Tonnen besorgte, die in den Wohnungen aufzustellen waren, fürchtete Grouven, würde es neben den Kosten für die Abfuhr doch ein hohes Maß an Geruchsbelästigung geben. Als Nachteil der Kanalisation erschien ihm der hohe Wasserverbrauch, die – noch immer – ungenügenden Dichtungen der Abflußrohre, die ihre Stoffe teils ins Erdreich abgaben, den Gestank in den Kanälen und in der ganzen Stadt sowie die Verunreinigung der Flüsse, die das alles aufnehmen sollten. Grouven schlug vor, die Abfallstoffe auf jeden Fall zu desinfizieren, bevor man sich ihrer entledigte.

Als erster Referent war Virchow im Berliner Stadtverordnetenhaus für diese Frage zuständig. Er nahm im September 1867 an einer Erkundungsreise nach Paris teil, wo ihnen Kaiser Napoleon ausnahmsweise die Genehmigung erteilte, die unterirdischen Kanäle seiner Hauptstadt zu besichtigen. Im Monat darauf lieferte Virchow ein Gutachten ab, mit dem Titel: »Über die angemessene Art, die Stadt Berlin von den Auswurfstoffen zu reinigen«. Dieses Gutachten hatte das Ministerium für Handel, Gewerbe und Bauwesen angefordert, es sollte zu Wiebes Vorschlag Stellung nehmen.

Virchow bedauerte gleich eingangs, daß es zu all den Fragen, die der Ausschuß nach dem Wiebeschen Vorschlag gestellt hatte, noch so wenige zuverlässige Voruntersuchungen gab. Er bezog sich dabei ausdrücklich auf die Veränderungen der Sterbeverhältnisse, die in den großen Städten Englands nach Einführung einer Kanalisation und weiterer sanitärer Verbesserungen eingetreten waren. Virchow hat dann selbst in den folgenden Jahren, wie wir gesehen haben, diese Untersuchungen vorgenommen. Besonders wichtig erschien ihm, daß die Abfälle schnell aus der Stadt fortgebracht wurden, denn er sah hinter dem ganzen Problem vorrangig eine gesundheitliche Frage, nicht die Interessen der Landwirtschaft. »Wir sind der Meinung«, schreibt er in dem Gutachten weiter, »daß die Rücksicht auf die öffentliche Gesundheitspflege, wie in England allgemein anerkannt ist, absolut entscheiden muß, und daß es dabei auf ein Mehr oder Weniger an Ausgaben um so weniger ankommt, als die Ersparung von Menschenleben für Staat und Gemeinde zugleich die beste Finanzmaßregel ist.«[17]

Das Problem der Abfallbeseitigung erhitzte damals viele Gemüter. Es erschien so vordringlich, daß es die Versammlung Deutscher Naturforscher und Ärzte 1867 in ihre Abteilung Öffentliche Gesundheitspflege aufnahm und im Rahmen verschiedener Vorträge über die Herkunft des Typhus darüber diskutierte. 1868, bei ihrer Tagung in Dresden, beschäftigte sich die ganze Versammlung mit dieser Frage. Während dieser Versammlung gerieten Virchow und Georg Varrentrapp aus Frankfurt heftig aneinander.

Varrentrapp war, wie Virchow, ein in Sachen öffentlicher Gesundheit hochangesehener Arzt; in Großbritannien war er als der »Luther der Hygiene« (John Simon) bekannt. Er war ein

Dutzend Jahre älter als Virchow, hatte in Heidelberg, Straßburg, Paris und Würzburg Medizin studiert und ging nach seiner Promotion als Assistent an das Heilig-Geist-Hospital zu Frankfurt am Main. Varrentrapp interessierte sich, ebenso wie Virchow, als junger Mann für eine Gefängnisreform; er leitete von 1842 bis 1849 die Redaktion der »Jahrbücher für Gefängniskunde und Besserungsanstalten«; 1846 war er maßgeblich am Zustandekommen des Ersten Kongresses für Gefängnisreform in Frankfurt beteiligt. Daneben trieb er noch gesundheitsstatistische Studien; 1854 wurde auf seine Anregung der Frankfurter Verein für Geographie und Statistik gegründet, dessen Abteilung Statistik er bis 1884 fast ununterbrochen leitete. Was Varrentrapp mit Virchow in Konflikt brachte, war sein Buch »Über die Entwässerung der Städte, über Werth und Unwerth der Wasserclosette, über deren angebliche Folgen: Verlust werthvollen Düngers, Verunreinigung der Flüsse, Benachtheiligung der Gesundheit, mit besonderer Rücksicht auf Frankfurt«. Dabei war Varrentrapp mit seinen Auffassungen gar nicht so weit entfernt von Virchow, so daß man annehmen darf, der Zwist zwischen den beiden dürfte eher in tieferliegenden persönlichen Abneigungen zu suchen sein.

In Dresden nahm Virchow vor allem die Vorstellungen Justus Liebigs aufs Korn. Er warf Liebig vor, daß er als Sprachrohr der Landwirtschaft auftrete und darüber die öffentliche Gesundheit aus dem Auge verliere. »Am allerletzten tritt bei uns die öffentliche Gesundheitspflege in die Diskussion ein. Unsere Bevölkerung ist in dieser Richtung ihrer großen Mehrheit nach geradezu fatalistisch. Die Krankheit kommt, ein Glied der Familie oder mehrere werden dahingerafft, man beweint sie – und man vergißt, wenn nicht sie, so doch meistens die Ursache ihrer Krankheit. Von Zeit zu Zeit erhält ein Haus die Bezeichnung eines Cholerahauses; eine Zeitlang fehlen die Mieter, endlich füllen sich die Räume wieder, als wäre nichts vorgegangen.

Und doch hat selbst dieser Teil der Betrachtung seine finanzielle Seite. Staat und Stadt erhalten ihren Wert nur durch die Menschen und ihre Arbeit. Aller Reichtum, alle Bedeutung der Stadt wie des Staates, beruht in letzter Instanz auf der Tätigkeit ihrer Bewohner. Kann es daher einen größeren Verlust geben als den Verlust an Menschenleben? Repräsentiert nicht jeder Todesfall eines arbeitsfähigen Menschen einen finanziellen Verlust? Bringt nicht jede Krankheit, die ein arbeitsfähiges Glied der Gesellschaft außer Tätigkeit setzt, Nachteile, die in Geldeswert zu veranschlagen sind? Man braucht sich gar nicht auf den humanen oder auf den christlichen oder überhaupt auf den religiösen Standpunkt zu stellen; rein volkswirtschaftlich betrachtet sind Krankheit und Tod für die Familie wie für die Gemeinde und den Staat Unglücksfälle. Sie so weit als möglich fernzuhalten ist eine der ernstesten Aufgaben, welche nur da verkannt werden kann, wo Menschenleben überhaupt nichts wert ist.

Leider ist diese Art der Betrachtung bei uns noch so neu... Jeder neue Gedanke bedarf einiger Zeit, ehe er sich Geltung verschafft. Auch in der Militär-Verwaltung hat es eine Zeit gegeben, wo man den Verlust eines Pferdes höher veranschlagte als den eines Menschen, weil man Pferde kaufen mußte und Menschen umsonst zu haben waren. Umsonst? Konnte man wirklich vergessen, was die Erziehung eines Menschen kostet, was der Verlust eines Menschen an verlorener Arbeit wert ist? Fast sollte man glauben, die Menschen wären nur dann geldeswert, wenn sie Leibeigene oder Sklaven, aber nicht, wenn sie freie Bürger oder Untertanen sind. Sonderbare Verwirrung der Begriffe!

... Übelstände, wie sie in Berlin bestehen, hätten in England, in Amerika, ja selbst in Frankreich längst zu tätigem Eingreifen, zu praktischen Versuchen geführt. Was lag näher, als wenigstens die Abfuhr, wenn auch mit Unterstützung durch städtische oder staatliche Mittel, einmal in einem gewissen Umfange zu experimentieren?...

Der Staat, welcher die allgemeine Bildung anstrebt, ... sollte auch die allgemeine Gesundheit anstreben. *Erst Gesundheit, dann Bildung!* Kein Geld ist rentabler angelegt als dasjenige, welches für die Gesundheit aufgewendet wird. Möge man das nie vergessen, wenn es sich darum handelt, mit der Landwirtschaft abzurechnen!...

Der Versuch, Abfuhr und Kanalisation im Großen nebeneinander herzustellen und wirken zu lassen, ist in Paris in kolossalem Umfange gemacht worden. Meiner Meinung nach ist er mißglückt. Der Kaiser, persönlich den Interessen der Landwirtschaft zugeneigt, hat alles daran gesetzt, der letzteren zu erhalten, was zu erhalten möglich war. In der Tat hat die ›Stadthauptkasse‹ dadurch eine Jahresrente von 300000 Frcs., aber diese zahlt nicht die Landwirtschaft, sondern die Hauswirte von Paris... Die französische Art des Experimentierens ist wahrscheinlich die kostspieligste, welche erfunden werden kann, und ich warne recht eindringlich davor, sie bei uns zu wiederholen. Je länger und je sorgfältiger ich diese Frage studiert habe, um so mehr hat sich bei mir die Überzeugung gefestigt, daß wir nur bei einer systematischen Kanalisation finanziell und gesundheitlich gut fahren.«[18]

Virchow hat sich auch nach den ziemlich heftigen Debatten während der Naturforscherversammlung weiterhin mit dieser Frage beschäftigt. Im folgenden Jahr legte er unter dem Titel »Canalisation oder Abfuhr?« eine kleine Schrift vor. Von größter Bedeutung schien ihm die Größe einer Stadt zu sein; nur mit Blick auf die Bevölkerungszahl einer Stadt könne man die Frage – Kanalisation oder Abfuhr? – überhaupt sinnvoll beantworten. Für die kleinen und mittelgroßen Städte – »zumal diejenigen, welche im Ackerbau eine Hauptquelle des Erwerbes und der Nahrung finden« – schlug Virchow einzig ein Tonnen- und Kübelsystem vor. Vor allem aber riet er, sich von der Vorstellung zu befreien, man könne aus den Auswurfstoffen auch noch in irgendeiner Weise Geld schlagen. Dieser Rat war nur allzu angebracht; man munkelte, die jährlich 48,5 Kilogramm festen und 438 Kilogramm flüssigen Exkremente eines gesunden Erwachsenen, so hatte man errechnet, hätten, nach dem damaligen Stand der Düngerpreise, einen Geldwert von 5,15 Mark.

»Für die Städte, zumal die größeren«, fuhr Virchow fort, »kulminiert indes die Schwierigkeit in der Entscheidung der Frage nach dem endlichen Verbleib der Auswurfstoffe. Ich meinerseits kann mir keine Vorstellung davon machen, wie man sich für das Kanalsystem oder für das Tonnensystem entscheiden kann, ohne vorher genau zu wissen, was aus dem Inhalte der Kanäle oder der Tonnen werden soll. In Dresden war ich genötigt, in dieser Beziehung Hrn. Varrentrapp entgegenzutreten, dessen großer Einsicht und dessen wichtigen Verdienste um die Frage der Städtereinigung ich gewiß gern die vollste Anerkennung zuteil werden lasse. In Frankfurt a. M. baut man Kanäle, während man noch nicht weiß, ob man das Kanalwasser in den Main abfließen lassen oder zur Berieselung verwenden will. Man sagt, man baue so, daß beides nachher möglich sei. Ich frage dagegen, wann will man sich für das eine oder das andere entscheiden? Will man die Berieselung nicht sofort, so muß man die Stoffe in den Main schütten. Dann wird man möglicherweise üble Erfahrungen machen und die Berieselung einrichten, wie es in England oft genug geschehen ist.«

Noch war Virchow nicht zu einer eindeutigen Stellungnahme bereit. Er fürchtete, Überschwemmungen könnten die Stoffe, falls man sie in die langsam dahingleitende Spree fließen ließ, in die Stadt zurückbringen und dort Krankheiten auslösen.[19]

Dann knüpfte Virchow an die Gedanken Max Pettenkofers an; die bayerischen Behörden hatten dessen Bodentheorie inzwischen als den »Abschluß der Cholerafrage« bezeichnet: »Die Ansicht von Pettenkofer geht bekanntlich dahin«, schreibt Virchow weiter, »daß nicht der geologische Charakter des Erdbodens ... für die Entwicklung einer lokalen Cholera-Epidemie von Bedeutung sei, sondern der physikalische Charakter desselben, nämlich eine gewisse Porosität des Oberbodens bei einer undurchlässigen Unterlage. Indem sich das Wasser in die porösen Schichten einsenke, gelange es bis auf die undurchlässige Unterlage und bilde daher eine Grundwasserschicht, welche je nach den Zuständen der Atmosphäre und des Abflusses in ihrer Höhe wechsele. In dieses Grundwasser gelangten auch die Dejektionsstoffe der Cholerakranken, und wenn das Grundwasser sinke, so bleiben Teile derselben in den noch feuchten oder lufthaltig gewordenen oberen Schichten des Bodens, und aus ihnen erzeuge sich gewissermaßen neu der Cholerakeim, möglicherweise ein besonderer Organismus.«

Virchow hatte aber sehr bald bemerkt, wie ungenau Pettenkofers Bodentheorie formuliert war: »Auch der festere Fels hat gewisse Vertiefungen, Einsenkungen, Mulden und Täler, welche mit losem Material gefüllt sind, bald größere, bald kleinere. Einem aufmerksamen Beobachter werden sich daher an allen möglichen Orten feuchte, von Wasser und unreinen Flüssigkeiten durchtränkte, mehr oder weniger poröse Schichten oder Lagen darbieten, welche sich der Theorie anpassen. Auf diese Art kann leicht mehr bewiesen werden, als der Theorie dienlich ist. Auch hängt, wie mir scheint, sehr viel von dem guten Willen des Beobachters ab, was er sehen wird. Ist, wie in Lyon, keine Cholera-Epidemie dagewesen, so liegt die Stadt auf reinem Felsboden; kommt, wie in Gibraltar, Cholera vor, so liegt auf dem reinen Felsboden irgendwo Schutt und poröse Auflagerung.«[20]

Pettenkofers Theorie ist Virchow zu unbestimmt; die Kriterien des Bodens sind so vage definiert, daß das Ergebnis immer so ausfällt, wie es der Untersuchende wünscht. Für die zeitweilige Immunität Würzburgs weiß Virchow allenfalls einen Grund zu nennen: die Stadt besitzt schon seit langer Zeit Wasserwerke, aus denen sie den größeren Teil ihres Trinkwassers bezieht. Virchow ist sich inzwischen sicher, daß die Cholera durch zwischenmenschlichen Kontakt oder durch verseuchtes Wasser verbreitet wird. Gerade aus diesem Grund will er das Abwasser einer Stadt nicht einfach in einen Fluß leiten.[21]

Der Krieg von 1870/71 lenkte die Aufmerksamkeit für einige Zeit weg von den Problemen der Gesellschaft und der Städte; aber die Probleme blieben. Wie vordringlich sie waren, beweist die große Typhusepidemie von 1872/73, die Preußen – in jedem dieser beiden Jahre – mehr Menschenleben kostete als der Krieg gegen Frankreich: 60000 im Jahr 1872, 65000 im Jahr darauf. Die Zeit drängte, die Fragen verlangten nach einer Antwort. 1873 legte Virchow als Vorsitzender des städtischen Ausschusses für diese Frage einen Generalbericht über die Reinigung und Entwässerung Berlins vor. Er hatte inzwischen seinen Standpunkt gefunden; er war sich im klaren, daß für eine Großstadt wie Berlin die Antwort nicht lauten konnte: Kanalisation oder Abfuhr, sondern: Kanalisation *und* Abfuhr.

»Wenn trotzdem immer wieder von neuem die Frage aufgeworfen wird, ob Kanalisation oder Abfuhr, so bewegt man sich in einer Täuschung«, schrieb er. »So wenig jemals alle unreinen Stoffe abgefahren worden sind, so wenig ist dies bei irgendeinem System möglich. In der Tat meinen die Verteidiger der Abfuhrsysteme auch nur die Abfuhr der menschlichen und tierischen Exkremente, der festen Abfälle aus der Küche und der Wirtschaft, des Straßenkehrichts usf. Aber sie stellen sich nicht die Aufgabe und können sich dieselbe nicht stellen, alle unreinen Flüssigkeiten abzufahren. Vielmehr gilt es ihnen als selbstverständlich, daß das gesamte Küchen-, Wasch- und Wirtschaftswasser, so schlimme Bestandteile es auch enthalten mag, das Wasser der Fabriken und Schlächtereien, die flüssigen Abgänge der Ställe, das unreine Straßen- und Marktwasser, ja selbst ein großer Teil des menschlichen Harns durch die öffentlichen Kanäle entleert und den Stromläufen zugeführt werde. Sie sind also genötigt, neben der Abfuhr auf einen Fortbestand, eine Erweiterung und an vielen Punkten auf eine Verbesserung der Kanalisation zu rechnen. Wie wichtig dieser Umstand ist, ergibt sich leicht, wenn man erwägt, welche Ansprüche an das städtische Kanalsystem allein der Ableitung des Regenwassers wegen gemacht werden müssen und wie wenig die gegenwärtigen Kanäle diesem Zweck genügen...

Genaugenommen sind die Vertreter der beiden sich gegenüberstehenden Parteien darüber ziemlich einig, daß der eigentliche Differenzpunkt nur in der Entscheidung über die Entfernung der menschlichen Exkremente liegt.«[22]

Noch einmal führt Virchow die beiden maßgeblichen Aussagen aus seinem Gutachten vom Oktober 1867 an:

»1) das System der Abtrittgruben muß gänzlich verlassen werden, 2) es darf keine Einleitung der unreinen Wasser in die öffentlichen Stromläufe erfolgen.«

Virchow ist sich inzwischen im klaren, daß man die Abwässer einer großen Industriestadt nicht in einen träge fließenden Fluß leiten darf. Die Bedürfnisse der Landwirtschaft stehen für ihn erst an zweiter Stelle: »Es muß daran erinnert werden, daß der Dünger, welcher von den 25 000 Pferden in der Stadt und von den zahlreichen Häusern und Ansiedlungen in der Peripherie der Stadt geliefert wird, welche sicherlich nie vollständig an ein System der Schwemmkanäle werden herangezogen werden können, stets genügen wird, um den Gärtnern und Ackerwirten der näheren Umgebung ausreichenden Stoff zur Fruchtbarmachung ihrer Äcker zu liefern...

Es gibt allerdings einen Gesichtspunkt, der dem finanziellen übergeordnet werden muß: das ist der sanitäre. Salus publica suprema lex. Welches auch die finanziellen Konsequenzen sind, sie müssen getragen werden, wenn die Rücksicht auf die öffentliche Gesundheit sie fordert. Denn eine Stadt, welche durch ihre Unreinlichkeit die Gesundheit ihrer Bürger schädigt oder gar deren Leben gefährdet, darf nicht zögern, in dem Augenblicke, wo diese Erkenntnis gewonnen wird, auch die Mittel zu ihrer Reinigung zu beschaffen, so schwer sie auch fallen mögen. Es wäre eine falsche Sparsamkeit, diese Mittel zu beschränken und ein unvollkommeneres System zu suchen, bloß weil es billiger ist. Jedes kranke oder vor der Zeit gestorbene Gemeinde-Mitglied stellt auch einen wirtschaftlichen Verlust dar, und die Ersparnis an Reinigungskosten der Stadt wird nicht bloß aufgewogen, sondern reichlich überschritten durch die Mehrbelastung der Armenverwaltung.«[23]

Die Vertreter der preußischen Landwirtschaft waren mit diesen Vorstellungen absolut nicht einverstanden. Allein im November 1872 veröffentlichte die »Deutsche Landwirtschaftliche Zeitung« nicht weniger als elf Artikel, die sich allesamt gegen das von Virchow vorgeschlagene System der Mischkanalisation aussprachen. Das vermochte an der Entscheidung des Berliner Stadtparlaments nichts zu ändern: Es wurde ein Kanalsystem zur Beseitigung der Exkremente beschlossen, das als großangelegtes Radialsystem projektiert war. Im August 1873 erfolgte der erste Spatenstich. Die Ausführung entsprang dem Plan des Ingenieurs James Hobrecht. Die Abwässer sollten von der Stadtmitte zur Peripherie gepumpt und dort auf Rieselfeldern entleert werden. Nach dem Erwerb der Güter Osdorf und Friederikendorf durch die Stadt Berlin, deren Fluren berieselt werden sollten, wurde das Radialsystem gegen 1877 vollendet. Bezahlt wurde es aus den Aufwendungen der Hausbesitzer, sie mußten ein Prozent des Nutzwertes ihrer Grundstücke als Steuer dafür bezahlen.[24]

Die Kosten für diese Anlage waren nicht gering: 1874 nahm die Stadt eine Anleihe über 6 Millionen Mark auf, zwei Jahre später eine zweite über 30 Millionen Mark, wovon 12 Millionen für die Wasserversorgung, die restlichen 18 Millionen für die

Kanalisation ausgegeben wurden. 1878 war eine weitere Anleihe notwendig, diesmal über 36 Millionen Mark. »Die Kanalisation der Stadt hat gekostet 42½ Millionen Mark, der Ankauf der Rieselgüter 12½ Millionen, die Ausgaben für die gesamte Herstellung der Kanäle und Rieselfelder betrugen bis Ende März 1889 nahezu 79 Millionen Mark«, schrieb Virchow 1890 in der »Berliner Klinischen Wochenschrift«. Und er scheute sich nicht hinzuzufügen: »Es hat schwere Kämpfe gekostet, ehe die städtische Vertretung an diese großen Unternehmungen herantrat; jahrelange Untersuchungen aller einschlägigen Fragen gingen voraus, aber endlich hat die Bürgerschaft aus eigener freier Überzeugung ihren Beschluß gefaßt und dann auch daran festgehalten, selbst als die Auffassung der Behörden eine gegenteilige wurde.«

Die Kosten waren hoch, aber sie machten sich bezahlt: die Seuchen, allen voran Typhus und Cholera, nahmen ab. An Typhus waren in den Jahren zuvor oft vier und mehr von hundert Gestorbenen verschieden, in den Jahren nach 1878 war es bisweilen nur noch einer.

Die Stadt Hamburg hielt es damals nicht für nötig, neue, saubere Wasserrohre zu verlegen, vor allem aber damit aufzuhören, ihre Abwässer einfach in die Elbe zu leiten. 1892 wurde Hamburg von einer schweren Choleraepidemie heimgesucht, die 8600 Todesopfer forderte, etwa 1,3 Prozent der Einwohnerschaft. Im benachbarten Altona, das damals noch preußisch war, lag die Sterblichkeit bei 0,2 Prozent. Beide bezogen ihr Wasser aus der Elbe; Altona aber besaß eine gute Filtrieranlage.

Rudolf Virchow hat bei seiner Rede zur Eröffnung des 10. Internationalen Medizinischen Kongresses, 1890 in Berlin, die große Leistung der preußischen Hauptstadt herausgestrichen. »Die großen Übel des Menschengeschlechtes, Armut und Krieg, bedrohen fort und fort die Gesellschaft und die Staaten. Aber es ist ein Trost für uns, daß Volk und Regierungen in Deutschland mit anhaltender Sorge beschäftigt sind, die sozialen Schäden zu mildern und den Frieden, den goldenen Frieden zu wahren.«[25]

Berlin war die erste deutsche Großstadt, die Wasserversorgung und Kanalisation nach dem Mischprinzip handhabte und die Müllbeseitigung von Grund auf erneuerte. Am Ende war »Berlin eine reine, eine gesunde, vielleicht kann man in einem gewissen Maße sogar sagen, eine schöne Stadt«, erklärte Virchow vor dem Internationalen Medizinerkongreß.

Die Stadt bekam Modellcharakter; jetzt fingen andere Großstädte an, das Berliner System zu übernehmen. In München wurde die Mischkanalisation 1892 endgültig bewilligt, und nur zehn der vierzig deutschen Großstädte mit mehr als 100000 Einwohnern waren 1907 noch nicht kanalisiert; 1912 waren es nurmehr sechs. Mit Recht schreibt der englische Sozialhistoriker Asa Briggs, daß die Versorgung mit sauberem Trinkwasser und die Kanalisation zu den großen technischen und sozialen Leistungen des 19. Jahrhunderts gehören. In Berlin war Rudolf Virchow an dem Kampf um ihre Einführung maßgeblich beteiligt.

»Erst Gesundheit, dann Bildung!« so hatte Virchow geschrieben, und diese Worte klingen heute vielleicht nach Standesinteresse. Aber Virchow sprach sie vor mehr als hundert Jahren, als in Preußen – im Landesdurchschnitt – auf einen Arzt mehr als 3400 Einwohner kamen, weit mehr also als 1820. Gesundheit war in der Tat ein vordringliches Problem. Und die Kanalisation zeigte bald einen deutlichen Erfolg: Zwischen 1876/80 und 1902 sank die Zahl der im ersten Lebensjahr Verstorbenen von 211 in der Stadt (Land 183) auf 163 (163) bei ehelichen und von 403 (312) auf 305 (287) bei unehelichen Kindern – die Säuglingssterblichkeit sank also in der Stadt um knapp 24 Prozent, auf dem Land nicht einmal um 10 Prozent. Noch deutlicher wird die Entwicklung, wenn wir Berlin betrachten: von 1000 Berlinern erreichten unmittelbar vor Einführung der Kanalisation nur 262 ihren 50. Geburtstag – 1910 waren es 543. Ihren 70. Geburtstag feierten 1865/72 nur 158 weibliche und gar nur 93 männliche Bewohner Berlins – 1910 waren es 364 beziehungsweise 245[26], wobei neben der Städtereinigung noch weitere gesundheitsfördernde Faktoren zu berücksichtigen sind.

Damals begann sich in Deutschland abzuzeichnen, was man im Englischen als »vital revolution« bezeichnet, und was schließlich zu einer Verdoppelung der Lebenserwartung in rund hundert Jahren führte.

Wenige im deutschen Kaiserreich haben wie Virchow verstanden, daß die gewaltigen wissenschaftlichen, technischen und wirtschaftlichen Veränderungen ihrer Zeit begleitet sein müßten von nicht minder tiefgreifenden gesellschaftlichen Umwälzungen und von Veränderungen alter Denkgewohnheiten. Darin unterscheidet Virchow sich übrigens auch von Bismarck. Der Eiserne Kanzler förderte revolutionäre Entwicklungen, die er nicht voraussah, geschweige denn, daß er sie zu lenken vermochte – er wurde zum »Zauberlehrling« (Lothar Gall), denn indem er sich dieser revolutionären Kräfte bediente, wurde er gleichsam »zu ihrem Geschäftsführer wider Willen«.[27]

Dreizehntes Kapitel

DER KULTURKAMPF

»... es ist die Wissenschaft für uns Religion geworden.«

Rudolf Virchow (1865)

Mit den Kriegen Preußens gegen Österreich (1866) und Frankreich (1870/71) ging in Deutschland ein Zeitalter zu Ende. Das alte katholische Reich, das Heilige Römische Reich Deutscher Nation, hatte seit Beginn des Jahrhunderts zu bestehen aufgehört; nun nahm ein neues Reich seinen Anfang, das losgelöst war von Rom und vom Haus Habsburg, ein kleindeutsches Reich, geführt vom protestantischen Haus der Hohenzollern und einer preußisch-deutschen Vorhut.

Mit dem Sieg des protestantischen Deutschland über das katholische Frankreich kamen auch andere Dinge in Bewegung: die Kluft zwischen Protestanten und Katholiken, zwischen katholischer Kirche und protestantischem Staat, zwischen deutschem Kaisertum und römischem Papsttum. Wissenschaft und Glaube, protestantische Industriegesellschaft und alteuropäische Agrargesellschaft, sie gerieten immer mehr auseinander und gegeneinander. Rudolf Virchow hatte an dieser Entwicklung Anteil. Er hat den Begriff Kulturkampf nicht geprägt, wie man immer wieder liest, aber er hat ihn unters Volk gebracht. Man denkt zumeist an ihn, wenn man heute davon spricht, auch wenn Ferdinand Lassalle den Begriff 1858 aus der Schweiz mitbrachte. Lassalle war es auch, der ihn erstmals schriftlich in Deutschland verwendete, in einem Aufsatz über Lessing, freilich in einem etwas anderen Sinn.[1]

Am Anfang des Kulturkampfs steht die Auseinandersetzung zwischen Kirche und moderner Welt; aber wenn man die Frage zu personalisieren sucht, wird man wohl auf die Person Pius IX. weisen. Das römische Kardinalskollegium hatte ihn 1846 zum

Papst gewählt; er beherrschte die nächsten 32 Jahre die Kurie, länger als irgendeiner seiner Vorgänger. In seiner Jugend litt er an Epilepsie, er war leicht erregbar und sprunghaft, ein Priester übrigens von oberflächlicher Bildung, dazu sehr autoritär. Und das Zeitalter, in dem er lebte, war ein Zeitalter der Revolutionen.

Industriegesellschaft und Papsttum; Wissenschaft und Technik einerseits, Glaube andererseits – sind sie nicht wie Wasser und Feuer? Nicht unbedingt, im täglichen Leben konnten sie durchaus nebeneinander bestehen. Das beweisen die Jahre zwischen 1840 und 1870. In den katholischen Teilen Westeuropas machte die Kirche in dieser Zeit – trotz Industrialisierung und Verstädterung – erhebliche Fortschritte. Die neue Zeit legte die Wurzeln des Alten bloß – um so begieriger suchten viele nach einem Halt in dieser neuen, fremden Welt. Die Kirche vermochte diese Sehnsüchte weitgehend zu befriedigen, auch in Deutschland. Seit dem ersten Katholikentag, 1848 in Mainz, zog diese Veranstaltung immer mehr Menschen an. Auch das katholische Vereinswesen erfreute sich eines regen Zulaufs. In der Frankfurter Paulskirche saßen 1848 nicht wenige Katholiken, die sich zu ihrem Glauben bekannten, darunter Wilhelm v. Ketteler, der spätere Mainzer Erzbischof. Die katholische Kirche in Deutschland nahm sich sehr bald der sozialen Frage an. Als die Industrialisierung mit ihrer Anonymität das Land zu überziehen begann, flüchteten viele zurück in den Schoß der Kirche.

Die neue Welt löste alte Bande und öffnete neue Freiheiten, und die deutschen Katholiken begrüßten und benützten diese neuen Freiheiten. Der Papst in Rom verwarf zwar Pressefreiheit, Vereinsfreiheit und andere moderne Rechte und parlamentarische Einrichtungen, aber seine Gläubigen in diesem protestantischen Deutschland wußten sich dieser Institutionen sehr wohl zu bedienen. Die Piusvereine bildeten bald das organisatorische Rückgrat der katholischen Zentrumspartei, und in der Presse waren die Katholiken nicht minder aktiv. »Im Vergleich mit den Ultramontanen sind wir immer noch Wickelkinder«, klagte 1874 eine liberale Zeitung. Bald machte der Oberhirte in Rom Anstrengungen, die Lehren der Kirche im Sinne einer Papstkirche zu deuten. Das erste Manifest dieses Papstes vom 8. Dezember 1854 war die Verkündigung des Dogmas von der unbefleckten Empfängnis Marias. Zugleich stand die Kurie mit einer Reihe europäischer Mächte in Verhandlungen über neu abzuschließende Konkordate; es gelang ihr, die Rechte der Kirche zu sichern und zu erweitern. Gerade in Österreich machte sie mit dem Konkordat von 1855 große Fortschritte im Bildungsbereich. »Der Kaiser demütigt sich vor dem Papst nicht bloß wie ein armer Sünder, der um Gnade fleht«, meinte der liberale Staatsrechtler Bluntschli dazu, »sondern, was viel schlimmer ist, wie wenn der Staat zu Füßen der Kirche läge ... Mit der wissenschaftlichen Reform in Österreich ist es demnach bloßer Schein. Diese ist unmöglich unter der bischöflichen Vormundschaft, welche das Konkordat anerkennt.«[2]

Glaube gegen Wissenschaft – es wäre müßig zu fragen, welche Kraft hier als Ursache, welche als Wirkung zu bezeichnen ist. Mitte der fünfziger Jahre machten die modernen Naturwissenschaften, wie wir gesehen haben, erstaunliche Fortschritte, und diese Wissenschaften standen im Widerspruch zur Lehre der Kirche. Für viele Wissenschaftler dieser Zeit war der Katholizismus nichts weiter als Obskurantismus. War es ein Zufall, daß gerade die Klassiker der Demokratie wie auch der Erkenntnistheorie auf dem päpstlichen Index der verbotenen Bücher standen, die Werke eines Descartes und eines Locke, eines Montesquieu und Rousseau, eines Spinoza und eines Voltaire, ja selbst »Die Kritik der reinen Vernunft« des großen preußischen Philosophen Immanuel Kant?

Während die Katholiken angesichts einer sich auflösenden Welt einen Ort der Zuflucht suchten, schienen die Protestanten sehr viel früher mit dieser neu entstehenden Welt sich ins Einvernehmen gesetzt zu haben; sie waren, seit der Reformation, eher die bürgerlichen, städtischen, eben die moderneren Elemente in der Gesellschaft. Von Berlin ist bekannt, daß zu einer Zeit, als die Stadt etwa eine halbe Million Einwohner zählte, kaum mehr als 30000 – mehrheitlich Frauen – am Sonntag den Gottesdienst besuchten; und in den 1870er Jahren ließ sich in Berlin nur noch etwa jedes fünfte Paar protestantisch trauen, nur 62 von 100 Neugeborenen wurden noch zur Taufe getragen.[3]

Selbst in Italien fand das neue Papsttum keineswegs nur freundliche Aufnahme. Seit Ende der fünfziger Jahre lebte der Papst in seinem weltlichen Herrschaftsbereich, dem Kirchenstaat, nicht mehr unangefochten: Garibaldis Revolutionäre wollten ganz Italien unter einem weltlichen Herrscher vereinen. Die versöhnlichen Worte des großen Staatsmannes Camillo Conte di Cavour – »Libera chiesa in libero stato« – mußte dieser Papst gleichfalls als einen Schlag ins Gesicht empfinden, denn er wollte weder eine freie Kirche noch einen freien Staat. »Die Revolutionäre haben den Ruin der katholischen Kirche verfügt«, erregte sich sein neues Organ, der »Osservatore Romano«, bei seinem Erscheinen am 1. Juli 1861. Der Papst bekämpfte die Kräfte seines Zeitalters und bediente sich dazu alter Ideen, die er nunmehr zu Dogmen erklärte.

Am 8. Dezember 1864, auf den Tag genau zehn Jahre nach der Verkündung des Dogmas von der unbefleckten Empfängnis Marias, veröffentlichte die Kurie die Enzyklika Quanta cura, die auch den Syllabus errorum enthielt, die »Hauptirrtümer« des Zeitalters. Im Grunde war dies eine Kampfansage an die moderne Welt: Pantheismus, Naturalismus und Rationalismus seien abzulehnen, hieß es darin; der Staatsgewalt wird das Recht abgesprochen, die Rechte der Kirche zu begrenzen; die katholische Religion sei der einzig wahre Glaube; alle Fürsten und Könige, ob katholisch oder protestantisch, seien der Jurisdiktion der Kirche unterworfen; die Trennung von Kirche und Staat sei unzulässig; Religions-, Kultus- und Meinungsfreiheit seien zu verwerfen; eine ihrer Thesen wandte sich entschieden gegen den Fortschritt, gegen den Liberalismus, gegen die moderne Zivilisation.

Zunächst richtete sich der Syllabus nur an die katholischen Bischöfe; aber seine Verlautbarungen gingen natürlich auch jeden Gläubigen an, denn sie berührten seine Beziehung zu seinem Fürsten, seiner Obrigkeit. Selbstverständlich sorgte auch die Presse dafür, daß diese ungeheuerliche Anmaßung des Papstes bekannt wurde, ganz abgesehen davon, daß der Papst in einem Brief an den preußischen König Wilhelm I. die Loyalität eines jeden preußischen Katholiken für sich beanspruchte, was den König tief verletzte.[4] »Der Staat ist als die natürliche, für diese Erde bestimmte, das zeitliche Wohl bezweckende Gesellschaft der Kirche unterstellt«, hieß es in einer Publikation der Görres-Gesellschaft. Da war man nicht mehr weit entfernt von der Zwei-Schwerter-Lehre eines Bonifaz VIII. von 1302 und vom Ausspruch eines Honorius von Autun, der ebenfalls im 14. Jahrhundert gelebt hatte: »Der geringste der priesterlichen Hierarchie ist würdiger als jeder König. Fürst und Volk sind die Untertanen des Klerus, welcher ihnen überlegen ist wie die Sonne dem Mond.«

Als wolle er seine Ansprüche noch unterstreichen, berief der Papst einige Jahre später ein Konzil ein, das I. Vaticanum, und erklärte dort, »daß der römische Papst, wenn er vom Lehrstuhl spricht, d. h. wenn er seines Amtes als Hirt und Lehrer aller Christen waltet und kraft seiner höchsten Apostolischen Amtsgewalt endgültig entscheidet ..., er auf Grund des göttlichen Beistandes, der ihm im hl. Petrus verheißen ist, sich jener Unfehlbarkeit erfreut, mit welcher der göttliche Erlöser seine Kirche bei der endgültigen Bestimmung über seine Lehre in Sachen des Glaubens oder der Sitten ausgerüstet haben wollte; und daß deshalb solche endgültigen Entscheidungen des römischen Papstes durch sich selber, nicht aber durch die Zustimmung der Kirche unabänderlich sind«. In Deutschland waren drei Viertel aller Bischöfe gegen das Dogma der Unfehlbarkeit in dieser schroffen Form, in Österreich war das Verhältnis ebenso; Erzbischof v. Ketteler hatte mit einem Kniefall versucht, eine mildere Form zu erreichen – vergebens.

Nun beginnt eine Auseinandersetzung zwischen dem Papsttum und den Kräften, die sich von ihm angegriffen fühlen; sie dauert viele Jahre und findet vor allem in den großen katholischen Ländern wie Frankreich und Italien sowie in den Staaten mit starken katholischen Minderheiten statt. Der Kampf nimmt mannigfache Formen an, und die Beweggründe der Mitwirkenden sind höchst unterschiedlich: katholische und protestantische Fürsten und Könige, wie Ludwig II. von Bayern oder Wilhelm I. von Preußen, und Staatsmänner, wie der bayerische Kultusminister Johann Lutz oder der preußische Ministerpräsident Bismarck, haben sich vor allem deswegen gegen diese Ansprüche zur Wehr gesetzt, weil sie ihre eigenen politischen Vorrechte gefährdet sahen. Ansonsten war ein so autoritär denkender Politiker wie Bismarck keineswegs gegen diesen Papst eingenommen; er war 1870 noch bereit, dem Papst auf preußischem Boden Zuflucht zu gewähren, als die italienischen Republikaner ihm den Kirchenstaat wegnahmen.

Aus völlig anderen Gründen war ein Gelehrter wie Virchow gegen die Ansprüche dieses Papstes. Für Virchow war dies nicht ein Machtkampf, sondern eine geistige Herausforderung, ein Kampf der Wissenschaft gegen die Mächte der Finsternis, ein Kampf auch mit staatlichen Mitteln, denn es ging um so elementare Grundrechte wie Religions- und Meinungsfreiheit, die der Papst nicht anerkennen wollte. »Virchow und Genossen« seien die »Vorkämpfer« des Kulturkampfes gewesen, schreibt Bismarck in seinen »Gedanken und Erinnerungen«, und er hat damit nicht unrecht: Virchow und die Liberalen waren in der Tat Vorkämpfer gegen die antirationalistischen, antidemokratischen und antiliberalen Vorstellungen des Papsttums. Die Liberalen wollten Religions- und Gedankenfreiheit, jeder sollte in religiösen Dingen seinem eigenen Gewissen folgen dürfen. Sie kämpften gegen die Bevormundung der Kirche, wie sie sich gegen die Bevormundung des Staates zur Wehr setzten. Von 1871 bis 1878 arbeiteten sie daher sogar mit Bismarck zusammen. »Die Fortschrittspartei ist darum keine Regierungspartei geworden«, beeilte sich Virchow festzuhalten, denn diese Zusammenarbeit geschah nur auf einer antipäpstlichen Grundlage. Mit dem Syllabus errorum hatte die Kurie der Wissenschaft und dem Staat den Fehdehandschuh hingeworfen, und auch Rudolf Virchow. »Wenn der Syllabus die bestehende Staatsorganisation angreift,« sagte er, »so kann meiner Meinung nach auch die bestehende Staatsorganisation den Syllabus angreifen.«

Lange vor dem eigentlichen Kulturkampf, schon in den sechziger Jahren, hat Virchow sich in öffentlichen Vorträgen zu dem Gegensatz von kirchlicher Autorität und freier Forschung geäußert. »Die Resultate ..., welche die Naturforschung liefert, kann kein Dogma vernichten ... Denn entweder sind sie falsch und dann bietet die Wissenschaft selbst die besten Waffen, um sie zu widerlegen; oder sie sind richtig, und dann gibt es keinen anderen Weg, ihre Gefährlichkeit in den Händen der Gegner zu beseitigen, als sie anzuerkennen und auszuführen.« Alle Erkenntnis, führte der überzeugte Anhänger John Lockes weiter aus, beruhe »in letzter Instanz auf der sinnlichen Beobachtung«, und das sei auch der Grund, weshalb die Naturwissenschaft »nur das gesunde Denken und die vorurteilsfreie, d. h. die autoritätslose sinnliche Beobachtung anerkennt«. Auf der Versammlung Deutscher Naturforscher und Ärzte 1865 in Hannover begründete Virchow, warum die Universität Wien lange Zeit so geringe wissenschaftliche Ergebnisse vorgelegt hatte: »Während das deutsche Volk durch die Reformation gegen Rom sich erhob, während der unabhängige Sinn des Denkens in die Herzen aller gepflanzt wurde, während das allgemeine Priestertum auch auf die Natur seine Hand legte und jeder einzelne sich befreite mehr und mehr von den scholastischen Fesseln des Überlieferten, um durch strenge Prüfung des eigenen Geistes sich zu befähigen, als ein selbständiger und unabhängiger Betrachter und Beobachter ... der Natur dazustehen, während dieser Zeit ist man überall da zurückgeblieben, wo es gelungen ist, die kirchlichen Formen des Wissens aufrechtzuerhalten und die Entwicklung der Schule in den Banden der Kirche zu fixieren.« Und dann, feierlich das Ethos des Protestantismus beschwörend: »Ich kann wohl behaupten, daß der Charakter der deutschen Wissenschaft viel angenommen hat von jenem wahrhaft sittlichen Ernste, mit dem sich unser Volk jeder Arbeit unterzieht, und der das eigentliche Wesen der religiösen Stimmung ist.«[5]

Virchow hat in den Jahren vor und nach 1870 auf diesen Versammlungen mehrmals den grundsätzlichen Unterschied zwischen Wissenschaft und Glauben hervorgehoben. Einmal, in Stettin, erinnerte er, »Kirche und Staat (müßten sich) daran gewöhnen, daß mit den Fortschritten der Naturwissenschaft gewisse Änderungen in unseren allgemeinen Vorstellungen und Voraussetzungen, von denen aus wir unsere höchsten Begriffe bilden, eintreten, und daß diesen Änderungen kein Damm entgegengestellt werden kann, daß vielmehr ein vorsichtiges Staatswesen, eine einsichtige Kirche immer nur dahin gehen können, die fortschreitenden, die sich entwickelnden Vorstellungen in sich aufzunehmen und in sich fruchtbar zu machen«. 1870 fand infolge des Krieges mit Frankreich keine Versammlung statt; aber im Jahr darauf traf man sich in Rostock, und Rudolf Virchow sprach über die Aufgaben der Naturwissenschaften im neuen nationalen Leben Deutschlands. In Frankreich wisse man schon seit Königgrätz, erinnerte er stolz, daß das deutsche Militär seine Siege dem preußischen Schulmeister zu verdanken habe; er forderte, Bildung, vor allem aber die Kenntnis naturwissenschaftlicher Methoden, auf die breite Masse des Volkes auszudehnen, zugleich aber darauf hinzuwirken, daß der Widerspruch zwischen Wissenschaft und Glaube sich allmählich auflöse. »Man hat gut reden von den Fortschritten der Naturwissenschaften«, sagte Virchow, »man hat gut sich rühmen von der Spektralanalyse, aber es klingt das sonderbar, wenn gleichzeitig die alten Vorstellungen über den Himmel noch ebenso festgehalten werden, wie sie im ersten Buch Mose stehen ... Der Zwiespalt wird immer größer, und je größer er wird, um so mehr wächst die Besorgnis, daß es endlich einmal zu einem gewaltsamen Zusammenstoße kommen wird, sobald der eine verlangt, sich auch nach der anderen Seite hin Geltung zu verschaffen ... Daher, meine ich, müssen wir mit allen Kräften danach streben, daß die Wissenschaft Gemeingut wird ... Dazu gehört eben eine allgemein geübte Methode des Denkens und gewisse Formen der Auffassung und Deutung der Naturerscheinungen.«

In der Kirche sah Virchow eine gegenläufige Entwicklung: »Die katholische Kirche macht neue Dogmen, sie konstruiert neue Religionssätze ... Jeder Fortschritt, den eine Kirche im Aufbau ihrer Dogmen macht, führt zu einer weitergehenden Bändigung des freien Geistes; jedes neue Dogma, welches sie zu den bestehenden Kirchengesetzen hinzufügt, verengt den Kreis des freien Denkens. Es liegt auf der Hand, daß man in dieser Entwicklung zuletzt dahin kommt, jede Regung des freien Geistes zu unterdrücken.«[6]

1873, in Wiesbaden, spricht Virchow über die Naturwissenschaften in ihrer sittlichen Bedeutung für die Erziehung der Menschheit. Er setzt sich mit dem Anspruch der Kirche auseinander, sie sei »die eigentliche berufene Lehrmeisterin«, wo es um die Vermittlung von Sittlichkeit geht, »ein, wie man annimmt, seinem Ursprunge nach göttliches Besitztum«. Er anerkennt die »äußerliche Sittlichkeit«, welche die Kirche vermittelt, und sagt von dieser äußerlichen Form, sie bewirke »eine für die Gesellschaft und die einzelnen nützliche Handlungsweise, eine gewisse Sicherheit der menschlichen Beziehungen«, doch sei sie weit davon entfernt, innere Sittlichkeit zu begründen. »Die Kirche hat sich im wesentlichen nicht bemüht, für die große Masse der Bevölkerung über diese äußerlichen Gebote hinauszugehen; sie hat von einer eigentlichen Erziehung der Menschen zu freier, sittlicher Selbstbestimmung im allgemeinen abstrahiert.«[7]

Äußerliche statt innere Sittlichkeit, das ist einer der Vorwürfe, welche Virchow gegen die Kirche erhebt. Doch nicht minder heftig wehrt er sich gegen die dogmatische Wissenschaftsfeindlichkeit der Kirche; an die Stelle der Suche nach Wahrheit trete bei ihr die Wundergläubigkeit: »Wenn gegenwärtig in Frankreich immer neue Mädchen auftreten, welche die heilige Mutter Gottes bald in einem blauen, bald in einem roten Kleide sehen, so kann dieses ›Sehen‹ möglicherweise auf einer subjektiven Wahrheit beruhen. Man kann nicht von vornherein sagen, das sei Betrug. Selbst wenn ein Erzbischof oder ein Bischof ein geistliches Gericht anordnet und eine Untersuchung darüber anstellt, ob dieses oder jenes Mädchen wirklich die heilige Jungfrau gesehen oder ob es gelogen hat, dann muß ich hervorheben, es liegt noch eine dritte Möglichkeit dazwischen; nämlich zwischen dem wirklichen Sehen und der Lüge liegt noch der berechtigte Glaube des Gesehenhabens, und dieser kann wiederum beruhen auf einer wirklichen inneren Erscheinung, nämlich auf einer Vision. Die Ärzte leugnen nicht die Visionen, im Gegenteil, sie wissen ganz genau, daß es Visionen gibt; der Unterschied zwischen der medizinischen Vision und der kirchlichen Vision beruht eben nur darin, daß wir nachweisen können, daß die Vision ein bloß innerliches Phänomen ist, welches sich im Menschen selbst vollzieht, während die Kirche annimmt, daß die Vision äußerlich sei, daß also die Erscheinung in der Tat stattgefunden habe.«[8]

Sodann kommt Virchow auf den Glauben in dieser modernen Welt zu sprechen, und er stellt ihn dem Wissen gegenüber. Was nützt uns der Glaube in dieser wissenschaftlichen Zeit? »Der Gedanke, daß der Existenz und der Weiterbildung der Menschheit ein allgemeines Entwicklungsgesetz zugrunde liegt, ist doch ungleich mehr befriedigend als irgendeine theologische Konstruktion, die wir bisher kennen. Ich behaupte, daß die Mehrzahl aller Kirchen sich gerade die höchsten Probleme des Menschengeistes: warum ist die Welt da? wozu ist der Mensch geschaffen? was ist der Zweck des Menschen? in ihrer mystischen Erklärung zu leicht machen; sie gehen zu schnell über diese Fragen hinweg und beschäftigen sich vielmehr mit der banalen und traditionellen Überlieferung der einmal gegebenen Gebote und Vorschriften.«

»Einen *Glauben* haben auch wir: den Glauben an den Fortschritt in der Erkenntnis der Wahrheit«, beendet Virchow seinen Vortrag. »Und ein Zeichen haben wir, an dem man den wahren Naturforscher erkennen kann und soll, daß er nie müde wird in dem Streben nach Wahrheit und nie feige in dem Bekennen der Wahrheit. Halten wir daran immer fest, dann werden wir den Namen verdienen, den der alte *Linné* dem Menschen gegeben hat: *Homo sapiens*. Sonst müßten wir von ihm sagen: *Homo credulus*.«[9]

Die Naturforscherversammlung 1874 im katholischen Breslau nimmt Virchow zum Anlaß, den Wunderglauben der Kirche zu kritisieren, ihren Mangel an wissenschaftlichem Zweifel. Der Anlaß zu diesem Thema ist höchst aktuell; doch hören wir Virchow selbst: »Die fragliche Person, Louise Lateau, ist 1850 in einem kleinen Dorfe, Bois d'Haine in der Diözese Tournay, im wallonischen Gebiet Belgiens geboren. Nach durch allerlei krankhafte Verhältnisse gestörten Entwicklungsjahren, in denen frühzeitig eine gewisse Neigung zu kirchlichen Leistungen und wohltätigen Arbeiten bemerklich wurden, ist, etwa seit dem Jahre 1868, jene Reihe von Erscheinungen bei ihr aufgetreten, welche man als eine fortgesetzte Reihe von Wundererscheinungen bezeichnet. In kurzer Zeit haben sie sich von einfachen, kleinen Anfängen an sehr schnell zu einem großen Zyklus von Erscheinungen gesteigert. Letztere lassen sich leicht in vier

Gruppen oder Reihen bringen. Die erste Reihe, welche mit dem 21. April 1868, einem Freitag, begann, gerade in der Zeit, als Louise Lateau ihr Noviziat bei dem dritten Orden des heiligen Franziskus von Assisi vollendet hatte, bestand in dem Auftreten der sog. Stigmata. Stigmata nennt man nach der kirchlichen Tradition blutige Flecken, welche zuerst als rote Stellen am Körper erscheinen und aus welchen späterhin Blutungen erfolgen, in manchen Fällen bloß bis in die Haut, in anderen auch auf die Haut, und von welchen die Kirche angenommen hat, daß sie denjenigen analog seien, welche der Heiland bei seinen Marterungen und seinem Tode erfahren habe, und daß sie zugleich Mahnungen darstellten, welche von Zeit zu Zeit durch die göttliche Vorsehung den Völkern vor Augen gerückt werden, damit die Erinnerung jenes Ereignisses wieder lebendig werde. Es ist nicht zu übersehen, daß gerade der heilige Franziskus von Assisi diese Erscheinungen in hohem Maße an sich erlebt hat; es wird dadurch, für uns wenigstens, leichter verständlich, daß diese Stigmata gerade bei einer Novize des Franziskanerordens sich wiederholen ...

In der ersten Zeit wurde ein Arzt, Dr. Gonne, veranlaßt, die Person zu sehen. Derselbe sprach die Meinung aus, daß es nicht möglich sein werde, die Sache im Hause der Familie zu heilen; er wollte sich nur mit der Sache beschäftigen, wenn es ihm gestattet würde, die Kranke aus dem elterlichen Hause zu nehmen. Es wurde ihm verweigert, und Dr. Gonne verschwindet seitdem aus den Protokollen. Dafür erscheint ein sehr gelehrter Mann, Dr. Lefèbvre, der dann auch nachher Professor geworden ist. Nunmehr wurde eine große Reihe von sehr merkwürdigen Untersuchungen veranstaltet und z. B. erwiesen, daß die rote Flüssigkeit, welche sich ergoß, wirklich Blut war, nicht etwas anderes. Herr Lefèbvre hat auch eine sehr genaue Beschreibung der Stigmata geliefert und untersucht, ob etwas in der medizinischen Literatur vorhanden wäre, was damit verglichen werden könne. Und da ich unglücklicherweise ein besonderes Kapitel über Blutungen verfaßt habe, so bin ich ein ganz besonderes Objekt seiner komparativen Aufmerksamkeit geworden. Nun muß ich in der Tat beistimmen, daß die Annalen der Medizin kein Beispiel enthalten, wo im Wege einer gewöhnlichen Krankheit jemals beobachtet worden wäre, daß eine Person von selber an einem Freitag in der linken Seite, am zweiten in der linken Seite und am Fußrücken, am dritten an der Seite, am Fußrücken und am Handrücken, und am vierten auch an der Stirn blutete. Dafür haben wir absolut keine Beispiele.«[10]

Bemerkenswert erscheint Virchow vor allem, wie diese Blutungen allmählich beginnen: »An Händen und Füßen beginnt donnerstags, selten schon mittwochs, eine *Blasenbildung*, welche die Oberhaut emporhebt. In der Freitagsnacht ist die Blase ganz entwickelt, ihre Basis beträgt 2½ cm in der Länge, 1½ cm in der Breite, die anliegende Haut ist weder geschwollen noch gerötet; dann platzt die Blase und ergießt ihre Flüssigkeit, die klar und durchsichtig ist; gleichzeitig dringt aber nun aus der Lederhaut das Blut hervor, *ohne daß sich auch mit dem besten Vergrößerungsglas eine Verletzung des Koriums* [Lederhaut; Hautschicht] *entdecken ließe.* Die Epidermis [Oberhaut] öffnet sich bald mit einer länglichen Spalte, bald kreuzweise, bald mit einer dreieckigen Zerteilung.«

Dies war der Bericht des behandelnden Arztes, die Blutung nimmt also mehrere Tage in Anspruch, ehe sie einsetzt, dieser Mechanismus sei »so ungewöhnlich«, sagt Virchow, »daß wir ihm nichts an die Seite stellen können. Aber niemand wird behaupten können, daß dieser Vorgang einige Ähnlichkeiten hätte mit dem, was der Geschichte nach bei Christi Leiden vor sich gegangen ist. Es ist also nur das endliche Resultat, das Bluten, was die Ähnlichkeit darstellt, und der Ort, an dem es sich darstellt. Ich bin weit entfernt davon, diesen Vorgang erklären zu wollen.«

Nun kommt Virchow auf die weiteren Erscheinungen dieser Frau zu sprechen: »Erstens eine Reihe von Ekstasen, sehr komplizierte Vorgänge, welche darin bestehen, daß gewöhnlich freitags, zuweilen aber auch zu anderen Zeiten, Louise in einen Zustand gerät, wo sie nach kurzer Aufregung gegen die Außenwelt unempfindlich wird, so sehr, daß sogar behauptet wird, sie sei gegen die stärksten elektrischen Schläge unzugänglich, was freilich durch andere Angaben etwas in Zweifel gezogen wird. In diesem Zustande hat sie Visionen und wird nur durch besondere geistliche Einwirkung noch in Verbindung mit der diesseitigen Welt gehalten. Eine dritte Erscheinung, welche sich in ihren Spuren schon bis in den September 1868 verfolgen lassen soll, ist im Oktober 1871 bestimmt hervorgetreten, nämlich eine vollständige Enthaltung des Schlafes. Endlich soll sich der Zustand seit dem 30. März 1871, dem Festtage der sieben Schmerzen Mariä, dahin entwickelt haben, daß sie auch aufhörte, irgend etwas anderes zu genießen als täglich eine Hostie und nebenbei wöchentlich ein paar Löffel Wasser. Das ist alles, was sie seit dem 30. März 1871, seit länger als drei Jahren, genossen haben soll, und trotzdem befindet sie sich in dem blühendsten Gesundheitszustande.«

Virchow kann an dieser Stelle nicht umhin, den Widerspruch zu den Naturgesetzen festzustellen: »Daß ein lebendiges Individuum, namentlich ein menschliches, drei Jahre lang gleichsam auf nichts gestellt sein sollte und daß es doch dabei alle körperlichen Verrichtungen, wenn auch in vermindertem Maße leistet, Verrichtungen, von denen wir wissen, daß sie in der einen oder der anderen Weise mit Konsumtion von Substanz verbunden sind, das würde allerdings einen solchen Eingriff in die Gesetze der organischen Natur mit sich bringen, daß man sagen könnte, etwas Stärkeres kann eigentlich nicht passieren. Gegenüber dieser Enthaltung von aller Speise, wie sie in den Geschichten anderer Heiligen schon verzeichnet ist, erscheint, wissenschaftlich betrachtet, die Geschichte von den Siebenschläfern als eine Kleinigkeit; denn daß das Schlafen sich sehr lange prolongieren läßt, dafür haben wir Anhaltspunkte, aber daß absolute Enthaltung von Speise und Trank solche Dimensionen annehmen kann, das ist absolut unerhört.«

Lange zuvor schon hatte die katholische Presse, auch in Deutschland, die Sache aufgegriffen, und die »Germania« stellte Virchow rundheraus die Frage, warum er, der doch im Namen der Wissenschaft bereits nach Norwegen gereist sei, nicht auch den bequemen Weg nach Bois d'Haine finden könne. Virchow beantwortete diese Frage vor der Naturforscherversammlung, indem er auf seine Erfahrungen in der Charité verwies: »Ich bin 16 oder 17 Jahre lang Arzt einer Abteilung für kranke Gefangene gewesen und kenne jede Art von Simulation, auch die

Simulation der Enthaltung von Nahrung und sogar die des Gegenteils, die Enthaltung nämlich jeder Stoffabgabe; ich kann versichern, es hat die allergrößten Schwierigkeiten, selbst in einem vollständig organisierten Hospital, dessen Personal man in der Hand zu haben glaubt, allen Schlichen und Winkelzügen auf die Spur zu kommen. Ich halte es für eine der allerschwierigsten Aufgaben, manche Simulationen zu enthüllen. Nichtsdestoweniger würde ich mich keinen Augenblick bedenken, Fräulein Louise Lateau in mein Gewahrsam zu nehmen und das Experiment zu veranstalten; aber allerdings werde ich es immer ablehnen, mich in das Haus zu Bois d'Haine zu begeben und unter Bedingungen, welche andere Personen aufstellen, Beobachtungen über diese Simulation zu machen.«

Selbst wenn sich herausstellen sollte, daß Louise ohne jede Nahrung lebt, fuhr Virchow fort, so bleibe doch noch zu untersuchen, ob nicht auch andere unter diesen Bedingungen leben könnten. Er hielt dies für ein großes Problem, mit dem man, wie er ironisch hinzufügte, »sogar die soziale Frage lösen könnte. Ferner wäre es eine interessante wissenschaftliche Aufgabe, zu sehen, daß jemand, der gar nichts zu sich nimmt, ausscheidet, und wie der Stoffwechsel bei Louise Lateau denn eigentlich beschaffen ist. Woher nimmt sie durch dreieinhalb Jahre die Kohlensäure, die sie ausscheidet? Das müßte doch auf irgendeine Weise zu konstatieren sein. ... Während bisher alle Chemiker und Physiker an der Materie halten, ja behaupten, daß die gegebene Quantität Kohlenstoff invariabel sei, bringt Louise täglich ein neues Quantum Kohlenstoff herbei, wie die Meteoriten neues Eisen bringen, nur daß diese nach unweigerlichen Gesetzen zirkulieren, hier aber eine neue Kreation den Kohlenstoff erzeugt. ... Das ist in der Tat ein Wunder.«[11]

Ein rein protestantischer Staat konnte die Verlautbarungen des römischen Papstes einfach überhören, nicht aber Preußen mit seiner starken katholischen Minderheit. Wenn der Papst die Loyalität eines jeden preußischen Katholiken ausdrücklich verlangte, dann mußte von Staats wegen jeder preußische Untertan ermahnt werden, daß er als Staatsbürger zunächst seinem König untertan sein müsse. In den Jahren nach 1871 erließen

Preußen und auch andere deutsche Regierungen, auch die bayerische Staatsregierung, eine Reihe von Gesetzen und Zwangsmaßnahmen gegen den Einfluß der Kirche. Wir brauchen diese Verfügungen nicht im einzelnen zu erörtern, aber es sei doch darauf hingewiesen, daß in diesen Jahren über tausend katholische Pfarrstellen verwaist waren, daß katholische Geistliche und selbst Bischöfe hinter Kerkermauern saßen.

Die Zwangsmaßnahmen des Staates wurden von seiten der Kurie bekämpft. 1871 hob die preußische Regierung die katholische Abteilung in ihrem Kultusministerium wieder auf, da sie, angesichts des konfessionellen Zwiespalts, den Protestanten ein Dorn im Auge war; dies zu tun war ein organisatorischer Akt, der einzig und allein im Belieben der preußischen Behörden stand.[12] Im Jahr darauf wurde das Schulaufsichtsgesetz erlassen. Fortan waren die geistlichen Orts- und Kreisschulinspektoren der staatlichen Aufsicht unterstellt. Der Papst erklärte die preußische Gesetzgebung für ungültig und bedrohte jeden, der sie befolgte, mit der Exkommunikation. Die preußische Regierung lehnte es auch ab, einem katholischen Geistlichen, der sich offen gegen die päpstliche Unfehlbarkeit aussprach, den Lehrauftrag zu entziehen, wie der Papst dies forderte. Warum sollte der preußische Staat den Büttel dieses Papstes spielen?

Der Staat verlangte nun von jedem geistlichen Lehrer, daß er ausreichende Kenntnisse in Philosophie, Geschichte und Literatur nachweise – warum sollte für den geistlichen Lehrer nicht gelten, was für den weltlichen selbstverständlich war? Die Zentrumspartei hatte nichts dagegen, daß man einen geistlichen Lehrer dazu verpflichtete, diese Fächer zu *hören,* aber sie hielt es für unstatthaft, ihn einem Examen zu unterziehen. Virchow begründete im preußischen Landtag, warum der Besuch der Vorlesungen nicht genügte: Die Lernfreiheit an den deutschen Universitäten erlaubte keine Kontrolle über die Teilnahme an den Vorlesungen, also war eine Abschlußprüfung notwendig. Und Virchow war es außerdem nur lieb, daß ein künftiger Geistlicher mehr erfuhr über diese Welt als nur seine Theologie.

Im Verlauf des Kulturkampfes hat Virchow im Abgeordnetenhaus mehrmals in sehr grundsätzlicher Weise Stellung bezogen gegen die Ansprüche der Kirche. Dabei ließ er sich immer von der alten liberalen Forderung leiten, Religion sei die Privatsache des einzelnen, die Schule als Vorbereitung für das Leben sei Sache der Gesellschaft und des Staates, nicht der Kirche, daher sei die Trennung von Staat und Kirche notwendig. Je moderner diese Welt wurde, desto notwendiger wurde diese Trennung. Im Mittelalter hatte die Unterscheidung von Temporalia und Spiritualia es ermöglicht, den Investiturstreit zu überwinden. Jeder sollte in seinem Bereich herrschen: der Kaiser im weltlichen, der Papst im geistlichen.

In den Bemühungen Pius' IX. erblickte Virchow den neuerlichen Versuch des Papstes, seine Herrschaft über den weltlichen Bereich auszudehnen, daher unterstützte er die preußische Regierung, diesen Schlag abzuwehren. Er wolle dem Staat »helfen, aus den Fallstricken der Kirche allmählich herauszukommen«, sagte er am 17. Januar 1873 im preußischen Abgeordnetenhaus. In dieser Rede hat er übrigens auch erstmals öffentlich vom Kulturkampf gesprochen, nicht erst, wie man häufig liest, am 23. März 1873 in einem Aufruf der Fortschrittspartei. »In Glaubenssachen«, sagte er, sei die Kirche souverän, der Staat dürfe »in diese Sphäre nicht eindringen«. Doch: »Die Kirche muß dem Staat unterworfen sein in denjenigen Dingen, die die äußeren Rechtsverhältnisse betreffen. ... Hier hat der Staat das Verhältnis zu ordnen, und da hat der Staat das Recht einzugreifen, da ist er souverän, (da) wird man das Recht des Staates, die Grenzen der kirchlichen Gewalten zu definieren, nicht bestreiten können.«[13] Darüber hinaus sollte es Religionsgemeinschaften freigestellt sein, in ihren eigenen Belangen frei zu entscheiden; ein Vorschlag seines Parteifreundes Waldeck, den Virchow unterstützte.

Virchow mißtraute der Kirche; es liege »im Wesen des römischen Papismus«, hielt er den Zentrumsabgeordneten einmal entgegen, »daß er Schritt für Schritt jede Schranke, die sich ihm entgegenstellt, niederzuwerfen sucht, auf jedem Gebiete, nicht bloß auf dem staatlichen, nicht bloß auf dem Gebiete der Wissenschaft, sondern auch auf jedem anderen«.[14] Er stellte sich den Staat und die Kirche wie zwei Kreise vor, die voneinander getrennt sein sollten – wo sie sich immer noch überlappten, hielt er es für die Sache des Staates, zu entscheiden.

Die Schule war ein solcher Punkt; in diesem Bereich glichen sogar die Überzeugungen Bismarcks denen des Liberalen Virchow. »Für nicht entbehrlich hielt ich ... vor allem die Herrschaft des Staats über die Schule«, schreibt Bismarck in seinen »Gedanken und Erinnerungen«. Virchow hielt nur die weltlich geführte Schule für imstande, ein Mindestmaß an guter Ausbildung zu gewährleisten; außerdem sollte die Schule, namentlich die Volksschule, der Ort sein, die konfessionell gespaltene deutsche Jugend zusammenzuführen: »Deswegen legen wir auf das Unterrichtswesen einen so großen Wert, weil wir wollen, daß die Trennung und Spaltung, welche die Kirchen über das deutsche Volk gebracht haben, auf diesem Gebiete aufhören soll.«[15]

Virchow setzte sich dafür ein, die beiden Konfessionen zusammenzubringen, wo immer dies möglich war. Grundsätzlich hatte er nichts dagegen, die Glaubenslehre in der Schule jeweils von einem Lehrer der anderen Konfession unterrichten zu lassen. Aber er sah ein, daß dies böses Blut erzeugte, obwohl er wußte, daß noch kurz zuvor in Preußen katholische Lehrer auch evangelische Schüler unterrichtet hatten und umgekehrt, ohne daß den Kindern daraus Schaden erwachsen wäre. Virchow wollte auf keinen Fall zulassen, daß jede Konfession für sich blieb und nur die Lehren ihrer eigenen Kirche erfuhr: »Stellen wir uns nicht die Aufgabe«, mahnte er im Landtag, »schon in den kindlichen Gemütern die äußersten Feinheiten der Unterschiede zwischen den einzelnen Religionsnuancen zu entwickeln; verderben wir uns nicht die Grundlagen, die wir dem Unterricht geben wollen, durch Religionsgezänk; versuchen wir nicht schon die Kinder äußerlich auseinanderzureißen, ihnen gewissermaßen dadurch, daß wir Bruchteile aus der Schule herausziehen, so recht zum Bewußtsein zu bringen: ihr seid andere Leute als diejenigen, welche in *der* Schule sind! Fördern wir es, daß der konfessionelle Unterricht selber in einer gewissen Mäßigung und Toleranz auftrete. Dann werden wir auch die Toleranz nach außen bekommen.«[16]

Für ihn waren die Kirchen und ihre Lehren nicht die eigentlichen Fundamente des Staates – dies bislang geglaubt zu haben, sagte er, sei ein großer Fehler der Staatsmänner gewesen. Kirchen seien eher »auflösende und destruierende Elemente«.

Er hielt auch nichts von der pädagogischen Rolle der Religion. »Die Religion hat nur eine Seite, welche erziehlich wirkt, das ist die ethische. (Aber) unserer Meinung nach kann Ethik im besten Sinne des Wortes in jeder Schule gelehrt werden, auch ohne Religion.« Die Religion fördere den Glauben, nicht das Wissen, sie habe »nichts Erziehliches an sich«. Unter »erziehlich« verstand Virchow, »daß der einzelne Schüler soweit entwickelt wird, daß er vermöge der Grundlagen, die er in der Schule empfangen hat, sich im Leben weiter entwickeln und auch intellektuell zu höherer Stufe sich erheben kann. Der Herr Kultusminister hat gesagt«, machte er diesem zum Vorwurf, »auch die höheren intellektuellen Leistungen unserer Nation seien auf dem kirchlichen Boden erwachsen. Nein, sie sind auf dem ketzerischen Boden erwachsen; sie waren immer in Opposition mit der Kirche; die Kirche hat sie in ihrem Anfange immer zu unterdrücken gesucht. Wann hat die Kirche den intellektuellen Fortschritt zu fördern gesucht? Gar nicht. Dieser Fortschritt hat sich vollziehen müssen trotz der Kirche, gegen die Kirche. Daher ... kann ich es nicht anerkennen, daß sowohl der moralische wie der intellektuelle Fortschritt wesentlich auf dem religiösen Grunde stattzufinden hat. Die Religion steht neben dem intellektuellen Fortschritt. ... Seien Sie froh«, rief er den Zentrumsleuten zu, »daß Sie diese weltliche Erziehung genossen haben. Sie wären ja nicht so weit gekommen, wenn Sie nicht ein gutes Stück bürgerlicher Erziehung erhalten hätten.«[17]

Sein Ziel war ein freies, sich selbst bestimmendes Individuum. Es ist hier nicht zu entscheiden, ob dies ein protestantisches Prinzip ist; aber es ist eine Folge der protestantischen Reformationen. Auch die großen Reformatoren John Wyclif und Martin Luther sahen im einzelnen Gläubigen das sich in Glaubensdingen frei entscheidende Wesen; ihre Lehre vom allgemeinen Priestertum förderte diesen Gedanken. Der einzelne sollte einzig und allein seinem Gewissen verantwortlich sein, nicht einem ihm von außen auferlegten Dogma. Was Virchow nicht begreifen wollte war, »daß neue Dogmen entstanden sind, daß Männer, welche bis kurz vor diesen Dogmen dieselben für unmöglich hielten, welche denselben entschieden entgegen waren, unmittelbar hinterher sich unterwarfen und keinen Augenblick mehr in der Lage waren, ihre persönliche Meinung geltend zu machen! Sie werden uns doch nicht zumuten wollen«, rief er den Abgeordneten vom Zentrum zu, »dieses für einen Ausdruck persönlicher Freiheit zu halten!« Er machte ihnen zum Vorwurf, sie verstünden nichts von Freiheit, und schon gar nicht von Meinungs- und Gedankenfreiheit, und erinnerte daran, daß der Papst im Jahre 1856 – als er selber freilich noch nicht »infallibel« war, wie Virchow hinzufügte – die Gewissensfreiheit des einzelnen ausdrücklich als eine »Pest« bezeichnet habe.[18]

Religion ist für Virchow Privatsache, und dies so sehr, daß er jedem mißtraut, der dieses Private aus seinem Innersten stets nach außen kehrte: »Ich habe die Meinung, daß Leute, die ihren Gott immer auf der Zunge tragen, und die sowohl in Feuilletons wie auf der Tribüne ihn vor sich hertragen, nur zu oft eine etwas zweifelhafte Position in Beziehung auf wahre Religiosität haben.« Und einmal hält er einem Abgeordneten der Zentrumspartei entgegen, für ihn sei »das Christentum etwas absolut Äußerliches, für uns ist es etwas absolut Innerliches ... Wir halten auch dafür, daß das Christentum durch die Kirche aufs äußerste gefälscht und verändert worden ist... Wir befinden uns damit auf dem historischen Boden, von dem die Reformation ausgegangen ist; wie Luther in der Kirche den eigentlichen Antichrist gesehen hat, so stehen auch wir auf dem Standpunkte, daß wir wenigstens in großen Abschnitten dessen, was sich Kirche nennt, den eigentlichen Antichrist erkennen.«[19]

Bei seinen vielen Reden im Landtag hat Virchow Gott und die göttliche Ordnung nicht geleugnet, allein, »Sie sehen die göttliche Ordnung wesentlich in der Gestaltung der Kirche, wir sehen diese göttliche Ordnung in der Gestaltung der Individuen«, warf er wiederum der katholischen Zentrumspartei vor. »Auch für uns ist das Individuum kein zufälliges, kein plan- und zweckloses Ding; auch wir sind der Überzeugung, daß das Individuum seine Existenz, die Formen seiner Lebensäußerungen, die Formen seiner geistigen Tätigkeit ewigen Gesetzen verdankt, daß diese Gesetze nicht entstanden sind durch irgendeinen beliebigen Zufall; auch wir glauben daran, daß es eine allgemeine Ordnung gibt; aber wir sind allerdings nicht überzeugt, daß irgend ein Sterblicher diese Ordnung zu durchschauen im Stande ist, und daher ... sind wir auch außer Stande, uns der Auffassung zu fügen, daß es irgendeine Kirche gibt, welche in dem vollen Besitz der Erkenntnis wäre, welche die göttliche Ordnung erschließen.«[20]

Auf keinen Fall wollte Virchow eine vermeintlich göttlich gewollte Ordnung in die Welt bringen lassen. Er wollte Religion ohne jede hierarchische Verbrämung, am liebsten ganz ohne kirchliche Organisation. Hier gefiel ihm das Judentum. »Worauf beruht denn noch gegenwärtig die jüdische Religion?« fragte er. »Sie beruht ganz einfach auf der Gemeinde. Es gibt gar keine weitere Organisation, gar keine jüdische Kirche.« In dieser Verfassung kann der einzelne sein religiöses Leben voll entfalten. Glaube bedarf keiner Hierarchie, »denn die Hierarchie hat zuletzt keinen andern Zweck als den Selbstzweck«.

Wenn es galt, praktische Entscheidungen zu treffen in dem Kampf gegen die katholische Kirche, wenn die Regierung zur Abstimmung über eine Gesetzesvorlage aufrief, hat Virchow zusammen mit seiner Fortschrittspartei der Regierung seine Stimme nicht versagt, obgleich er die administrativen und polizeilichen Schikanen der preußischen Behörden niemals gebilligt hat. Virchow hat oft nur widerwillig seine Zustimmung gegeben und es lebhaft bedauert, daß die Beamten ihrer Pflicht mit so wenig Gefühl, ja selbst ohne Menschlichkeit nachkamen. Als es darum ging, die Ordensangehörigen – mit Ausnahme der in der Krankenpflege tätigen Personen – auszuweisen, meinte Virchow, die Orden seien wohl nicht unmittelbar gefährlich, doch wolle er der Regierung seine Stimme nicht entziehen, wenn es darum gehe, dem Wirken der Orden in Preußen ein Ende zu machen. Das klingt hart, aber man darf nicht vergessen, daß ziemlich genau hundert Jahre zuvor der Papst selbst den Jesuitenorden verboten hat.

Die Interessen des staatlichen Kulturkampfes und die Interessen Virchows deckten sich niemals ganz. Virchow hat während des Kulturkampfes auch Anregungen gegeben, welche der preußischen Regierung gewiß nicht gefielen und die auch nicht Billigung der rechtgläubigen protestantischen Untertanen

Preußens fanden. So hat er sich im preußischen Abgeordnetenhaus dafür eingesetzt, daß die Friedhöfe ihren konfessionellen Charakter aufgaben. Vielleicht stand ihm die Beerdigung seines eigenen Vaters vor Augen, als er sagte: »Fühlt man sich wirklich veranlaßt, oder wird man gezwungen, eine heterodoxe Leiche auf einen konfessionellen Kirchhof zu bringen, dann schiebt man sie möglichst in eine entfernte Ecke, irgendwo an die Mauer, an einen Ort, der bestimmt ist für unanständige Personen, wenigstens für Personen, die unter zweifelhaften Umständen das Leben verloren oder es sich selbst genommen haben, kurz für Personen, welche der Kirche nicht passen: man heftet so noch auf ihre Leichenstätte einen bösen Makel. Diese Praxis ... mag vom Standpunkt eines gläubigen Konfessionsanhängers durchaus berechtigt erscheinen; sie mögen sich da auf ihr Dogma berufen und sagen: das geht nicht, wir können nicht, ohne ein Sacrilegium zu begehen, die Leichen Andersgläubiger in Reih und Glied mit den andern Leichen beerdigen. Aber ... ich denke, die bürgerliche Gemeinde hat andere Pflichten ... Wie jedermann gleich ist vor dem Gesetz, er auch gleich ist in Beziehung auf seine Leiche, d. h. daß er an gleicher Stelle mit den Leichen Andersgläubiger in die Erde gesenkt werden kann.«

Virchow war für freiwilliges Verbrennen; das Argument, Leichen müßten mitunter wieder ausgegraben werden, um sie zu untersuchen, wollte er nicht gelten lassen: das sollte vorher geschehen, meinte er, in der gesetzlichen Leichenschau. Er wollte auch nichts davon hören, daß vielen die Leichenverbrennung anstößig erscheint, denn es gäbe schließlich auch andere Zonen dieser Erde, wo umgekehrt die Leichenbestattung anstößig erscheint. »Warum es nicht zulässig sein sollte, sich auch verbrennen zu lassen, sehe ich nicht ein. Vom Standpunkt der öffentlichen Gesundheitspflege aus wäre doch nichts erwünschter, als wenn unsere Sitte im ganzen sich dahin richten wollte, daß die Verbrennung Regel würde, denn daß die zunehmende Anhäufung von Verwesungsstätten, welche die großen Städte wie ein Kranz umgeben, welche das Erdreich mit unreinen Stoffen erfüllen, welche weit und breit die Gewässer verunreinigen – daß das kein Zustand ist, der sich mit der öffentlichen Gesundheit verträgt, liegt auf der Hand.«[21]

Rudolf Virchow (1876)

Der Kulturkampf hatte nach der Reichsgründung begonnen und erreichte seinen Höhepunkt im Sommer 1874, als der Böttchergeselle Eduard Kullmann auf Bismarck schoß und ihn an der Hand leicht verletzte. Da Kullmann einem katholischen Gesellenverein angehörte, sah Bismarck hinter dem Attentat den politischen Katholizismus. Die Spannungen zwischen Staat und Kirche hielten in Preußen noch eine Weile an; doch nach dem Tod Pius' IX. im Februar 1878 ließen sie rasch nach, zumal der neue Papst, Leo XIII., Friedensfühler ausstreckte. Außerdem erblickte Bismarck inzwischen einen neuen Reichsfeind, gegen den er vorgehen konnte, die Sozialdemokratie.

Im Kulturkampf ging es verschiedenen Parteien – und verschiedenen Personen – um ganz unterschiedliche Dinge. Bismarck, der sich in diesem Kampf auf beide liberale Parteien stützen konnte, ließ sich von ganz anderen Beweggründen leiten als Virchow oder dessen Parteifreund Eugen Richter, der sich in diesen Jahren an die Spitze der Fortschrittspartei stellte. Bismarck nannte zwar die Bildung des katholischen Zentrums auf Reichsebene eine »Mobilmachung einer Partei gegen den Staat« und bezeichnete Sozialdemokraten und Zentrum bei anderer Gelegenheit als die »geborenen Gegner Deutschlands«;[22] aber das Spiel mit politischen Parteien – die Bismarck bisweilen als »innere Schweinereien« bezeichnete – war für ihn nur eine taktische Herausforderung, bei der es galt, tragfähige Bündnisse zu bilden, mit denen man regieren konnte. Gegen die Unfehlbarkeitstheorie des Papstes hatte er als Staatsmann kaum etwas einzuwenden, da war er zu sehr Realpolitiker, das sonderlich ernst zu nehmen.

Für Virchow lagen die Dinge anders. Sein Mißtrauen gegen den Papst und gegen den Katholizismus überhaupt war von grundsätzlicher Natur, daher war Virchow in seinem Anti-Katholizismus auch weniger geschmeidig als Bismarck. Für ihn waren die Ansprüche des Papstes ein Versuch der geistigen Knechtung, gegen die er sich als Person zur Wehr setzte. Die autoritären Ansprüche des Papstes auf Unfehlbarkeit waren für ihn als Wissenschaftler unerträglich. Mit einer solchen Macht konnte Virchow nicht in Unterhandlungen treten.

Mit dem Tod Pius' IX. zeichnete sich für Bismarck innen-

wie außenpolitisch eine neue Konstellation ab, die sehr stark von der wirtschaftlichen Lage bestimmt wurde. Bismarck machte wirtschafts- und handelspolitisch eine Kehrtwende. Vor seinem Amtsantritt im Jahr 1862, so haben wir erfahren, betrieb Preußen eine Politik des Freihandels, die er lange Zeit fortsetzte. In den folgenden Jahren erfreuten sich Preußen und die ihm angegliederten Länder eines mächtigen Wirtschaftswachstums, das kurz nach der Reichsgründung seinen letzten Höhepunkt erreichte: Auf eine lange Phase raschen Wachstums folgten Jahre einer langsameren Entwicklung, die Ende der 1870er Jahre zu einer Depression erstarrte. Nach 1875 zeichnete sich in Preußen eine politische Wende ab, in der auch der Kulturkampf – zumindest in seiner ursprünglichen Form – ein Ende nahm. In dieser Zeit verlangte der Zentralverband deutscher Industrieller immer fordernder nach Schutzzöllen. Gegen hohe Zollmauern hatte auch die Landwirtschaft nichts einzuwenden, zumal inzwischen aus Amerika große Mengen billigen Getreides eingeführt wurden. Ein System von Schutzzöllen und indirekten Steuern war auch der preußischen Regierung nicht unlieb, denn damit konnte sie das neue Gebäude des Deutschen Reiches auf eine selbständigere Grundlage stellen, es unabhängiger machen von den Beiträgen der Länder. Natürlich verteuerten Schutzzölle und indirekte Steuern die Waren, aber darauf kam es nicht an. Die Konservativen waren für die Schutzzölle, hinter ihnen stand das Interesse der Landwirtschaft. Gegen die Schutzzölle waren vor allem die Sozialdemokraten und die Liberalen, die Fortschrittspartei mehr als die Nationalliberalen. Aber vielleicht würde es Bismarck gelingen, die industriefreundlichen Teile der Nationalliberalen auf seine Seite zu ziehen. Nach dem Rücktritt seines engsten Mitarbeiters Delbrück, 1876, begann er langsam, eine neue Koalition zu bilden, eine Allianz aus Roggen und Eisen. Der Versuch, den prominenten Nationalliberalen Rudolf von Bennigsen zu gewinnen, scheiterte, weil der gleich zwei weitere nationalliberale Parteipolitiker mit ins Kabinett bringen wollte. Lange Monate brütete Bismarck über das neu zu bildende Bündnis; er zog sich für ein Dreivierteljahr nach Varzin zurück, wo er, wie Virchow im Parlament höhnte, einsam trauernd über die Prärien Pommerns wandelte.

Eine zentrale Rolle in Bismarcks taktischen Überlegungen spielten die Sozialdemokraten. In Preußen wurden sie durch das Dreiklassenwahlrecht zurückgedrängt; aber im Reich gewannen sie bei den Wahlen in den siebziger Jahren immer mehr Stimmen. Zwei Anschläge auf Kaiser Wilhelm – im Mai und Juni 1878 – spielten Bismarcks Sozialistenfurcht in die Hände. Er wollte gegen sie »eine Solidarität der Notwehr« aller staatstragenden Elemente errichten: daraus entstand das Sozialistengesetz, das »Gesetz gegen die gemeingefährlichen Bestrebungen der Sozialdemokratie«. Beim ersten Anlauf scheiterte Bismarck; nach dem zweiten Attentat auf Wilhelm I. kam er durch. Was bislang der politische Katholizismus gewesen war für Bismarck, nämlich Reichsfeind Nummer 1, das wurde nun die junge SPD.

Mitnichten waren die Sozialdemokraten von Bismarcks Kampf gegen den Katholizismus begeistert. Sie waren selbst zu sehr verfolgte Außenseiter, den Kampf gegen eine Minderheit gutzuheißen; außerdem war nur ein kleiner Teil ihrer Mitglieder überzeugte Atheisten. Ihr Führer im kaiserlichen Reichstag, August Bebel, rheinländischer Katholik und Muß-Preuße, mißbilligte den Kulturkampf aufs schärfste; es sei »der größte politische Fehler, den Bismarck in der inneren Politik machte und der der innenpolitischen Entwicklung Deutschlands eine höchst verderbliche Richtung gab«, lautete sein Urteil, wobei Bebel augenscheinlich nur den staatlichen Kulturkampf im Visier hatte. Bebel und seine Freunde hielten es für verhängnisvoll, daß Bismarck glaubte, er könne »die katholische, die Polen- und die sozialistische Bewegung« mit staatlichen Zwangsmitteln aus der Welt schaffen.[23]

Schon lange zuvor hatte Bismarck Erzbischof v. Ketteler zu überzeugen versucht, daß ihn, Bismarck, »die Absicht leitete, zu zeigen, daß wir nicht antikatholisch, sondern nur antipolnisch wären«, schreibt er in seinen »Gedanken und Erinnerungen«. Und weiter: »Der Beginn des Kulturkampfs war für mich überwiegend bestimmt durch seine polnische Seite.« Bismarck war niemals ein Freund der Polen gewesen; er war nicht einmal bereit, Seite an Seite mit ihnen zu leben. »Ich habe alles Mitgefühl für ihre Lage«, schrieb er im März 1861 an seine Schwester,

»aber wir können, wenn wir bestehen wollen, nichts anderes tun, als sie auszurotten; der Wolf kann auch nichts dafür, daß er von Gott geschaffen ist, wie er ist, und man schießt ihn doch dafür tot, wenn man kann.«[24]

In der Tat wird der Kulturkampf in einer zweiten Phase, nach 1877/78, bestimmt von Bismarcks antipolnischer Politik. Die Polen waren im neuen Deutschen Reich und im preußischen Staat eine Minderheit gleich in mehrfacher Hinsicht: Sie unterschieden sich von ihren Mitbürgern durch eine eigene Sprache und eine sehr stolze Staatstradition, welcher Preußen, zusammen mit Österreich und Rußland, 1795 ein Ende bereitet hatte. Außerdem waren die Polen zum allergrößten Teil katholisch. 1871 war von den 24 Millionen Einwohnern Preußens jeder zehnte ein Pole; im Osten war das Verhältnis noch höher. Anläßlich der Reichsgründung und der Verkündung der neuen Reichsverfassung protestierten die polnischen Abgeordneten im Reichstag ausdrücklich. Sie vermißten in der Reichsverfassung einen Nationalitätenschutz, wie ihn die Verfassung der Paulskirche vorgesehen hatte.

Noch etwas kam hinzu: Österreich versuchte in diesen Jahren, den Forderungen seiner Minderheiten entgegenzukommen. 1867 machte Wien im sogenannten Ausgleich den Ungarn weitgehende Zugeständnisse, im Jahr darauf erhielten die Polen in Galizien Kulturautonomie. Nach ihrer Niederlage gegen Preußen wurde die alte k.u.k. Monarchie großzügiger; die Minderheiten sollten sich wohlfühlen. Völlig anders verfuhren Preußen und Rußland; sie zogen die Zügel fester an, und sehr bald bekamen die Polen in Deutschland den neuen deutschen Reichsdünkel zu spüren.

»Ich war zufrieden, wenn es gelang, dem Polonismus gegenüber die im Kulturkampf gewonnenen Beziehungen der Schule zum Staate und die eingetretne Änderung der einschlagenden Verfassungsartikel als definitive Errungenschaften festzuhalten«, schreibt Bismarck. Das preußische Schulaufsichtsgesetz betraf selbstverständlich auch die polnischen Schulen in Preußen. Es folgten weitere Gesetze, welche das Polnische im Amtsverkehr und als Behördensprache drosselten. Die Oberpräsidialverfügung über den Sprachunterricht in den Volksschulen in Posen und Westpreußen schrieb vor: »In allen Lehrgegenständen mit Ausnahme der Religion und des Kirchengesangs ist die Unterrichtssprache die deutsche.« Bald durften die Kreisschulinspektoren bestimmen, ob sie nicht auch für den Religionsunterricht Deutsch als Unterrichtssprache vorschreiben wollten. Das machte das Deutsche den Polen nicht lieber; es schürte vielmehr ihr Nationalbewußtsein.

In den achtziger Jahren wurden die Germanisierungsbestrebungen noch wesentlich schärfer. Mit anti-römischem Kulturkampf und mit Konfession überhaupt hatte das Ganze nichts mehr zu tun, hier werden nationale, ja rassistische Untertöne hörbar. Während in diesen Jahren nämlich immer mehr Deutsche nach Übersee auswanderten – im Jahr 1881 waren es erstmals mehr als 200000 –, zogen Menschen aus dem deutschen Osten, Deutsche wie Polen, in die großen Städte an Rhein und Ruhr, wo die Industrie Arbeitsplätze bereithielt; zugleich pendelten Jahr für Jahr polnische Saisonarbeiter in die östlichen Teile Preußens und übernahmen dort, für einen Sommer, die Erntearbeit auf den Feldern der Großgrundbesitzer. Bismarck nannte dies »eingerissene Übelstände«, die es zu beseitigen galt; er wollte, wie er in vertrauter Umgebung mehrfach sagte, »die Trichine des polnischen Adels aus dem Land ... schaffen«.[25]

Als Germanisierung bezeichnet man gemeinhin die Maßnahmen, die nun von preußischer Seite folgten: den Versuch, das polnische Element zurückzudrängen, deutsche Ortsnamen anstelle der alten polnischen zu setzen und diese Regionen – mit staatlicher Hilfe – verstärkt mit Deutschen zu besiedeln und dafür Polen auszuweisen. Virchow und seine Parteifreunde verteidigten in den nächsten Jahren vergebens die polnischen Freiheiten und die alten preußischen Rechte.

In den Jahrhunderten enger Nachbarschaft, vor allem natürlich in den knapp einhundert Jahren seit der letzten Teilung Polens, hatte in Preußen eine Germanisierung der preußischen Polen stattgefunden, doch sie war ohne staatliche Eingriffe geschehen. Das wußte Virchow, und dagegen hatte er nichts einzuwenden; er hielt dies für unvermeidlich, in mancher Hinsicht hielt er die Angleichung sogar für begrüßenswert. Aber er war gegen die zielgerichtete, von staatlicher Seite durchgeführte

Germanisierung. Daß polnische Kinder, die in Preußen leben und später Arbeit finden wollten, Deutsch konnten, war für Virchow selbstverständlich; zugleich aber vertrat er die Auffassung, »daß auch der preußische Staat die Aufgabe verfolgen muß, daß er einen vernünftigen Unterricht in der polnischen Sprache und zwar in der Ausdehnung den Kindern verschafft, daß sie im Stande sind, den höheren Zwecken, welche etwa die polnische Literatur und die polnische Konversation mit sich bringt, genügen zu können. Wir dürfen ihnen die Zugänge zu der nationalen Sprache und Literatur nicht verschränken«.

Virchow hatte nichts dagegen, daß die Polen in Preußen auch Deutsch lernten – das erwartete er sogar von der Schule –, aber er wollte auf keinen Fall, daß bereits in der Volksschule auf deutsch unterrichtet wird. Er sei der Meinung – und da spricht wieder der Erzieher aus ihm –, »daß in einer Bevölkerung, wo die Muttersprache polnisch ist, der Elementarunterricht von Anfang an unmöglich anders als in der polnischen Sprache gegeben werden kann. Man muß notwendigerweise zunächst den natürlichen Weg zu dem Verstande wie zu dem Herzen des Kindes finden.«[26]

Mitte der achtziger Jahre wird die Bedrängnis der Polen in Preußen so hart, daß eine demokratische polnische Zeitung in Posen schreibt: »Manchen spiegelt die erschreckte Phantasie vor, die polnische Gemeinschaft könne sogar in eine solche Lage geraten, in der sich die Sozialisten in Deutschland befinden.« Rudolf Virchow, der kein Sozialdemokrat war und sich mitunter auch herablassend über die Vertreter der Arbeiterbewegung äußerte, hat bei dieser Gelegenheit mit warmen Worten von diesen beiden unterdrückten Minderheiten gesprochen, »weil beide Parteien aus gepreßten Leuten bestehen, und weil wir niemals uns berechtigt fühlen werden, als allgemeine menschliche Gefühle der Sympathie zu verleugnen, was der Untergang eines so großen Staates in uns erzeugt«.

Die Verschmelzung polnischer und deutscher – oder, wenn man so will: slawischer und germanischer – Elemente war Virchow zeit seines Lebens so lebhaft vor Augen wie kaum einem andern im preußischen Landtag. Er wußte sehr wohl, daß sein Heimatland Pommern sich im Lauf der Jahrhunderte »in seinem größten Teile vollständig germanisiert« hatte, »und selbst die letzten Reste der Kassuben sind, wenn auch erst im Laufe des gegenwärtigen Jahrhunderts, verschwunden«, sagte er vor diesem Gremium. Aber niemand wird sagen können, so schloß Virchow, »es sei irgendein spezifischer Druck, eine Gewaltmaßregel, irgendeine unerhörte Regierungsmaßregel eingeschlagen worden, um das herbeizuführen«. Es war für ihn wichtig, daß dies spontan, gleichsam von unten her, erfolgt war.

Virchow war überzeugt, daß die preußische Regierung »eines der größten Fiaskos machen« würde, falls sie ihre Germanisierungsbemühungen fortsetzte. »Ist denn eine europäische Gefahr vorhanden, welche drängt?« fragte er. »Haben die Polen im Augenblick oder nächstens vor, das große polnische Reich zu proklamieren und uns mit einemmal in einen gefahrdrohenden Kriegszustand zu setzen?« Er räumte ein, daß es unter den Polen noch immer Hoffnung auf einen eigenen Staat gibt; aber er müsse auch anerkennen, sagte er, »es gibt wenig Nationen, die so schwer, nicht bloß vom Schicksal, sondern auch von Staatsmännern getroffen worden sind«.[27]

Im April 1886 wird das Gesetz betreffend die Beförderung deutscher Ansiedlungen in den Provinzen Westpreußen und Posen verabschiedet. Die preußische Regierung stellt für den Ankauf von Grundbesitz durch deutsche Siedler hundert Millionen Mark zur Verfügung; diese Summe verfünffacht sich in den nächsten zwanzig Jahren. Die preußischen Konservativen geben nun ihre Politik der Nichteinmischung in ethnischen Fragen auf. Gegen die Stimmen des Zentrums, der Freisinnigen und der Polen – die Sozialdemokraten waren im preußischen Landtag nicht vertreten – wurde das Ansiedlungsgesetz am 7. April 1886 angenommen. Als die Rede darauf kam, daß »deutsche Frauen mit deutschen Kindern« angesiedelt werden sollen, begehrt Virchow auf, die ganze Diskussion sei lächerlich, weil er wußte, wie sinnlos es in diesem Teil Preußens war, von Deutschen so zu sprechen, als seien das alles Urgermanen. Virchow erkannte, daß in diesem Gesetz eine gute Portion Willkür steckte. Wenn die Regierung will, daß ein solches Gut in deutschen Händen bleibt, »dann müssen Sie auch die Leute hindern, daß sie sich überhaupt polnische Verwandte anschaffen«, ruft er seiner Regierung zu, »sonst werden Sie es nie hindern können, daß das Gut doch wieder in polnische Hände kommt ... Und wenn ich sage, das ist gewaltsam, so ist es das um so mehr in dem Augenblick, wo man einem Bruchteil der preußischen Staatsangehörigen und deutschen ausdrücklich erklärt, daß man die Mittel des Gesetzes anwenden will, um sie von einem Teile des Bodens zu vertreiben, auf dem ihre Vorfahren gesessen haben und wo sie selbst geboren sind. Das ist in der Tat eine der größten Härten, die man gegenüber einem Menschen anwenden kann«, fährt Virchow fort, »ihn aus dem Heimatsitze direkt hinauszusetzen. Ich weiß in der Tat nicht, was man sich Härteres denken kann! Ob das geschieht mit Mitteln, wie der Reichskanzler sie liebt, durch Geld und in gerichtlichen Formen, oder durch Gewalt der Waffen, oder sonstwie, das ist doch bloß eine Differenz, ... welche die Gewaltsamkeit der Maßregeln in irgend etwas mindert. Wenn wir der Regierung erlauben, daß aus diesen Teilen Polens polnische Mitbürger vertrieben werden, so ist und bleibt das Gewalt, in welcher Form Sie das auch immer herstellen wollen ... Wir haben die feste Überzeugung, daß dies ganze Vorgehen verfassungswidrig ist.« Virchow sieht darin einen Verstoß gegen die preußische Verfassung, Artikel 4, der besagt, daß alle Preußen vor dem Gesetz gleich sind.

Die preußische Regierung will nun dort Deutsche ansiedeln, wo bisher Polen gelebt haben. Stellt sich da für die Regierenden nicht bald auch die Frage: »Hat er eine polnische Frau, hat er einen polnischen Vetter? Wird man vielleicht auch fragen: ist er ein Fortschrittsmann oder ist er gar Sozialdemokrat? ... Es wäre ja sehr nett, wenn man da vielleicht Musterkolonien von konservativen Bauern anlegen könnte, die vielleicht im Kontrakt die Verpflichtung übernehmen, nur für konservative Kandidaten zu stimmen.« Virchow stellt sich entschieden dagegen, daß dort Deutsche planmäßig angesiedelt werden, weil es auch keinen Beweis dafür gibt, daß dort zuvor planmäßig Polen angesiedelt wurden. Auch die »Berliner Arbeiter beschweren sich darüber«, sagt er, »daß man fortwährend aus den polnischen Provinzen Straßenarbeiter, Erdarbeiter, Maurer und dergleichen bezieht, die billiger arbeiten und die Löhne verderben«; aber – und das ist für Virchow entscheidend – »das sind alles natürliche Dinge, die sich gewissermaßen von selbst vollziehen, und aus denen noch nicht folgt, daß eine dauernde Polonisierung daraus hervorginge«.

Virchow mißtraut diesem Gesetz, wie er dieser Regierung mißtraut; hundert Millionen Mark seien in ihrer Hand »eine sehr böse Waffe« sagt er, denn »wir haben ja hinreichend Gelegenheit gehabt, zu sehen, was eine Regierung mit vielem Geld machen kann; wir haben den Reptilienfonds in seiner vollen Wirkung gesehen«. Am Ende dieser großen Rede, vorgetragen am 7. April 1886, bittet Virchow die Abgeordneten noch einmal mit eindringlichen Worten: »Erwägen Sie einmal, ob Sie wirklich mit Ihrem Rechtsgefühl, mit Ihrer rechtlichen Überzeugung von dem Inhalt unserer Verfassung es vereinbaren können, ein Gesetz zu geben wie dasjenige, das Ihnen hier zugemutet wird.«[28]

Gegen die im russischen Teile Polens beheimateten Saisonarbeiter – und das waren immerhin mehr als 300000, die alljährlich nach Preußen kamen – haben die preußischen Behörden niemals eine Grenzsperre ernsthaft in Erwägung gezogen. Aber preußische Polen wurden ausgewiesen, etwa 32000 an der Zahl, wovon rund 9000 polnische Juden waren. Die Ausweisung dieser Menschen, die zum Teil seit Generationen in Preußen beheimatet waren, erfolgte oft binnen weniger Stunden, mit so unerhörter Härte, daß selbst konservative Edelleute die Brutalität und die nutzlos grausame Entscheidung ihrer Regierung bedauerten.

Der Kulturkampf, *dieser* Kulturkampf, endete für Rudolf Virchow als eine große Enttäuschung. Virchow wußte zeitlebens zu unterscheiden zwischen den Polen als ethnischer Minderheit in Preußen und den Polen, die zufällig auch katholisch waren; zwischen der katholischen Kirche und den Katholiken als Gläubige; zwischen einer spontan verlaufenden Germanisierung und einer staatlich gelenkten, planmäßig durchgeführten. Für ihn war der Kulturkampf ein Streit mit dem Papst, welcher sich anmaßte, in die Dinge dieser Welt hineinzureden, und dazu gehörte auch die Wissenschaft.

Vierzehntes Kapitel

ÜBER ARTEN UND RASSEN

»... *es besteht kein Hindernis, irgend welche* wissenschaftliche *Streitfragen* wissenschaftlich *zu diskutieren.*«

Hermann von Helmholtz

Seit dem sechsten Jahrzehnt des 19. Jahrhunderts erlebten die Naturwissenschaften einen steten Aufschwung. Die neuen Einsichten und Erkenntnisse waren in der Tat bahnbrechend; und so manche Frage, die auch heute noch nicht restlos geklärt ist, war vor hundert Jahren Anlaß einer schweren Auseinandersetzung.

Charles Darwin veröffentlichte 1859 sein Werk über den Ursprung der Arten; es lag wenig später auch in einer deutschen Übersetzung vor. Darwin fand in Deutschland einen sehr gläubigen und eifrigen Anhänger seiner Theorien, wie es ihn im nüchternen England vielleicht niemals gegeben hat: Ernst Haeckel, Professor für Zoologie. Haeckel begann bald, die Darwinsche Lehre und seine eigene Interpretation mit Eifer vorzutragen. Er entwarf – heute reichlich primitiv anmutende – Stammbaume, die von den Protozoen bis zum Menschen reichten. Als Haeckel 1863 in Stettin seine Theorien erstmals vor der Versammlung Deutscher Naturforscher und Ärzte vortrug, zog er sich den Spott seiner Fachkollegen zu. Darwin stieß sich an seinen überspitzten Äußerungen. Darwin hatte in seinem Buch »On the Origin of Species« nichts gesagt über die Ursprünge der menschlichen Art, aber die Folgerung lag auf der Hand: Der Mensch hatte sich, wie alle anderen Tiere, im Laufe der Zeit aus niedrigeren Tierformen entwickelt. Sein Buch über »Die Abstammung des Menschen« legte Darwin erst 1872 vor.

Neue wissenschaftliche Hypothesen und Erkenntnisse werden von der Wissenschaft selten über Nacht aufgenommen; und wenn sie so weltbewegend sind wie die von Charles Darwin, schon gar nicht. Darwin hat das übrigens geahnt: Auf den letzten Seiten seines Buches über den Ursprung der Arten schreibt er: »Obschon ich von der Wahrheit der von mir in diesem Buche – in verkürzter Form – vorgetragenen Ansicht vollauf überzeugt bin, erwarte ich doch keineswegs, daß es mir gelingt, auch andere erfahrene Forscher, deren Kopf mit allerlei Fakten vollgestopft ist, davon zu überzeugen ... Doch ich blicke voller Vertrauen in die Zukunft – zu jungen, aufstrebenden Forschern, die eines Tages beide Seiten dieser Frage vorurteilsfrei betrachten werden.«[1] Max Planck hat das in unserem Jahrhundert ganz ähnlich formuliert: »Eine neue wissenschaftliche Wahrheit pflegt sich nicht in der Weise durchzusetzen, daß ihre Gegner überzeugt werden und sich als belehrt erklären, sondern vielmehr dadurch, daß die Gegner allmählich aussterben und die heranwachsende Generation von vornherein mit der Wahrheit vertraut gemacht wird.«[2] Die alte Schule verschwindet erst dann, um es mit den Worten des amerikanischen Wissenschaftshistorikers Thomas S. Kuhn zu sagen, wenn es gelingt, die nächste Generation von der Richtigkeit des Neuen zu überzeugen.

Rudolf Virchow hat sehr bald von Darwins Theorie erfahren; er hat wenige Jahre später mit anerkennenden Worten davon gesprochen. 1863 veröffentlichte Virchow den Aufsatz »Über Erblichkeit«, in dem er andeutete, aus der Erbmasse eines Individuums könnten Veränderungen hervorgehen, die sich auf das neue Lebewesen übertragen. Virchow wies in diesem Aufsatz darauf hin, »daß die Erblichkeit sich nicht immer innerhalb der Rasse oder Art auf dieselbe Summe von Eigenschaften oder Merkmalen bezieht, daß diese Summe vielmehr in den einzelnen Generationen größer oder kleiner sein kann«. Zwei Jahre später veröffentlichte dann Gregor Mendel seine Einsichten. Als Virchow diese Zeilen schrieb, waren also Dinge wie Mendels Uniformitäts- und Spaltungsregeln, die Unterscheidung zwischen Phänotyp und Genotyp, dominante und rezessive Formen der Vererbung noch gänzlich unbekannt, und selbst als Mendel seine Beobachtungen und Folgerungen veröffentlichte, blieben sie unbemerkt; sie mußten ein paar Jahrzehnte später, von drei Wissenschaftlern, völlig unabhängig voneinander, neu »entdeckt« werden.

»Die Hauptschlußfolgerung, zu der dieses Werk gelangt ist, daß nämlich der Mensch von irgendeiner niedrig organisierten Form abstamme, wird, wie ich mit Bedauern annehme, so manchem höchst widerlich sein«, schrieb Darwin in seinem Buch über die Abstammung des Menschen. Nun, widerlich war Virchow diese Folgerung nicht; aber er betrachtete sie vorläufig nur als eine Hypothese, die es zu beweisen galt; eine ziemlich einleuchtende Hypothese zwar, aber eben doch nur eine Hypothese. Deshalb wollte er sie nicht als Tatsache lehren. Über diese Frage gerieten Virchow und sein ehemaliger Schüler Haeckel in Streit, wobei die beiden sich so benahmen, wie der Jüngere sie in seinen Briefen aus Würzburg geschildert hat: Virchow nüchtern bis unterkühlt, Haeckel voller Leidenschaft und Feuer. Er sei der Meinung, ließ Haeckel wissen, hier sei ein »Augias-Stall« auszuräumen, da könne man »nicht mit Glacé-Handschuhe(n herangehen), sondern nur mit Mistgabeln ausräumen, und man muß derb und ungeniert anpacken«.

Virchow fand Darwins Überlegungen durchaus einleuchtend, vor allem den Gedanken, daß auch Tierarten sich im Lauf der Zeit verändern und fortentwickeln; er hielt nichts vom Unwandelbaren, Unabänderlichen. »Von der Unveränderlichkeit der Spezies bis zur Veränderlichkeit der Spezies ist ja eben kein größerer Schritt als der eben angedeutete, daß man die Dinge nicht als gegebene ansieht, sondern als werdende«, sagte Virchow 1871 bei einem Vortrag in Rostock vor der Versammlung der Naturwissenschaftler. Und in seinem »Archiv« gestand er, er sei immer bereit gewesen, den Gedanken von der »Veränderlichkeit der Arten freundlich aufzunehmen«. Als er einmal gefragt wurde, warum er nicht Darwinist sei, entgegnete Virchow: »Ich kann dazu nur sagen, daß ich im Herzen Darwinist bin, wie ich im Herzen Kosmopolit bin.«

Die Rede über die Freiheit im modernen Staat, die Virchow im September 1877 auf der Versammlung Deutscher Naturforscher und Ärzte in München hielt, wurde von Haeckel und seinen Getreuen als Schlag ins Gesicht verstanden. In dieser Rede empfahl Virchow den Naturwissenschaftlern, ihre Begeisterung für die neue Lehre zu mäßigen. Er stellte eine Verbindung her zwischen Darwinismus und Sozialismus. Das war seinerzeit nicht außergewöhnlich, wiewohl unpassend. Und Virchow erinnerte an die Pariser Kommune, die dem Nachbarland so viel Leid gebracht habe. Dann mahnte er seine Kollegen, sich immer bewußt zu sein, wo die Grenze liege zwischen dem Spekulativen und dem wirklich Erwiesenen. Was die Naturwissenschaft als vollkommen gesicherte wissenschaftliche Wahrheit betrachte, das müsse auch die Nation aufnehmen, das müsse auch den Schülern vermittelt werden, nicht aber bloße Theorien. »Wenn die Deszendenzlehre so sicher ist, wie Herr Haekkel annimmt, dann müssen wir verlangen ..., daß sie auch in die Schule muß«, denn eine »vollständig stabilierte Lehre (müsse) nicht bloß jedem Gebildeten« überliefert werden, sondern auch jedem Kind.[3]

Virchow unterschied säuberlich zwischen Forschung und Lehre. »Das, wonach wir forschen wollen, das sind Probleme ... Die Forschung nach solchen Problemen ... darf keinem verschränkt sein. Das ist die Freiheit der Forschung. Aber das Problem soll nicht ohne weiteres Gegenstand der Lehre sein. Wenn wir lehren, so müssen wir uns an jene ... Gebiete halten, die wir wirklich beherrschen.« Um seinen Standpunkt zu erläutern, führte er ein Beispiel an: »Es wird im Augenblick wenige Naturforscher geben«, sagte er, »die nicht der Meinung sind, daß der Mensch mit dem übrigen Tierreich in Zusammenhange steht, und daß, wenn auch nicht mit dem Affen, so doch vielleicht an anderer Stelle, wie auch Herr [Carl] Vogt jetzt annimmt, ein Zusammenhang möglicherweise sich finden lassen werde. Ich erkenne offen an, es ist das ein Desiderat der Wissenschaft. Ich bin ganz vorbereitet darauf, und ich würde mich keinen Augenblick weder wundern noch entsetzen, wenn der Nachweis geliefert würde, daß der Mensch Vorfahren unter anderen Wirbeltieren hat. Sie wissen, ich treibe gerade Anthropologie gegenwärtig mit Vorliebe, aber ich muß doch erklären: jeder positive Fortschritt, den wir in dem Gebiete der prähistorischen Anthropologie gemacht haben, hat uns eigentlich von dem Nachweise dieses Zusammenhanges mehr entfernt.«

Er schloß mit den Worten: »Wir können nicht lehren, wir

können es nicht als eine Errungenschaft der Wissenschaft bezeichnen, daß der Mensch vom Affen oder von irgendeinem anderen Tiere abstamme. Wir können das nur als ein Problem bezeichnen: es mag noch so wahrscheinlich erscheinen und noch so nahe liegen.«[4]

Dieser Vortrag war keineswegs scharf, und die katholische Presse hatte keinen Grund, ihn dafür zu loben. »Die Haeckelianer resp. Affenfanatiker haben in München eine große Niederlage erlitten«, triumphierte die »Germania« am 25. September 1877. Der preußische Kultusminister Falk, Virchows Verbündeter im Kulturkampf, dem Virchow die Rede in gedruckter Form geschickt hatte, bedankte sich höchstpersönlich bei dem Referenten.

Haeckel entgegnete Virchow zunächst mit einer Schrift mit dem Titel »Freie Wissenschaft und freie Lehre«. Sein erster Vorwurf lautete, Virchow habe Darwins Schriften nicht sorgfältig gelesen, sondern sie nur »nach seiner bekannten Gewohnheit ... flüchtig durchgeblättert, einige Schlagwörter daraus aufgegriffen und nun ohne weiteres darüber Reden gehalten, und was das Schlimmste ist, diese Reden durch den Druck verewigt«; er selbst hingegen habe »wiederholt und sorgfältig alles gelesen, was Virchow seit Jahren gegen die Entwicklungslehre geschrieben hat«. Interessant ist nun, was Haeckel ganz besonders mißfiel: der Zusammenhang, den Virchow zwischen Darwinismus und Sozialismus herzustellen versuchte. »Der Sozialismus fordert für alle Staatsbürger gleiche Rechte, gleiche Pflichten, gleiche Güter«, erregte sich Haeckel, »die Deszendenz-Theorie gerade umgekehrt beweist, daß die Verwirklichung dieser Forderung eine Unmöglichkeit ist. Der Darwinismus ist alles andere eher als sozialistisch! Will man dieser englischen Theorie eine bestimmte politische Tendenz beimessen – was allerdings unmöglich ist –, so kann diese Tendenz nur eine aristokratische sein, durchaus keine demokratische, und am wenigsten eine sozialistische. Die Selektions-Theorie lehrt, daß im Menschenleben wie im Tier- und Pflanzenleben überall und jederzeit nur eine kleine bevorzugte Minderheit existieren und blühen kann; während die übergroße Mehrzahl darbt und mehr oder minder frühzeitig zu Grunde geht.«

Die Zweifel, die Virchow bisweilen an Darwins Theorien äußerte, haben ihm mancherorts den Vorwurf eingebracht, er habe sich gegen den gesellschaftlichen Fortschritt gestellt. Diese Folgerung ist unzulässig. Der Führer der deutschen Sozialdemokratie, Bebel, bezog wenig später im Reichstag Stellung zu diesem Streit: Bebel machte Haeckel zum Vorwurf, er verstünde nichts von den Gesellschaftswissenschaften; so erkläre sich auch, daß er sich offen zur Todesstrafe bekenne; hätte er Sozialwissenschaften studiert, dann wüßte er, daß »diese Verbrecher in nützliche, brauchbare Glieder der menschlichen Gesellschaft umgewandelt werden könnten«. Bebel ist zwar gleich von Anfang an für den Darwinismus; aber aus persönlichen Gründen steht er mehr auf seiten Virchows als auf der Seite Haeckels. Bebel äußerte auch, daß Darwinismus und gesellschaftlicher Fortschrittsglaube keineswegs immer Hand in Hand gehen; im Gegenteil, Darwin hat mit seinen biologischen Lehren einer rassistischen Auslegung der gesellschaftlichen Entwicklungen durchaus Vorschub geleistet und hing selbst dem Sozialdarwinismus an.[5]

In einem Punkt freilich hat Haeckel recht, nämlich was Virchows Kenntnisse des Darwinismus anlangt. Thomas S. Kuhn bemerkt, daß auch Wissenschaftler außerordentlich persönlich und längst nicht immer sachlich reagieren, wenn es um die Übernahme neuer wissenschaftlicher Erklärungen geht. Virchow hat nun tatsächlich einen wichtigen Gedanken Darwins nicht begriffen oder nicht beachtet oder verdrängt: die Vorstellung nämlich, daß sich die Evolution im Laufe von Jahrmillionen vollzogen hat. Auf der Naturforscherversammlung in Straßburg, 1885, machte Virchow sich lustig über »die Herren Zoologen«, die die Deszendenz vortragen, »aber leider hat noch kein Mensch beobachtet, daß eine Rasse in die andere übergegangen ist, kein Mensch hat gesehen, daß etwa eine weiße Bevölkerung, welche sich unter den Tropen angesiedelt hat, schwarz geworden wäre, noch niemand hat beobachtet, daß eine Negerbevölkerung, die sich in Polargebiete oder wenigstens nach Kanada begeben hat, weiß geworden wäre.«[6] Aber wo hätte Darwin je solchen Unsinn gelehrt? Hier kamen Virchow seine eigenen Erfahrungen in die Quere, seine langjährige Tätigkeit im Labor. Mit dieser empirischen Methode kam man hier nicht weiter.

Virchows Haltung gegenüber dem Darwinismus blieb schwankend. Er vermißte das »missing link«, das Verbindungsglied zwischen Mensch und Tierreich. »Der gesuchte Tiermensch, wenn ich mich so ausdrücken darf, fehlt immer noch«, sagte er in Hamburg 1876 in einem Vortrag über die Ziele und Mittel der modernen Anthropologie. Manche Naturforscher glaubten, ihn im Ureinwohner Australiens gefunden zu haben, aber das lehnte Virchow ab: »Immer bleiben sie Menschen in unserem Sinne und nächste Anverwandte von uns.«[7]

Virchows Stellungnahme zu Darwin hing immer auch davon ab, wer gerade sein Gesprächspartner oder Widersacher war. Im preußischen Abgeordnetenhaus nahm er Darwin in Schutz gegen gehässige Angriffe der politischen Rechten und sagte, »daß in der allgemeinen Auffassung, welche die Darwinianer und Darwin selbst der Sache gegeben haben, ein nicht geringer Teil von Wahrscheinlichkeit ruht«.[8]

Seit der zweiten Hälfte der 1850er Jahre bewegte ein weiteres Problem die Naturforscher: die neuesten Funde im Neandertal bei Düsseldorf. Im August 1856 hatte der Naturforscher Johann Carl Fuhlrott im Neandertal ein paar Knochen gefunden, darunter einen Schädel, und sie als Skeletteile eines »sintflutlichen Menschenwesens einer primitiven, wilden Urrasse« gedeutet. Bei den Fachkollegen fand er damit zunächst wenig Zustimmung.

Rudolf Virchow hatte Jahre später Gelegenheit, im Hause Fuhlrotts diese Knochen in Augenschein zu nehmen. Seine Ergebnisse trug er 1872 in der Berliner Gesellschaft für Anthropologie, Ethnologie und Urgeschichte vor, in deren Veröffentlichungen sie auch abgedruckt sind. Zunächst: Virchow interessierte sich für diesen Schädel nur am Rande; er hat gleich im Anschluß an den Vortrag über den Neandertaler-Schädel ein weiteres Referat gehalten, ein Thema, das ihm persönlich viel mehr am Herzen lag, nämlich über die Pfahlbauten bei Bonin am Lüptow-See in Pommern.

Die Überzeugung des Finders, es handele sich um den Schädel einer untergegangenen Menschenrasse, teilte Virchow nicht, zumindest hatte er starke Zweifel. Er untersuchte den Schädel als medizinisch sachverständiger Anthropologe und legte dar, was er vorfand: einen Schädel mit symmetrischer Abflachung und Vertiefung an den Scheitelbeinhöckern, welche er als eine »fortschreitende Atrophie der äußeren Schichten des Knochens« deutete, eine Veränderung, wie sie nur bei älteren Menschen vorkommt. »Der Nachweis dieser Atrophie hat insofern einen nicht geringen Wert, als bei einigen anderen Erscheinungen an den Knochen des Neandertal-Menschen sich darüber streiten läßt, ob sie auch dem höheren Alter oder einer früheren Lebenszeit angehören. Jedenfalls wird man zunächst das als feststehend annehmen müssen, daß es sich um den Schädel eines alten, vielleicht sehr alten Individuums handelt.«

Aufgrund des Knochenzustands stellt Virchow zum einen die Diagnose Gicht; die Veränderungen an den Extremitäten des Skeletts deutete er als Verformungen infolge einer Rachitis, an welcher der Neandertaler als junger Mensch gelitten hatte. Die beiden Steinbeile, die Fuhlrott in der gleichen Schicht gefunden hatte wie die Knochen und demgemäß der gleichen Epoche zurechnete, wollte Virchow auf keinen Fall so früh einordnen: »Denn bis jetzt hat noch niemand geglaubt, daß polierte Streitäxte in so weit zurückgelegenen Zeiten gearbeitet worden seien.« Insgesamt hatte Virchow erhebliche Zweifel, entsprechend vorsichtig war seine abschließende Beurteilung: »So wenig ich mich berechtigt fühlen würde, heutigen Tages die Natur einer Rasse nach einem einzigen Schädel zu beurteilen, welcher große und wesentliche Spuren krankhafter Störungen an sich trägt, Störungen, welche unzweifelhaft in einer ganz frühen Zeit der Entwicklung ihren Anfang und noch ganz spät ihren Fortgang gehabt haben, so meine ich auch, daß man es wird aufgeben müssen, den Neandertal-Schädel als hinreichendes Zeugnis einer Rasse anzusehen, welche den gleichen Typus der Schädelbildung gehabt habe. Denn dann müßte man glauben, daß es ganz und gar eine pathologische Rasse gewesen sei.« Dies könne aber kaum der Fall sein, also doch »eher eine noch unvollkommene Rasse«. Virchow nannte den Schädel abschließend »eine merkwürdige Einzelerscheinung«.[9]

Aus einer sehr viel späteren Warte kann man sagen, daß zwar Virchows Zweifel angebracht waren, daß er sich aber in der Sache getäuscht hat. Er hatte recht, was die Steinbeile anlangt, die waren tatsächlich aus einer anderen Epoche. Dennoch stand er mit seiner Einschätzung des Neandertal-Schädels nicht allein, einige namhafte Anthropologen irrten damals nicht weniger als Virchow. Richtig scheinen auch Virchows Ergebnisse bezüglich der Krankheit des Neandertalers gewesen zu sein: neuere Untersuchungen vor wenigen Jahren kamen zu der Erkenntnis, daß der Neandertaler an Rachitis gelitten hatte.[10]

Die Entstehung des Menschengeschlechts, die Bildung von Arten und Rassen hat Virchows Interesse seit den späten 1860er Jahren überaus in Anspruch genommen. Mit dem deutschen Sieg über Frankreich im Krieg von 1870/71 gewann dies alles plötzlich eine neue, eine politische Bedeutung; ein schriller Ton kam in die Debatte, immer stärker drang darwinistisches Gedankengut in politische und gesellschaftliche Vorstellungen ein. Wenn wir den Aufzeichnungen von Bismarcks Pressereferenten Moritz Busch trauen dürfen, wehte im preußischen Generalstabsquartier in Versailles ein rassistischer Wind, und auch Bismarck soll allerhand Unsinn über die »germanische« und die »ganze lateinische Rasse« zum besten gegeben haben. Selbst einem so liberalen Geist wie Theodor Fontane, in dessen Adern »französisches Blut« floß, kam die deutsche Kriegsführung vor wie »eine Inkarnation all jener echt germanischen Volkstugenden, welche ... ihre Superiorität Frankreich und seiner romanischen Race gegenüber jedem verständlich erwiesen haben«.[11] Natürlich gingen solche Vorstellungen damals auch in Frankreich um; rassistisches Gedankengut war dort ebenfalls weit verbreitet, seit Arthur Graf Gobineau 1853 seine »Rassenchemie« entwickelt hatte: die Vorstellung, die Rassezugehörigkeit eines Menschen sei in dessen Mischung von weißem, gelbem und schwarzem Blut zu finden.

Die edlen und kriegerischen Tugenden der eigenen und die Laster der fremden Seite suchte man jetzt gern mit dem »blutmäßigen Erbe« zu begründen. Die Deutschen hätten sich »als Söhne der Goten ... alle Sitten der Barbaren bewahrt, mit Ausnahme des Ehrgefühls«, schrieb ein französischer Publizist gegen Ende dieses Krieges. Und der bedeutende französische Anthropologe Armand de Quatrefages machte seiner Verbitterung Luft in einer Schrift über »La Race prussienne«, in welcher er die neue, von Preußen den anderen Staaten Deutschlands aufgezwungene Einheit als einen Fehlgriff der Geschichte abtat, denn die Preußen, so schrieb er, seien Angehörige der dunklen, mongolischen Rasse der Finnen und nur sie hätten auch die vielen Kriegsverbrechen in Frankreich begangen; indes die richtigen Deutschen, nun ihre Opfer, eine weiße Rasse seien, die von der dunklen unterworfen und geknechtet werde.

Es ist fraglich, ob Virchow von dieser Äußerung mehr gekränkt war als Preuße oder als in Rassenfragen gut unterrichteter Naturwissenschaftler. Er hatte wenig Verständnis für rassistische Vorwürfe und nationalistische Leidenschaften, wie sie – vor und nach 1870 – die beiden Völker heimsuchten. Er sah ein, daß man von den soeben erst gedemütigten Franzosen nicht erwarten durfte, »sie sollten sich nunmehr in ihre Niederlagen und in den ihnen aufgezwungenen Frieden finden und als freundliche Nachbarn in regelmäßige Wechselbeziehungen zu uns wieder eintreten. Dazu gehört mehr Zeit«, befand Virchow in seinem »Archiv«. »Wir sollten doch nicht vergessen, daß wir die Sieger und daß es den Siegern ziemt, die Wege der Versöhnung zu bahnen und offen zu halten, selbst wenn die Besiegten lange Zeit hindurch es verschmähen sollten, dieselben zu betreten.«

Es war ein Kollege aus der Berliner Gesellschaft für Anthropologie, Ethnologie und Urgeschichte, Heinrich Kiepert, der Virchow Mitte Oktober 1871 auf diese wissenschaftlich unhaltbaren und überdies verletzenden Äußerungen de Quatrefages' aufmerksam machte. A. de Quatrefages war nicht irgendwer, er zählte zu den bedeutendsten Anthropologen Frankreichs. Virchow hielt nicht viel davon, die innerlichen Eigenschaften eines Volkes aus dessen körperlichen Rasseelementen abzuleiten. Auf dem Wiesbadener Naturforscher-Kongreß, 1873, warnte Virchow davor, zu glauben, eine Rasse sei der anderen überlegen. Dies führe zwangsläufig dazu, daß man die vermeintlich niedrigere Rasse ausrotte, wie dies gerade in Nordamerika betrieben werde. Seiner Meinung nach habe die »objektive Forschung noch keineswegs klargestellt ..., daß eine solche ursprüngliche Inferiorität bestehe«. Virchow warnte immer wieder davor, kulturelle Unterschiede auf Elemente der physischen Anthropologie zurückzuführen.[12]

Gelegentlich hat Virchow selbst von »niederen Menschenrassen« gesprochen, etwa in seinem Vortrag über einige Merkmale niederer Menschenrassen, den er am 7. Januar 1875 vor der Preußischen Akademie der Wissenschaften hielt, die ihn kurz zuvor aufgenommen hatte. Aber Virchow hat – ohne spätere Entwicklungen in Deutschland auch nur ahnen zu können – bereits in diesem Vortrag ausdrücklich die Frage gestellt, ob diese scheinbaren Unterschiede zwischen »menschliche(n) Rassen oder Stämme(n) von niedererer Organisation und niedren Fähigkeiten und andere(n) von vollkommnerer Organisation und höheren Fähigkeiten«, ob diese Unterschiede tatsächlich »auf vorurteilsfreie Weise gewonnen worden« sind.[13] Darüber hinaus war sich Virchow völlig im klaren, daß man die vermeintliche oder die tatsächliche Kulturstufe unmöglich mit der Rassezugehörigkeit in Verbindung bringen dürfe, denn isoliert lebende Völker würden nicht in gleicher Weise von den Kulturströmungen ihrer Nachbarn erfaßt wie etwa ein Volk in der Mitte Europas, das sich von allen Seiten befruchten lasse und nach allen Seiten hin seine Kulturgüter weiterreiche. Virchow hat völlig unbefangen von »niederen« und »höheren« Menschenrassen gesprochen; er hat es aber abgelehnt – dies ausdrücklich in seiner zweiten Berliner Rektoratsrede – den Wert eines Menschen von seiner Rassezugehörigkeit abzuleiten. Hätte Virchow je mit einem Wissenschaftler Umgang gehabt, der von ›Untermenschen‹ oder von ›subhuman‹ gesprochen hätte, so hätte er ihm wohl entgegengehalten, was er 1871 in seinem Aufsatz »Deszendenz und Pathologie« schrieb: »Sicherlich wird aber niemand behaupten dürfen, daß unter den lebenden Rassen eine einzige wäre, welche nicht als eine vollmenschliche angesehen werden müßte.«[14]

Mit den Äußerungen de Quatrefages' war Virchow ganz und gar nicht einverstanden. Über die ethnischen Merkmale der

Preußen wußte Virchow besser Bescheid. Seine langjährigen Forschungen im ostmitteleuropäischen Grenzraum machten ihn glauben, daß die Preußen eine Mischung waren aus den beiden Völkern, die in diesem Grenzstreifen auf engstem Raum neben- und miteinander lebten: Germanen und Slawen. Für ihn war klar, »daß *alle aus arischer* Wurzel hervorgegangenen europäischen Stämme von Osten her eingewandert sind«. Als daher ein Kollege aus Virchows Gesellschaft für Anthropologie, Ethnologie und Urgeschichte, Alexander Ecker, vorschlug, eine rassenmäßige Erfassung des deutschen Volkes vorzunehmen, um de Quatrefages eines Besseren belehren zu können, fand er sofort die Unterstützung Rudolf Virchows, und es ist fraglich, ob ohne dessen Autorität die Sache wirklich vorgenommen worden wäre.

Arisch – hier ist ein Begriff gefallen, der einer Erläuterung bedarf. Er entstammt keineswegs dem Wortschatz der Anthropologie; von ›arisch‹ sprechen die Sprachwissenschaftler, wenn sie auf indogermanische – oder indoeuropäische, wie wir heute häufiger sagen – Wurzeln der Sprache hinweisen möchten. Natürlich wußte Virchow, daß die sprachlichen und die rassischen – oder sagen wir besser: die ethnischen – Grenzen sich keineswegs decken. »Vom linguistischen Standpunkt aus«, schreibt er, »kann man eine lateinische ›Rasse‹ oder Völkerfamilie innerhalb der Arier unterscheiden, aber diese sogenannte Rasse ist nicht eine einzige vom Standpunkte der Geschichte und der Anthropologie; sie ist es höchstens, politisch ausgedrückt, vom Standpunkt der Nationalität. Die ›Muttersprache‹ scheidet nichts in bezug auf die ›Blutsverwandtschaft‹. Der ligurische Sarde, der iberische Spanier gehört sprachlich derselben lateinischen ›Rasse‹ an wie der arische Kelte und der arische Italiker.«[15]

1874 reist Virchow zum Internationalen Anthropologenkongreß nach Stockholm. Dort tritt auch de Quatrefages auf. Obgleich die Beziehungen zwischen deutschen und französischen Wissenschaftlern noch immer gespannt sind, »wirkt der Namen Virchow hier wie ein Zaubernamen«, schreibt Theodor Fontane, der diesen Kongreß gleichfalls besuchte. Seine französischen Gesprächspartner seien »in Schreck« geraten, schreibt er, sobald sie ihn »als einen verhaßten Preußen erkannt hatten« – aber dann hätten sie sofort nach Virchow gefragt. In Stockholm lieferten sich Virchow und de Quatrefages ein heftiges Wortgefecht, »aus der Virchow als Sieger hervorging, obgleich der andere (es darf im Kongreß nur französisch gesprochen werden) die Sprache für sich hatte«, berichtet Fontane in seinen »Wanderungen durch die Mark Brandenburg«. Fontane war allerdings parteiisch in diesem Streit, denn er war mit Virchow befreundet.

Virchows Namen hatte in Schweden einen guten Klang, und Schwedens Königin unterhielt sich sehr lange mit dem fremden Gelehrten. Danach reiste Virchow weiter nach Finnland und fand bald heraus, daß de Quatrefages zumindest in dem einen Punkt unrecht hatte: die Finnen waren nicht dunkelhaarig, sondern blond, so blond wie die Großrussen und viele andere Völker im Ostseeraum.

Vor hundert Jahren nahm man noch allgemein an, daß die Slawen kurzschädelig seien, die Germanen hingegen langschädelig. Virchow hat unzählige Schädel aus dem germanisch-slawischen Siedlungsraum ausgemessen. In einem seiner Vorträge über die Urbevölkerung Europas klärte er seine Hörer auf, daß die kurzen, breiten Schädel, die man gemeinhin den Slawen zuzuschreiben pflegt, überall in Europa anzutreffen waren, daß »auch in Nord- und Süddeutschland, in Dänemark, in der Schweiz, in Belgien, Holland und Frankreich, ja, auch in England und bis tief in Mittelitalien hinein die brachycephale Schädelform sehr häufig, an vielen Orten sogar die überwiegende ist. Es hat sich ferner durch prähistorische Forschungen ergeben, daß in vielen der genannten Ländern in uralten Gräbern, in Höhlen, welche vor unvordenklicher Zeit bewohnt oder zu Grabstätten genutzt sind, tief versenkt in Torfmooren und alten Flußbetten, brachycephale Schädel, zuweilen mit stark vorspringenden Kiefern gefunden werden, welche in keiner Weise der vorausgesetzten Dolichocephalie der Arier entsprechen. Und da ganz unzweifelhaft nicht wenige dieser Schädel einer arischen Zeit angehören, wie wir noch sehen werden, so schien der Schluß sehr gerechtfertigt, daß vor der Einwanderung der Arier weithin durch ganz Europa verbreitet, eine kurzköpfige

Rudolf Virchow im Pathologischen Institut in Berlin im Jahr 1900.

Bevölkerung gelebt hatte, welche den bis in die historische Zeit, ja zum Teil bis in die Gegenwart fortbestehenden Urvölkern angeschlossen werden müsse. Viele betrachten es als unzweifelhaft, daß der kurzköpfige und dunklere (bräunliche, brünette) Bruchteil der gegenwärtigen Bevölkerung Europas die Nachkommenschaft dieser Urbevölkerung sei, welche letztere durch die langköpfigen und hellen arischen Einwanderer wohl unterworfen und zerdrückt, aber nicht ausgerottet worden.«

Dann macht Virchow noch einige Bemerkungen, die geeignet waren, stolze Germanen zu erschrecken: »Man weiß jetzt, daß in Deutschland, in Frankreich und in Italien die Kurzköpfigkeit nicht nur überaus weitverbreitet ist, sondern daß auch das brachycephale Gehirn vielfach größer und besser entwickelt ist als das dolichocephale.«[16]

Inzwischen sind die statistischen Untersuchungen an Schulkindern angelaufen, die angeregt wurden, um de Quatrefages zu widerlegen. In den nächsten Jahren wurden etwa sieben Millionen Schulkinder im deutschsprachigen Raum – auch außerhalb des Deutschen Reiches – auf Haar-, Augen- und Hautfarbe untersucht. Die Anthropologen wollten zunächst Rekruten in Augenschein nehmen, aber damit war der preußische Kriegsminister nicht einverstanden. 1876 lag das Ergebnis dieser Mammutuntersuchung vor; Virchow hat es im gleichen Jahr auf dem Internationalen Kongreß für Anthropologie und Archäologie in Budapest vorgetragen. »Die Hautfarbe der Arier war weiß und rosig ..., in der Haar- und Barttracht herrschte das Blond vor«, schrieb Graf Gobineau in seinem Buch über »Die Ungleichheit der Menschenrassen«, und »trotzige, blaue Augen, rotblondes Haar und große Leiber« hatte Tacitus in seiner »Germania« den Germanen bescheinigt. Doch die Untersuchungen Mitte der 1870er Jahre ergeben ein völlig uneinheitliches Bild: etwa ein Drittel der deutschen Schulkinder ist »rein blond«, also blond mit blauen Augen und heller Hautfarbe; rund dreizehn Prozent sind »rein dunkel«, also von dunklem Teint und mit braunen oder schwarzen Haaren und dunklen Augen; weit mehr als die Hälfte – fast 54 Prozent – zeigt unterschiedliche Merkmale. »Die klassischen Charakteristika der germanischen Rasse beschränken sich also auf ein Drittel der heutigen deutschen Jugend«, schreibt Virchow in seinem Beitrag in französischer Sprache für den Kongreß.[17]

Bald lagen die Ergebnisse auch kartographisch vor; sie zeigen, daß im Süden Deutschlands – aber auch im Süden jeder Region – der dunkle Typus häufiger auftritt als im Norden: »Beispielsweise sind in Preußen 35,47 von hundert Schülern rein blond; aber in Bayern nur 26,36 von hundert, indes die dunkle Rasse in Bayern 21,04 von hundert zählt, macht sie in Preußen nur 11,63 aus. Im Königreich Preußen gibt es drei Schwerpunkte mit blonder Bevölkerung: die Ostfriesen, die Herzogtümer Schleswig und Holstein und Hinterpommern. Die dunklen Individuen nehmen an den südlichen und östlichen Grenzgebieten zu.« Entlang der großen Ströme von Oder, Rhein und Donau stellten die Anthropologen die stärksten Vermischungen fest. Eine interessante Erscheinung zeigen die Städte: Sie unterscheiden sich deutlich von ihrer Umgebung; in »hellen« Gegenden sind sie dunkler, in »dunklen« Gegenden sind sie heller – Ausdruck der überregionalen Mobilität. Ein Faktum bleibt noch zu erwähnen: 11,17 Prozent der jüdischen Kinder, jedes neunte also, gehörte dem rein blonden Typus an.[18]

Mit dieser großen Untersuchung wurde der Idee der Boden bereitet, daß die europäischen Nationen – und ganz besonders natürlich das Volk in seiner Mitte – aus verschiedenen ethnischen Elementen bestehen; doch leider, so muß man sagen, hat sich in Deutschland diese Einsicht nicht festgesetzt. Es blieb in der Folgezeit die Einsicht von Biologen und Anthropologen, daß Mischungen im Tierreich eher die guten Eigenschaften fördern als Reinrassigkeit. Nur sehr allmählich setzt sich heute die Einsicht durch, daß Rasse nicht ein ruhender, sondern ein fließender Begriff ist; und einige Fachleute – Biologen und Anthropologen – halten den Begriff Rasse überhaupt für unzulänglich.

Rudolf Virchow hat sich vor allem mit physischer Anthropologie beschäftigt. Er bemerkte, daß man von den körperlichen Merkmalen eines Volkes wenig aussagen könne über seine geistigen Fähigkeiten, ja daß selbst die physischen Elemente wenig Einheitlichkeit und wenig Aussagekraft enthalten. »Es klingt fast beschämend«, schreibt er, »wenn gesagt werden muß, daß wir nicht einmal so weit sind, für die uns zunächst angehenden Völkergruppen oder Nationalitäten, für die Kelten, die Germanen und die Slawen typische Unterscheidungsmerkmale im naturwissenschaftlichen Sinne des Wortes zu finden – Merkmale, an denen wir sicher zu entscheiden wüßten, ob ein bestimmtes Individuum zu der einen oder andern Nationalität in wirklicher und reiner Abstammung gehöre.«[19] Am Ende sind die Unterschiede zwischen den einzelnen Individuen größer als die zwischen den Rassen.

Der Rassismus war in dieser Zeit im Vordringen. Daran vermochten gelehrte Leute wie Rudolf Virchow nichts zu ändern. Gleichzeitig verstärkte sich der Antisemitismus, zusätzlich begünstigt von der großen Wirtschaftsdepression. In den späten 1870er Jahren fanden das antiliberale und das antisemitische Element sehr rasch zueinander, und je gespannter die wirtschaftliche Lage wurde, desto größer wurde die Judenfeindlichkeit. Abwehr und Angst empfand man bis weit ins bürgerliche Lager hinein: die Konservativen waren seit alters her antisemitisch eingestellt; sie fürchteten, die geschäftstüchtigen Juden könnten die althergebrachte Ordnung zerstören. Selbst die katholische Zentrumspartei zeigte sich wenig widerstandsfähig gegen den neuentbrannten Judenhaß: der alte, auf religiösen Grundlagen fußende, war ihr vertraut; doch sie erlag auch bald dem neuen Antisemitismus, der sich gegen die jüdische »Rasse« richtete. Die »Germania« brachte in den siebziger Jahren eine Reihe von Beiträgen, die man kaum anders bezeichnen kann als antisemitisch; und wenn sich das Zentrum auch von der Judenhetze offiziell distanzierte, so nahmen einige seiner Sprecher doch eine zwiespältige Haltung ein, von den Wählern gar nicht zu sprechen.[20] Mit Ausnahme der liberalen Parteien, die selber zum Teil als »verjudet« galten, war der Antisemitismus im deutschen Bürgertum ziemlich verbreitet, und keineswegs nur im deutschen; man braucht nur nachzulesen, mit welch schnöden Worten der jüdische Bürgersohn Karl Marx in London von seinem Freund und Rivalen Ferdinand Lassalle sprach.

Ende der siebziger Jahre tat sich in Berlin ein Abgeordneter hervor, der den Antisemitismus auf seine Fahnen geschrieben hatte: der protestantische, preußisch-konservative Hofprediger Adolf Stoecker. Zwischen ihm und Virchow kam es in diesen Tagen zu einer heftigen Debatte über die Judenfrage. Vorausgegangen war eine Klage des Vorstands der jüdischen Gemeinde zu Berlin, der sich Mitte Oktober 1879 über das Treiben von Stoeckers christlich-sozialer Partei und deren Schmähungen gegen die Bekenner des jüdischen Glaubens beschwerte. Das Schreiben blieb unbeantwortet; zu guter Letzt mußte sich der Vorsitzende der jüdischen Gemeinde die Antwort auf seinen Brief selbst abholen. Eine Anfrage im preußischen Abgeordnetenhaus wurde zwar von der Königlichen Staatsregierung beantwortet, aber in einer solchen Art und Weise, daß Virchow sich empörte. Die Antwort sei zwar korrekt gewesen, »aber kühl bis ins Herz«.

Virchow ging es zunächst einmal darum, die Debatte im Landtag und in der Berliner Bevölkerung auf eine sachliche Grundlage zu stellen. Die vermeintliche Massenzuwanderung von Juden aus dem Osten sei »eine in der Tat verschwindend kleine«, sagte er im Landtag. Da mag er sich der Zahlen bedient haben, die sein alter Freund Salomon Neumann damals gerade in der Schrift »Die Fabel von der jüdischen Masseneinwanderung« vorlegte; eine Schrift, die viel Aufsehen erregte. Die Regierungsparteien indes fuhren fort, klagte Virchow, »den Massen gegenüber fortwährend damit zu agitieren, da ist eine furchtbare Einwanderung, wir werden überschwemmt, wir können uns unseres Lebens nicht mehr erwehren, weil immer wieder neue hungrige Semiten aus der russischen Steppe hervorbrechen, die unsere besten Kräfte wegnehmen und uns zuletzt ausgesogen übriglassen werden«.

Das deutsche Bürgertum befürchtete, die Juden würden ihm Besitz und Bildung entziehen, diese tragenden Säulen, auf die es sich so viel zugute hielt. Virchow nannte schlichtweg den Neid als Grund, warum man die Juden anfeindete. Er begriff die historische Entwicklung so: In der Vergangenheit hatte man die Juden von Grund und Boden ferngehalten, daher hatten sie sich mit Handel und Zinswucher abgegeben und ihre Kinder durch Bildung nach oben zu bringen versucht, seit ihnen das erlaubt war. Virchow fand Stoeckers Vorwurf, an den höheren Schulen

Preußens gäbe es, gemessen an der Kopfzahl der jüdischen Einwohnerschaft, zu viele jüdische Kinder, besonders niederträchtig. »Wenn jemand seine Kinder in die Schule schickt und sie etwas lernen läßt«, empörte er sich, »und wenn nachher die Kinder anderen Kindern zuvorkommen, die nichts gelernt haben, so werden Sie das doch für eine edele Art des Wettstreites halten müssen. Ich weiß in der Tat nicht mehr, was die Leute machen sollen, um vorwärts zu kommen. Ist denn das nicht die vornehmste und beste Art, die man finden kann? ... Wenn man ihnen ihre Bildung vorwirft und daraus einen Gegenstand macht, den man geradezu in darwinistischem Sinne als Kampf ums Dasein bezeichnet, dann hört jede mögliche friedliche Entwicklung auf, da ist kein Frieden mehr zu halten, wenn Sie so weit gehen, daß Sie dem Vater einen Vorwurf daraus machen, daß er seine Kinder in eine höhere Schule schickt.«

Nicht weniger empörend fand Virchow die antisemitischen Schriften des Hofpredigers, auch – oder gerade weil – sie am Ende versuchten, etwas versöhnlicher zu werden. Virchow spürte das Feuer, das darin steckte. »Meine Herren«, forderte er im Landtag auf, »lesen Sie einmal, was Herr Stoecker *vor dem Schluß* sagt. Da geht die Aufregung immer weiter, so daß man glauben könnte, er werde wirklich zuletzt die Vernichtung der Juden fordern.« Und in der Tat haben die antisemitischen Organisationen, die sich 1889 zur Antisemitischen Deutschsozialen Partei zusammenschlossen, noch vor der Jahrhundertwende in ihrem Hamburger Programm als »Endlösung« der Judenfrage die »Vernichtung des Judenvolkes« gefordert. Und den Reichskanzler, den Fürsten Bismarck, trifft der Vorwurf, diese Bewegung salonfähig gemacht zu haben.[21]

Als Anthropologe und Ethnologe ärgerte sich Virchow vor allem über die »Verwechslung, die in dieser Frage fortwährend zwischen Religionspartei und Rasse getrieben wird« – das hätte er noch ein halbes Jahrhundert später Adolf Hitler entgegenhalten können. Seinen Gegnern im Parlament machte er zum Vorwurf, sie redeten über Rasse allesamt so frei von der Leber weg, als seien sie »alle Ethnologen ersten Ranges« – und dabei verwechselten sie doch beständig alles, redeten von den Juden

»bald im Sinne einer Religionspartei, bald im Sinne eines Stammes«. Und wenn sie erst anfingen, über die Germanen zu reden! »Es scheint in der Tat, als ob jedes Mitglied der antisemitischen Partei sich für einen Urgermanen hielte, gleichsam, als ob das heutige deutsche Reich in seinen berechtigten Bürgern lauter Urgermanen umfassen sollte. Ich will nicht davon reden, daß wir doch hier im Hause vollberechtigte Mitglieder haben, die hier sitzen nicht kraft dessen, daß sie aus germanischem Blut entstammen und entsprungen sind, sondern im Gegenteil, die hier sitzen als regelrechte Slaven von Geburt und Abstammung und denen doch niemand auf Grund ihrer Abstammung streitig macht, daß sie dieselben Rechte in Anspruche nehmen können wie irgendein anderer. Sehen Sie auf die ruhmreichen Erinnerungen des preußischen Staates. Hat da jemand gefragt, ob die Männer der Geschichte Urgermanen waren oder nicht? Es wurde immer nur gefragt, wer der beste und brauchbarste Mann sei, um ihn an die höchsten Stellen zu bringen. Ich kann Sie auf die ruhmreichsten Zeiten unseres Heeres und unseres Zivildienstes verweisen. Überall werden Sie Männer finden, die bald Kelten, bald Slaven und bald Italiener und was sonst waren. Ja, meine Herren, wohin soll denn das führen, wenn wir plötzlich eine Art von ethnologischer Heraldik treiben, um zu untersuchen, wo jeder einzelne sein Blut hergenommen hat.«

Virchow durchschaute das ganze Problem der Juden in der deutschen Gesellschaft und enthüllte die Mechanismen des Hasses gegen sie. Zuerst zwingt man die Juden unter dem Druck der »christlichen« Gesellschaft, sich abzusondern und sich gegenseitig zu unterstützen – doch wenn sie das tun, machte man es ihnen zum Vorwurf. Begeht ein einzelner Jude eine Gemeinheit, heißt es sofort: die Juden! »Es haben allerlei verlumpte Aristokraten in den letzten Jahren hier in Berlin vor Gericht gestanden«, hält er den Judenhetzern entgegen, »sogar Träger sehr illustrer Namen. Wenn man daraus auf das Geschlecht oder die Gesellschaftsgruppe, aus der sie stammen, allgemeine Schlüsse machen wollte, dann würde das ja entsetzlich sein«. Und mit Blick auf Rußland, das er kurz zuvor bereist hatte und wo er die schlimmsten Ausschreitungen hatte mit ansehen müssen: »Wenn eine gewisse Gruppe von volklich zusammenhängenden Personen sich unter schwierigen äußeren Verhältnissen befindet, das Gefühl der Notwendigkeit, sich gegenseitig zu unterstützen und sich untereinander hilfreich zu sein, sich stärker entwickelt und sich sehr leicht auf Kosten anderer Interessen geltend macht. In dieser Beziehung erlaube ich mir daran zu erinnern, daß eben jetzt in diesem Augenblick die Petersburger Zeitung einen heftigen Angriff gegen die Deutschen erhoben hat, ... daß (sie) von den Deutschen aussagt, daß man in ihnen keine begabteren Rivalen, sondern gewandte und schlaue Intriganten sehe, welche nur persönliche und Staatsinteressen verfolgen, und deren Sorge um das Wohl des russischen Landes nur das Mittel zur Befriedigung ihres Eigennutzes sei. Ja, meine Herren, Sie brauchen bloß statt der Deutschen die Juden und statt der Russen die Deutschen zu setzen, so haben Sie ganz genau dieselben Anklagen, welche hier erhoben werden.«

Aus wissenschaftlichen wie aus humanitären Gründen wendet er sich dagegen, immer das Trennende zwischen den Menschen hervorzuheben. »Sie sind der Apostel des inneren Unfriedens«, schleudert er Stoecker entgegen, »derjenige, der nicht bloß den Klassenhaß, sondern sogar den Rassenhaß predigt.« Persönlich sind Virchow diese Überfremdungsängste unverständlich, doch er erblickt sie allenthalben um sich herum. In einem Berliner Flugblatt wird in diesen Tagen die Furcht beschworen, vielleicht könne gar eines Tages ein Türke bis in die Stadtverordnetenversammlung vorstoßen. Für Virchow ist das kein Schreckbild. »Diese Wahrscheinlichkeit ist nicht sehr groß«, sagt er am 25. Februar 1882 im Abgeordnetenhaus, »aber ich weiß nicht, daß es durch irgendeinen Artikel der Verfassung ausgeschlossen wäre, daß ein Türke in Preußen naturalisiert werden könnte, und wenn ein solcher Türke z. B. in Berlin existierte und es gefiele der Berliner Bevölkerung, ihn in die Stadtverordnetenversammlung zu wählen, ja, meine Herren, so würden Sie sich das auch gefallen lassen müssen.«[22]

Dem ist nichts hinzuzufügen; allein diese Zeilen beweisen, wie unsinnig der Vorwurf ist – und er ist bis in unsere Tage zu lesen –, der alte Virchow sei ein Feind des gesellschaftlichen Fortschritts gewesen, einer, der die vorwärtsdrängenden Geister seiner Zeit – beispielsweise einen Charles Darwin – deswegen mißachtete. Virchow hatte allen Respekt vor Darwin; er hatte schon 1877 vorgeschlagen, Darwin zum korrespondierenden Mitglied der Berliner Gesellschaft für Anthropologie, Ethnologie und Urgeschichte zu machen.[23] Virchow hat immer die höchste Achtung empfunden vor den Fortschritten der Wissenschaft; doch hat er niemals neue Einsichten kritiklos aufgenommen. Die Erkenntnisse Darwins wurden bis in die Gegenwart von Wissenschaftlern bestritten; wen könnte es da verwundern, daß ein so kritischer Geist des 19. Jahrhunderts wie Rudolf Virchow seine Zweifel hatte?

Fünfzehntes Kapitel

HEINRICH SCHLIEMANNS FREUND

»Ja, du spottest wieder, Distelkamp, trotzdem du mir doch selber den Spott verboten hast. Und das alles bloß, weil du der ganzen Sache mißtraust und nicht vergessen kannst, daß er, ich meine natürlich Schliemann, in seinen Schuljahren über Strelitz und Fürstenberg nicht rausgekommen ist. Aber lies nur, was Virchow von ihm sagt. Und Virchow wirst du doch gelten lassen.«

Theodor Fontane (»Frau Jenny Treibel«)

Von frühen Kindestagen an war Rudolf Virchow ein äußerst vielseitiger Mensch. In seiner ersten Veröffentlichung beschäftigte er sich mit der Geschichte seines Heimatorts. Geschichte, vor allem Vor- und Frühgeschichte, spielte auch später in Virchows Leben eine große Rolle, und als er Mitte Vierzig war, schienen ihm Medizin und die große Politik so wenig Freude gemacht zu haben, daß er sich künftig stärker seinen alten Neigungen verschrieb.

Schon als Professor für pathologische Anatomie und Physiologie befaßte er sich mit Fragestellungen der Anthropologie. In seiner Würzburger Zeit nahm er die ersten Schädelmessungen vor, wie er ja überhaupt von seiner Ausbildung her mehr Kenntnis mitbrachte für die physische Anthropologie. Das hat Virchow freilich nicht gehindert, sich auch in der Kulturanthropologie gründlich umzusehen. 1857 erschien, noch als eine Frucht der Würzburger Jahre, die grundlegende »Untersuchung über die Entwicklung des Schädelgrundes im gesunden und im krankhaften Zustande«; Alexander v. Humboldt hat den gerade nach Berlin Zurückgekehrten dafür sehr gelobt. Mit Ausgrabungen begann Virchow etwas später, Mitte der sechziger Jahre.

Virchow hat in diesen jungen Fachgebieten Archäologie und

Anthropologie viele Studenten mit ausgebildet, die sich später einen Namen machten. Carl Semper, der erste Generalsekretär der Deutschen Gesellschaft für Anthropologie, Ethnologie und Urgeschichte, zugleich einer ihrer Mitbegründer, studierte bei Virchow in Würzburg Anatomie; er hat sich später als Ethnologe über Kulturen im Pazifik verdient gemacht. Und A. Voß, der Leiter der prähistorischen Abteilung des neuen Berliner Museums für Völkerkunde, war gleichfalls ein Schüler Virchows. Virchow selbst brachte nach seinem fünfzigsten Lebensjahr mehr Zeit und mehr Energie für diese Dinge auf als für die Medizin. Zusammen mit Adolf Bastian wurde Virchow zum großen Förderer dieser Wissenschaften vom Menschen. Er hat jahrelang der Berliner Sektion der Gesellschaft für Anthropologie, Ethnologie und Urgeschichte vorgestanden, und diese Sektion war bei weitem die schaffensfreudigste in Deutschland. Zusammen mit Bastian redigierte Virchow die neue »Zeitschrift für Ethnologie«; das Korrespondenzblatt der Berliner Sektion betreute er viele Jahre lang.

In der zweiten Hälfte seines Lebens war die Urgeschichte seiner Heimat seine große Leidenschaft, und rührend sind die Berichte, in denen er schildert, wie er an Pfingsten mit seinen Söhnen nach Pommern fuhr, um dort einen alten Wall aus slawischer Zeit freizulegen. Pommern war häufig das Ziel solcher Ausflüge, und einzelne Mitglieder seiner Familie waren oft mit dabei; selten jedoch seine Frau, was an ihrer schwächlichen Konstitution gelegen haben mag. Meist war der hintere Teil Pommerns das Ziel, das Land jenseits der Oder, das man jetzt, nach Errichtung der Eisenbahnlinie Berlin–Stettin–Köslin, leicht erreichen konnte. Natürlich mußte er mit seinen Kindern auch einmal zum Virchow-See fahren, der sich gut zwanzig Kilometer nördlich von Neustettin in einer wundervollen Waldlandschaft von Westen nach Osten erstreckt.

Auf dem Boden seines Heimatlandes gab es mehrere Bereiche, die ihn besonders interessierten: die alte Besiedlung dieser Gegenden durch Slawen und Germanen in den Jahrhunderten des Mittelalters; die Burgwälle und die Typen von Häusern, die man südlich der Ostsee erblicken konnte; Schädelformen und die Berechnung verschiedener Indizes am Schädel; dann der

Am Virchow-See (1986)

Leichenbrand und Urnen für die Bestattung von menschlichen Ascheteilen. Den Begriff ›Lausitzer Kultur‹ hat Virchow geprägt, er bezeichnete damit die charakteristischen Keramikgefäße einer längst vergangenen Urnenfelderkultur in der Lausitz.

In Berlin hat Virchow sich nicht gescheut, eine sehr moderne Form von Archäologie zu betreiben, nämlich die Untersuchung alter Abfallhaufen, mittelalterlicher und auch späterer, um sich aus den Knochen der verspeisten Tiere, aus den Küchenabfällen überhaupt, ein Bild zu machen von den Ernährungsgewohnheiten einer vergangenen Zeit. Über Küchenabfälle in der Berliner Dorotheenstraße hat Virchow zwei Aufsätze geschrieben.

»Als ich in den letzten Pfingstferien«, so berichtete er seinem anthropologischen Freundeskreis, »mit meinen Kindern auf einer Fahrt nach dem Oybin bei Zittau die neue Eisenbahn, welche von Görlitz aus im Neissetal nach Zittau führt, benutzte und die mir noch unbekannten Umgebungen musterte, blieben meine Augen gleich oberhalb des Städtchens Ostritz an einer wallartigen Erhebung haften, welche auf dem etwas erhöhten rechten Uferrande hart über der Bahn hervortrat und ganz den Eindruck machte, als sei sie Bestandteil eines Ringwalles. Ich machte daher auf dem Rückwege in Ostritz Halt und ging von da mit einem Umwege über das malerisch gelegene Nonnenkloster Marienthal, welches einstmals die Tochter des erschlagenen Hohenstaufen Philipp, die Böhmenkönigin Kunigunde, zur Erinnerung an ihren Vater errichtet hat, nach dem rechten Ufer hinüber.«[1] Für seine Kinder muß es ein Glück gewesen sein, sich mit diesem Mann als Vater und Lehrer draußen in der Natur aufzuhalten.

Wer die Geschichte Pommerns erforscht, wird zwangsläufig auf das historische Wechselspiel von Slawen und Germanen stoßen. Virchow hat sich oft damit beschäftigt, und zwar nicht nur in seinem Heimatland, sondern auch in anderen Teilen Deutschlands, wo Deutsche und Slawen zeitweise Seite an Seite gelebt hatten. Dies war beispielsweise in Franken der Fall, und Franken war ja neben Pommern und Berlin die Gegend, in der Virchow mehrere Jahre lang gelebt hatte. Überdies bestand noch die besondere Verbindung durch den Bamberger Bischof

Otto, den Apostel der Pommern. In einem Bericht über Ausgrabungen auf der Insel Wollin behandelt Virchow die Reise Ottos innerhalb von Pommern.

Über die Slawen im südlichen Deutschland wußte er gut Bescheid. ›Virchow‹ ist ja selbst ein slawischer Name. »Oberfranken, ferner das ganze Maintal bis nach Würzburg hin, namentlich die Gegend von Bamberg, ein großer Teil von Mittelfranken (war) von slawischen Stämmen besetzt, die, wie es scheint, im Zusammenhang mit den Tschechen in Böhmen standen.« Auch in der Umgebung des Fichtelgebirges stieß er auf Spuren alter slawischer Besiedlung – »wo die Slawen südlich und nördlich bis in die Maingegend vorgedrungen waren und wo ein großer Teil des Maingaues von historisch nachweislichen Slawen in Besitz gehalten wurde.«[2] Untersuchungen im Grabfeldgau brachten damals ungewöhnlich kurze, breite Schädel ans Tageslicht, auch sie ließen Virchow an alte slawische Siedler denken. 1878, auf der 8. Allgemeinen Versammlung der Gesellschaft für Anthropologie, Ethnologie und Urgeschichte, trug Virchow alles, was damals über das sogenannte Slawenproblem bekannt war, in Kiel vor.

Auch in späteren Tagen kam Virchow immer wieder einmal ins Fränkische. Im August 1874 machte er Studien über Funde aus der Oberpfalz und aus Franken und besuchte das neue Germanische Nationalmuseum in Nürnberg sowie eine prähistorische Sammlung, die kurz zuvor in einem Bamberger Lyzeum eingerichtet worden war; Mitte des Monats sah er sich in den romantischen Höhlen von Muggendorf in der Fränkischen Schweiz um.[3] Anfang August 1887 hielt er vor der Versammlung der Deutschen Gesellschaft für Anthropologie in Nürnberg einen Vortrag; und im Jahr darauf nahm er an ihrer Versammlung in Regensburg teil.

In Teilen Deutschlands gab es damals wie heute noch eine slawische Minderheit, die Wenden oder Sorben, die im Spreewald und in der Lausitz leben. Sie bilden heute eine ethnische Minderheit slawischer Zunge auf dem Boden der Deutschen Demokratischen Republik. Virchow hat sie in den siebziger Jahren besucht und die körperlichen wie die kulturellen Elemente dieser Bevölkerung untersucht. »Die Gesichtsbildung ist, wenigstens beim weiblichen Geschlecht, eine mehr breite«, berichtet er. »Bei Männern ist ein längeres und schmaleres Gesicht mit längerer und gerader Nase häufiger. Bei den Frauen ist das Gesicht mehr rundlich, voll, die Wangenbeine etwas vorstehend, die Nase meist gebogen, und bei vielen mit aufgeworfener Spitze. Die Farben sind frisch und hell, die Haare überwiegend braun, jedoch mit lichter Nuance, nicht selten auch blond, die Augen wechselnd, häufig grau oder braun, oft genug auch rein blau. Der Wuchs ist im ganzen kräftig, aber die Länge des Körpers eine mittlere.«

Obwohl er eigentlich ausgezogen war, den Burgwall von Zahsow, unweit von Cottbus, zu erforschen, schlagen ihn doch die dort lebenden Menschen in ihren Bann. »Dieses ganze Gebiet ist noch gegenwärtig von einer fast durchweg wendisch sprechenden Bevölkerung bewohnt«, schreibt er, »und die sehr bunten, zum Teil barocken, zum Teil recht malerischen Trachten der Weiber sind auch in der Hauptstadt bekannt genug. In Cottbus wird noch wendisch gepredigt, und wir hatten Gelegenheit, den Kirchgang am Vormittage zu sehen, zu dem auch die Leute aus der Umgebung in größerer Zahl herangekommen waren. Ganz besonders erregten die Taufzeuginnen durch ihren mächtigen und höchst kunstvollen Kopfputz allgemeine Aufmerksamkeit. Am Nachmittage während der Arbeiten am Burgwall entwickelte sich ein reges Treiben um uns. Während wir mit dem Ziehen unseres Grabens beschäftigt waren, besetzte sich der Abhang des Burgwalls mit Wenden jedes Alters. Ganz kleine Mädchen, schon ebenso geschmückt wie die älteren Mädchen und Frauen, bildeten mit den letzteren eine dicht gedrängte, zusammenhängende Einfassung des oberen Randes, und das heimliche Gekicher, die gespannte Aufmerksamkeit, das stete Zurückweichen und Entfliehen vor nahenden Anthropologen brachte immer neue Bewegung in die munteren Gruppen und die frischen Gesichter. So entstand denn auch der Wunsch, einige Messungen vorzunehmen, um wenigstens die Kopfformen etwas genauer zu bestimmen, aber es kostete viel Mühe, einzelne Personen heranzubringen. Indes mit der Zeit gelang es doch, und Hr. Langerhans und ich selbst konnten eine gewisse Zahl von Messungen anstellen.« Diese Messungen ergaben wieder sehr breite, kurze Schädel, mit einem Längen-Breitenindex von fast 85 bei den Männern und von 84 bei den Frauen[4] – das sind typisch brachycephale Schädel, bei Slawen häufiger anzutreffen als bei Deutschen.

Mit der Geschichte des deutschen Vordringens nach Ostmitteleuropa war Virchow gut vertraut; er hielt dies allerdings für eine »deutsche Rückwanderung« in Gebiete, die, bevor sie von Slawen besetzt wurden, schon einmal von Deutschen besiedelt waren – eine im 19. Jahrhundert gängige Vorstellung. Er war sich auch über die großen Linien dieser mittelalterlichen deutschen Ostsiedlung im klaren, die entlang der Achse West–Ost erfolgte; und Virchow wußte, daß dabei auch Formen der Besiedlung, namentlich die Art, Häuser zu bauen und Felder anzulegen, von den Siedlern nach Osten gebracht wurde. »Was die Bauernhäuser in Niedersachsen und Westfalen angeht, so habe ich in letzter Zeit die Gelegenheit gehabt, an der Eisenbahn Berlin–Hannover–Oberhausen einige flüchtige Vergleichungen zu veranstalten«, berichtete er einmal, nachdem er den umgekehrten Weg eingeschlagen hatte als die Siedler des Mittelalters, von Osten nach Westen. »Noch hinter Hannover sind die Giebel genau so wie in Rügen gestaltet, auch ist das Ulenloch noch da, aber das Rohrdach ist meist durch ein Ziegeldach ersetzt. Auch gibt es noch große Scheunentüren, in den Scheunen an der einen Seite, in den Häusern in der Mitte. Noch dicht vor der Porta [Westfalica] sind schräge Giebeldächer zu sehen. Aber daneben erscheinen hier gerade Giebelwände bis zur Spitze hinauf, zugleich ist an die Stelle des Giebeldaches ein mit roten Ziegeln gedecktes Dach getreten. Hinter der Porta verändert sich das Bild noch mehr.«[5]

Was die Menschen aus Westfalen und Niedersachsen im 12. und 13. Jahrhundert auf ihrem Zug nach Osten mitgenommen hatten, war in ihrer alten Heimat noch zu sehen. Aber in Virchows Leben schritt die Industrie in großen Schritten über Zeit und Landschaft hinweg. Wie lange würden diese alten Dinge noch erhalten bleiben? Wenn man sie nicht unversehrt in ihrer natürlichen Umgebung bewahren konnte, dann wenigstens in Museen. In den letzten Jahren seines Lebens hat sich Virchow immer wieder dafür eingesetzt, neue Museen zu gründen und die Schätze, die er vor seinen Augen sah, auch der Nachwelt zu übermitteln. Das Museum für Völkerkunde in Berlin ist im wesentlichen auf Virchows Anregung hin erbaut worden; als es am 18. Dezember 1886 eröffnet wurde, hielt Virchow die Ansprache. Zuvor schon hatte er sich für ein Römisch-Germanisches Museum in Mainz eingesetzt und sich darum bemüht, Gelder für dieses Museum zu bekommen; 1883 machte ihn dieses Museum zu einem auswärtigen Mitglied.[6] 1889 öffnet in der Klosterstraße zu Berlin das zentrale Museum für deutsche Volkstrachten und Erzeugnisse des Hausgewerbes seine Tore der Öffentlichkeit. Seine Schaustücke haben Rudolf Virchow und seine Freunde in den Jahren seit 1874 zusammengetragen. Unzählige Male hat sich Virchow im preußischen Abgeordnetenhaus zu Wort gemeldet und über Museen und Bibliotheken gesprochen: er hat längere Öffnungszeiten gefordert, er hat sich für Erweiterungen der Schauflächen ausgesprochen, ein Museum für Völkerkunde verlangt. Bei seiner letzten Rede vor diesem Gremium, am 15. März 1901, sprach Virchow wieder einmal über Museen.

Rudolf Virchow wurde zu einem bedeutenden Archäologen, und er kam nicht umhin, Deutschlands berühmtesten Altertumsforscher kennenzulernen. »Vielleicht war er der einzige wirklich vertraute Freund, den Schliemann in seinen letzten Lebensjahren hatte, wenngleich die beiden gelegentlich infolge der Halsstarrigkeit und Egozentrik Schliemanns aneinandergerieten«, schreibt Schliemanns Biograph Leo Deuel. Heinrich Schliemann war wenige Monate nach Virchow geboren, Anfang Januar 1822, im benachbarten Mecklenburg, und die Familien, in denen die beiden aufwuchsen, waren sich ganz ähnlich: bescheidene Haushalte, die Väter Leute einfachen Standes, aber wißbegierige Mitglieder einer halb städtischen, halb ländlichen Mittelschicht. Virchow und Schliemann trafen zum ersten Mal im August 1874 zusammen, als Schliemann von der Universität Rostock die Doktorwürde verliehen wurde. Zuvor hatte kein Geringerer als der englische Premierminister William Gladstone versucht, die beiden zusammenzubringen. Gladstone verfolgte, noch als amtierender Premier, Schliemanns Tätigkeit mit wachen Augen; er war selbst Altertumsforscher und Verfasser eines dreibändigen Werkes mit dem Titel »Studies on Homer and the Homeric Age«. Als Schliemann ihn bat, seinem Buch »Mykenae. Bericht über meine Forschungen und Entdekkungen in Mykenae und Tiryns« ein Vorwort voranzustellen, war Gladstone – nach anfänglichem Zögern – dazu bereit.

Schliemann hat seit den frühen 1870er Jahren versucht, die Aufmerksamkeit der großen Öffentlichkeit in Deutschland auf sich zu lenken, und er verstand es, für seine Tätigkeit die Werbetrommel zu rühren. Aber seine Publikationen wurden zuerst von der Wissenschaft heftig kritisiert, und dies nicht zu Unrecht, denn sie waren schlecht aufgebaut, enthielten irrige Folgerungen und vorschnelle Schlüsse. Freundliche Aufnahme fand Schliemann von Anfang an in England. Die Briten vermochten über Außenseitertum leichter hinwegzusehen. »In London hat man mich aufgenommen, als ob ich einen neuen Weltteil für England erobert hätte«, freute sich Schliemann. In Deutschland fand er erst später Anerkennung; daß er sie überhaupt bekam, hat er weitgehend der Unterstützung Virchows zu verdanken. Virchow war es auch, der Schliemann der Deutschen Anthropologischen Gesellschaft als Ehrenmitglied vorschlug; 1877 ernannte ihn die Gesellschaft dazu und bescheinigte ihm, er habe »die Herrschersitze des Priamos und des Agamemnon ans Licht gebracht«.[7]

Bevor er sich der Archäologie zuwandte, war Schliemann ein überaus erfolgreicher Geschäftsmann. Er war ein Naturtalent, was Sprachen anlangt; aber er war Autodidakt, es fehlte ihm die systematische Denkweise, die für Forschung unerläßlich ist. Mit den Methoden der Wissenschaft haben ihn zwei Männer vertraut gemacht: Virchow und später der junge Architekt und Archäologe Wilhelm Dörpfeld.

Heinrich Schliemann und Rudolf Virchow brachten die schönsten Eigenschaften zusammen: Schliemann besaß den frohen Unternehmungsgeist und den Mut und die Phantasie des Laien, Virchow brachte die analytische Denkweise des Gelehrten und das systematische Vorgehen des Naturforschers mit ein; der eine war ein Genie in Sprachen, der andere war in den Naturwissenschaften daheim. Virchow verstand es, bei den Grabungen die Geschichte auch im naturräumlichen Zusammenhang zu sehen. Geologie und Botanik waren seine Lieblingsgebiete, und während er Schliemann auf Forschungsreisen begleitete, verbrachte er viele Stunden mit dem Studium von Flora und Fauna. Der Astragalus Virchowii, den er in Kleinasien fand, ist nach ihm benannt.

Schliemann, der ängstlich auf seinen Ruhm bedacht war, hat Virchows Leistungen stets anerkannt. »Von ungeheurem Nutzen ist mir Prof. Virchow von Berlin gewesen«, schrieb er Ende Mai 1879 über seine Grabungen an seinen Bekannten W. Rust. Virchow machte ihn auf die Bedeutung der Topographie aufmerksam; von ihm erfuhr er, »daß die Ebene von Troja nicht, wie man schon im Altertum glaubte, ein Erzeugnis des Scamanders und des Simoeis (war) und größtenteils erst nach dem Trojanischen Krieg entstand, sondern daß sie aus Süßwasserdepositen – wahrscheinlich einen einst hier gewesenen See – erzeugt (wurde) und jedenfalls viel älter ist als ihre Flüsse und sogar als der Hellespont. Folglich fällt die alte und neue Theorie zu Boden, daß Hissarlik nicht mit Troja identisch sein kann, weil es zu nahe am Meere lag und für die großen Taten der Ilias kein Raum war.«[8]

In der zweiten Hälfte der siebziger Jahre standen die beiden miteinander in ziemlich regelmäßigen Briefverkehr. Seit Schliemann auf den Spuren der Ilias in der Troas grub, berichtete er Virchow immer wieder von dem Fortschritt seiner Arbeiten. Schliemann drängte ihn, nach Kleinasien zu kommen und ihn bei seinen Grabungen zu unterstützen; er hatte nämlich vor, Anfang April 1879 mit Virchow einen Ausflug ins benachbarte Ida-Gebirge zu unternehmen.

So kam es denn auch. Virchow traf rechtzeitig ein, und sie bestiegen zusammen das Ida-Massiv. Die folgenden Wochen brachte Virchow an Schliemanns Seite zu; doch er beobachtete auch, wie die einheimische Bevölkerung lebte und wie die Umgebung beschaffen war. Bei einem kleinen Ausflug stieß er auf einen alten jüdischen Friedhof, auf dem er Steine mit hebräischen Zeichen fand. Ein bißchen verstand er noch davon, er hatte in der Schule in Köslin ein wenig Hebräisch gelernt; letzten Endes war es zuwenig: »Von allem, womit ich mich beschäftigt habe, habe ich doch davon das meiste vergessen.«

In seinen »Beiträgen zur Landeskunde der Troas« berichtete Virchow später, was er in Kleinasien gesehen hatte. Bedrükkend fand er, daß die Troas schon in vergangener Zeit so stark gerodet wurde. »Wo einmal die alten Bäume verschwunden sind, da wächst bei der Behütung nichts mehr in die Höhe. Seitdem die Kamele hinzugekommen sind, hat sich das Übel noch verschlimmert... Selbst die unteren Zweige größerer Bäume werden von ihnen unweigerlich gepflückt. Daher sieht man nicht einmal einen rechten Nachwuchs von Valonea-Eichen, die doch wegen des einträglichen Handels, der mit ihren dicken Fruchtnäpfen getrieben wird, so sehr geschätzt werden. Wiederholt warf ich die Frage auf, warum man nicht Schonungen anlege, da doch junger Aufschlag von diesen Eichen überall reichlich vorhanden sei. Man sagte mir übereinstimmend, dies sei nicht möglich, weil die Hirten Eigentumsgrenzen nicht anerkennen; derjenige, der seinen Wald abschließen würde, laufe Gefahr, getötet zu werden. Daher bleiben auch solche Teile des Bodens, welche vom Beackern ganz ausgeschlossen sind, waldlos.«[9]

Virchow hatte Berlin, hatte den alten Kontinent verlassen, weil er einmal der Geschäfte, die ihn zu erdrücken drohten, entfliehen wollte. Aber in Hissarlik sprach sich sehr schnell herum, daß »der neue angekommene Effendi ein großer Arzt sei«. Natürlich kam er nicht umhin, die Menschen zu behandeln, die ihn um ärztliche Hilfe baten. »Außer unseren Arbeitern und dem sonstigen Personal der Ausgrabungen waren es Hilfesuchende aus der Nachbarschaft bis auf 2 und 3 Stunden Entfernung«, berichtete er über seine ärztliche Praxis in der Troas in seinem »Archiv«. »Sie kamen teils zu Fuß, teils zu Pferde oder zu Esel. Wagen gibt es, mit Ausnahme kleiner Karren, welche statt der Räder runde Holzscheiben haben, in der Troas noch heutigen Tages ebensowenig als eigentlich fahrbare Wege... Einmal wurde mir eine Kranke, ein armes phthisisches [tuberkulöses] Mädchen im höchsten Stadium der Erschöpfung, in einem großen Korbe zugeführt, der einem Pferde aufgehängt und, wie gewöhnlich, durch einen zweiten Korb auf der anderen Seite des Tieres balanciert war.«

Anfang Mai reiste Virchow über Korfu und das italienische Festland zurück nach Berlin. In der zweiten Maihälfte war er wieder daheim – »in bestem Wohlsein, jedoch nach so langer Entwöhnung von der täglichen Arbeit etwas bedrückt«, schrieb er seinem Freund nach Kleinasien. »Es war eine herrliche Reise, voller Genuß und reicher Erlebnisse, wie ich sie mir nicht gedacht hatte. Eine Zeitlang ganz von Europa getrennt zu sein, hat gerade jetzt einen hohen Reiz.« Und dann noch über die Familie, wie er sie daheim angetroffen hatte: »Die beiden kleinen Mädchen hatten die Windpocken und meine Frau hat daher wenig von den Feiertagen gehabt. Jetzt ist die Sache überstanden, aber die Ferien auch zu Ende.«

Schliemanns Bericht über diese Ausgrabungen in der Troas erschien in der »Augsburger Allgemeinen«, einer Tageszeitung, die damals in keinem bürgerlichen Haushalt fehlen durfte. In dieser Gesellschaftsschicht wurde das bald ein geschätzter Gesprächsstoff. Als 1881 Schliemann sein Buch »Illios. Stadt und Land der Trojaner« veröffentlichte, stand er auf der Höhe seines Ruhms. Die Schätze Trojas schlugen die Welt in andächtiges Staunen. Die deutsche Fassung dieses Werkes widmete Schliemann seinem Freund Rudolf Virchow, die amerikanische William Gladstone. In der deutschen Ausgabe schrieb Virchow im Vorwort: »Es ist heute eine müßige Frage, ob Schliemann im Beginn seiner Untersuchungen von richtigen oder von unrichtigen Voraussetzungen ausging. Nicht nur der Erfolg hat für ihn entschieden, sondern auch die Methode seiner Untersuchungen hat sich bewährt.«

In Deutschland nahm man die Berichte über diese antike Welt inzwischen mit großer Anteilnahme auf. »Als ich von Hissarlik zurückkam, verlangte alle Welt von mir zu hören, was Wahres an Ihren Sachen sei«, schrieb Virchow Ende März 1880 an Schliemann. »Hier, in Straßburg, in Amsterdam bedrängte man mich. Es war einfach unmöglich, still zu schweigen... Aber ich bin nirgend weitergegangen als das Interesse für das von Ihnen zu erwartende Detail zu wecken und die von Ihnen schon publizierten Tatsachen zu popularisieren und zu bezeugen.«[10] Was die Veröffentlichungen angeht, kam es dann auch zu einem kleinen Zerwürfnis zwischen den beiden, als Schliemann erfuhr, daß Virchow eine Abhandlung über Skelettfunde in der Troas zu publizieren gedachte. In Schliemanns Augen war das Verrat; er hatte Virchows Reise nach Kleinasien bezahlt und ihn dort als seinen Gast behandelt, folglich stand ihm, Schliemann, das Recht zu, darüber zu berichten. Er wollte nicht einmal anerkennen, daß Virchow nur über medizinische Sachverhalte berichten wollte. »Nichts über Hanai-Tepe veröffentlichen«, telegraphierte er nach Berlin. »Sonst Freundschaft ruiniert und Liebe zu Deutschland.«[11] Virchow zog seinen Aufsatz zurück. Zuvor schon, Ende Januar 1880, hatte er der Akademie der Wissenschaften zu Berlin über alttrojanische Gräber und Schädel berichtet; dieser Bericht wurde ein paar Jahre später auch in den Abhandlungen der Akademie gedruckt.

An Schliemanns Buch »Illios« nahm Virchow regen Anteil, auch hatte er seinen schwierigen Freund beraten. Am 22. August 1880 schrieb er ihm, nach Durchsicht der Korrekturfahnen, er lasse in seiner Darstellung das Heer des Xerxes auf der falschen Seite vorrücken, nämlich zur Linken des Ida, derweil Herodot ausdrücklich schrieb, daß der Ida zur Linken geblieben sei. Einer neuerlichen Einladung Schliemanns für den Herbst des Jahres konnte Virchow nicht Folge leisten, denn er wollte Mitte September nach Portugal zum Internationalen Kongreß der Archäologen reisen, der 1880 in Lissabon stattfand, und da wurde er sicher nicht vor Anfang Oktober zurück sein. Dann warteten bereits das Wintersemester auf ihn und die Sitzungen des Landtags und des Reichstags, in dem Virchow seit diesem Frühjahr 1880 seine Partei vertrat. Die erste Sitzungsperiode des Landtags dauerte bis 20. Dezember. »Dann habe ich drei Tage lang Staatsexamen abhalten müssen, und was mir nur an Zeit übrig blieb, das nahm meine Frau für Weihnachtseinkäufe in Anspruch«, schrieb er in den Tagen nach Weihnachten an den Freund.

Schliemanns Funde waren die schönste Frucht dieser Freundschaft; sie kamen zuletzt nicht in britische Museen, sondern in den Besitz des Deutschen Reichs. Es war Virchow, der in dieser Angelegenheit zwischen Schliemann und den höchsten Spitzen des Reiches vermittelte. Er hatte Schliemann, den er auch ärztlich beriet, empfohlen, einmal in Kissingen eine Kur zu machen und das Gespräch mit Reichskanzler Bismarck zu suchen. Am 14. Januar 1881 schrieb Kaiser Wilhelm I. an Schliemann: »Aus einem Bericht des Reichskanzlers … habe ich mit Genugtuung ersehen, daß Sie Ihre bis jetzt in London ausgestellt gewesene Sammlung trojanischer Altertümer dem deutschen Volk als Geschenk zu ewigem Besitz und ungetrennter Aufbewahrung in der Reichshauptstadt bestimmt haben. Ich habe … Meine Zustimmung dazu erteilt, daß dieselbe für das Reich angenommen und daß die Sammlung der Verwaltung der preußischen Staatsregierung unterstellt werde.«[12]

Schliemann kam in all diesen Jahren sehr selten nach Deutschland, und so trafen die beiden, er und Virchow, häufiger außerhalb des Reiches zusammen, sei es bei Ausgrabungen, sei es bei internationalen Kongressen.

Virchow hat mehrmals in seinem Leben Rußland besucht, und er war gerne dort. Über seine Reise in den Kaukasus, nach Tiflis, schrieb er ein großes Werk, »Das Gräberfeld von Koban im Lande der Osseten«. Die Osseten sind eine der vielen Völkerschaften im großen Völkermuseum des Kaukasus.

Diese weiten Reisen in entlegene Zonen unternahm Virchow ohne seine Familie; seine Frau war kaum geneigt, sich derartigen Anstrengungen zu unterziehen, und die Kinder waren schon aus dem Haus, oder sie waren noch zu klein, wie Johanna, die jüngste Tochter der Virchows, die 1873 in der Schellingstraße 10 das Licht der Welt erblickte, wo die Familie seit 1864 wohnte. Hanna war inzwischen im schulpflichtigen Alter, und der Papa schrieb der Kleinen liebevolle Briefe. »Ich bin jetzt in der Stadt Tiflis«, lesen wir in einem, »die liegt hinter einem großen Gebirge, dem Kaukasus, in dem noch viele halbwilde Völker hausen. Aus der Stadt kann man ganz weit hinten im Gebirge einen mächtigen Schneeberg sehen, der noch ein halbmal so hoch ist wie der Großglockner; er heißt Kasbek. Bei dem bin ich dicht vorbeigefahren, durch eine tiefe Gebirgsschlucht, welche den Namen Derjal-Paß führt. Tiflis liegt an einem großen Flusse, der Kura, die in einem tiefen Felsbett durch die Stadt fließt.«[13]

Im folgenden Jahr, während er noch an seinem Buch über

den Kaukasus arbeitete, mußte Virchow im Spätherbst für einige Zeit die Arbeit unterbrechen. Er litt an einer Nierenentzündung und schied viel Blut aus. Noch auf dem Krankenlager, das Buch über den Kaukasus noch nicht abgeschlossen, träumte er von neuen Reisen. »Mein Werk über Koban geht langsamer vorwärts, als ich erwartete«, teilte er Anfang 1883 Schliemann mit; aber gegen Mitte März wolle er wieder verreisen. »Ich gehe dann wahrscheinlich über Genua oder Marseille nach Palermo und kehre über Neapel und Rom zurück. Ende April muß ich wieder hier sein.« Als er Schliemann am 2. April aus Taormina schrieb, war das Manuskript über den Kaukasus endlich fertig. »Ich gehe morgen nach Catania und vielleicht auf den Ätna, der sich beruhigt zu haben scheint.« Mitte des Monats wollte er in Rom sein, um von dort aus noch »eine kleine Expedition nach Etrurien zu machen«.[14]

Schliemann indessen blieb im Mittelmeerraum, immer den antiken Kulturen auf der Spur. Des öfteren schickte er Virchow ein paar Knochen, weil er selber, aber auch der Freund in Berlin, mehr erfahren wollte über die Menschen, welche die alten Burgen einst bewohnt hatten. Und er sandte ihm Briefe in die Schellingstraße nach Berlin, viele Briefe – rund 350 sollen es in den Jahren ihrer Freundschaft gewesen sein.

Gegen Ende des Jahres 1883 fühlte sich Schliemann sehr krank. »Meine Tage sind gezählt«, schrieb er Virchow, »und ich möchte so gern noch Kreta explorieren, ehe es zu Ende geht.« Virchow war von diesem Plan begeistert: »Nichts ist geeigneter, eine Zwischenstation zu finden zwischen Mykene und dem Osten.« Aber Schliemann wollte, als seine Gesundheit das wieder zuließ, besser zuerst die alte Burg von Tiryns mit ihrer Zyklopenmauer ausgraben: »Ich habe daher sofort Erlaubnis nachgesucht und erhalten, Tiryns mit seinen riesigen Mauern, zusammen mit Ihnen auszugraben«, schrieb er am 10. Februar 1884 an Virchow. »Wir nehmen 2 Architekten mit, Dr. Dörpfeld und den Griechen Drosinos.«

Diese Grabungen wurden wiederum ein großer Erfolg. Die Begeisterung in Deutschland war groß. Als die beiden Freunde im gleichen Jahr Breslau besuchten, wurden sie stürmisch gefeiert. Mit Hilfe von Öllampen ließ man ihre Namen am nächtlichen Firmament aufleuchten – und groß war die Kränkung Schliemanns, als sein Name zuerst erlosch. Im folgenden Jahr kam wieder ein Riß in ihre Freundschaft, und der Briefwechsel setzte für eine Weile aus. Ausgelöst wurde die Verstimmung durch den Reichskanzler, der Schliemann bei ihrer Begegnung in Kissingen aufgefordert hatte, auf Virchow Einfluß zu nehmen, daß dieser erzliberale Kritiker sich seiner Kolonialpolitik nicht länger in die Quere stelle.[15]

Im Februar 1888 brachen die beiden Altertumsforscher noch einmal zu einer großen Reise auf. Diesmal ging es nach Ägypten. Virchow wollte die Schädelformen der einstigen und der späteren Bewohner des Niltals untersuchen und sie miteinander vergleichen, was ebenfalls im Interesse von Schliemann war. Für seine vergleichenden Untersuchungen zog Virchow sogar antike Statuen heran. Es war eine abenteuerliche Reise. Nach einem kurzen Aufenthalt in Kairo fuhren sie mit einem ägyptischen Postdampfer auf dem Nil stromaufwärts und trafen am 28. Februar in Assuan ein. Von da an wurde die Reise gefährlich. In dieser Gegend rebellierten zu der Zeit fundamentalistische Muslime – »Derwische, wie man annahm«, schreibt Virchow. Sie bemächtigten sich einiger Nil-Schiffe, zerstörten die neuerrichteten Telegraphen und töteten die Frau eines Telegraphenbeamten. Die beiden Archäologen erhielten daraufhin Militärbegleitung.

Am nächsten Tag wurden sie angegriffen, »aber unsere schwarzen Soldaten schossen vortrefflich, töteten den Anführer und verwundeten eine Anzahl der Rebellen. Schließlich kam uns ein Kanonenboot zu Hilfe, welches die alte Lehmfestung, in der sich die Derwische festgesetzt hatten, beschoß.« Am Tag darauf verließen die beiden das Schiff und begaben sich nach Abu Simbel, wo sie eine Woche zubrachten. »Unser ganz abgeschiedenes Leben wurde hier, am Rande der Wüste, durch nichts Europäisches gestört; wir konnten Nubien in seiner Natur und seinen Menschen in jeder Hinsicht genau studieren.« Am 9. März bestiegen sie den Postdampfer; tags darauf erfuhren sie vom englischen Befehlshaber einer ägyptischen Grenzfestung, daß der deutsche Kaiser, Wilhelm I., verstorben war. Am 12. März traten sie den Rückweg an. Sie erfuhren neue

Nachrichten von Plünderungen und Verwüstungen. Die Fahrt stromabwärts verlief ohne Hindernisse. Am Nachmittag des 14. März gelangten sie nach Assuan, wo sie die Felsgräber besichtigten und nach Schädeln suchten. Einen Tag später waren sie in Luxor. Dort hielten sie sich eine Woche auf und erforschten die Altertümer. »Es handelt sich für mich namentlich um die Feststellung der anthropologischen Typen in den alten Bildwerken und in der jetzigen Bevölkerung«, berichtete Virchow Mitte April aus Alexandrien. Nach dem zweimonatigen Aufenthalt im Süden empfanden sie den rauhen Nordwind in Alexandrien als sehr angenehm. Virchow entschloß sich, Schliemann zunächst nach Athen zu begleiten, mit ihm noch ein paar Tage auf dem Peloponnes zu verbringen und erst dann die Heimreise anzutreten. Anfang Mai gedachte er in Berlin zu sein.[16]

Aus Nauplia schrieb er noch einmal nach Hause. Er legte ein paar Zeilen für sein Töchterlein Hanna bei, das inzwischen ein Kind von fünfzehn Jahren war. In seiner trefflich liebevollen und zugleich belehrenden Art schrieb er: »Hier ganz in der Nähe lag die alte Burg Tiryns, wo der Vater von Herkules wohnte. Wir werden morgen ganz früh dorthin fahren, Hr. Schliemann hat dort Ausgrabungen gemacht und den alten Bau wieder aufgedeckt. Nicht weit davon liegt Argos, der alte Sitz der Juno, wo ihr Heiligtum, das Heraion, stand, und noch etwas weiter, mitten in kahlen Gebirgsmassen, ist die Ruinenstätte von Mykenä, wo Agamemnon und die Atriden hausten, deren Gräber mit wundervollen Goldsachen Hr. Schliemann gleichfalls entdeckt hat.«[17]

Es waren die reisebewegtesten Jahre in Virchows Leben. Er war ein würdiger älterer Herr inzwischen, der sich gerne in der Welt umsah. Mit Schliemann traf er sich öfters im Ausland; einige Male auch in der Heimat. Ihre nächste Begegnung fand in Paris statt, wo Schliemann schon auf ihn wartete, als er mit seiner Tochter Marie ankam. Für März 1890 bereitete Schliemann eine Konferenz in Troja vor, unter anderem deswegen, weil er sich gegen die phantastischen Theorien und Beschuldigungen eines Hauptmann Bötticher zur Wehr setzen wollte, der Schliemanns Forschungsergebnissen die größten Ungereimtheiten unterstellte. Schliemann war darüber so verärgert, daß er seine trojanischen Funde nun endgültig nicht nach Deutschland geben wollte, und es bedurfte guten Zuredens durch Dörpfeld und Virchow, Schliemann umzustimmen. Bei dieser Gelegenheit traf Virchow mit Carl Humann zusammen, den Entdecker des Pergamonaltares; Schliemann hatte auch ihn eingeladen.

Es waren schöne gemeinsame Tage in Kleinasien; und die beiden Herren erfreuten sich der Natur und bestiegen noch einmal, ein letztes Mal, zusammen den Ida. Am 2. April schrieb Virchow an sein Töchterchen: »Der Frühling will noch nicht recht vorwärts. Die Eiche, fast der einzige Baum in unserer Nähe, ist noch ganz kahl. Auch die wilden Feigen, von denen ganze Büsche an den Abhängen stehen, haben noch kein Blatt, dafür aber recht zahlreiche Früchte. Von den Sträuchern blüht der Schleedorn und die wilden Mandelsträucher. Nur die kleinen Blumen sind schon recht zahlreich. Die kleinen Wasserlöcher und die Aranket (alte Wasserläufe) sind ganz weiß von Wasserranunkeln. Auf den Wiesen stehen zahllose Tausendschönchen und kleine Sternblumen. Die Traubenhyazinthen und die kleinen blauen Iris wetteifern mit den Anemonen, die ganz niedrig aus der Erde hervorsprießen, so daß sie anfangs fast wie Alpenveilchen aussehen. Auch wilde Veilchen sind da, Orchideen und Asphodelos treiben Blütenknospen.«[18]

Die Schönheit der Natur hatte es ihm angetan. Als er wieder daheim war in seinem Berlin, dankte er Schliemann noch einmal für seine Gastfreundschaft und setzte ihn in Kenntnis, daß er seine Berichte der Berliner anthropologischen Gesellschaft vorgelegt habe. Er beendete sein Schreiben mit Grüßen an Frau Sophia Schliemann, eine gebürtige Griechin: »Wie gern hätt ich Ihrer Frau unsere Stadt einmal im Blütenschmuck gezeigt. So ein deutscher Obstbaum in vollster Pracht der Blüten ist doch ein Staat!«

Schliemann berichtete im gleichen Monat König Georg I. von seinen letzten Forschungen und von der Besteigung des Ida, zusammen mit Virchow, »auf demselben Wege, den Xerxes auf seinem Zug nach Griechenland genommen hat und der durch die von ihm durch zwei unübersteigbare Felsmassen gehauenen Tore gezeichnet wird«.[19]

Bei diesem gemeinsamen Ausflug hatte Virchow bemerkt, in welch schlechtem gesundheitlichen Zustand sein Freund sich befand. Er war entsetzt. Er untersuchte Schliemann gründlich und drängte ihn, einen Spezialisten für Hals-, Nasen- und Ohrenleiden aufzusuchen, was Schliemann auch tat, wenngleich reichlich spät. Am 25. Dezember gleichen Jahres brach Schliemann in Neapel auf offener Straße zusammen. Am zweiten Weihnachtsfeiertag 1890 war er tot.

Der schönste Nachruf auf diesen großen, wunderlichen Mann stand damals in der »Gartenlaube«, unterschrieben mit dem Namen Rudolf Virchow.

Sechzehntes Kapitel

NOCH EINMAL MEDIZIN

»Jeder neue Fortschritt des Wissens hat uns neue und stärkere Beweise dafür gebracht, daß die vitalen Eigenschaften und Kräfte der einzelnen Zellen mit den vitalen Eigenschaften und Kräften der niedersten Pflanzen und Tiere unmittelbar in Vergleich gestellt werden müssen.«

Rudolf Virchow (1885)

Noch immer war dieser Rudolf Virchow, der sich in seinen freien Stunden am liebsten mit Archäologie und Anthropologie beschäftigte, Arzt und Professor für pathologische Anatomie und Physiologie in Berlin; noch immer mußte er sich mit Fragen – und mit neuen Erkenntnissen – der Medizin befassen. Er war inzwischen weltberühmt, und viele seiner Schüler – wie A. Förster, F. Grohé, E. Rindfleisch, E. Klebs, v. Recklinghausen, Cohnheim und Ponfick, um nur die bekanntesten zu nennen – waren nunmehr selbst Professoren; viele andere, die sich später große Namen erwarben, wie Paul Grawitz, Georg Wegner oder Oskar Israel, arbeiteten noch in seiner Umgebung.

In den späten siebziger und in den achtziger Jahren machte die Medizin in Deutschland aufsehenerregende, bahnbrechende Entdeckungen: sie kam allmählich den Erregern der Infektionskrankheiten auf die Spur. Diese Krankheiten – vor allem Typhus, Cholera, Tuberkulose; aber auch Syphilis und Gonorrhöe – suchten die breiten Volksmassen heim; Virchow hatte sie rund dreißig Jahre zuvor unter dem Namen ›Infektionskrankheiten‹ zusammengefaßt. »An die Frage der Infektion knüpft sich fast unmittelbar die Frage der Entstehung von Krankheiten durch besonders kleine Organismen«, schrieb Virchow 1871 in einem Aufsatz über das Hospitalwesen. »In konsequenter Verfolgung der Richtung, welche die Forschung der letzten Jahre genommen hat, ist mit einer gewissen Berechtigung die Ansicht immer präziser formuliert worden, daß die Ursache aller infektiösen Krankheiten in kleinen Organismen zu suchen sei, welche in dem Körper befindlich sind.«[1]

Diese Vorstellung war Mitte des 19. Jahrhunderts längst bekannt; aber sie war nur für einige wenige Krankheiten erwiesen. »Seitdem Bassi 1835 die Muscardine-Krankheit der Seidenraupen erkannt, Schönlein 1839 den Pilz des Favus entdeckt und Jul. Vogel 1841 den Soorpilz entdeckt hatten, war die Vorstellung, daß bestimmte Krankheiten durch Schmarotzerpflanzen im Körper hervorgerufen werden könnten, ganz geläufig geworden«, schreibt Virchow in seinem Aufsatz »Der Kampf der Zellen und der Bakterien«.[2] Virchow hatte – wie zugleich auch Pasteur – im Blut von Kranken seltsame Stäbchen gefunden; aber beide hielten diese für Kristalle, die sich *infolge* der Krankheit gebildet hatten.

Virchow hat im großen und ganzen wenig Anteil an den Fortschritten der Bakteriologie genommen; 1874 nannte er sie eine »noch wenig ausgebaute Provinz der medizinischen Botanik«. Aber Virchow hat sie auch nicht behindert. Dieser Hinweis ist wichtig, denn lange Zeit galt Virchow als Widersacher Robert Kochs und der neuen Wissenschaft, der Bakteriologie. Es wäre erstaunlich, wenn Virchow diesen Entdeckungen feindlich gegenübergestanden hätte, schließlich hat er selbst in den 1850er Jahren die krankmachende Wirkung der Kleinstlebewesen geahnt.[3] Virchow scheint sogar bereits eine Vorstellung gehabt zu haben, was ein Bazillenträger ist; bakteriologische Erklärungen waren ihm auf jeden Fall nicht fremd. Bedeutende Entdeckungen der Bakteriologie fanden in Virchows Labor statt, buchstäblich vor seinen Augen: hier gelang es seinem Assistenten Otto Obermeier gegen 1870, eine Spirochaete – ein winziges, in schnellen Vibrationen schwingendes Pflänzchen – bei einem Kranken während eines Anfalls zu isolieren, den Erreger des Rückfallfiebers.[4]

Der junge Robert Koch, 1843 in Clausthal geboren, war mit den damaligen Erkenntnissen der Bakteriologie im Laufe seines Studiums durch seinen Lehrer Jacob Henle vertraut gemacht worden. Kochs Interesse richtete sich schon früh auf die Infektionskrankheiten. Nach seiner Promotion, noch vor dem Staatsexamen, ging Koch 1866 an die Friedrich-Wilhelm-Universität nach Berlin, um sich auf seinen Studienabschluß vorzubereiten. Dort besuchte er auch einen praktischen Übungskurs, den Virchow abhielt. Aber Koch wollte der Berliner Massenbetrieb nicht gefallen. Die Charité beherbergte mittlerweile mehr als viertausend Kranke unter ihrem Dach; aber wenn Studierende einen Kranken untersuchen sollten, bekam immer nur einer den Fall, die übrigen zweihundert Studenten mußten zuschauen.

Nach seinem Studienabschluß war Koch einige Jahre als Landarzt tätig, in Wollstein, einer entlegenen Ortschaft in der preußischen Provinz Posen. Zufällig kam 1875 Virchow dort einmal vorbei, und Koch, der sich ebenfalls für Altertümer interessierte, grub mit ihm zusammen Überreste von alten slawischen Siedlungen aus. Als es Koch im Jahr darauf gelang, nach mühevoller Kleinarbeit den Erreger des Milzbrandes zu finden, sandte er Virchow sowie dem einzigen Inhaber eines Lehrstuhls für Hygiene im deutschen Reich, Max Pettenkofer in München, je ein Exemplar seiner Arbeit zu, in der er von seinen Forschungsergebnissen berichtete.

Die nächste Begegnung zwischen Virchow und Koch fand in Berlin statt. Koch reiste Ende Juli 1878 nach Leipzig und am 2. August weiter in die Reichshauptstadt, wo er Virchow aufsuchte. Mancherorts heißt es, Virchow habe ihn kühl empfangen. Falls dies zutrifft, sollte man ergänzen: nicht kühler als andere, denn kühl zu sein war seine Art. Aber Kochs Tagebuch weiß davon nichts: »Ankunft in Berlin um 9 Uhr«, lesen wir da. »Um 10 Uhr ins physiologische Institut zu Prof. Fritsch. Nachher Besuch im pathologischen Institut bei Virchow. Nachmittags und abends im zoologischen Garten.«[5]

In den nächsten Jahren beschäftigte sich Robert Koch vor allem mit der Erforschung der Tuberkulose. Noch immer lag die Ursache dieser fürchterlichen Krankheit völlig im dunkeln, und auch die Frage, ob die Tuberkulose erblich sei, verursachte viel Kopfzerbrechen. Noch zu Beginn der zweiten Jahrhunderthälfte waren die meisten Ärzte der Auffassung, es handele sich um eine chronische Entzündung mit Geschwürbildung, ohne einen spezifischen Erreger. 1865 gelang es dem französischen Arzt Jean-Antoine Villemin, die Tuberkulose von einem Menschen auf ein Tier zu übertragen. Dies brachte ihn zu der Überzeugung, daß die Krankheit durch einen Erreger hervorgerufen wurde; er stellte sich darunter einen Mikroorganismus vor.

In die gleiche Richtung gingen Kochs Vorstellungen. Er begann jetzt, nach diesem Erreger zu suchen. Sein Untersuchungsmaterial entnahm er Toten, die an Tuberkulose gestorben waren. Ihren Leichen entnahm er die Tuberkeln – hirsekorngroße, gelblich-graue Gebilde – und bereitete sie zur Untersuchung unter dem Mikroskop vor. Nach monatelanger Arbeit und mit Hilfe verschiedener neuer Färbetechniken sah Koch zwischen den zerstörten Lungenzellen die Bakterien, nach denen er gesucht hatte: »längliche, gekrümmte Stäbchen, jedes davon etwa den fünfhundertsten Teil eines Millimeters groß.«[6]

Wie nahm nun die Wissenschaft Kochs neueste Beobachtungen auf? Zuerst sollte man sagen, daß die – nicht selten jungen – Entdecker in der Regel einer guten Portion Zweifel von seiten der älteren Wissenschaft begegneten, und Robert Koch ging es in dieser Hinsicht nicht anders. Immerhin hielt die Versammlung Deutscher Naturforscher und Ärzte seine Einsichten für wichtig genug, daß sie ihn darüber einen Vortrag halten ließ. Dessen Termin wurde allerdings so ungünstig gelegt, auf einen Freitagnachmittag 14 Uhr, daß nur wenige Teilnehmer Robert Koch zuhörten. Und in mancher Hinsicht waren Zweifel ja auch berechtigt: Koch erfand kurz darauf ein Mittel gegen die Tuberkulose, das Tuberkulin, das – selbst vom Reichs-Innenminister v. Bötticher – als Heilmittel angepriesen wurde. Doch als Therapeuticum war dieses Mittel völlig untauglich; als Diagnosticum hingegen konnte man es verwenden.

Virchow, zunächst zurückhaltend, war bald von Kochs Entdeckung überzeugt. »Ich will die Gelegenheit nicht vorübergehen lassen«, sagte er im Mai 1884 im Reichstag, »ohne auch hier zu sagen, daß dieser Schritt ein so großer gewesen ist, daß wir im Augenblick der Tat noch gar nicht übersehen können, zu welcher Konsequenz er führen wird.« Und in der »Berliner Klinischen Wochenschrift«: »Ich erkläre ausdrücklich für mich, daß ich es von Anfang an für höchst wahrscheinlich gehalten habe, daß der Bazillus das ens morbi sei.«[7]

Inzwischen hatte Koch auch den Erreger der Cholera entdeckt. Aber es dauerte seine Zeit, bis die neuen Entdeckungen der Bakteriologie sich international durchsetzten. Koch sah sich schweren Anfeindungen von seiten Pasteurs und Pettenkofers ausgesetzt. 1885, mehr als zwei Jahre nach der Entdeckung des Choleraerregers, vermied die Internationale Sanitätskommission in Rom jegliche Diskussion darüber. Im gleichen Jahr erschien ein Buch des Leiters des indischen Sanitätswesens; das Vorwort dazu stammte aus der Feder Max Pettenkofers, der die Entdeckung gleichfalls ablehnte. Pettenkofer ging so weit, daß er Koch an seinem eigenen Leib widerlegen wollte: Er erbat sich, ein paar Jahre später, von Kochs Assistenten Th. Gaffky nach langem Hin und Her das, was Koch für den Erreger hielt, und schluckte es zusammen mit seinem Schüler Rudolf Emmerich. Pettenkofer kam mit einem Durchfall davon; Emmerich hätte den Selbstversuch fast mit dem Leben bezahlt. Pettenkofer begriff nicht einmal, daß er Koch damit keinesfalls widerlegen konnte, denn Koch hatte nirgendwo behauptet, daß der Erreger in jedem Falle zu einer Erkrankung führte.

Virchow hat in diesem Streit zwischen Pettenkofer und Koch zu vermitteln versucht, und zwar mit größter Unparteilichkeit. Er teilte die Auffassung Kochs; aber er übersah auch nicht die andere Seite der Infektionskrankheiten: die sozialen Umstände. Im Deutschen Reich mit seinen gut 50 Millionen Einwohnern gab es etwa eine Million Tb-Kranke, von denen jährlich 88000 an dieser Krankheit verstarben. Natürlich waren das vor allem die Armen und die Kinder der Armen, die unter freudlosen, schmutzigen Bedingungen mit hungrigen Mägen aufwuchsen. Wie Virchow sich mit aller Kraft dafür einsetzte, daß sich deren Lebensbedingungen verbesserten, so tat Koch das Seine bei der bakteriologischen Bekämpfung der Tuberkulose.

1885 beriet der preußische Landtag über die Errichtung eines Lehrstuhls für Hygiene, des ersten in Preußen. Virchow war nicht der Ansicht, daß es eines solchen Stuhls bedurfte. Er war der Auffassung – und ganz ähnlich hat er sich später bezüglich eines Lehrstuhls für die Geschichte der Medizin geäußert –, daß »sowohl die Hygiene als die gerichtliche Medizin angewendete Wissenschaften (seien), welche weder selbständige Methoden noch selbständige Objekte in der Untersuchung haben«.[8]

Eine weitere medizinische Angelegenheit muß uns hier beschäftigen, eine, die auf wenig erfreuliche Weise die Medizin mit der Politik verquickt. Es geht um den preußischen Thronerben Friedrich Wilhelm, den ältesten Sohn Kaiser Wilhelms I., der nach dem Tod seines Vaters am 9. März 1888 als Kaiser Friedrich III. den Thron besteigen sollte. Seit langem war dieser Prinz die Hoffnung der Liberalen. Als er, als junger Kronprinz, eine Tochter der englischen Königin Viktoria heimführte, schrieb Fontane sein jubelndes »Willkommen!« und begrüßte Preußens neuerwachtes Licht der Hoffnung:

»Willkommen von der Reise,
Wir reichen dir die Hand,
Willkommen in unsrem Kreise,
Im neuen Vaterland.
Von Trepp- und Fenster-Stufen,
Von Dächern allerwärts
Begrüßt dich Jubelrufen,
Begrüßt dich – unser Herz.«

Sie war augenblicklich beliebt in ihrer neuen Heimat, so beliebt wie ihr Prinzgemahl. Als sie sich vermählten, drängten die Schaulustigen in riesiger Zahl vor dem Brandenburger Tor – und nicht nur einer soll dabei zu Tode getreten worden sein. Beliebt freilich waren die beiden weniger bei den Konservativen. Dabei war der Kronprinz ein ungewöhnlich begabter Militär, ein großer Heerführer, der 1866 vor Königgrätz das Seine getan hatte, den Sieg Preußens herbeizuführen, und auch im Krieg gegen Frankreich stand Friedrich Wilhelm seinen Mann. Mit Rudolf Virchow war der Kronprinz gut bekannt; er hatte nicht ungern gesehen, daß hier einer dem Eisernen Kanzler die Stirn bot; und daß seine Gemahlin – Kaiserin Friedrich, wie man sie später nannte – sich für karitative und kulturelle Dinge einsetzte, vor allem für die Volksbildung der breiten Massen, ließ das Band zu Virchow noch enger werden. Außerdem war sie im Roten Kreuz tätig, ein weiteres verbindendes Element zwischen dem fürstlichen Paar und dem Arzt Virchow.

Die kurze Regierungszeit Friedrichs III. ist eine einzige Tragödie, und zwar nicht zum geringsten deswegen, weil neben der Krankheit des Kaisers noch politische Intrigen mit hineinspielten. Otto v. Bismarck, seit 1862 – mit kurzen Unterbrechungen – preußischer Ministerpräsident und seit 1871 Reichskanzler, war ein gestrenger Herr, so daß sein König bisweilen sagte, unter einem solchen Kanzler sei es nicht leicht, König zu sein. Bismarck war äußerst ungewillt, einem Monarchen von der Art Friedrich Wilhelms als Kanzler zu dienen. Und Friedrich Wilhelms Sohn, der künftige Kaiser Wilhelm II., damals noch keine dreißig Jahre alt, war ebensowenig geneigt, nun unter seinem Vater den Thronprinzen zu spielen. Als Friedrich Wilhelms Halskrankheit immer akuter wurde und man anfing, von einer Operation zu sprechen, schleuderte Viktoria einmal ihrem Sohn ins Gesicht, er dränge nur deswegen auf eine Operation, weil sie seine eigenen Aussichten auf den Thron beschleunigen würde.

Zunächst die medizinischen Fakten: Kronprinz Friedrich Wilhelm, ein Mann von 56 Jahren, litt seit Ende 1886 an einer Halserkrankung, die mit Heiserkeit einherging. Es war bald von einem Tumor die Rede. Sein behandelnder Arzt, Professor Gerhardt, stellte fest, daß dieser Tumor weiterwucherte. Daraufhin wurde ein Berliner Chirurg hinzugezogen, Professor Ernst von Bergmann. Der untersuchte Friedrich Wilhelm am 18. Mai 1887 und stellte die Diagnose Krebs. Sogleich setzte sich ein ärztliches Konsilium zusammen; es kam zu dem, einstimmig gefaßten, Entschluß, einen Experten für Kehlkopfkrankheiten zu konsultieren, und zwar den englischen Arzt Morell Mackenzie. Am Nachmittag desselben Tages traten die Ärzte noch einmal zusammen, und v. Bergmann legte nun bereits einen Operationsplan vor.[9]

Jetzt war Mackenzie an der Reihe, den Kranken zu untersuchen. Mackenzie war eine Art Modearzt; er scheint großes Vertrauen ausgestrahlt zu haben und er rechnete ungeheure Honorare ab: Für einen Besuch von wenigen Tagen Dauer in San Remo stellt er dem Fürsten 60000 Mark in Rechnung. Nach seiner Untersuchung schließt er Krebs nicht aus, aber er will dieser Diagnose Bergmanns auch nicht zustimmen; er selbst denkt eher an eine chronische Entzündung der Knorpelhaut. Von einer Operation hält er wenig. Friedrich Wilhelms Gemahlin stellt sich hinter Mackenzie – vielleicht weil sie Engländerin war wie er; vielleicht weil sie ihm vertraute, oder weil sie Angst hatte vor einer Operation. Natürlich hieß es hinterher, es wäre besser gewesen, zu operieren; aber das ist sehr fraglich. Die erste vollständige Entfernung eines Kehlkopfes war rund zwanzig Jahre zuvor erfolgt; die erste teilweise Entfernung hatte Billroth knapp zehn Jahre vorher in Wien vorgenommen, am 7. Juli 1878.[10] Die Ergebnisse waren nicht überzeugend. Die Sterblichkeit während oder unmittelbar nach der Operation war hoch; die Überlebensaussichten gering.

Mackenzie wollte zunächst eine Probeexzision durchführen und das entnommene Gewebe einem Pathologen vorlegen. Wichtig ist die Feststellung, daß keiner der Ärzte sich sicher war, daß der Kronprinz an Krebs litt, v. Bergmann nicht ausgenommen. Sie teilten die Auffassung Mackenzies, man müsse sich vor einer Operation über die histologische Zusammensetzung des Tumors im klaren sein; so würde man auch heute verfahren. Die Probeexzision nimmt Mackenzie vor, am 21. Mai 1887. Noch am Morgen dieses gleichen Tages überbringt Generalarzt Dr. Wegner, der Leibarzt des Kronprinzen, das herausgeschnittene Gewebe persönlich dem Pathologischen Institut. Virchow richtet es in seiner Gegenwart für die mikroskopische Untersuchung her. Das Stück ist so klein, daß Virchow es auf einem einzigen Objektträger ausbreiten und untersuchen kann. Virchows Befund lautet nicht besorgniserregend: »Somit wurde nichts gefunden, was über die Erscheinungen eines einfach-irritativen Prozesses hinausging.«

Bevor Mackenzie einer Operation zustimmen konnte, wollte er von Virchow die Diagnose Krebs hören; da Virchow sie nicht aussprach, wurde nicht operiert. Nun reist Mackenzie für ein paar Tage zurück nach England. Anfang Juni ist er wieder in Berlin und entnimmt am 8. Juni ein weiteres Stück Gewebe, das er gleichfalls an Virchow übersendet. Diesmal wartet er dessen Befund nicht erst ab, sondern verkündet gleich nach dem ersten Augenschein, es sei kein Grund zu Befürchtungen gegeben. Ein paar Tage später reist das Kronprinzenpaar gegen den Rat der deutschen Ärzte nach England ab.

Virchows zweiter Befund liegt am 9. Juni vor. Er beschreibt, wie auch der erste, den histologischen Schnitt ausführlich und bezeichnet »das Übel als eine mit papillären Auswüchsen (mißbräuchlich Papillome genannt) verbundene Epithelwucherung: Pachydermia verrucosa. Irgendein Hineinwuchern dieser Epithelialgebilde in die Schleimhaut konnte nicht entdeckt werden«. Dieser Satz ist wichtig. Virchow bemerkt weiter, daß auch diesmal sehr wenig Material vorgelegt wurde. Aufgrund der Beschaffenheit des vorgelegten Gewebes ergibt sich für ihn eine günstige Prognose. Abschließend schreibt er: »*Ob ein solches Urteil* [nämlich die günstige Prognose, M. V.] *in Bezug auf die gesamte Erkrankung berechtigt wäre, läßt sich aus den beiden exstirpierten Stücken mit Sicherheit nicht ersehen.* Jedenfalls ist an denselben nichts vorhanden, was den Verdacht einer weiteren und ernsteren Erkrankung hervorzurufen geeignet wäre.« Diesen Befund bestätigt der Breslauer Pathologe Wilhelm von Waldeyer in seinen Erinnerungen: »Rudolf Virchow zeigte mir die mikroskopischen Präparate, die er von den ihm übergebenen Stückchen aus dem Kehlkopfe des Kronprinzen gewonnen hatte, so wie ich ihm die meinigen vorlegte. Aus den Befunden an dem von Mackenzie im Mai und später im Juni (ohne Beisein von Gerhardt) entnommenen Stückchen war die Diagnose ›Krebs‹ nicht zu stellen, und Virchow hatte mit dem Urteil, welches er seiner Zeit abgab, recht.«[11]

Inzwischen hat Mackenzie den Kronprinzen erneut untersucht und festgestellt, daß der Tumor am Stimmband auf ein Drittel seiner ursprünglichen Größe zusammengeschrumpft ist. Die »Pall Mall Gazette« schreibt, Virchows zweiter Befund sei günstig ausgefallen, und Mackenzie sei der Auffassung, die Richtigkeit der Diagnose – und damit auch der Therapie – beweise Virchows Befund. Ende Juni versucht Mackenzie, die gesamte Geschwulst zu entfernen; die herausoperierten Gewebeteile sendet er an Virchow nach Berlin. Am 1. Juli schreibt Virchow seinen histologischen Befund. Nach einer eingehenden Beschreibung des Schnitts schließt Virchow mit den Worten: »Das exzidierte Stück hat sich daher in noch höherem Grade als die bei der vorletzten Operation gewonnenen als eine, von einer mäßig gereizten und verdickten Oberfläche ausgegangene, harte zusammengesetzte Warze ergeben, und die Basis derselben hat auch nicht den entferntesten Anhalt für die Annahme einer in das Gewebe eindringenden Neubildung geliefert.«

Inzwischen haben die Ärzte angefangen, sich gegenseitig mit Vorwürfen zu überhäufen und sich zu beschuldigen, nicht die einfachsten Handgriffe ihrer täglichen Arbeit zu beherrschen. In ausländischen Zeitungen tauchen Gerüchte auf, eine Operation würde den Kranken getötet haben. Neue Ärzte werden hinzugezogen, darunter ein Dr. Landgraf, der dem Kronprinzen zuwider ist, ferner ein Dr. Felix Semon, der deutlich zu beobachten glaubt, daß der Tumor sich seitwärts und in die Tiefe ausbreitet. Am 15. November 1887 schreibt der »Reichsanzeiger«: »Nach wiederholten eingehenden Untersuchungen sind die versammelten Ärzte vollkommen klar, daß es sich bei Seiner Majestät um Krebs des Kehlkopfes handelt.« Es ist ungewiß, wer dies in die Zeitung gebracht hat, vielleicht der künftige Wilhelm II. Die englische Königin bekommt einen Wutanfall, als sie davon erfährt. In Wien schreibt Billroth am gleichen Tag in einem privaten Brief: »Ich finde, das Unglück für ihn wird nur vermehrt durch die vielen Schreibereien in der Zeitung. Offizielles weiß ich nicht; aus allem, was seit dem Frühjahr in die Öffentlichkeit kam, habe ich, wie wohl jeder Fachmann, zwischen den Zeilen gelesen, daß es sich um Krebs handelte. Ich habe selbst schon Könige behandelt und weiß, welchen Pressionen man da nachgeben muß. Im allgemeinen wird jeder Bettler im Spital rationeller behandelt als die höchsten Herrschaften.«[12]

Wie kommt Billroth im fernen Wien zu seiner Diagnose? Wieso weiß er besser Bescheid als die Ärzte in Berlin? Billroth war ein erfahrener Chirurg; er hat wohl einfach aus dem Umstand, daß der Tumor weiterwucherte, die Diagnose Krebs gestellt, womit er, wie sich herausstellte, recht behalten sollte. Aber für den Pathologen, für Virchow, der sich die Gewebeschnitte im Mikroskop anschaute, stellte sich diese Diagnose nicht. Noch an der Jahreswende 1887/88 waren sich die behandelnden Ärzte keineswegs sicher, daß es Krebs war; immer wieder glaubten sie, in einfachen Zeichen, wie einem zeitweiligen Nachlassen der Schwellung, einen Hoffnungsstrahl zu erkennen.

Für Mackenzie scheint sich der Fall folgendermaßen dargestellt zu haben: Das klinische Erscheinungsbild war seines Erachtens mit einer gutartigen Krankheit vereinbar; dazu kam dann noch der Befund des Pathologen. »Wenn der berühmteste Mikroskopierer, Virchow, das Vorhandensein des Karzinoms nicht konstatiert, mußte derjenige, der trotzdem die Operation wünscht, verrückt sein«, soll er gesagt haben.[13]

Nun reist der Kronprinz in den Süden, nach San Remo, um wenigstens etwas Linderung der Schmerzen zu finden. Im Januar 1888 wird Mackenzie in Kenntnis gesetzt, daß eine ernsthafte Verschlimmerung eingetreten ist. Zwei Tage später ist er an Ort und Stelle. Friedrichs Beschwerden lassen wieder nach. Dann, in den ersten Februartagen, wird die Lage so kritisch, daß unter widrigsten Bedingungen – ohne ärztlichen Assistenten, ja selbst ohne Krankenschwester, ohne richtigen Operationstisch – die Spaltung des Kehlkopfes vorgenommen wird.

Anfang März 1888 – während Virchow mit Schliemann in Ägypten umherreist – stirbt Wilhelm I. Nun besteigt Friedrich Wilhelm als Friedrich III. den deutschen Kaiserthron – keine hundert Tage lang bleibt er deutscher Kaiser. Am 15. Juni ist es mit ihm zu Ende. Schon zuvor schrieb Fontane: »Ich erinnre Sie nur, um wenigstens *ein* Beispiel herauszugreifen, an das Treiben der Ärzte am kronprinzlichen bez. kaiserlichen Krankenbett. Ich weiß nicht, wer Schuld hat, mag es auch nicht wissen, das aber weiß ich, daß ich wenig erlebt habe, was mir den Menschheitsjammer so gezeigt hätte wie dieser Vorfall.«[14]

Sein Tod wurde als eine Tragödie empfunden, nicht nur in liberalen Kreisen; in den letzten Wochen seines Lebens war Friedrich viel Mitgefühl entgegengeschlagen. Um so größer war nun der Zorn über die Art und Weise, wie er behandelt worden war, und er richtete sich besonders gegen die Ärzte. Warum mußte Virchow verreisen, während der Kaiser – dieser Kaiser – im Sterben lag? Hatte Virchow Grund, sich Vorwürfe zu machen?

Wenn es einfach darum ginge, Entschuldigungen zu finden für Rudolf Virchow, es wäre nicht schwierig.

Es bedarf keiner Entschuldigungen und keiner Ausflüchte;

wir können uns heute ein sehr gutes Bild machen von Virchows Diagnose und seiner Einschätzung des Ganzen. Dabei sind zwei Gesichtspunkte wichtig: erstens Virchows Befund aufgrund seiner mikroskopischen Untersuchung und zweitens die Beziehung zwischen Pathologie und Klinik. Beginnen wir mit dem Befund: Virchow wurden mehrmals Gewebeteile vorgelegt, und er hat sie untersucht. Nun möchte man vielleicht glauben, die Mikroskope oder etwa die Färbemethoden seien vor hundert Jahren nicht vollkommen genug gewesen für eine ordentliche Gewebeuntersuchung. Das war keineswegs der Fall: Für eine Untersuchung dieser Art genügt eine 50- bis 60fache Vergrößerung, und die hatte Virchow. Wir wissen auch mit größter Zuverlässigkeit, was Virchow im Mikroskop sah, denn er hat es mehrmals – und eingehend – beschrieben. Würde man heute einem Pathologen diese Beschreibung vorlegen und ihn bitten, eine Diagnose darunterzuschreiben, so würde diese *nicht* lauten: Krebs.

Dies trifft für die Beschreibungen mit Sicherheit zu, die Virchow im Jahr 1887 lieferte. Im Januar 1888 schickte Mackenzie ein weiteres Präparat, aus San Remo. Virchows Befund trägt das Datum vom 29. Januar 1888. Es ist nicht nötig, die medizinischen Einzelheiten hier auszubreiten; den Befund kann man in der »Berliner Klinischen Wochenschrift« vom 20. Februar 1888 nachlesen. Waldeyer sagt von diesem Befund in seinen Erinnerungen: »Ich gestehe, daß ich nach einem Befunde, wie nach dem von Virchow geschilderten, die Diagnose ›Krebs‹ ohne alle Bedenken gestellt haben würde. Virchow sagt ja selbst, daß die Nester (Zwiebeln) nicht nur in der Deckschicht, sondern auch in nächster Nähe dieser Schicht, also doch unterhalb derselben, gelegen hätten, also in die Schleimhaut eingedrungen waren, was er früher stets vermißt hatte.«[15] Nicht einmal dieser Sachverhalt würde einen Pathologen heute dazu bewegen, »ohne alle Bedenken« die Diagnose Krebs zu stellen.

Dann die Beziehung zwischen Pathologie und Klinik: Im ersten Heft von Band 111 seines »Archivs«, erschienen 1888, steht ein Beitrag von Virchow mit dem Titel »Zur Diagnose und Prognose des Carcinoms«. Von Friedrich III. ist darin nicht die Rede; gleichwohl liest sich das Ganze wie ein Protest gegen die

Kliniker. Virchow hatte schon als junger Arzt die Auffassung vertreten, zwischen Klinik und Pathologie dürfe keine Einbahnstraße verlaufen. Und wie ging es in diesem Fall? Man sandte ihm einfach ein Stück Gewebe zur Untersuchung. »Ich will dabei besonders bemerken, daß ich während dieser ganzen Zeit weder Sir Morell Mackenzie gesprochen noch mit ihm in irgendeiner Weise schriftlich in Verkehr gestanden habe«, schrieb Virchow im November 1887 in der »Berliner Klinischen Wochenschrift«. Und in dem Beitrag in seinem »Archiv« ging er noch weiter: Er zitierte aus einem Lehrbuch über »Die allgemeine chirurgische Diagnostik der Geschwülste«, in dem es heißt: »Der Kliniker ist im Erkennen der Eigenschaften dem Anatomen gegenüber in entschiedenem Vorteil, er hat eben das lebendige Material vor sich, an dem sich Eigenschaften genug finden, die an der Leiche und am Präparat fehlen und die, in ihrer richtigen Bedeutung aufgefaßt, sehr wertvolle diagnostische Zeichen liefern.«

Unter Ärzten gibt es dazu heute zwei Auffassungen: Der einen zufolge sollte der Pathologe sein Urteil ausschließlich auf seine Beurteilung des Gewebes stützen; Sache des Klinikers sei es dann, den Befund des Pathologen *und* die klinischen Erscheinungen zusammenzubringen und darauf die Diagnose zu gründen. Der zweiten Auffassung zufolge sollte der Pathologe über den klinischen Befund im Bilde sein. Es gab, damals wie heute, nur diese beiden Möglichkeiten. Wenn Mackenzie den Pathologen Virchow über das klinische Bild nicht in Kenntnis setzte, durfte er ihm auch nicht die Verantwortung für Diagnose und Therapie zuschieben. So scheint es auch die offizielle Darstellung der Ärzte zu sehen, die nach dem Tod Friedrichs unter dem Titel »Die Krankheit Kaiser Friedrich des Dritten dargestellt nach amtlichen Quellen« erschien. Darin heißt es: »Viel häufiger noch umgeben den Krebs kleinere, gutartige Wucherungen. Virchow hat dem vollkommen Rechnung getragen, indem er immer nur aussagte, daß das von ihm untersuchte Stück kein Krebsgewebe enthalte. Mackenzie betrachtete, und das mit Unrecht, Virchows Ergebnisse als Beweis, daß die ganze Geschwulst gutartiger Natur sei.«

Wie hat Friedrich III. zu seinen Lebzeiten und wie haben

Mitglieder des Hauses Hohenzollern später die ärztliche Tätigkeit Virchows in diesem Zusammenhang gesehen? Friedrich schlug in diesen Tagen einige Personen zu Ordensverleihungen vor, darunter auch Virchow. Reichskanzler Bismarck widersprach ihm; es kam ihm vor, als würden diese Auszeichnungen eher für politische Gesinnung als für echtes Verdienst um den preußischen Staat vergeben werden. Friedrich war bereit, mit sich reden zu lassen – nicht, jedoch, was Virchow, Robert Wilhelm Bunsen und Karl Schrader anlangte.[16]

Nach dem Tod Friedrichs wurde gemunkelt, man habe Virchow den Zutritt zur Leiche des Kaisers verwehrt. Aber der Pathologe, der die Leiche des Kaisers sezierte, war Rudolf Virchow, assistiert von Professor Waldeyer. Da fällt es schwer zu glauben, daß die Angehörigen des Hauses Hohenzollern der Meinung waren, der Pathologe Virchow habe versagt.

Siebzehntes Kapitel

GEGEN DEN STROM

»Was kann man erwarten von den Einwohnern dieser sandigen Steppen, diesen pfiffigen, herzlosen, hölzernen, halbgebildeten Menschen – die doch eigentlich nur zu Corporale und Calculators gemacht sind?«

Freiherr vom Stein
über den preußischen Adel

Im letzten Fünftel des 19. Jahrhunderts wurde Deutschland ein mächtiges Land. Auf dem Weg vom Agrarstaat zur Industriemacht hatte es große Fortschritte gemacht. Lange war es ein Nachzügler gewesen, in der Wirtschaft wie in der Wissenschaft; aber gegen Ende des Jahrhunderts hatte es aufgeholt, ja die anderen Länder Europas überholt. Diese Erfolge stiegen in den Kopf und machten trunken, vor allem jene, die sich das Verdienst dafür zuschrieben.

Es sind mehrere Dinge, die die Modernisierung eines Landes ausmachen, nicht nur seine wirtschaftliche Entwicklung. Oft werden drei Aufgaben genannt, die eine Nation auf ihrem Weg in die Moderne zu bewältigen hat: die nationalstaatliche Einigung, die Abrechnung mit den alten Herrschaftsgewalten und die Integration der neu entstehenden Arbeiterschaft, des vierten Standes, in die Gesellschaft. Die erste Aufgabe hatte Deutschland mit der Reichsgründung erledigt. Aufgabe zwei war zum Teil erfüllt: die alte Großgrundbesitzerin Kirche war politisch und wirtschaftlich entmachtet, nicht jedoch der alte Adel. Und die dritte Aufgabe stand gegen Ende des 19. Jahrhunderts noch gänzlich an.

Großbritannien und Frankreich haben diese drei Aufgaben nacheinander bewältigt; in Deutschland stellten sie sich gleichzeitig. Der amerikanische Soziologe Thorstein Veblen hat dieses Problem als einer der ersten beim Namen genannt: daß Deutschland sich nur zum Teil umgebaut habe; es habe sich zwar die fortschrittlichste Technologie angeeignet, aber sein Gemeinwesen werde weiterhin von den traditionellen, vorindustriellen Eliten beherrscht. Und diese Eliten taten natürlich nichts, sich ihrer wirtschaftlichen und politischen Macht freiwillig zu entäußern.

Seit der Reichsgründung von 1871 ging Preußen zwar in Deutschland auf, zugleich aber ergriff es auch Besitz davon. Was Einwohnerzahl und Fläche anlangt, machte Preußen mehr als sechzig Prozent des Landes aus; viele Reichsämter gingen aus preußischen Institutionen hervor oder waren immer noch preußisch; nicht von ungefähr war der Kanzler des Deutschen Reichs zugleich preußischer Ministerpräsident – von wenigen Monaten abgesehen. Theodor Fontane, ein Liebhaber des alten Preußen, fing damals zu unterscheiden an zwischen dem echten alten Preußentum mit seinem hohen Sinn für Pflichterfüllung und Selbstlosigkeit, und dem neuen Borussismus, hinter dem er nur Standesdünkel und Egoismus erblickte.

Die Vormacht des alten Adels gründete sich auf die politische Verfassung des Reiches. Die Exekutive hatte das Sagen, wie leicht wog daneben die Meinung der Volksvertretung? Der Reichstag war schwach; er sollte die Exekutive beaufsichtigen, doch das Recht, den Reichstag aufzulösen, lag beim Kaiser. Wenn der Reichstag nicht parierte, konnte er aufgelöst werden. Die Exekutive mit ihren starken Säulen – Heer, Bürokratie und Diplomatie – war übermächtig.

Trotzdem, die Arbeiterschaft wuchs, die Besitzlosen nahmen zu, immer mehr; und mochte die Angst vor ihnen auch absichtlich übertrieben worden sein, so war sie doch vorhanden. Zugleich war die Angst vor einer Revolution natürlich auch eine wunderbare Waffe gegen die Partei des Umsturzes oder was Bismarck dafür hielt. Als in der Großen Depression am Ende der 1870er Jahre die Widersprüche zwischen oben und unten immer deutlicher zutage traten, drohte Bismarck mit einem Staatsstreich. Er habe niemals daran gezweifelt, ließ er wissen, »daß ein Minister im Falle der Not (seinem Monarchen) eher zum Staatsstreich raten müsse als daß er mit offnen Augen sein Vaterland der Anarchie verfallen und den Staat zugrunde gehen ließe«.[1]

Wie haben wir uns die Nicht-Integration dieses vierten Standes vorzustellen? Politisch äußerte sie sich darin, daß in Preußen noch immer das Dreiklassen-Wahlrecht herrschte. Im Reich bestand zwar das allgemeine gleiche Wahlrecht, aber auch hier gab es genügend Einflußnahme der Regierung: Rudolf Virchow hat sich nicht nur einmal darüber beklagt, daß einfache Staatsbedienstete mit Geldgeschenken und anderen Maßnahmen zur Stimmabgabe für eine Partei aufgefordert wurden. Wirtschaftlich bestand die Nicht-Integration der Arbeiterschaft darin, daß sie ihr Leben unter kärglichsten Bedingungen fristete.

1878 war Bismarcks Gesetz gegen die Sozialdemokratie erstmals verabschiedet worden; es mußte alle drei Jahre verlängert werden, wenn es in Kraft bleiben sollte. Virchow hat sich im Reichstag wie im Preußischen Abgeordnetenhaus gegen die sogenannte Umsturzvorlage ausgesprochen, weil er gegen jede Willkür war. Die Hinweise auf die Anschläge gegen das Leben des Kaisers ließ er nicht gelten, er hielt das nur für einen Vorwand. 1882 sagte er im Preußischen Abgeordnetenhaus, er sehe »zur Annahme einer solchen Verbindung zwischen der Berliner Sozialdemokratie und dem Attentat gegen das Leben Seiner Majestät des Kaisers absolut keine Veranlassung«.[2] Seine Partei war in dieser Hinsicht nicht geschlossen: offiziell war sie gegen die Fortführung dieser Ausnahmegesetze; aber Eugen Richter scheint auch nichts dagegen gehabt zu haben, daß einzelne Abgeordnete anders stimmten. Nicht so Virchow. Er sah zwar diesen Parteienstreit nicht aus der Warte des Historikers, der hundert Jahre später darüber schreibt, er stand mittendrin im Zwist der Meinungen, und als Abgeordneter der Fortschrittspartei konnte er sich auch darüber ärgern, daß Wahlhelfer der SPD »in unsere Versammlungen eindrangen, unsere Versammlungen sprengten, unsere Verhandlungen durch Geschrei und wüste Eingriffe hinderten«. Er warf Bismarck höhnisch vor, es habe Zeiten gegeben, da habe er selber geruht, »den Herrn Lassalle wie eine Art Gutsnachbar zu behandeln«; er hielt ihm vor, er habe zeitweilig versucht, »ob man nicht dem bösen Fortschrittswesen durch den Sozialismus beikommen konnte, dem Teufel durch den Beelzebub«.[3]

Aber wenn es um die Frage ging, ob man Menschen einfach aus ihrer Heimatgemeinde vertreiben, ob man sie daran hindern durfte, so zu stimmen, wie sie nach ihrer inneren Überzeugung wollten, dann wußte Virchow genau, wo er stand. Die Verhängung des kleinen Belagerungszustandes hielt er für eine »schwere Katastrophe«. Er drang in die Abgeordneten des Landtags, nicht einfach die Ausweisung von Männern zu verfügen, »von denen der größte Teil verheiratet ist, von denen die meisten Familienväter sind, die fast alle in einer ungemein hilflosen Lage sich befinden, und die nun hinausgeworfen werden mitten im Winter, ohne daß sich ihnen irgendeine Aussicht bietet, in der auch nur entfernt zu erwarten ist, daß sie sich eine einigermaßen erträgliche Subsistenz wieder verschaffen können«.[4] Das waren keineswegs nur stimmungsvolle Worte: Verhaftung und Ausweisung war für viele Führer der deutschen Sozialdemokratie eine wirkliche Bedrohung. Was es für einen Menschen bedeutet, infolge seiner Interessenwahrung der Heimatgemeinde verwiesen zu werden, kann man in Bebels Buch »Aus meinem Leben« nachlesen.

Gab es keine andere Möglichkeit, politisch unliebsame Elemente loszuwerden? Die 1880er Jahre wurden das Jahrzehnt der Massenauswanderung. Innerhalb weniger Jahre verlor Deutschland mehr als eine Million Menschen; die meisten davon wanderten nach Amerika aus. Doch konnte man sie nicht loswerden und sie doch behalten? Es gab vielleicht auch diese Möglichkeit: Kolonien. Lange Zeit war Bismarck – eher aus außenpolitischen Gründen – gegen deutsche Kolonien: Sie erinnerten ihn an die seidenen Zobelpelze in polnischen Adelsfamilien, die nicht einmal Hemden besaßen. »Wir sind noch nicht reich genug, um uns den Luxus von Kolonien leisten zu können«, sagte er 1881. »Solange ich Reichskanzler bin, treiben wir keine Kolonialpolitik.«

Aber Bismarck verstand auch, daß Kolonien keineswegs nur ein Teil der Außenpolitik waren; man konnte sie auch als ein Ventil der Innenpolitik einsetzen, beispielsweise um Sozialdemokraten loszuwerden, oder auch um wieder einmal die Liberalen zu spalten, wie er sie schon einmal wegen der Frage der Schutzzölle gespalten hatte. In ihren Reihen saßen viele

Geschäftsleute – wollten sie ihre Güter nicht auch in den deutschen Kolonien an Einheimische und an dazugewanderte Deutsche verkaufen? Daß diese Taktik zum Teil verfing, zeigt ein Schreiben von Bankier Bleichröder an Bismarck, das über die Stimmung in Kreisen der Berliner Kaufmannschaft berichtet. Ein Schrei der Entrüstung habe sich gegen das Parlament erhoben, berichtet Bleichröder, »d. h. gegen die Führer der Fortschrittspartei und des Zentrums, und einstimmig ist man der Ansicht, daß, wenn heut eine Neuwahl stattfände, die Berliner Kaufmannschaft alles daransetzen würde, um Männer wie Ludwig Löwe, Virchow und dergl. nicht wiedergewählt zu sehen«.[5]

Virchow und die Mehrheit des Linksliberalismus wollten diese Ausweitung der deutschen Politik nicht. Als Bismarck begann, gleichfalls Kolonien für das Reich zu fordern, trat Virchow ihm entgegen; Mitte März 1885 ergriff er im Reichstag, in dem er seit 1880 einen Sitz hatte, das Wort und nahm zu dieser Frage Stellung. Er führte zunächst die scheinbar so friedfertige Begründung des Reichskanzlers vom 13. März 1885 an: »Das Prinzip, von dem die Regierung ausgehe, sei: wir folgen unseren Kaufleuten mit unserem Schutze. Das ist das Prinzip, das wir von Haus aus beobachtet haben, und in dem Sie uns nur irre machen können, wenn Sie die Mittel dazu nicht bewilligen können ... Wir werden jedes Mittel anwenden, um Sie zu zwingen, Farbe zu bekennen vor den Wählern oder dem Publikum, ob Sie die Kolonialpolitik wollen oder nicht wollen.« Virchows Antwort war klar: Er wollte sie nicht – »es sei wesentlich der Zeitpunkt der Weltgeschichte verpaßt«, sagte er, »in dem man noch eine Kolonialpolitik in dem gewöhnlichen Sinne treiben könne... Diese Art Kolonialländer sind nach meiner Auffassung in der Tat nahezu vollständig vergeben, und wenn wir in die Lage kommen sollten, uns nach dieser Seite hin irgendwo Luft schaffen zu müssen, dann würde es nur geschehen können auf dem Wege der Eroberung, und zwar nicht einer Eroberung von wilden Stämmen, ... sondern wir würden uns dann mit einem organisierten Staatswesen in Krieg einlassen müssen: wir würden regulären Krieg führen, wir müßten dem anderen Staat sein Territorium abnehmen.«

Das war die eine Seite von Virchows Ablehnung, die politische; es gab eine weitere, die wissenschaftliche, die eng verbunden war mit der humanitären: »Die bitteren Erfahrungen derjenigen Völker, welche kolonisiert haben, und welche im Laufe des Jahrhunderts mehr und mehr angefangen haben, statistische Untersuchungen zu machen, haben herausgestellt, daß es mit der Akklimatisationsfähigkeit des Menschen eine sehr beschränkte Bewandtnis hat, daß im Gegenteil die verschiedenen Rassen, so weit sie für gewisse Territorialverhältnisse von der Natur angepaßt sind, einen schnellen Wechsel in ihren körperlichen Einrichtungen und eine Sicherheit der Existenz in einem fremden Klima nicht durchmachen können.«[6]

Er durchschaute die sozialimperialistische Tendenz von Bismarcks neuer Kolonialpolitik und warnte davor, »in der Kolonialpolitik eine Art von – wenn ich so sagen soll – Blitzableiter zu sehen, der die bösen elektrischen Entladungen nach außen führt«. Aber er warnte auch davor, Kolonien anzulegen und dann aus irgendwelchen Erdteilen billige farbige Arbeitskräfte heranzuschaffen: »Dann beginnt der Raub der Arbeiter, dann kauft man sie, dann hat man, was praktisch schon in Neubritannien geübt worden ist, eine neue Form des Sklavenhandels.«[7]

Er habe darauf nichts zu erwidern, entgegnete Bismarck im Reichstag. Dafür schlug jetzt ein Anonymus zu und richtete am 2. und 19. Mai und am 8. Juni 1885 in der »Norddeutschen Allgemeinen Zeitung« – Bismarcks Hausblatt, wie Virchow wußte – schwere Angriffe gegen Virchow, und auch andere Blätter griffen ihn an. Virchow antwortete am 23. und 30. Mai und am 27. Juni in der liberalen Zeitung »Die Nation«. Die Sache war ihm so wichtig, daß er auf der Naturforscherversammlung im September in Straßburg noch einmal dazu Stellung bezog.

Im Elsaß war das Thema Auswanderung aktuell. Seit dem Frieden von Frankfurt mit Frankreich vom Mai 1871 hatten viele Elsässer von dem Optionsrecht für Frankreich Gebrauch gemacht und waren nach Frankreich ausgewandert, zwischen 1871 und 1873 rund ein Zehntel der Bevölkerung. Auf dieser Versammlung in Straßburg sprach nun Virchow über die Akklimatisation der Europäer in den Tropen und über die

Kolonisation heißer Länder. Er holte weit aus, griff zurück in die Geschichte der Medizin, in der er sich auskannte wie kaum ein anderer: er erinnerte an Hippokrates und die griechische Medizin des 5. Jahrhunderts vor Christus, wo man bereits vom Einfluß des Klimas auf den Menschen wußte; er sprach von der Zeit nach der Entdeckung Amerikas, als ein Venezianer namens Prosper Alpin ein berühmtes, einflußreiches Buch über die klimatischen Verhältnisse Ägyptens schrieb. Virchows wichtigste Folgerung lautete: Der einzelne vermag sich dem fremden Klima etwas anzupassen; aber diese erworbene Fähigkeit wird nicht weitervererbt, so daß jede Generation aufs neue mit den widrigen Umständen zu kämpfen hat. Virchow erinnerte an die jüngsten Erfahrungen der Franzosen in Nordafrika, die versucht hatten, Schwarze von einer Region in die andere zu verpflanzen – die Folge war eine hohe Sterblichkeit. Er erinnerte, daß die Anpassungsfähigkeit der Menschen im Mittelmeerraum größer war als die der Mitteleuropäer, deren Fruchtbarkeit in den heißen Zonen nachließ und bald gänzlich versiegte. Er warnte die Elsässer davor, nach Afrika auszuwandern. »Wenn ich wenigstens nach dieser Seite etwas wirken kann, unsere jetzigen Landsleute zu bestimmen, im Lande zu bleiben und sich ehrlich zu ernähren, hier ihre Familien zu gründen und hier ihren Kindern einen Boden zu schaffen, so werde ich diese Stunde als keine verlorene betrachten«, beendete er in Straßburg seinen Vortrag.[8]

Als langjähriger Mitarbeiter in der Budgetkommission hat Virchow immer wieder das Wort ergriffen, wenn unter dem Vorwand wissenschaftlicher Forschungen in Wahrheit koloniale Bestrebungen unterstützt werden sollten. Er wollte aus humanitären Gründen nicht, daß man Deutsche in unwirtliche Zonen abschob; und er wollte aus politischen Gründen nicht, daß das Reich damit begann, im pazifischen Raum Kolonien zu erwerben, klagte Virchow, es begebe sich mitten hinein in die »Rivalitäten, welche zwischen Amerika und England, einschließlich der englischen Kolonien, bestehen«. Die deutsche Festsetzung auf Samoa hielt er für einen großen Fehler, »insofern wir uns gewissermaßen als Puffer zwischen die beiden großen Seemächte Amerika und England hineinschieben wollten.

Wenn an einem Platz wie Samoa zwei so große Marinegewalten aufeinander platzen, von denen jede die Absicht hat, die Insel zu annektieren, so ist es das allerschlechteste Geschäft, wenn ein Dritter, der da ganz geringe Handelsinteressen hat, dazwischenkommt und sagt: da will ich mich hinsetzen.« Die deutsche Reichsregierung hat sich um diese Meinung nicht geschert. Aber die deutschen Flottendemonstrationen vor Samoa haben dem deutschen Ansehen in den USA sehr geschadet.

Das deutsche Kolonialreich, das in den Jahren nach 1884/85 langsam entstand, war – wirtschaftlich, aber nicht nur wirtschaftlich betrachtet – eine herbe Enttäuschung. Bis kurz vor dem Ersten Weltkrieg nahm es 24000 deutsche Auswanderer auf; der deutsche Außenhandel mit den Kolonien betrug nicht einmal ein Prozent des Außenhandels, den Steuerzahler hingegen kosteten die Kolonien Millionen. Am Ende, so könnte man sagen, hat Bismarck recht behalten: das Deutsche Reich konnte sich diesen Luxus nicht leisten.

Bismarcks Politik der Sozialistenbekämpfung hatte auch eine positive Seite: das war die Sozialversicherung, die er in den 1880er Jahren durchsetzte. Krankheit und Arbeitsunfähigkeit, aber auch das Alter, die Jahre nach der Berufstätigkeit, waren für die große Mehrzahl der arbeitenden Menschen eine stete Bedrohung. Wenn es der Regierung gelang, diese Bedrohung zu mindern, konnte sie vielleicht den Arbeiter auf ihre Seite ziehen. »Vor dem Verhungern ist der invalide Arbeiter durch unsere Armengesetzgebung schon geschützt«, sagte Bismarck am 2. April 1881 im Reichstag. »Das genügt aber nicht, um den Mann mit Zufriedenheit auf sein Alter und seine Zukunft blikken zu lassen.« Sein Ziel war der dem Staat dankbare Staatspensionär.

Krankenkassen hatte es in Deutschland auch schon vor Bismarcks Kanzlerschaft gegeben; aber das waren nur betriebliche oder eng umgrenzte örtliche Einrichtungen. Dank der neuen Sozialversicherung, die in den 1880er Jahren ihren Anfang nahm, verdoppelte sich die Zahl der Arbeitnehmer, die nun pflichtversichert war. Die Krankenversicherung umfaßte bald rund 40 Prozent der Arbeiterschaft, keine zehn Prozent der

Bevölkerung. Aber es waren – bei allen Unzulänglichkeiten im einzelnen – gute Ansätze.

Auf seiten des Linksliberalismus war man voller Argwohn gegen dieses Gesetz, wie gegen Bismarcks Politik überhaupt. »Es *scheint* eine Subvention der Armen, es *scheint* eine Subvention der Arbeiter«, sagte Eugen Richter, »in Wahrheit läuft es auf nichts heraus wie auf eine Subvention der Großindustrie, die um soviel, als den Arbeitern mehr von Reichs wegen geleistet wird, um soviel weniger den Arbeitern ihrerseits zu zahlen braucht in der Konkurrenz mit anderen Erwerbszweigen um dieselben Arbeiter.«[9] Virchow mag ähnlich von dem Vorhaben gedacht haben; er hatte als Liberaler nichts dagegen, daß der Staat den Ärmsten unter die Arme griff, aber nach so vielen Jahren des Umgangs mit Reichskanzler Bismarck war er mißtrauisch gegen alles, was von diesem Mann kam.

Obwohl die Sozialversicherung später als der Beginn eines großen Reformwerkes gefeiert wurde, scheint Bismarck darauf wenig stolz gewesen zu sein; in seinen »Gedanken und Erinnerungen« findet sie keine Erwähnung.

Getragen wurde Bismarcks Politik gegen Sozialdemokratie und Fortschrittspartei von den Konservativen, vom Zentrum und von den Nationalliberalen; sie standen seit den späten siebziger Jahren in der schwarz-blauen Front – dem Bündnis aus Roggen und Eisen – zusammen, deren gemeinsames Interesse es war, sich durch hohe Zollmauern abzuschotten. Für die Landwirtschaft etwas zu tun, vor allem für den ostelbischen Großgrundbesitz, dazu war jede preußische Regierung bereit. Vor 1861 hatten die preußischen Rittergüter sich völliger Steuerfreiheit erfreut, verhätschelt wurden sie auch später noch. Der preußische Großgrundbesitz war mächtig: er hatte Zugang – nicht zum Parlament, sondern, was viel wichtiger war: zur Krone, zur Bürokratie, zum Heer. Nicht auf den großen Städten mit ihren liberalen und sozialistischen Wählermassen ruhte wohlgefällig das Auge der Regierung, sondern auf dem Land.

Die industrielle Revolution und die damit einhergehende Revolution des Transportwesens berührte auch die Stellung der Landwirtschaft. Nach der Jahrhundertmitte veränderten sich die Güter, die Deutschland ein- beziehungsweise ausführte. 1852 überwog bereits der Mehrimport von Roggen, seit 1870 auch der von Gerste, bald der von Hafer und von Weizen. Die Transportmittel wurden zusehends billiger; und immer mehr Weizen und Fleisch aus Übersee drängte herein. Die Landwirtschaft verlangte nach Schutz, und sie bekam ihn. Schon von seinem persönlichen Naturell her lag Bismarck die Landwirtschaft mehr am Herzen als die Städte: Er war selbst Agrarmillionär, auch wenn er sich mitunter für einen notleidenden Landwirt ausgab.

Die Zollmauern stiegen: zwischen 1879 und 1887 verfünffachten sich die Zölle für Getreide. Der Linksliberalismus war gegen diese Zölle; schon das natürliche Interesse seiner Anhänger macht dies verständlich: Neben Beamten und Gelehrten Leute aus dem Finanzbürgertum und aus der Exportindustrie, die nun befürchten mußten, daß andere Mächte sich mit Retorsionszöllen gegen die deutschen Zollmauern zur Wehr setzten.

Rudolf Virchow hat sich dafür eingesetzt, daß die Verbraucher trichinenfreies Fleisch bekamen; doch als nun die Vertreter der Landwirtschaft anfingen, sich um das Wohl des Konsumenten zu sorgen, wurde er hellhörig. Er war für einwandfreie Nahrungsmittel zu erschwinglichen Preisen, und er setzte sich zugleich gegen die Interessen der Landwirtschaft zur Wehr, die begannen, Fleischimporte unter diesem Vorwand zu drosseln. Die Großstädter, klagte Virchow 1880 im preußischen Abgeordnetenhaus, erhielten »im gegenwärtigen Augenblick das allerschlechteste, das allerungesündeste, das allerunzulässigste Fleisch«. Dies hatte mit der Verstädterung zu tun: solange der Großteil der Bevölkerung auf dem Land lebte, hatte sich kein Bauer erlaubt, eine notgeschlachtete Kuh im Dorf zu verkaufen. »Wenn der Mann aber mit diesem Fleisch nach Berlin kommt, und dasselbe hier zum Verkauf anbietet, so weiß niemand, daß das Fleisch von einer ungesunden Kuh stammt.« Es sei eine Tatsache, führte Virchow aus, daß heute in der Provinz Brandenburg keine Kuh mehr stirbt: »Sowie sie am Sterben ist, wird sie geschlachtet, in die Stadt gebracht und dort verkauft.« Das sollte nicht so weitergehen, daher forderte er öffentliche Schlachthäuser für alle Gemeinden.[10]

Umgekehrt verfingen bei Virchow nicht die Klagen der Landwirtschaft, die in den achtziger Jahren gegen das »verseuchte Fleisch« aus dem Osten laut wurden. »Wenn man mit Recht einen solchen Eifer gegen das Ausland entwickelt, so mußte man ihn auch im Innern entwickeln«, hielt er der Regierung entgegen und warf ihr »Zärtlichkeit« gegen die Agrarier vor. »Es ist ihnen recht, wenn an der Grenze kein Vieh mehr hereinkommt, aber auch im Inneren soll nichts geschehen, um ihnen die Freiheit des Verkehrs zu mindern.« Der Import werde so stark gedrosselt, »daß die kleinen Beamten, die städtischen sowohl wie die staatlichen, nicht mehr in der Lage sind, sich regelmäßig wie sonst mit Fleisch zu versorgen«, von den ärmeren Familien ganz zu schweigen. Virchow verstand sehr gut, daß sich hinter der Forderung nach erstklassigem Fleisch nur das Interesse der deutschen Landwirtschaft versteckte.[11]

Fürst Bismarck hat den Kampf gegen die Sozialdemokratie geführt bis zuletzt; am Ende ist er daran zerbrochen. Die Spannung zwischen den Besitzenden und den Besitzlosen wurde in seiner Amtszeit immer größer: auf der einen Seite jenes knappe Drittel des deutschen Volkes, das auf der Sonnenseite stand; auf der anderen Seite jene mehr als zwei Drittel, die sich von ihrer Hände Arbeit nur schlecht und recht ernähren konnten, oft genug an der Grenze des Existenzminimums darbten. Lag das daran, daß die deutsche Wirtschaft – wie in den 1840er Jahren – so wenig leistungsfähig war, oder lag es an der Verteilung des Sozialprodukts? Die große Masse mußte mit 650 Mark *im Jahr* auskommen; das war wenig mehr als das *Monatsgehalt* eines preußischen Regierungsrats oder der Verdienst eines Ministers für *eine Woche* Arbeit.[12]

1890 mußte Bismarck gehen, zwei Jahre nach der Inthronisierung des jungen Kaisers Wilhelm II. Kaum einer weinte ihm eine Träne nach – größerer Beliebtheit erfreute er sich erst wieder ein paar Jahre später. Seine alten Widersacher in den Parlamenten freilich konnten ihm auch später seinen Umgang mit den Abgeordneten nicht verzeihen; nicht einmal dann, als der Kaiser sich, zumindest formal, mit dem alten Kanzler wieder ausgesöhnt hatte. Und in der Tat hatte Bismarck als Kanzler viel dazu beigetragen, die Stimmung im Parlament zu vergiften. Als der liberale Politiker Eduard Lasker 1884 in New York starb, weigerte sich Bismarck, die Kondolenzbekundung des amerikanischen Senats an den Reichstag weiterzuleiten. Da durfte er sich nicht wundern, daß elf Jahre später, als es um die Vorbereitungen seines 80. Geburtstags ging, Rudolf Virchow im preußischen Abgeordnetenhaus das Wort ergriff und verkündete, »daß eine Partei, welche Jahrzehnte hindurch in prinzipiellem Gegensatz zu der inneren Politik des Fürsten Bismarck gestanden hat, diesen Gegensatz nicht in einem Augenblick verschleiern darf, wo die Verwirrung des öffentlichen Geistes, die durch ihn hervorgerufen wurde, eine fast allgemeine geworden ist. Die Enthebung des Fürsten«, sagte Virchow weiter, »war eine Vorbedingung für die Genesung des Volksgeistes.« Das war die Begründung dafür, daß die freisinnige Volkspartei – so nannte sich Virchows Partei seit 1893 – »an der Feier, welche man jetzt plant, nicht teilnehmen« wird.[13]

Vieles, was Bismarck in seinem politischen Leben getan hatte, war in Virchows Augen Brunnenvergiftung übelster Art. Widerwärtig und verhaßt war ihm vor allem, wie er Menschen für seine Zwecke kaufte und sie gegen andere mißbrauchte. So war Virchow die Korruption der Presse aus dem Welfenfonds ein ganz besonderes Ärgernis; aus dem Welfenfonds hat Bismarck auch die Gelder für Ludwig II. von Bayern genommen, damit dieser dem preußischen Monarchen die Kaiserwürde antrug. »Mit dem Welfenfonds hat man alles gemietet, was käuflich in Deutschland war«, wetterte Virchow, »damit sind wir in einen Zustand der Presse hineingekommen, der in der Tat unerträglich geworden ist. … Dieser Zustand der Presse schädigt nicht bloß die Parteien, nein, er schädigt die Interessen aller.« Aller Legitimitätsbeteuerungen Bismarcks zum Trotz wurden die Welfen ihrer Güter beraubt, und nicht einmal um die Anlagen Georgs V. in Hannover kümmerte sich die preußische Regierung. »Es befindet sich in Hannover im Garten von Herrenhausen eine berühmte Palme, das berühmteste Exemplar, welches in Deutschland existiert, nicht bloß der Stolz Hannovers, sondern ganz Deutschlands«, berichtete Virchow dem Landtag. »Diese Palme ist allmählich so groß geworden, daß man sie von Jahr zu Jahr tiefer in den Erdboden eingesenkt hat, bis sie endlich in das Grundwasser gekommen ist ... Es ist daher mit einiger Besorgnis dem Augenblick entgegenzusehen, wo dieses schönste Exemplar zugrunde gehen wird, wenn nicht bald eine Abhilfe geschieht. Ich würde also recht sehr wünschen, daß der Welfenfonds dieser Palme sich hilfreich zuwenden möchte, und zwar innerhalb der ganz speziellen Zwecke, für welche er bestimmt ist.«[14]

Die starke Stellung des Adels, der alten Feudalgewalt, zeitigte im geistigen Leben des wilhelminischen Deutschland ihre Wirkung. Antirationalismus und Anti-Intellektualismus machten sich breit, desgleichen der Antisemitismus: Im gleichen Jahr, als Virchow seinen Sitz im Reichstag verlor, 1893, zogen dort 16 Abgeordnete der Antisemitischen Partei ein. Die Jahre vor 1890 waren von schweren Hochschulkonflikten frei; danach gab es gleich mehrere davon. Sie entzündeten sich an grundlegenden Fragen der Hochschulverfassung wie der Rechtsstellung der Privatdozenten, dem Status einzelner Fakultäten, aber auch an wissenschaftlichen Fragen, etwa an dem Problem der weltanschaulichen Voraussetzungslosigkeit der Wissenschaft.

Leo Arons, 1860 in Berlin geboren, war ein konfessionsloser Jude, mit der Familie Bleichröder verwandt. Arons war seit 1889 Privatdozent für Physik an der Universität Berlin. Seit 1890 war er Mitglied der SPD, für die er öffentlich auftrat und der er sein Privatvermögen in erheblichem Umfang zur Verfügung stellte; er war Mitglied der Berliner Stadtverordnetenversammlung und nahm sich in diesem Kreis vor allem Fragen der Schulbildung an. Die Philosophische Fakultät, der er angehörte, nahm an seiner politischen Tätigkeit keinen Anstoß; sie beantragte 1894 seine Ernennung zum außerordentlichen Professor. Dies lehnte Kultusminister Bosse im Einvernehmen mit dem Leiter der Hochschulabteilung Althoff ab; er beantragte statt dessen am 5. Mai 1894, Arons über seine politische Tätigkeit zu befragen und zu prüfen, ob es nicht geboten sei, ihm die *venia legendi* zu entziehen. Die Philosophische Fakultät lehnte dies ab; einige ihrer Mitglieder, darunter so berühmte Gelehrte wie Dilthey, Helmholtz, Mommsen, Schmoller, A. Wagner, sprachen sich schriftlich gegen eine Maßregelung Arons' aus. Die Philosophische Fakultät beschränkte sich darauf, gegen Arons eine Verwarnung auszusprechen, wobei sie nicht seine Parteizugehörigkeit, sondern die Hitzigkeit seiner politischen Reden rügte. Nun rief das Kultusministerium als Gutachter den Kirchenrechtslehrer P. Hinschius an. Hinschius kam zu der Auffassung, daß das Ministerium von sich aus die Entlassung eines Privatdozenten verfügen könne, was von anderen Juristen aber bestritten wurde. 53 Berliner Universitätsprofessoren protestierten gegen Hinschius' Gutachten, die Mehrheit des Lehrkörpers. Nun forderte der Kultusminister, das Disziplinarrecht für die Privatdozenten neu zu regeln.

Arons ließ sich von alledem nicht beirren: er trat weiterhin als Redner für die SPD auf, so 1897 auf ihrem Hamburger Parteitag. Daraufhin wütete der Kaiser höchstpersönlich in einem Telegramm: »Ich dulde keinen Sozialisten unter Meinen Beamten« und forderte die Entlassung »dieses frechen Verhöhners staatlicher Einrichtungen«. Althoff war der Meinung, bevor man Arons entlassen könne, müsse man erst eine Gesetzeslücke schließen. Dies zu tun begann nun die preußische Regierung.[15]

Rudolf Virchow hat sich im preußischen Abgeordnetenhaus mehrmals gegen den entsprechenden Gesetzentwurf ausgesprochen. Er hat sich zunächst darüber beschwert, daß »das Recht der Universitäten, das in ihren Statuten beruht, gegenwärtig gänzlich in Vergessenheit zu geraten droht«. Für die Privatdozenten sei einzig und allein die Fakultät zuständig, bei der sie habilitiert seien, sagte er. »Der Privatdozent entsteht nur dadurch, daß er vor der Fakultät seine Befähigung nachweist; durch besonderen Beschluß der Fakultät erhält er die venia, und wenn er die venia hat, so hat niemand dreinzureden.« Sollte sich der Privatdozent etwas zuschulden kommen lassen, so seien dafür die ordentlichen Gerichte zuständig.

Virchow gehörte der Philosophischen Fakultät nicht an und war, wie er sagte, über den Fall Arons nur ungenügend unterrichtet. Er fand es einfach unmöglich, daß man dieses einen Privatdozenten wegen die Gesetzgebung in Bewegung setzte. Er warf der Regierung vor, sie maße sich an, das verbriefte, alte Korporationsrecht der Universitäten einfach aufzuheben.

»Wenn Sie das Privatdozententum in einem wesentlichen Teile beschränken wollen, so schneiden Sie einen Teil der Wurzeln ab, aus denen unser ganzes gelehrtes Leben seine Nahrung und seine Materialien zur Weiterentwicklung schöpft. In dieser Einrichtung liegen Quellen für den Ersatz des Lehrkörpers durch neue Elemente, durch neue Kräfte.«[16]

Für Virchow war völlig unverständlich, »warum man in einer Angelegenheit, die seit Jahren so wenig Anstände ergeben hat, uns zu einer Gesetzgebung aufruft, die zweifellos einen sehr erheblichen Angriff auf die Stellung der Lehrer enthalten kann...; denn darüber ist doch kein Zweifel, daß durch diese Bestimmungen, wenn sie eingeführt werden, die Möglichkeit einer erheblichen Verschlechterung der Stellung der Privatdozenten eingeführt wird«. Er verglich dieses Gesetz mit dem Sozialistengesetz und mit der Meinung, »daß man die Sozialisten wie fremde Elemente in unserem Lande behandeln dürfe, die ganz eigenen Gesetzen unterworfen seien, ohne daß diese Gesetze formuliert werden«. Nicht seiner akademischen Lehren wegen wurde Arons angegriffen, sondern anderer Voraussetzungen wegen, »aber Sie sagen nicht, welche Voraussetzungen es sind. Nirgends steht das geschrieben, was der Privatdozent für Voraussetzungen erfüllen muß; Sie überlassen das vollkommen der Willkür.« Virchow konnte die ganze Aufregung über Arons' außerberufliche Tätigkeit nicht verstehen. »Was hat es denn für eine Gefahr für den Staat oder für bestimmte Klassen der Bevölkerung gehabt, wenn dieser Privatdozent der Physik in eine sozialdemokratische Versammlung gegangen ist und da seine Meinung ausgesprochen hat? Der Herr Minister ist offenbar bei dieser Gelegenheit besorgt geworden, ... was aus diesem preußischen Staat werden würde, wenn es solche Privatdozenten gibt. Wir halten das in der Tat für eine grausige Mär, mit der man schwache Menschen zu nächtlicher Zeit in Schrecken versetzen kann, aber daß bei hellem Tage ein Staatsminister sich vor diesem Privatdozenten so entsetzen sollte, daß er glaubt, mit dem könnte er nicht länger zusammen existieren, er müsse ein anderes Gesetz machen, um ihn los zu werden, das erscheint ganz unglaublich.«

Virchow versuchte bei dieser Gelegenheit, die Spannungen

zwischen der Staatsspitze und den Sozialdemokraten zu mindern, indem er darauf hinwies, daß diese Partei gerade der Universität keine Gefahr bringen konnte: gegen Ende des vorigen Jahrhunderts war nur einer von tausend Studierenden ein Arbeiterkind. Und auch die Studenten bildeten eine winzige Minderheit: es gab etwa halb so viele wie heute an der Universität München eingeschrieben sind. Virchow rief zur politischen Vernunft auf, als er sagte: »Meine Herren, heutzutage, wo die Sozialdemokraten nur hier im Abgeordnetenhause noch nicht sitzen, wo sie aber im Reichstage in erheblicher Zahl vorhanden sind, wo sie in Stadtverordnetenversammlungen zahlreich vorhanden sind, und in manchen Orten sogar die Majorität haben, können wir uns doch nicht so anstellen, als ob sie lauter Verbrecher seien. Diese Vorstellung, die der Kinderperiode unserer politischen Anschauung angehört, sollte doch überwunden werden ... Daher kann ich nur auf das zurückkommen, was ich bei der ersten Lesung gesagt habe: verwerfen Sie dieses Gesetz, das gänzlich unnötig und überflüssig ist.«[17]

Die »Lex Arons« wurde am 17. Juni 1898 verabschiedet. Sie unterwarf die Privatdozenten der disziplinarischen Bestrafung, falls sie ihre Pflicht im Dienst verletzten oder außerhalb ihres Berufs sich etwas zuschulden kommen ließen. Auf dieser Grundlage leitete das Kultusministerium am 13. April 1899 gegen Arons ein Disziplinarverfahren ein. Die Philosophische Fakultät kam am 22. Juli 1899 zu einem Freispruch, weil sozialdemokratische Ideen nicht zwangsläufig auf Umsturz gerichtet seien. Die bloße Zugehörigkeit eines Privatdozenten zu dieser Partei sei daher kein Bekenntnis zum Umsturz, folglich auch kein ausreichender Grund zur Entziehung der Lehrbefugnis. Das Staatsministerium hob dieses Urteil im Januar 1900 auf mit der Begründung, die bewußte Unterstützung der SPD sei mit der Stellung eines Universitätslehrers unvereinbar. Arons wurde entlassen.[18]

Noch so manches Mal hat Virchow in den Streit um Hochschulfragen eingegriffen. Er hat sich stets für den Fortschritt der Wissenschaften eingesetzt; aber er sprach sich mitunter auch gegen die Errichtung eines neuen Lehrstuhls aus – wir haben es bereits im Falle der Hygiene gesehen –, wenn es ihm vorkam, als triebe die Spezialisierung neue Blüten. Als 1898 die Errichtung eines Lehrstuhls für die Geschichte der Medizin zur Debatte stand, war Virchow erneut dagegen, ausgerechnet er, der sich so lange mit diesem Fach beschäftigt hatte. Kaum einer lehrte seinerzeit diese Disziplin, und Virchow meinte, es gebe so wenig Lehrer, »weil man sich allmählich überzeugt hat, daß die alte Medizin für die gegenwärtige Entwicklung sehr wenig Bedeutung hat«. Dies ist vielleicht ein zu hartes Urteil, dem aber auch heute noch viele Mediziner und andere Naturwissenschaftler zustimmen würden. Medizingeschichte sei nicht so wichtig, glaubte er, und wenn einer sie unterrichten wolle, liefen ihm die Studenten davon, »und das Ende vom Liede war immer, daß die speziell berufenen Lehrer zuletzt etwas anderes zu lesen anfingen«. Virchow hatte nichts dagegen, einen »bedeutende(n) medizinischen Historiker« anzustellen, sofern man einen gewann; aber er war dagegen, angestrengt nach einem solchen Mann zu suchen. »Ich würde es nicht raten, denn aus meiner eigenen Erfahrung weiß ich, wie gering der positive Ertrag dieser Studien ist.« Er war vielmehr der Meinung, der Staat solle sich nicht soviel in die Hochschulverfassung einmischen; was der Hochschule zuvörderst helfe, das sei eine freie, freiheitliche Entwicklung: »Schaffen Sie die Mittel einer freieren Entwicklung, und es wird Ihnen an brauchbaren Menschen nicht fehlen«, rief er der Regierung zu.

Immer war er bereit, sich für mehr Bildung einzusetzen, auch dafür, daß Bildung auch auf Kreise ausgedehnt werden sollte, die ihr bislang ferngestanden hatten. »Kreise von so feudaler Natur, wie sie in Mecklenburg übriggeblieben sind, die meinen, daß das gewöhnliche Menschengeschlecht über die Kenntnis von Rechnen und Lesen nicht herausgebracht werden müßte, haben wir, glaube ich, unter uns nicht zu befürchten«, sagte er vor dem preußischen Landtag. Und die Aufgabe der Zukunft sei es, »in möglichster Breite auch den nicht akademisch vorgebildeten Kreisen Bildung zuzuführen«.

Virchow hat sich bei dieser Gelegenheit, im März 1898, dagegen ausgesprochen, Frauen als Studierende an Hochschulen zuzulassen. Er machte dabei allerdings nicht geltend, daß

Frauen ungeeignet seien; er sagte lediglich, daß die Kapazität der bestehenden Hochschulen nicht ausreichte, Frauen aufzunehmen – »für diese müßte eine vollkommene Revolution herbeigeführt werden, wenn es möglich werden soll, einer großen Zahl von Mitgliedern des schönen Geschlechts den Zutritt zu gestatten«.[19]

Immer war er ein Liberaler, jemand, der sich nicht scheute, unliebsame Themen auch in der Öffentlichkeit anzuschneiden. Rudolf Virchow redete bisweilen wie ein gläubiger Protestant, wie er überhaupt geprägt war vom protestantischen Individualismus und von protestantischem Verständnis für Gewissensfreiheit; von Luthers Reformation hat er stets mit Hochachtung gesprochen. Und doch konnte dieser Mann sich noch als knapp 70jähriger im Landtag lustig machen über die Vorstellung des In-den-Himmel-Kommens. »Seitdem diese Erde als ein runder und sich bewegender Körper erkannt worden ist«, sagte er einmal im Landtag, »wo wir bald unten, bald oben stehen, sind die Begriffe von oben und unten bekanntlich sehr verwischt, und die topographische Situation, aus der sich die alte orthodoxe Vorstellung vom Himmel entwickelt hat, ist in der Tat schwer in die moderne Anschauung zu übersetzen. Wenn wir uns immer umdrehen, und der Himmel bald oben, bald unten ist, so verliert die ganze Grundlage dieser Anschauung ihre Wahrheit.« An dieser Stelle verzeichnet das Protokoll Heiterkeit, und der Vizepräsident Dr. Freiherr von Heereman unterbrach ihn und bat, »die Anschauung der Mitglieder dieses Hauses, denen solche Anschauungen heilig sind, zu schonen«. Ungerührt fragte Virchow daraufhin, wie man in seiner Rede, die doch in ähnlicher Form bei jedem Begräbnis gehalten würde, eine Beleidigung sehen könne.[20]

Als unerschrockener Liberaler scheute er sich auch nicht, so mißliebige Themen wie Homosexualität in der Öffentlichkeit anzusprechen. Homosexualität gab es bekanntlich auch im wilhelminischen Kaiserreich, auch in höchsten Hofkreisen; aber wer mochte damals schon Straflosigkeit dafür verlangen? Rudolf Virchow forderte, den gleichgeschlechtlichen Beischlaf nicht mehr unter Strafe zu stellen.[21]

Dem preußischen Abgeordnetenhaus blieb Virchow bis zu seinem Tod erhalten, über vierzig Jahre, die Hälfte seines Lebens. Sein Platz war in der zweiten Reihe vorne links, und wenn er sich von seinem Platz erhob – erinnerte sich einer der Parlamentsstenographen –, weil er etwas sagen wollte, was oft geschah, dann machte er einen innerlich ruhigen Eindruck und sprach, durchweg frei, ohne besonderen Stimmaufwand; seine Stimme war selbst im letzten Winkel des Saals zu vernehmen.[22]

Die Stimmung war nicht gut für diese Art von Linksliberalismus im kaiserlichen Deutschland der 1890er Jahre. Der gelehrte Liberale, wie Virchow ihn verkörperte, verschwand allmählich aus dem Reichstag: 1887 hatten dort noch 14 Professoren gesessen, ein Vierteljahrhundert später waren es gerade noch 6. Der Linksliberalismus verlor an Anhängerschaft, dafür sorgten Regierung und Sozialdemokratie: 1871 und 1874 waren sie mit mehr als zweihundert Abgeordneten in den Reichstag eingezogen; in den 1890er Jahren waren es nur noch halb so viele. Virchow verlor seinen Berliner Reichstagssitz 1893 an einen Sozialdemokraten.

1895, in seiner Freiburger Antrittsvorlesung, sagte der junge Soziologe Max Weber, es sei »auf die Dauer … mit dem Interesse der Nation unvereinbar …, wenn eine ökonomisch sinkende Klasse die politische Herrschaft in der Hand hält«. Gemeint war der Adel, vor allem der preußische, der in diesen Jahren versuchte, sein ökonomisches Absinken politisch aufzuhalten, auf Kosten des Gemeinwohls. Es fehle ihm an Gemeingeist, an Einfallsreichtum, klagte Fontane im April 1897, »Preußen – und mittelbar ganz Deutschland – krankt an unsern Ostelbieren«. Doch im gleichen Jahr, seinem letzten Lebensjahr, schrieb Fontane, wie sehr er sich freue, wenn er Namen lese wie Gropius, Dieterici, Virchow oder Siemens, weil er wisse, hier wachse ein neuer Adel heran, ohne »von« zwar, aber doch einer, »von dem die Welt wirklich was hat, neuzeitliche Vorbilder (denn dies ist die eigentliche Adelsaufgabe), die moralisch und intellektuell die Welt fördern und ihre Lebensaufgabe nicht in egoistischer Einpöklung abgestorbener Dinge suchen«.[23]

Achtzehntes Kapitel

PRAECEPTOR ORBIS TERRARUM

»Wir sehen ihn ja unter uns, wie er leibt und lebt, aber in künftigen Zeitläuften und Jahrhunderten wird man nicht begreifen können, daß ein einziger Mann so Hervorragendes auf den verschiedensten Gebieten geleistet hat. Da wird sich die Sage verbreiten, Virchow sei um die Wende des 20. Jahrhunderts kein einzelner Mensch gewesen, sondern Virchow sei ein Sammelname gewesen für eine Reihe hervorragender Zeitgenossen und Altersgenossen, die auf den verschiedensten Gebieten so Großartiges geleistet haben.«

Eugen Richter

Sein politisches Wirken hat Virchow in Deutschland wenig Anerkennung eingebracht, wohl aber, in Deutschland und in der Welt, sein Schaffen als Arzt und Gelehrter. Als wissenschaftlicher Referent war er gefragt: in Amsterdam, Moskau, London, Paris oder Kopenhagen; ob es um die Cholera ging oder um die Lepra. Im letzten Jahrzehnt seines Lebens war Virchow ein unermüdlicher Kongreßteilnehmer. 1893 sprach Virchow, in englischer Sprache, vor der Royal Society in London über »The Position of Pathology in Biological Studies«; im Jahr darauf, auf dem Internationalen Medizinischen Kongreß in Rom, über das Thema: »Morgagni und der anatomische Gedanke«. Dort wurde er begeistert gefeiert; ihm zu Ehren wurde eine Medaille mit dem Bild von Morgagnis Denkmal geprägt.

Anerkennung fand Virchow auch in seinem Vaterland; aber sie war gespalten: von staatlicher Seite erfolgte sie verhalten, mit Orden war Virchows Brust nur spärlich bedeckt; die Gesellschaft zollte ihm mehr Beifall. Seinen Professorenkollegen an der Universität Berlin war er zu liberal, und sie lehnten es zweimal ab, 1887 und 1888, ihn zum Rektor zu wählen. Selbst Theodor Fontane schrieb damals, vielleicht enttäuscht vom Leidensgang Friedrichs III., in einem privaten Brief: »*Ich* freue mich, bei größter und aufrichtigster Würdigung Virchows, daß er *nicht* Rektor geworden ist. So feine Fragen lassen sich nicht nach einer liberalen Schablone beurteilen. Ein Rektor der Berliner Universität, der sozusagen dem preußischen König und Kaiser jeden Morgen in die Fenster guckt, muß gut mit ihm stehn. Unter Friedrich III. hätt' er's werden können, jetzt nicht.«[1] Virchow mußte einige Jahre warten, ehe ihn die Universität Berlin zu ihrem Rektor machte. Als es dann so weit war, 1892, sprach er mit warmen Worten über Lehren und Lernen, und es hat wohl selten einer sich so glaubwürdig zum Vergnügen des Lernens bekannt wie er.

Mehr Verehrung zollten ihm die deutschen Städte. Er wurde Ehrenbürger der Reichshauptstadt Berlin, und viele Städte benannten Straßen nach ihm. Virchow freute sich vor allem darüber, daß »die größten und am meisten blühenden Städte meiner späteren Heimat, des schönen Frankenlandes, Würzburg und Nürnberg«, schon bald eine Straße nach ihm benannten. Nach Rudolf Virchow nannte sich bald auch das größte Krankenhaus Berlins, das Krankenhaus im Wedding, das den Namen heute noch trägt.

Vom alten Virchow gibt es zwei schöne Bilder von großen deutschen Malern: eines von Franz von Lenbach, das andere von Max Liebermann. Lenbachs Bild zeigt den Gelehrten in einem bequemen Stuhl, den linken Arm auf der Lehne, die rechte Hand aufgestützt, als wolle er seine Lage verändern. Virchow war 70 Jahre alt, als dieses Bild entstand; er hatte Lenbach einige Jahre zuvor kennengelernt, als er gerade aus Griechenland heimkam, und da Virchow oft in Tutzing am Starnberger See zu Besuch war, war es ein leichtes, eine Sitzung zum Porträtieren zu vereinbaren.

Max Liebermann kannte er schon lange, und zwar durch eine Frau Stettiner, die, wie Virchow, im Vorstand des Berliner Hilfsvereins tätig war und sich im Winter 1870/71 um die Barackenlager für Kranke und Verletzte auf dem Berliner Tempelhof kümmerte. Ihr ältester Sohn legte seiner Mutter den

Gedanken nahe, Virchow mit Liebermann zusammenzubringen. Frau Stettiner vertraute diesen Wunsch Rose Virchow an und diese ihrem Mann, bei dem er freundliche Aufnahme fand. Liebermann setzte sich eines Tages in ein Kolleg Virchows und beobachtete den Lehrenden bei seinem Vortrag. Danach stellte sich Virchow noch zu einigen Sitzungen in Liebermanns Atelier ein. So entstand das Pastell, das Virchow, kritisch blickend, als 70jährigen zeigt.[2]

Sein Einfluß als Mediziner ist kaum zu überschätzen. Aus allen Teilen der Welt kamen Studierende und Ärzte nach Berlin, viele von ihnen seinetwegen. Seine Auslandsschüler förderten sein Ansehen und seine Aufnahme im Ausland. Viele Russen und einige Amerikaner studierten bei ihm in Berlin, etliche Japaner und selbst ein paar Chinesen. Moriharu Miura, ein japanischer Arzt, war Virchows Assistent bis 1887; dann reiste er nach Hause und stellte die Pathologie in Japan bald auf die Grundlage von Virchows Zellularpathologie. Die nach Virchow benannte Stiftung zählt unter ihren Förderern ein gut Teil Japaner. Aber noch größer war Virchows Einfluß in Rußland: unzählige Aufsätze in seinem »Archiv« stammen aus der Feder von Russen oder von Deutschen, die in Rußland arbeiteten. Zu Virchows 80. Geburtstag trafen aus der ganzen Welt Glückwünsche ein.

Schon als 60jähriger hat Virchow in seinem »Archiv« sein Bedauern geäußert, daß das Alter »schwerfällig und unlustig macht«, und doch hat dieser Alte mit so viel Lust gearbeitet wie kaum ein anderer. 1885 erschien der 100. Band seines »Archivs«. Virchow betreute als Redakteur und Herausgeber diesen Band, und nicht nur diesen, viele andere Zeitschriften betreute er nebenbei. Auf die Frage, wie er das alles schaffe, pflegte der alte Virchow zu sagen, er ruhe sich von der einen Tätigkeit in der anderen aus. Kam er einmal mit einer Sache nicht weiter, dann ließ er alles liegen und stehen und fing an, Manuskripte zu redigieren. In den letzten Jahren seines Lebens war dies seine liebste Arbeit. Selbst die Korrekturfahnen lese er alle selber, versicherte er einem ärztlichen Kollegen, den er im Frühjahr 1899 zufällig in Bozen traf und mit dem er ins Gespräch kam.

Wenn man in diesen Tagen zu den Virchows zu Besuch kam, in ihre Wohnung in der Schellingstraße, dann pflegte der Hausherr aus seiner Bibliothek zu treten, den Besucher im altmodischen, bürgerlich einfachen Wohnzimmer zu begrüßen und ihn zum Gespräch auf einen der grünen Plüschsessel zu nötigen. Nebenan, in seinem Arbeitszimmer, durfte man Virchow nicht stören; da lagen die Manuskripte nebeneinander gestapelt, Reihe an Reihe, doch er soll sich in diesem Wust von Papieren stets hervorragend zurechtgefunden haben. Wenn er hier arbeitete, wollte er allein sein; nur seine kleine schwarze Katze leistete ihm dort Gesellschaft. Sein Freund Carl Posner berichtet, Virchow habe diesem Kätzchen vorsorglich eine Schelle umgehängt, damit sie entdeckt werden konnte, sollte einmal ein Berg von Papier über sie hereinbrechen.[3]

Am 25. Januar des Jahres 1902 verlor ein kleiner alter Herr beim Verlassen der Straßenbahn – er war auf dem Weg zu einem Vortrag der Geographischen Gesellschaft – das Gleichgewicht und stürzte auf die Straße. Ein Schutzmann, der in der Nähe patrouillierte, wurde herbeigerufen. Der Aufsichtsbeamte notierte sich die Straßenbahnlinie, Wagennummer, Zeit und Ort der Unfallstelle. Dann ließ er eine leere Droschke, mit einem Pferd bespannt, heranwinken, half dem Gestürzten einzusteigen und gab dem Kutscher Anweisung, nach Schellingstraße 10 zu fahren. Im Publikum war von »Geheimrat« die Rede, und einige boten sich an mitzufahren, was der Polizist mit den Worten »Das mach' ich alleine« ablehnte. Als sie über den Leipziger Platz fuhren, hielt es der Schutzmann für angebracht, die Personalien des Verletzten aufzunehmen. Dieser gab bereitwillig Antwort, buchstabierte seinen Namen und gab an, in Schivelbein geboren zu sein. Auf die Frage, ob er dem Straßenbahnpersonal Schuld gebe, antwortete er: »Nein, die Leute haben ihre Schuldigkeit getan.«

Vor dem Haus Schellingstraße 10 stiegen sie aus der Droschke, berichtet der Schutzmann, dem wir diese Schilderung verdanken. »Ich zog Virchow heraus und stellte ihn auf den Bürgersteig. Leider konnte er nicht mehr stehen. Auf den alten Droschkenkutscher konnte ich nicht rechnen und da es kalt war, faßte ich Virchow, legte ihn auf meine linke Schulter und trug ihn in sein Haus. Die Schellingstraße hatte einen breiten Bürgersteig und Vorgärten. Die Haustür ging wie auf Kommando auf, gesehen habe ich niemand. Ich trug Virchow in das Hochparterre und setzte ihn auf beläufertem Treppenpodest ab. Er war nicht schwer, berücksichtigt man aber meine Uniform und Virchows Winterkleidung, so war dieses Tragen doch umständlich und daher eine angemessene Leistung. Auf dem Treppenpodest fand sich jetzt der Hausportier und der Droschkenkutscher ein. Letzterer wegen des Fahrpreises. V. bezahlte die 60 Pfennige. Den Portier bat ich, einen Stuhl zu besorgen, um V. bequemer eine Treppe höher befördern zu können. Mein Wunsch wurde erfüllt. Wieder öffnete sich die Wohnungstür wie auf Kommando und zu sehen war niemand. Wir trugen V. in ein großes Zimmer. Ich setzte ihn in einen Ledersessel. Der Portier nahm seinen Stuhl und schob ab. Wieder war ich mit dem Verletzten allein. Frau Geheimrat ist sicher nicht zu Hause gewesen, und Angestellte schienen sich nicht in das Zimmer zu trauen. ›Was soll nun werden, soll ich einen Arzt holen?‹ sagte ich. ›Nein, ist nicht nötig, ich werde meinen Sohn Hans benachrichtigen‹, erhielt ich zur Antwort. ›Dann kann ich wohl gehen.‹ ›Ach, Sie können mir –‹ und da deutet er auf seinen Überzieher. Ich zog ihm den Überzieher aus. Jetzt faßte V. in die Hosentasche und wollte mich belohnen, was ich mit den Worten ›Bedaure, ich darf nichts annehmen‹ ablehnte.«[4]

Der Kopf von Virchows linkem Oberschenkelknochen war in mehrere Stücke zersprengt, und Knochenteile waren in das umgebende Gewebe eingedrungen.

Nun begann ein Leidensweg, der sich über viele Monate hinzog. Im Frühjahr begab sich der Kranke nach Teplitz zu einer Kur, Mitte Juni reiste er von dort nach Bad Harzburg, begleitet von seiner Frau und einer seiner Töchter. Mitte August 1902 schrieb der »Berliner Lokal-Anzeiger«: »Im Anfang war alles vortrefflich in Harzburg gegangen. Der Kranke hatte sich sichtlich erholt, er machte Spaziergänge und Ausfahrten und genoß in vollen Zügen die wiederkehrende Gesundheit.« Ende des Monats stellte sich eine Verschlechterung ein, Virchow hatte Herzkrämpfe und rang nach Atem. Bald stellten sich Stauungserscheinungen im Kreislaufsystem ein, welche die Ärzte auf sein altes Nierenleiden zurückführten.

Am 31. August, einem Sonntag, wurde Virchow in einem eigenen Krankenwagen, der an den fahrplanmäßigen Zug angekoppelt wurde, nach Berlin zurückgebracht. Die folgenden Tage verbrachte er in seiner Wohnung. Dort starb Virchow am 5. September gegen 14 Uhr. Wenige Stunden später veröffentlichte die »Vossische Zeitung« ein Extrablatt zum Tode Virchows.[5] »Die Empfindung, die uns dem Hingange dieses Mannes gegenüber befällt, kann ich in ihrer Art nur vergleichen dem allgemeinen Eindruck des Stillstehens aller Begebnisse, der die Zeitgenossen bei Goethes Tode beherrscht haben mag«, schrieb sein Freund Posner in der »Gartenlaube«.

In einer Sondersitzung des Berliner Magistrats fiel sodann die Entscheidung, Virchow als Ehrenbürger Berlins auf Kosten der Stadt zu beerdigen – dies eine Ehre, die zuvor noch niemandem zuteil geworden war. Am Montag, dem 8. September, wurde seine sterbliche Hülle, begleitet von seinen drei Söhnen und seinem Schwiegersohn Carl Rabl, ins Rathaus überführt. Seine letzte Ruhe fand Rudolf Virchow auf dem alten St. Matthäus-Kirchhof. Zu seiner Seite ruht seine Frau Rose, die am 21. Februar 1913 das Zeitliche segnete, und ihre Tochter Hanna, die 1963 im Alter von neunzig Jahren starb. Es ist ein würdevoller, ruhiger Ort, mitten im Herzen der großen Stadt. In der Nachbarschaft liegen andere Große der deutschen Geschichte, darunter die Brüder Grimm. Die Nationalsozialisten huldigten diesem Ort auf ihre Weise, indem sie die Leichen einiger der Männer, die im Widerstand gegen Hitler ihr Leben ließen, hier verscharrten, sie später wieder aus ihren Gräbern rissen, ihre Leichen verbrannten und die Asche auf den Rieselfeldern draußen vor der Stadt verstreuten.

Rudolf Virchow war ein kleiner Herr und ein großer Mann, ein Sohn Pommerns und ein Bürger der Stadt Berlin. Er war ein Mensch von ungeheurer Schaffenskraft, dabei anspruchslos, klug und ausgestattet mit einem großen Sinn für soziale Gerechtigkeit. Er konnte sich empören über das Unrecht, das er sah; und er mußte himmelschreiendes Unrecht mitansehen in seinem Leben. Seine Leistungen in der Medizin, in Politik und Anthropologie fanden höchste Anerkennung. Was meist übersehen wurde und doch seine Größe ausmacht, ist eine Tugend, für welche die deutsche Sprache kein eigenes Wort besitzt; sie bedient sich eines Kunstwortes: Rudolf Virchow besaß Zivilcourage.

ZEITTAFEL

13. 10. 1821	Rudolf Virchow in Schivelbein geboren.
Mai 1835	Eintritt in das Gymnasium zu Köslin.
Juni 1839	Erwerb der Hochschulreife.
Okt. 1839	Beginn des Medizinstudiums in Berlin.
1843	Erste Veröffentlichung über die Geschichte des Klosters zu Schivelbein. Promotion zum Doktor der Medizin.
1846	Staatsexamen.
1847	Habilitation.
Feb. 1848	Virchow reist im Auftrag der preußischen Regierung in das von Fleckfieber verseuchte Oberschlesien.
März 1848	Virchow beteiligt sich an den Straßenkämpfen in Berlin.
Nov. 1849	Virchow übernimmt den Würzburger Lehrstuhl für pathologische Anatomie.
Aug. 1850	Heirat mit Rose Mayer in Berlin.
Feb. 1852	Virchow reist im Auftrag der bayerischen Regierung durch den von Typhus verseuchten Spessart.
1854	Choleraepidemie in Süddeutschland.
1856	Rückkehr nach Berlin. Virchow übernimmt den neueingerichteten Lehrstuhl für pathologische Anatomie und Physiologie.
1858	Veröffentlichung des Buches »Die Cellular-Pathologie«.
Juni 1859	Virchow wird in die Berliner Stadtverordnetenversammlung gewählt.
Juni 1861	Gründung der Deutschen Fortschrittspartei. Rudolf Virchow zählt zu den Gründungsmitgliedern.

Mai 1862	Virchow wird in das Preußische Abgeordnetenhaus gewählt.
Sept. 1862	Wilhelm I. ernennt Bismarck zum preußischen Ministerpräsidenten. Beginn des Verfassungsstreits.
1864	Deutsch-Dänischer Krieg.
Dez. 1864	Papst Pius IX. veröffentlicht die »Enzyklika Quanta Cura«.
Juni 1865	Duellforderung Bismarcks an Virchow.
Juli 1866	Preußisch-Österreichischer Krieg. Große Choleraepidemie (Preußen: 115000 Tote). Abspaltung der Nationalliberalen von der Fortschrittspartei.
1867	Virchow besucht Paris, um sich über das Kanalisationssystem zu informieren.
1870/71	Deutsch-Französischer Krieg.
Jan. 1871	Gründung des Deutschen Reiches.
1871/72	Pockenepidemie in Preußen.
1872/73	Typhusepidemie in Preußen.
Jan. 1873	Virchow spricht im Preußischen Abgeordnetenhaus erstmals von ›Kulturkampf‹.
1873	Virchow legt einen Generalbericht zur Reinigung und Entwässerung Berlins vor. Erster Spatenstich zur Kanalisation von Berlin.
1874	Virchow wird in die Königliche Akademie der Wissenschaften zu Berlin gewählt. Beginn der Untersuchungen über die ethnische Zusammensetzung des deutschen Volkes.
1876	Auf dem Internationalen Kongreß für Anthropologie und Archäologie in Budapest trägt Virchow die Ergebnisse dieser Untersuchung vor.
1878	Die »Große Depression« führt in Deutschland zur innenpolitischen Wende: Abkehr vom Freihandel, Aufkommen des Antisemitismus, der Reichstag erläßt erstmals das sog. Sozialistengesetz.
1879	Virchow besucht Schliemann in Troja.
1880	Virchow wird in den Deutschen Reichstag gewählt.

1880 Reise nach Spanien und zum Internationalen Archäologenkongreß nach Lissabon.

1882 Reise Virchows in den Kaukasus.

Feb. 1888 Virchow reist mit Schliemann nach Ägypten und Griechenland.

März 1888 Nach dem Tod Kaiser Wilhelms I. wird dessen Sohn als Friedrich III. deutscher Kaiser.

Juni 1888 Tod Friedrichs III. Der 29jährige Kronprinz Wilhelm wird Kaiser Wilhelm II.

März 1890 Besuch Virchows bei Schliemann in Troja. Sturz des Reichskanzlers Bismarck.

Aug. 1890 Internationaler Medizinischer Kongreß in Berlin.

1891 Anläßlich seines 70. Geburtstages wird Virchow hoch geehrt.

1892 Virchow wird erstmals Rektor der Universität Berlin.

1893 Virchows linksliberale Partei nennt sich Freisinnige Vereinigung. Bei den Reichstagswahlen verliert Virchow seinen Sitz im Kaiserlichen Reichstag.
Virchow spricht vor der Royal Society in London.

1894 Virchow spricht auf dem Internationalen Medizinischen Kongreß in Rom.

1897 Virchow führt den Vorsitz auf der Internationalen Lepra-Konferenz in Berlin.

1902 Virchow zieht sich eine Oberschenkelhalsfraktur zu.
Tod Rudolf Virchows am 5. September in Berlin.

QUELLEN- UND LITERATURVERZEICHNIS

Rudolf Virchow war als wissenschaftlicher Schriftsteller äußerst produktiv. Wollte man alle seine Schriften hier aufführen, wären weit über hundert Druckseiten notwendig. Christian Andree hat in seiner verdienstvollen Habilitationsschrift von 1976 allein rund 1850 Schriften Virchows über Themen aus der Anthropologie, Ethnologie und Urgeschichte aufgelistet (s. u. Andree, 1976, II, S. 173–255). Die – unvollständige – Bibliographie, die J. Schwalbe 1901 anläßlich des 80. Geburtstages von Virchow herausgab, zählt auf 114 Druckseiten etwa 800 medizinische Titel auf, davon rund 265 aus Virchows »Archiv«, und weitere rund 1150 Arbeiten aus den Bereichen Anthropologie, Ethnologie und Urgeschichte. Literatur über Rudolf Virchow findet man in der Bibliographie von Christa Maria Jahns (s. u.).

Im folgenden habe ich nur die Bücher und Aufsätze aus Virchows Feder angeführt, die im Text zitiert oder erwähnt wurden. Virchows Aufsätze aus seinem »Archiv für pathologische Anatomie und Physiologie und für klinische Medicin« wurden hier nicht mit ihrem Titel aufgenommen; sie wurden lediglich in den Anmerkungen mit Bandnummer und Jahrgang angeführt.

Ungedruckte Quellen

Nachlaß Georg Ebers (Preußische Staatsbibliothek)
Nachlaß Werner Körte
Nachlaß Felix v. Luschan
Teilnachlaß Rudolf Virchow (Sammlung Darmstadter)
Akte Rudolf Virchow im Bayerischen Hauptstaatsarchiv, München

Gedruckte Quellen und Literatur

Ackerknecht, E.: Beiträge zur Geschichte der Medizinalreform von 1848. In: SudA 25 (1932), S. 61–109.

–: Rudolf Virchow. Doctor, statesman, anthropologist, Madison 1953 (dt.: Rudolf Virchow. Arzt, Politiker, Anthropologe, S 1957).

–: Rudolf Virchow und die Sozialmedizin. In: SudA 59 (1975), S. 247–253.
Adam, R.: Johann Jacobys politischer Werdegang 1805–1840. In: HZ 143 (1930/31), S. 48–76.
Adams, J. Q.: Briefe über Schlesien. Geschrieben auf einer im Jahr 1800 durch dieses Land unternommenen Reise, Breslau 1805.
Ägyptenreise 1888. Rudolf Virchows Briefe an seine Frau. In: Die Waage 13 (1974), S. 1–20.
Albrecht, B. u. G. (Hg.): Der Eid des Hippokrates – Ärzteerinnerungen aus vier Jahrhunderten. Von Paracelsus bis Paul Ehrlich, B (Ost) 1967, 4 1985.
Alff, W.: Materialien zum Kontinuitätsproblem in der deutschen Geschichte, F 1976.
Altmann, H.-W.: Der Weg der Würzburger Pathologie. In: Vhdl der Deutschen Gesellschaft für Pathologie, 52. Tagung, S 1968, S. XIX–XXVIII.
–: Pathologie und Pathologen in Würzburg. In: P. Baumgart (Hg.): Vierhundert Jahre Universität Würzburg, Neustadt/A. 1982, S. 1011–1026.
Andree, Ch.: Rudolf Virchow als Prähistoriker, 3 Bde., K–W 1976–1986.
– (Hg.): Rudolf Virchow – Theodor Billroth – Leben und Werk. Ausstellung der Stiftung Pommern im Rantzaubau des Kieler Schlosses vom 9. 6.–2. 9. 1979, Kiel 1979.
Archiv für pathologische Anatomie und Physiologie und für klinische Medicin. Hg. von R. Virchow u. B. Reinhardt (bis Bd. 4), Bd. 1–169 (später: Virchow's Archiv …), B 1847ff.
Ariès, Ph.: Geschichte des Todes, M 1980.
Arnim, B. v.: Dies Buch gehört dem König (1843). Hg. von Ilse Staff, F 1982.
Artelt, W. u. W. Rüegg (Hg.): Der Arzt und der Kranke in der Gesellschaft des 19. Jahrhunderts, S 1967.
Aschoff, L.: Rudolf Virchow. Ein Rückblick. In: DMW 47 (1921), S. 1185–1188.
–: Rudolf Virchow. Wissenschaft und Weltgeltung, H 2 1940.
Ash, J. E., u. a.: Tumors of the Upper Respiratory Tract and Ear, Washington 1964.
Assmann, G.: Der gegenwärthige Stand der Canalisirungsfrage in Berlin. In: Zs. f. Bauwesen 17 (1867), Sp. 231–243.
Baehrel, R.: La Haine de Classes en temps d'Epidémie. In: Annales 7 (1952), S. 351–360.
Baltzer, E.: Briefe an Virchow über dessen Schrift: Nahrungs- und Genußmittel, Rudolstadt 2 1881.
Bamberger, L.: Erinnerungen. Hg. von P. Nathan, B 1899.

Barber, B.: Resistance by Scientists to Scientific Discovery. In: Science 134 (1961), S. 596–602.
Bardeleben, I. v. (Hg.): Einige Briefe von Rudolf Virchow an Adolf Bardeleben aus den Jahren 1847–1853. In: Arch 223 (1917), S. 1–9.
Bartsch, H.: Geschichte Schlesiens – Land unterm schwarzen Adler mit dem Silbermond. Seine Geschichte, sein Werden, Erblühen und Vergehen, Wü 1985.
Bauer, A.: Rudolf Virchow, der politische Arzt, B 1982.
Bebel, A.: Aus meinem Leben, B (Ost) ^{4}1964.
–: Die Frau und der Sozialismus (1883), B (Ost) ^{50}1909.
Becher, W.: Rudolf Virchow, eine biographische Studie, B 1891.
Becker, J.: Der Krieg mit Frankreich als Problem der kleindeutschen Einigungspolitik Bismarcks 1866–1870. In: M. Stürmer (Hg.): Das kaiserliche Deutschland, Kronberg/Ts. 1970, S. 75–88.
Benedek, I.: Ignaz Philipp Semmelweis 1818–1865, W-K-Graz 1983.
Beneke, R.: Von Virchows Bedeutung für die öffentliche Gesundheitspflege und Wohlfahrt. In: DMW 47 (1921), S. 1192–1195.
–: Rudolf Virchow. In: Pommersche Lebensbilder, II, Stettin 1936, S. 198–236.
Bergmann, E.: Die Lepra in Livland, St. Petersburg 1870.
–, u. a.: Die Krankheit Friedrichs des Dritten dargestellt nach amtlichen Quellen und den im Kgl. Hausministerium niedergelegten Berichten der Ärzte, B 1888.
Bernard, C.: Introduction à l'étude de la médecine expérimentale, 1865, Ndr. Paris 1984.
Beta, J. H.: Die Stadtgifte, B 1870.
Bier, A.: Rudolf Virchow als Systematiker und Philosoph. In: Arch 300 (1937), S. 517–533.
Billroth, Th.: Chirurgische Briefe aus den Kriegs-Lazarethen in Weißenburg und Mannheim 1870. Ein Beitrag zu den wichtigsten Abschnitten der Kriegschirurgie, mit besonderer Rücksicht auf Statistik, B 1872.
–: Historische und kritische Studien über den Transport der im Felde Verwundeten und Kranken auf Eisenbahnen, M 1874.
–: Über das Lehren und Lernen der medicinischen Wissenschaften, nebst allgemeinen Bemerkungen über Universitäten, W 1876.
–: Briefe. Hg. von Dr. G. Fischer, Han-L ^{3}1896.
Bismarck, O. v.: Werke in Auswahl (= Ausgewählte Quellen zur deutschen Geschichte der Neuzeit. Freiherr-vom-Stein-Gedächtnisausgabe), 8 Bde. Hg. von R. Buchner, Da 1965.
–: Aus seinen Schriften, Briefen, Reden und Gesprächen, Zü 1976.
Blasius, D.: Der verwaltete Wahnsinn. Eine Sozialgeschichte des Irrenhauses, F 1980.

Bleker, Johanna: Der gefährdete Körper und die Gesellschaft. In: A. E. Imhof (Hg.): Der Mensch und sein Körper, M 1983, S. 226–242.

Bluntschli, J. C.: Denkwürdigkeiten aus meinem Leben, 3 Bde., Nördlingen 1884.

Boenheim, F. (Hg.): Virchow. Werk und Wirkung, B (Ost) 1957.

Boerner, P.: Rudolf Virchow bis zur Berufung nach Würzburg. In: Nord und Süd 21 (1882), S. 104–130.

–: Erinnerungen eines Revolutionärs: Skizzen aus dem Jahre 1848, 2 Bde. Hg. von Menke-Glückert, L 1920.

Borchardt, K.: The Industrial Revolution in Germany 1700–1914. In: The Fontana Economic History of Europe, Bd. 4., hg. von C. Cipolla, London 1972, S. 76–160.

Born, K. E.: Der wirtschaftliche und soziale Strukturwandel in Deutschland am Ende des 19. Jahrhunderts (1963). In: E.-W. Böckenförde (Hg.): Moderne deutsche Verfassungsgeschichte (1815–1918), K 1972, S. 451–470.

Borngässer, H.: Gottfried Eisenmann, phil. Diss., F 1931.

Bornkamm, H.: Die Staatsidee im Kulturkampf. In: HZ 170 (1950), S. 41–72, 273–306.

Braß, A.: Berlin's Barrikaden. Ihre Entstehung, ihre Vertheidigung und ihre Folgen. Eine Geschichte der März-Revolution, B 1848.

Braus, O.: Akademische Erinnerungen eines alten Arztes an Berlins klinische Größen, L 1901.

Brentano, L.: Mein Leben im Kampf um die soziale Entwicklung Deutschlands, Jena 1931.

Breyer, H.: Max von Pettenkofer, L 1980, ^{3}1985.

Briggs, A.: Cholera and Society in the Nineteenth Century. In: Past and Present 19 (1961), S. 76–96.

–: Victorian Cities, Har 1963, 1968.

Broszat, M.: Zweihundert Jahre deutsche Polenpolitik, F 1972.

Büchner, L.: Kraft und Stoff. Empirisch-naturphilosophische Studien, L ^{12}1872.

Burgdörfer, F.: Die Wanderungen über die deutschen Reichsgrenzen. In: W. Köllmann u. P. Marschalck (Hg.): Bevölkerungsgeschichte, K 1972, S. 281–322.

Bußmann, W.: Das Zeitalter Bismarcks (Hdb. d. Dt. Geschichte, Bd. 3/II. Hg. von L. Just), F ^{4}1968.

–: Rudolf Virchow und der Staat. In: Vom Staat des Ancien Régime zum modernen Parteienstaat. Fs. für Th. Schieder. Hg. von H. Berding u. a., M–W 1978, S. 267–285.

Clark, R. W.: Sigmund Freud, F 1981.

Conze, W.: Vom »Pöbel« zum »Proletariat«. Sozialgeschichtliche Voraussetzungen für den Sozialismus in Deutschland (1954). In: H.-U. Wehler (Hg.): Moderne deutsche Sozialgeschichte, K ^{4}1973, S. 111–136.

–: Sozialgeschichte 1800–1850. In: Hdb. d. Deutschen Wirtschafts- und Sozialgeschichte, Bd. 2. Hg. von H. Aubin u. W. Zorn, S 1976, S. 426–494.
Corbin, A.: Pesthauch und Blütenduft. Eine Geschichte des Geruchs, B 1984.
Craig, G.: Germany 1866–1945, O 1978.
–: Das Ende Preußens. Acht Porträts, M 1985.
Darwin, Ch.: The Origin of Species by Means of Natural Selection or the Preservation of Favoured Races in the Struggle for Life (1859), NY 1962.
Dehio, L.: Die Taktik der Opposition während des Konflikts. In: HZ 140 (1929), S. 279–347.
–: Bismarck und die Heeresvorlage der Konfliktszeit. In: HZ 144 (1931), S. 30–47.
Demandt, A.: Natur- und Geschichtswissenschaft im 19. Jahrhundert. In: HZ 237 (1983), S. 37–66.
Deppe, H.-U. u. M. Regus (Hg.): Seminar: Medizin, Gesellschaft, Geschichte. Beiträge zur Entwicklungsgeschichte der Medizinsoziologie, F 1975.
Desai, A.: Real Wages in Germany, O 1968.
Dettelbacher, W.: Würzburg – ein Gang durch seine Geschichte, Wü 1974.
Deuel, L.: Heinrich Schliemann. Eine Biographie – Mit Selbstzeugnissen und Bilddokumenten, M–W 1979.
Diepgen, P.: Rudolf Virchow. Persönlichkeit und Werk. In: Das Deutsche Gesundheitswesen 25 (1946), S. 800–809.
–: Virchows Archiv als Spiegel der Medizin seiner Zeit. In: Arch 315 (1948), S. 4–31.
–: Geschichte der Medizin. Die historische Entwicklung der Heilkunde und des ärztlichen Lebens, 2 Bde., B 1949.
–: Die Universalität von Rudolf Virchows Lebenswerk. In: Arch 322 (1952), S. 221–232.
– u. E. Rosner: Zur Ehrenrettung Rudolf Virchows und der deutschen Zellforscher. In: Arch 307 (1941), S. 457–489.
Donelson, A. J.: The American Minister in Berlin on the Revolution of March, 1848. In: AHR 23 (1918), S. 355–373.
Dorn, W. u. H. Hofmann (Hg.): Geschichte des deutschen Liberalismus, Bonn 1966.
Dorpalen, A.: Emperor Frederick III and the German Liberal Movement. In: AHR 54 (Okt. 1948), S. 1–31.
–: Die Revolution von 1848 in der Geschichtsschreibung der DDR. In: HZ 210 (1970), S. 324–368.
Dunant, H.: Eine Erinnerung an Solferino, Basel 1863.
Eberty, F.: Jugenderinnerungen eines alten Berliners, B 1878.

Ebstein, W.: Rudolf Virchow als Arzt, S 1903.
– (Hg): Deutsche Ärzte-Reden aus dem 19. Jahrhundert, L 1926.
Eisenberg, L.: Rudolf Ludwig Karl Virchow. Where Are You Now That We Need You? In: American J. of Medicine 77 (Sept. 1984), S. 524–532.
Engelberg, E.: Bismarck. Urpreuße und Reichsgründer, B ²1985.
Engelhardt, D. v.: Polemik und Kontroversen um Haeckel. In: MedJ 15 (1980), S. 284–304.
Engels, F.: Die Lage der arbeitenden Klassen in England. Nach eigener Anschauung und authentischen Quellen (1845). In: MEW 2, S. 225–506.
Ernst, P.: Virchows Cellularpathologie einst und jetzt. In: Arch 235 (1921), S. 52–151.
Escherich, Dr.: Hygieinisch-statistische Studien über die Lebensdauer in verschiedenen Ständen ..., Wü 1854.
Ewing, J.: Der Einfluß Virchows auf die medizinische Wissenschaft in Amerika. In: Arch 235 (1921), S. 444–452.
Eyck, E.: Bismarck, Leben und Werk, 3 Bde., Zü 1941/44.
–: Bismarck und das Deutsche Reich, M ²1975.
Fegebeutel, A.: Die Kanalwasser-(Sewage-)Bewässerung oder die flüssige Düngung der Felder im Gefolge der Canalisation in England, Danzig 1870.
Finkenrath, K.: Die Medizinalreform. Die Geschichte der ersten deutschen ärztlichen Standesbewegung von 1800 bis 1850 (= Studien zur Geschichte der Medizin 17), L 1929.
Finley, M.I.: Lost: the Trojan War. In: Ders.: Aspects of Antiquity. Har 1960, S. 31–42.
Fischer, A.: Geschichte des deutschen Gesundheitswesens, 2 Bde., B 1933.
Fischer F.: Der deutsche Protestantismus und die Politik im 19. Jahrhundert. In: HZ 171 (1951), S. 473–518.
Fischer, M.: Rudolf Virchow und die Bakteriologie, med. Diss., G 1965.
Fischer, W.: Armut in der Geschichte, G 1982.
–: Deutschland 1850–1914. In: Ders. u. a. (Hg.): Hdb. d. europäischen Wirtschafts- und Sozialgeschichte, Bd. 5, S 1985, S. 357–442.
–, u. a.: Sozialgeschichtliches Arbeitsbuch I. Materialien zur Statistik des Deutschen Bundes 1815–1870, M 1982.
Foà, P.: Virchow in Italien. In: Arch 235 (1921), S. 379–384.
Fontane, Th.: Der Krieg gegen Frankreich 1870–1871, 4 Bde., Zü 1985.
–: Meine Kinderjahre. Autobiographischer Roman, M 1973.
–: Von Zwanzig bis Dreißig. Hg. von W. Keitel, M 1973.
–: Briefe in zwei Bänden. Ausgew. u. erläutert von G. Erler, B (Ost)-Weimar ²1980.

Franz, G.: Landwirtschaft 1800–1850. In: Hdb. d. dt. Wirtschafts- und Sozialgeschichte, Bd. 2. Hg. von H. Aubin u. W. Zorn, S 1976, S. 276–320.
Franz-Willing, G.: Der große Konflikt: Kulturkampf in Preußen. In: O. Büsch u. W. Neugebauer (Hg.): Moderne Preußische Geschichte, 3 Bde., B–NY 1981, S. 1395–1457.
Freund, M.: Das Drama der 99 Tage. Krankheit und Tod Friedrichs III., K–B 1966.
Frevert, U.: Krankheit als politisches Problem 1770–1880. Soziale Unterschichten in Preußen zwischen medizinischer Polizei und staatlicher Sozialversicherung, G 1984.
Freytag, G.: Erinnerungen aus meinem Leben, L 1887.
Friedenthal, R.: Karl Marx. Sein Leben und seine Zeit, M 1981.
Froboese, C.: Rudolf Virchow. Ein Gedenk- und Mahnwort an die heutige Ärztegeneration 50 Jahre nach seinem Tode, S 1953.
Fürst, L.: Ein Musterkrankenhaus. In: Die Gartenlaube (1871), Nr. 21, S. 344–347.
Gall, L.: Bismarck. Der weiße Revolutionär, F–B–W 1980.
Gegenbaur, C.: Erlebtes und Erstrebtes, L 1901.
Geiger, L.: Berliner Berichte aus der Cholerazeit 1831–1832. In: BKW 54 (1917), S. 189–190.
Geist, J. F. u. K. Kürvers: Das Berliner Mietshaus 1862–1945, M 1984.
Genschorek, W.: Robert Koch, L ^{3}1979.
Gömmel, R.: Realeinkommen in Deutschland. Ein internationaler Vergleich (1810–1914) (= Vorträge zur Wirtschaftsgeschichte 4), Nürnberg 1979.
Göschen, A.: Das medicinische Studium auf der Universität Berlin. In: Deutsche Klinik 7 (1855), S. 1 ff.
Gollwitzer, H.: Ludwig I. von Bayern. Königtum im Vormärz. Eine Politische Biographie, M 1986.
Grebing, H.: Geschichte der deutschen Arbeiterbewegung, M 1970.
Greene, J. C.: Darwin and the Modern World View, NY 1963.
Griesinger, W., u. a.: Cholera-Regulativ. Den Sanitätsbehörden, den Ärzten und dem Publikum. In: Zs. für Biologie 2 (1866), S. 435–458.
Grouven, H.: Canalisation oder Abfuhr?, Glogau 1867.
Gruber, G. B.: Aus der Jungarztzeit von Rudolf Virchow. In: Arch 321 (1952), S. 462–481.
Haeckel, E.: Freie Wissenschaft und Lehre. Eine Entgegnung auf Rudolf Virchow's Münchener Rede über »Die Freiheit der Wissenschaft im modernen Staat«, S 1878.
–: Entwicklungsgeschichte einer Jugend. Briefe an die Eltern 1852–1856, L 1921.
Haffner, S.: Preußen ohne Legende, H 1979.

Hall, A. R.: The Scientific Movement and Its Influence on Thought and Material Development. In: The Cambridge Modern History, Bd. 10, Cambridge 1971, S. 49–75.
Hamerow, Th. S.: History and the German Revolution of 1848. In: AHR 60 (1954), S. 27–44.
–: Restauration, Revolution, Reaction. Economics and Politics in Germany, 1815–1871, Princeton 1958.
Hammen, O. J.: Economic and Social Factors in the Prussian Rhineland in 1848. In: AHR 54 (1949), S. 825–840.
Hardtwig, W.: Vormärz. Der monarchische Staat und das Bürgertum, M 1985.
Hasche-Kländer, I.: Rudolf Virchow. Infektion und Infektionskrankheit, Bakteriologie und Pathologie. In: Centaurus 2 (1951), S. 205–250.
Hasler, A.: Wie der Papst unfehlbar wurde, M 1979.
Hassell, U. v.: Erinnerungen aus meinem Leben 1848–1918, S 1919.
Heaton, H.: Economic Change and Growth. In: The Cambridge Modern History, Bd. 10, Cambridge 1971, S. 22–48.
Heberer, G., u. a. (Hg.): Anthropologie, F 1959.
Helmholtz, H. v.: Das Denken in der Medizin. Rede gehalten zur Feier des Stiftungstages der militärärztlichen Bildungsanstalten am 2. August 1877, B 1877.
Henning, F.-W.: Die Industrialisierung in Deutschland 1800–1914, Paderborn 1973.
–: Landwirtschaft und ländliche Gesellschaft in Deutschland, 2 Bde., Paderborn 1979.
Hentschel, V.: Geschichte der deutschen Sozialpolitik 1880–1980, F 1983.
Herre, F.: Moltke. Der Mann und sein Jahrhundert, S ^{2}1984.
–: Ludwig II. von Bayern. Sein Leben – Sein Land – Seine Zeit, S 1986.
–: Kaiser Friedrich III. Deutschlands liberale Hoffnung. Eine Biographie, S 1987.
Hesse, E.: Rudolf Virchow und die öffentliche Gesundheitspflege. In: Arch 235 (1921), S. 399–417.
Heuss, Th.: Deutsche Gestalten, Tübingen 1951.
Heymann, B.: Robert Koch, L 1932.
Hiltner, G.: Rudolf Virchow. Ein weltgeschichtlicher Brennpunkt im Werdegang von Naturwissenschaft und Medizin, S 1970.
Hirschfeld, E.: Virchow. In: Kyklos 2 (1929), S. 106–116.
Hobrecht, J.: Die Canalisation von Berlin, B 1884.
Hofstadter, R.: The Age of Reform, NY 1955.
Hohorst, G., u. a.: Sozialgeschichtliches Arbeitsbuch II. Materialien zur Statistik des Kaiserreichs 1870–1914, M ^{2}1978.

Hoppe, W.: Die Neumark. Ein Stück ostdeutscher Geschichte, Wü 1957.
Howard, M.: Der Krieg in der europäischen Geschichte, M 1981.
Huber, E. R.: Deutsche Verfassungsgeschichte seit 789, Bd. 2–4, S-B-K-Mainz ²1970/²1975/1969.
Hueppe, F.: Die Cholera-Epidemie in Hamburg 1892. In: BKW 30 (1893), S. 81 ff.
Huerkamp, C.: Ärzte und Professionalisierung in Deutschland. Überlegungen zum Wandel des Arztberufs im 19. Jahrhundert. In: GG 6 (1980), S. 349–382.
–: Der Aufstieg der Ärzte im 19. Jahrhundert, G 1985.
Hüttl, L.: Ludwig II. König von Bayern, M 1986.
Hughes, H. S.: Consciousness and Society. The Reorganisation of European Social Thought, NY 1958.
Imhof, A. E.: Einführung in die Historische Demographie, M 1977.
–: Mortalität in Berlin vom 18. bis 20. Jahrhundert. In: Berliner Statistik 31 (1977), S. 138–145.
–: Die gewonnenen Jahre. Von der Zunahme unserer Lebensspanne seit dreihundert Jahren oder von der Notwendigkeit einer neuen Einstellung zu Leben und Sterben, M 1981.
Jacob, W.: Die gegenwärtige Bedeutung der Sozialmedizin Rudolf Virchows. In: DMW 90 (1965), S. 2113–2116.
–: Aus dem sozialmedizinischen Erbe Rudolf Virchows. In: Janus 52 (1965), S. 218–240.
–: Virchows Begriff »naturwissenschaftliche Methode«. Deutung und Grenzen. In: H. Querner u. H. Schipperges (Hg.): Wege der Naturforschung 1822–1872, Hbg 1972, S. 88–100.
Jacoby, J.: Gesammelte Schriften und Reden, 2 Bde., H 1872.
Jahn, E.: Rudolf Virchow und die sozialen und hygienischen Umweltprobleme. In: Medizinische Monatsschrift 29 (1975), S. 263–268.
Jahns, Ch.: Rudolf Virchow 1821–1902, B (Ost) 1983.
Jedin, H. (Hg.): Handbuch der Kirchengeschichte, Bd. VI/1 u. 2, Freiburg 1971.
Jetter, D.: Das europäische Hospital. Von der Spätantike bis 1800, K 1986.
Jungkunz, W.: Die Sterblichkeit in Nürnberg 1714–1850. In: Mitt. des Vereins für Geschichte der Stadt Nürnberg 42 (1951), S. 289–352.
Kahlenberg, F. P.: Das Epochenjahr 1866 in der deutschen Geschichte. In: M. Stürmer (Hg.): Das kaiserliche Deutschland, Kronberg/Ts. 1970, S. 51–74.
Karbe, K.-H.: Salomon Neumann. Wegbereiter sozialmedizinischen Denkens und Handelns, L 1983.
Kastan, I.: Rudolf Virchow. In: Westermanns Monatshefte 51 (1882), S. 463–474.

Keil, G.: Zur Überlieferung von Virchows Würzburger Sektionsprotokollen. In: SudA 64 (1980), S. 287–298.

Kennard, J.: Sanitary Engineering: Water-Supply. In: Ch. Singer u. a. (Hg.): A History of Technology, Bd. 4, O 1957, S. 488–503.

Kiaulehn, W.: Berlin. Schicksal einer Weltstadt, M 1958.

Kirsten, Ch.: Quellen über Rudolf Virchow im Zentralarchiv der DAW und im Archiv der Humboldt-Universität zu Berlin. In: Zs. f. d. ges. Hygiene und ihre Grenzgebiete 18 (1972), S. 426–429.

Kisch, E.: Erlebtes und Erstrebtes. Erinnerungen, S–B 1914.

Kisch, H.: Die Textilindustrie in Schlesien und im Rheinland: eine vergleichende Studie zur Industrialisierung. In: P. Kriedte u. a.: Industrialisierung vor der Industrialisierung, G 1978, S. 350–386.

Kißkalt, K.: Die ersten Beurteilungen Robert Kochs durch die Schule Pettenkofers. In: Archiv für Hygiene und Bakteriologie 112 (1934), S. 167–180.

Klebs, E.: Beiträge zur pathologischen Anatomie der Schußwunden. Nach Beobachtungen in den Kriegslazarethen in Carlsruhe (1870 und 1871), L 1872.

Koch, Robert: Die Bekämpfung der Infektionskrankheiten, insbesondere der Kriegsseuchen. In: Ders.: Gesammelte Werke, Bd. II/1, L 1912, S. 276–289.

Kocka, J.: Preußischer Staat und Modernisierung im Vormärz: Marxistisch-leninistische Interpretation und ihre Probleme. In: H.-U. Wehler (Hg.): Sozialgeschichte Heute. Fs. für Hans Rosenberg zum 70. Geburtstag. G 1974, S. 211–227.

–: Vorindustrielle Faktoren in der deutschen Industrialisierung. Industriebürokratie und »neuer Mittelstand«. In: M. Stürmer (Hg.): Das kaiserliche Deutschland, Kronberg/Ts. 1970, S. 265–286.

–: Lohnarbeit und Klassenbildung. Arbeiter und Arbeiterbewegung in Deutschland 1800–1875, B–Bonn 1983.

Kölliker, A.: Zweiter Jahresbericht der Physikalisch-Medizinischen Gesellschaft zu Würzburg 2 (1852), S. 336–342.

–: Zur Geschichte der medicinischen Facultät der Universität Würzburg. Rede zur Feier des Stiftungstages der Julius-Maximilian-Universität am 2. Januar 1871, Wü 1871.

–: Erinnerungen aus meinem Leben, L 1899.

Köllmann, W.: Demographische »Konsequenzen« der Industrialisierung in Preußen (1972). In: O. Büsch u. W. Neugebauer (Hg.): Moderne preußische Geschichte, Bd. 1. B–NY 1981, S. 447–465.

–: Zur Bevölkerungsentwicklung ausgewählter deutscher Großstädte in der Hochindustrialisierungsperiode. In: Ders. u. P. Marschalck (Hg.): Bevölkerungsgeschichte, K 1972, S. 259–274.

Körner, G. (Hg.): Virchow und Rudolf Magunna. Zeugnisse einer Freundschaft. In: BS 109, NF 63 (1977), S. 34–54.

Kohl, E. W.: Virchow in Würzburg, med. Diss., Wü 1976.
Kranzberg, M. (Hg.): 1848 – A Turning Point?, NY 1959.
Kraus, A.: Geschichte Bayerns. Von den Anfängen bis zur Gegenwart, M 1983.
Krehnke, W.: Der Gang der Cholera in Deutschland seit ihrem ersten Auftreten bis heute (= Veröffentlichungen aus dem Gebiete des Volksgesundheitsdienstes 49), B 1937.
Kroneberg, L. u. R. Schloesser (Hg.): Weber-Revolte 1844, K 1979.
Kuczynski, J.: Geschichte des Alltags des Deutschen Volkes, Bd. 3: 1810–1870, B (Ost) 1980.
Kügelgen. W. v.: Lebenserinnerungen des Alten Mannes, 1840–1867, L 1917, Ndr. Zü 1985.
Kümmel, W.: Rudolf Virchow und der Antisemitismus. In: MedJ 3 (1968), S. 165–179.
Kürbisch, F. G. (Hg.): Der Arbeitsmann, er stirbt, verdirbt, wann steht er auf? Sozialreportagen 1880 bis 1918, B 1982.
Kuhn, A. (Hg.): Deutsche Parlamentsdebatten. Bd. 1: 1871–1918, F 1970.
Kuhn, Th. S.: Die Struktur wissenschaftlicher Revolutionen, F ^{2}1976.
Kußmaul, A.: Jugenderinnerungen eines alten Arztes, S 1899.
–: Aus meiner Docentenzeit in Heidelberg, S 1903.
Lassalle, F.: Gotthold Ephraim Lessing. In: Demokratische Studien 2 (1861), S. 473–505.
–: Reden und Schriften. Mit einer Lassalle-Chronik. Hg. von Fr. Jenacek, M 1970.
Labisch, A.: Zur Sozialgeschichte der Medizin. In: Archiv für Sozialgeschichte 20 (1980), S. 431–469.
Langewiesche, D.: Europa zwischen Restauration und Revolution 1815–1849, M 1985.
Lee, W. R.: The Mechanism of Mortality Change in Germany, 1750–1850. In: MedJ 15 (1980), S. 244–268.
Lefeldt, W.: Der gegenwärtige Stand der Abfuhr- und Canalisationsfrage in Großbritannien, B 1872.
Lepsius, R.: Parteisystem und Sozialstruktur: zum Problem der Demokratisierung der deutschen Gesellschaft. In: G. A. Ritter (Hg.): Die deutschen Parteien vor 1918, K 1973, S. 56–80.
Lesky, E.: Ignaz Philipp Semmelweis. Legende und Historie. In: DMW 97 (1972), S. 627–632.
Lévi-Strauss, C.: Rasse und Geschichte, F 1972.
Lin, J. I.: Virchow's Pathological Reports on Frederick III's Cancer. In: The New England J. of Medicine 311.19 (1984), S. 1261–1264.
Lubarsch, O.: Virchows Entzündungslehre und ihre Weiterentwicklung bis zur Gegenwart. In: Arch 235 (1921), S. 186–211.
–: Die Virchowsche Geschwulstlehre und ihre Weiterentwicklung. In: Arch 235 (1921), S. 235–261.

Lucht, A.: Aus dem Spielschatz des pommerschen Kindes, Greifswald 1937.
Lutz, H.: Zwischen Habsburg und Preußen – Deutschland 1815–1866, B 1985.
Machetanz, H. A. D.: Die Duell-Forderung Bismarcks an Virchow im Jahre 1865, med. Diss., Erlangen 1977.
Maier, H.: Kirche und Demokratie. Weg und Ziel einer spannungsreichen Partnerschaft, M 1972.
Mann, G.: Deutsche Geschichte des 19. und 20. Jahrhunderts, F 1958.
Mann, G.: Ernst Haeckel und der Darwinismus: Popularisierung, Propaganda und Ideologisierung. In: MedJ 15 (1980), S. 269–283.
Marchand, F.: Rudolf Virchow als Pathologe, M 1902.
McNeill, W. H.: Plagues and Peoples, Har 1976.
Meisner, H. O. (Hg.): Kaiser Friedrich III. Tagebücher von 1848 bis 1866, L 1929.
Mette, A. u. I. Winter: Geschichte der Medizin, B (Ost) 1968.
Meyer, E.: Schliemann und Virchow. In: Gymnasium 62 (1955), S. 435–454.
–: Rudolf Virchow, Wiesbaden 1956.
Mitteilungen aus dem Literaturarchiv in Berlin, NF 18, Briefe an Rudolf Virchow, B 1921.
Mommsen, W.: Deutsche Parteiprogramme, M 1960.
Mommsen, W. J.: Der deutsche Liberalismus zwischen »klassenloser Bürgergesellschaft« und »organisiertem Kapitalismus«. In: GG 4 (1978), S. 77–90.
Morris, R. J.: Cholera 1832. The Social Response to An Epidemic, London 1976.
Morsey, R.: Bismarck und der Kulturkampf. In: Archiv für Kulturgeschichte 39 (1957), S. 232–270.
Mühlmann, W. E.: Geschichte der Anthropologie, Bonn 1948.
Müller, M.: Rudolf Virchow als Historiker. In: SudA 34 (1941), S. 137–145.
Munk, F.: Virchow als Therapeut. In: Arch 315 (1948), S. 32–46.
Namier, L.: 1848: The Revolution of the Intellectuals, NY 1964.
Nasse, F.: Von der Stellung der Ärzte im Staat, L 1823.
Naunyn, B.: Erinnerungen, Gedanken und Meinungen, M 1925.
Neumann, S.: Die öffentliche Gesundheitspflege und das Eigentum, B 1847.
–: Zur medicinischen Statistik. In: Arch 3 (1851), S. 13–141.
Nightingale, F.: Die Pflege bei Kranken und Gesunden. Kurze Winke, den Frauen aller Stände gewidmet, L 1861.
Nipperdey, Th.: Über einige Grundzüge der deutschen Parteiengeschichte. In: E.-W. Böckenförde (Hg.): Moderne deutsche Verfassungsgeschichte (1815–1918), K 1972, S. 237–257.

–: Grundprobleme der deutschen Parteiengeschichte im 19. Jahrhundert. In: G. A. Ritter (Hg.): Die deutschen Parteien vor 1918, K 1973, S. 32–55.
–: Deutsche Geschichte 1800–1866. Bürgerwelt und starker Staat, M 1983.
Orth, J.: R. Virchow vor einem halben Jahrhundert. Persönliche Erinnerungen. In: Arch 235 (1921), S. 31–44.
Pachner, F.: Semmelweis und Prag. In: Communicationes de Historia Artis Medicinae 33 (1964), S. 95–114.
Pagel, J.: Rudolf Virchow, L 1906.
Pagel, W.: Rudolf Virchow und die Grundlagen der Medizin des XIX. Jahrhunderts, Jena 1931.
Palmer, R.: Auch das WC hat seine Geschichte, M 1977.
Panne, K.: Die Wissenschaftstheorie von Rudolf Virchow, naturwiss.-phil. Diss., D 1967.
Paret, P. u. B. Lewis: Art, Society and Politics in Wilhelmine Germany. In: J. of Modern History 57.4 (1985), S. 696–710.
Petersen, W. F.: Political Activity of Virchow. In: Transactions of the Chicago Pathological Society (Juni 1925), S. 111–121.
Pettenkofer, M.: Untersuchungen und Beobachtungen über die Verbreitung der Cholera, M 1855.
–: Über die Verbreitungsart der Cholera. In: Zs. für Biologie 1 (1865), S. 322–377.
Plesse, W. u. D. Rux (Hg.): Biographien bedeutender Biologen, B (Ost) 1977, ²1982.
Pöls, W. (Hg.): Historisches Lesebuch, Bd. 1: 1815–1871, F 1966.
– (Hg.): Deutsche Sozialgeschichte. Dokumente und Skizzen, Bd. I: 1815–1870, M 1973.
Poirier, J.: Histoire de la pensée ethnologique. In: Ders. (Hg.): Ethnologie générale, Paris 1968, S. 3–179.
Pollitzer, R.: Cholera, Genf 1959.
Popiołek, K. u. F.: 1848 in Silesia. In: Slavonic and East European Review 26 (1948), S. 374–389.
Posner, C.: Rudolf Virchow. Worte der Erinnerung. In: Die Gartenlaube 50 (1902), S. 671–675.
–: Rudolf Virchow, W-B-L-M 1921.
Potthoff, H.: Die Sozialdemokratie von den Anfängen bis 1945 (= Kleine Geschichte der SPD, Bd. 1), Bonn-Bad Godesberg 1974.
Quandt, L.: Bischof Ottos erste Reise in Pommern. Localitäten, Chronologie. In: BS 10 (1844), S. 121–136.
Rabl, M. (Hg.): Rudolf Virchows Briefe an seine Eltern 1839 bis 1864, L 1906.
Raddatz, F. J.: Karl Marx. Der Mensch und seine Lehre, H 1975.
Rawlinson, J.: Sanitary Engineering: Sanitation. In: Singer (Hg.): A History of Technology, Bd. 4, O 1957, S. 504–519.

Reis, K.: Die Ursachen und ersten Äußerungen der schlesischen Agrarbewegung des Jahres 1848, Breslau 1910.
Ribbe, W. (Hg.): Geschichte Berlins. Von der Frühgeschichte bis zur Gegenwart, 2 Bde., M 1987.
Richter, E.: Rudolf Virchow als Politiker. Festrede des Abgeordneten Eugen Richter bei der 80jährigen Geburtstagsfeier am 15. Oktober zu Berlin in der Brauerei Friedrichshain. B 1901.
Richter, W.: Bismarck. Eine Biographie, F 1962.
Rimpau, W.: Die Entstehung von Pettenkofers Bodentheorie und die Münchner Choleraepidemie vom Jahre 1854. Eine kritisch-historische Studie, B 1935.
Rindfleich, F.: Ärztliche Philosophie. Festrede zur Feier des 306. Stiftungstages der Kgl. Julius-Maximilians-Universität. Wü 1888.
Ringert, R.: Virchow, Arzt in sozialer und wissenschaftlicher Verantwortung. In: Berichte der Physikalisch-Medizinischen Gesellschaft zu Würzburg NF 80 (1972), S. 121–136.
Ritter, G.: Die Entstehung der Indemnitätsvorlage von 1866 In: HZ 114 (1913), S. 17–64.
Ritter, G. A. (Hg.): Das Deutsche Kaiserreich 1871–1914. Ein historisches Lesebuch, G ^{4}1981.
– u. J. Kocka (Hg.): Deutsche Sozialgeschichte. Bd. II: 1870–1914, M 1974.
Rössle, R.: Karl von Rokitansyk und Rudolf Virchow. In: WMW 84, (1934), S. 405–407.
–: Die Würzburger Vorlesungen Rudolf Virchows über Pathologie. In: Arch 300 (1937), S. 4–30.
–: Rudolf Virchow als Mensch und Forscher. In: Das Deutsche Gesundheitswesen 25 (1946), S. 788–796.
–: Rudolf Virchows Vorlesung über Allgemeine Pathologische Anatomie und Pathologie im Juli 1852. In: Arch 322 (1952), S. 233–239.
Rokitansky, C. v.: Selbstbiographie und Antrittsrede. Hg. von E. Lesky, W 1960.
Roon, A. v.: Denkwürdigkeiten aus dem Leben des General-Feldmarschalls Kriegsministers Grafen von Roon, 3 Bde., Breslau 1897.
Rosa, R. de: Zu einem unveröffentlichten Brief von Kugelmann an Marx über Virchow (1868). In: Arch 337 (1963/64), S. 593 bis 595.
Rosenberg, Ch.: The Cholera Epidemic of 1832 in New York City. In: Bulletin of the History of Medicine 33 (1959), S. 37–49.
Rosenberg, H.: Große Depression und Bismarckzeit. Wirtschaftsablauf, Gesellschaft und Politik in Mitteleuropa, F-B-W 1967.
–: Die Weltwirtschaftskrise 1857–1859, G ^{2}1974.
Rostand, J.: Esquisse d'une Histoire de la Biologie, Paris 1945.

Roth, E.: Studien zu Rudolf Virchow als Volkskundler. In: D. Harmening u. E. Wimmer (Hg.): Volkskultur und Heimat. Festschrift für Josef Dünninger zum 80. Geburtstag, Wü 1986, S. 92–124.
Ruffié u. J.-Ch. Sournia: Die Seuchen in der Geschichte der Menschheit, S 1987.
Ruge, A.: Briefwechsel und Tagebuchblätter aus den Jahren 1825–1880. Hg. von P. Nerrlich, 2 Bde., B 1886.
– u. K. Marx (Hg.): Deutsch-Französische Jahrbücher (1844), Ndr. L 1981.
Runge, F.: Die Krankenpflege als Feld weiblicher Erwerbsthätigkeit gegenüber den religiösen Genossenschaften, B 1879.
Rürup, B.: Deutschland im 19. Jahrhundert. 1815–1871, G 1984.
Sacharoff, G. P.: Rudolf Virchow und die russische Medizin. In: Arch 235 (1921), S. 329–378.
Schadewaldt, H.: Richtige Aussprache des Namens Virchow. In: DMW 91 (1966), S. 1746.
–: »Die Politik ist weiter nichts als Medizin im Großen.« In: Deutsches Ärzteblatt 69 (1972), S. 2202 ff.
Schieder, Th.: Staatensystem als Vormacht der Welt 1848–1918 (= Propyläen Geschichte Europas 5), F-B-W 1975.
Schipperges, H.: Moderne Medizin im Spiegel der Geschichte, S 1970.
–: Das gesundheitspolitische Programm Rudolf Virchows. In: H. Schaefer u. a. (Hg.): Gesundheitspolitik. Historische und zeitkritische Analysen, K 1984, S. 21–36.
Schleich, C. L.: Besonnte Vergangenheit. Lebenserinnerungen (1859–1919), B 1921.
Schleiden, M. J.: Beiträge zur Phytogenesis. In: Archiv für Anatomie, Physiologie und Wissenschaftliche Medizin, B 1838, S. 137–176.
–: Über den Materialismus der deutschen Naturwissenschaft, sein Wesen und seine Geschichte, L 1863.
Schliemann, H.: Ilios. Stadt und Land der Trojaner, L 1881.
–: Troja. Ergebnisse meiner neuesten Ausgrabungen auf der Baustelle von Troja, in den Heldengräbern, Bunarbaschi und anderen Orten der Troas im Jahre 1882, L 1884.
–: Briefwechsel. Aus dem Nachlaß in Auswahl herausgegeben von Ernst Meyer, Bd. I: 1842–1875, Bd. II: 1876–1890, B 1953/58.
Schmidt, B. M.: Rudolf Virchow in Würzburg. In: Vhdl der Physikalisch-medizinischen Gesellschaft zu Würzburg, NF 46 (1921), S. 91–101.
–: Rudolf Virchow. In: Lebensläufe aus Franken, Bd. 2, Wü 1922, S. 465–475.
Schmidt, G.: Die Nationalliberalen – eine regierungsfähige Partei? Zur Problematik der inneren Reichsgründung 1870–1878. In: G. A. Ritter (Hg.): Die deutschen Parteien vor 1918, K 1973, S. 208–223.

Schnabel, F.: Deutsche Geschichte im neunzehnten Jahrhundert, 4 Bde., Ndr. M 1987.
Schott, L.: Rudolf Virchow zur Entstehung der Menschenrassen. In: Biologische Rundschau 10 (1972), S. 335–337.
–: Die Ergebnisse der von Rudolf Virchow angeregten Schulkinderuntersuchung als Quellenmaterial für die Erörterung moderner populationsgenetischer Fragestellungen. In: Biologische Rundschau 10 (1972), S. 264–273.
Schwab-Felisch, H. (Hg.): Hauptmann: Die Weber. Dichtung und Wirklichkeit, F–B 1963.
Schwalbe, J. (Hg.): Virchow-Bibliographie, 1843–1901, B 1901.
Schwann, Th.: Mikroskopische Untersuchungen über die Übereinstimmung in der Struktur und dem Wachsthum der Thiere und Pflanzen, B 1839.
Schwartz, O.: Die deutsche Medizinalreform. In: Zs. für soziale Medizin 1 (1896), S. 87–96.
Schweers, H. F.: Nachschriften Virchowscher Vorlesungen aus der Würzburger Zeit, med. Diss., Mainz 1974.
Sell, F. C.: Die Tragödie des deutschen Liberalismus, S 1953.
Semmelweis, I.: Gesammelte Werke. Hg. von T. v. Györy, Jena 1905.
Sheehan, J. J.: Politische Führung im Deutschen Reichstag, 1871–1918. In: G. A. Ritter Die deutschen Parteien vor 1918, K 1973, S. 81–99.
–: German Liberalism in the Nineteenth Century, Chicago–London 1978.
Sieber, Dr.: Über die gesundheitlichen Rücksichten bei Anlagen von Latrinen, mit besonderer Bezugnahme auf Berlin. In: Adolf Henke's Zs. f. d. Staatsarzneikunde 39 (1859), S. 288–309.
Siefert, H.: Hygiene, ein Thema in der Frühzeit der Gesellschaft Deutscher Naturforscher und Ärzte (1822–1867). In: H. Querner u. H. Schipperges (Hg.): Wege der Naturforschung 1822–1872, Hbg 1972, S. 171–185.
Siemens, W. v.: Lebenserinnerungen, B 1892.
Simson, J. v.: Die Flußverunreinigungsfrage im 19. Jahrhundert. In: VSWG 65 (1978), S. 370–390.
–: Kanalisation und Städtehygiene im 19. Jahrhundert, D 1983.
Socin, A.: Kriegschirurgische Erfahrungen, gesammelt in Carlsruhe (1870 und 1871), L 1872.
Spindler, M. (Hg).: Handbuch der Bayerischen Geschichte, Bd. 4/1 und 4/2, M 1974.
Spree, R.: Soziale Ungleichheit vor Krankheit und Tod, G 1981.
Springer, R.: Berlin's Straßen, Kneipen und Clubs im Jahre 1848, B 1850.
Stadelmann, R.: Soziale und politische Geschichte der Revolution von 1848, M 1948.

Stenographischer Bericht über die Verhandlungen des preußischen Abgeordnetenhauses, B 1862–1902.
Stenographische Berichte über die Verhandlungen des Reichstags, B 1880–1893.
Stern, C. u. H. A. Winkler (Hg.): Wendepunkte deutscher Geschichte 1848–1945, F 1979.
Stern, F.: Die politischen Folgen des unpolitischen Deutschen. In: M. Stürmer (Hg.): Das kaiserliche Deutschland, Kronberg/Ts. 1970, S. 168–186.
–: Gold und Eisen. Bismarck und sein Bankier Bleichröder, F–B 1978.
Sticker, G.: Entwicklungsgeschichte der Medizinischen Fakultät an der Alma Mater Julia. In: M. Buchner (Hg.): Aus der Vergangenheit der Universität Würzburg. Festschrift zum 350jährigen Bestehen der Universität, B 1932, S. 383–757.
Stieber, J. C. E.: Spion des Kanzlers. Die Enthüllungen von Bismarcks Geheimdienstchef, S 1978.
Störig, H.-J.: Kleine Weltgeschichte der Wissenschaft, 2 Bde., F ^{4}1982.
Stürmer, M.: Konservatismus und Revolution in Bismarcks Politik. In: Ders. (Hg.): Das kaiserliche Deutschland, Kronberg/Ts. 1970, S. 143–167.
–: 1848 in der deutschen Geschichte. In: H.-U. Wehler (Hg.): Sozialgeschichte heute, G 1974, S. 228–242.
–: Militärkonflikt und Bismarckstaat. Zur Bedeutung der Reichsmilitärgesetze 1874–1890. In: G. A. Ritter (Hg.): Gesellschaft, Parlament und Regierung. Zur Geschichte des Parlamentarismus in Deutschland, D 1974, S. 225–248.
–: Das ruhelose Reich, B 1983.
–: Die Reichsgründung. Deutscher Nationalstaat und europäisches Gleichgewicht im Zeitalter Bismarcks, M 1984.
– (Hg.): Bismarck und die preußisch-deutsche Politik, 1871–1890, M 1970.
Sudhoff, K.: Rudolf Virchow und die Deutschen Naturforscherversammlungen, L 1922.
Taylor, A. J. P.: Bismarck. The Man and the Statesman, NY 1955.
Thienel, I.: Städtewachstum im Industrialisierungsprozeß des 19. Jahrhunderts. Das Berliner Beispiel, B 1973.
Thorwald, J.: Das Jahrhundert der Chirurgen, S ^{3}1958.
Twesten, K.: Lehre und Schriften Auguste Comtes. In: Preußische Jbb. 4 (1859), S. 279–307.
Unruh, H. V. v.: Erinnerungen. Hg. von H. v. Poschinger, S 1895.
Uschmann, G. (Hg.): Ernst Haeckel. Forscher, Künstler, Mensch, L–Jena–B 1962.
Valentin, V.: Geschichte der deutschen Revolution, 2 Bde., B 1930/31.
–: Geschichte der Deutschen, K 1979.

Varnhagen von Ense, K. A.: Journal einer Revolution. Tagesblätter 1848/49, Nördlingen 1986.
Vasold, M.: Vom Elend der Spessart-Bauern. In: Jb. für Geschichte, H. 1/1987 (a), S. 38–47.
–: Vermittler zwischen Slawen und Deutschen. In: Deutsches Ärzteblatt (Ausg. A), 50 (1987 [b]), S. 3484–3486.
–: Die ersten deutschen Sanitätszüge. In: Kultur & Technik (vorauss. H. 3/1988 [a]).
–: Rudolf Virchow und die Lepra in Norwegen. In: MedJ (vorauss. 1988 [b]).
–: Virchow und Bismarck. In: liberal (vorauss. Juli 1988 [c]).
Veblen, Th.: Imperial Germany and the Industrial Revolution (1915), Michigan 1939.
Verworn, M.: Rudolf Virchow. In: Zs. für allgemeine Physiologie 2 (1902), S. I–VIII.
Vidler, A. C.: The Church in An Age of Revolution. 1789 to the Present, Har 1961.
Virchow, R.: Das Karthaus vor Schivelbein. In: BS 9 (1843), S. 51–94.
–: Zur Geschichte von Schivelbein. In: BS 13 (1847), S. 1–33.
–: Abdominaltyphus und Choleratyphoid. In: Vhdl der Physikalisch-Medizinischen Gesellschaft zu Würzburg, 4 (1854), S. 77–90.
–: Die Neuauflage von Rokitansky's allgemeiner pathologischer Anatomie. In: WMW (1855), H. 26 u. 27, Sp. 401 ff.
–: Gesammelte Abhandlungen zur Wissenschaftlichen Medicin, F 1856.
–: Die Cellular-Pathologie in ihrer Begründung auf physiologische und pathologische Gewebelehre, B 1858.
–: Goethe als Naturforscher und in besonderer Beziehung auf Schiller, B 1861.
–: Vier Reden über Leben und Krankheit, B 1862.
–: Über Erblichkeit. Die Theorien Darwins. In: Deutsche Jbb. für Politik 4 (1863), S. 339–358.
–: Die Krankhaften Geschwülste. Dreißig Vorlesungen gehalten während des Wintersemesters 1862–1863 an der Universität Berlin, Bd. 2 u. 3, B 1864/65, 1867.
–: Gedächtnisrede auf Joh. Lucas Schönlein. Gehalten am 23. Januar 1865, dem ersten Jahrestage seines Todes in der Aula der Berliner Universität, B 1865.
–: Die Lehre von den Trichinen mit Rücksicht auf die dadurch gebotenen Vorsichtsmaßregeln für Laien und Ärzte dargestellt, B ^{3}1866.
–: Schivelbeiner Alterthümer. In: BS 21 (1866), S. 179–196.
–: Canalisation oder Abfuhr? Eine hygienische Studie, B 1869.
–: Die Aufgabe der Naturwissenschaften in dem neuen nationalen Leben Deutschlands, B 1871.

–: Die Cellular-Pathologie in ihrer Begründung auf physiologische und pathologische Gewebelehre (= Vorlesungen über Pathologie 1), B ^{4}1871.
–: Alte Ansiedlungen auf einer früheren Oder-Insel bei Glogau. In: VBG 3 (1871), S. 112–115.
–: Glaubens-Bekenntnis eines modernen Naturforschers, B 1873.
–: Reinigung und Entwässerung Berlins. General-Bericht über die Arbeiten der städtischen gemischten Deputation für die Untersuchung der auf die Canalisation und Abfuhr bezüglichen Fragen, B 1873 (a).
–: Ausgrabungen auf der Insel Wollin. In: VBG 4 (1873 [b]), S. 58–67.
–: Über moderne Pfahlanlagen und Küchenabfälle in Berlin. In: VBG 4 (1873 [c]), S. 123–125.
–: Küchenabfälle in der Dorotheenstraße zu Berlin. In: VBG 4 (1873 [d]), S. 132–134.
–: Untersuchung des Neanderthal-Schädels. In: VBG 4 (1873 [e]), S. 157–165.
–: Die Urbevölkerung Europa's, B 1874.
–: Über einige Merkmale niederer Menschenrassen am Schädel. In: Abh. der Königlichen Akademie der Wissenschaften zu Berlin, 1875 (a).
–: Bericht über den Burgwall von Zahsow und die wendische Bevölkerung. In: VBG 7 (1875 [b]), S. 127–133.
–: Die Sections-Technik im Leichenhause des Charité-Krankenhauses, mit besonderer Rücksicht auf gerichtsärztliche Praxis, B 1876 (a).
–: Sur la Race brune et la Race blonde en Allemagne. In: Compte-rendu de congrès internationale d'Anthropologie et d'Archéologie à Budapest 1876, Budapest 1876 (b), S. 577–586.
–: Mittheilungen über ein neues Gräberfeld in Niederhof bei Schivelbein. In: BVBG 8 (1876 [c]), S. 146–152.
–: Bericht über einen neuen Brandwall bei Blumenberg in der Oberlausitz. In: GAEU 7 (1876 [d]), S. 152 ff.
–: Bericht über die Fortschritte der craniologischen Forschung in Deutschland. In: Cbl. GAEU 9 (1878 [a]), S. 100–111.
–: Slavische Funde in den östlichen Teilen von Deutschland. In: Cbl. GAEU 9 (1878 [b]), S. 128–137.
–: Bemerkungen zu einem Bericht über fränkische Gräberfunde von Erbenheim. In: VBG 5 (1878 [c]), S. 185.
–: Gesammelte Abhandlungen aus dem Gebiet der öffentlichen Medicin und der Seuchenlehre, 2 Bde., B 1879.
–: Beiträge zur Landeskunde der Troas (= Abh. der Königlichen Akademie der Wissenschaften zu Berlin 1879), B 1880 (a).
–: Der Spreewald und die Lausitz. In: VBG 12 (1880 [b]), S. 222–236.
–: Bericht über Schädel von Damghan in Chorassam. In: VBG 12 (1880 [c]), S. 305–308.

–: Schädel von dem Neustädter Felde bei Elbing. In: VBG 12 (1880[d]), S. 383–392.
–: Brachycephale Schädel von Eicha im Grabfeld. In: VBG 13 (1881), S. 288–293.
–: Bericht über ein slavisches Grab mit Leichenbrand bei Wachlin in Pommern. In: VBG 14 (1882[a]), S. 398–407.
–: Bericht über eine Excursion nach Stettin. In: VBG 14 (1882[b]), S. 440–450.
–: Alttrojanische Gräber und Schädel (= Abh. der Königlichen Akademie der Wissenschaften zu Berlin 1882), B 1883 (a).
–: Das Gräberfeld von Koban im Lande der Osseten, Kaukasus. Eine vergleichend-archäologische Studie, B 1883 (b).
–: Bericht über altslavische und vorslavische Alterthümer von Gnichwitz (Schlesien). In: VBG 16 (1884), S. 277–286.
–: Gesamtbericht über die von der deutschen anthropologischen Gesellschaft veranlaßten Erhebungen über die Farbe der Haut, der Haare und der Augen der Schulkinder in Deutschland. In: AA 16 (1886[a]), S. 275–475.
–: Bericht über die Commission betreffend die Rassefrage. In: Cbl. GAEU 17 (1886[b]), S. 108–116.
–: Bericht über die Untersuchungen ostpreußischer Gräberfelder im Jahre 1885. In: VBG 18 (1886[c]), S. 381–384.
–: Prähistorisch-anthropologische Verhältnisse in Pommern. In: VBG 18 (1886[d]), S. 598–640.
–: Abschiedsrede auf der 18. allgemeinen Deutschen Anthropologischen Versammlung. In: Cbl. GAEU 18 (1887[a]), S. 183–185.
–: Bericht über die Ausgrabungen in Ostpreußen im Jahre 1887. In: VBG 19 (1887[b]), S. 491–492.
–: Anthropologie Ägyptens. In: Cbl. GAEU 19 (1888), S. 105–112.
–: Über einige Merkmale niederer Menschenrassen am Schädel und über die Anwendung der statistischen Methode in der ethnischen Craniologie. In: Zs. für Ethnologie 12 (1890), S. 1–26.
–: Erinnerungen an Schliemann. In: Die Gartenlaube 39 (1891), S. 299–303.
–: Die altpreußische Bevölkerung, namentlich Letten und Litauer sowie deren Häuser. In: VBG 23 (1891), S. 767–806.
–: Lernen und Forschen. Rede beim Antritt des Rectorats an der Friedrich-Wilhelms-Universität zu Berlin am 15. October 1892, B 1892.
–: Die Gründung der Berliner Universität und der Übergang aus dem philosophischen in das naturwissenschaftliche Zeitalter. Rede am 3. August 1893 in der Aula der Königlichen Friedrich-Wilhelms-Universität zu Berlin, B 1893.
–: Das lesende Kind. In: VBG 26 (1894), S. 445–446.

–: Hundert Jahre allgemeine Pathologie. Festschrift zur 100jährigen Stiftungsfeier des medicinisch-chirurgischen Friedrich-Wilhelm-Instituts, B 1895.
–: Die Stellung der Lepra unter den Infektionskrankheiten und die pathologisch-anatomische Erfahrung. In: Mitt. u. Vhdl. der internationalen Lepra-Conferenz zu Berlin im August 1897, B 1897, S. 120–126.
–: Über das Auftreten der Slaven in Deutschland. In: Cbl. GAEU 31 (1900), S. 109–113.
–: Über das Bedürfnis und die Richtigkeit einer Medizin vom mechanischen Standpunkt (1845). In: Arch 188 (1907), S. 1–21.
–: Die Not im Spessart [1852] – Mitteilungen über die in Oberschlesien herrschende Typhus-Epidemie [1848], Ndr. Da 1968.
–: Die Vorlesungen Rudolf Virchows über Allgemeine Pathologische Anatomie aus dem Wintersemester 1855/56 in Würzburg. Nachgeschrieben von cand. med. Emil Kugler. Hg. aus dem Nachlaß Richard Paltaufs vom Vorstand der Deutschen Pathologischen Gesellschaft, B 1930.
–: Reden zum Verfassungskonflikt im Preußischen Abgeordnetenhaus in den Jahren 1862–1866. Hg. von J. Levi, M 1912.
–: (Hg.) Handbuch der speciellen Pathologie und Therapie, 6 Bde., Erlangen 1854.
– u. F. v. Holtzendorff: Sammlung gemeinverständlicher Vorträge, B 1866ff.
– u. R. Leubuscher (Hg.): Die Medicinische Reform. Eine Wochenschrift, B 1848/49; Ndr. hg. von Chr. Kirsten u. K. Zeisler, B (Ost) 1983.
– Zur Erinnerung an Rudolf Virchow. Drei historische Arbeiten Virchows zur Geschichte seiner Vaterstadt Schivelbein. Hg. von der Gesellschaft für Pommersche Geschichte und Altertumskunde, B 1903.
Der kleine Virchow, B o. J.
Vogt, C.: Köhlerglaube und Wissenschaft. Eine Streitschrift gegen Hofrath Rudolph Wagner in Göttingen, Gießen [3]1855.
Vortriede, W. (Hg.): Bettina von Arnims Armenbuch, F 1969.
Vossler, O.: Die Revolution von 1848 in Deutschland, F 1967.
Wagner, D.: Rudolf Virchow als Medizinhistoriker. In: Zs. f. d. ges. Hygiene und ihre Grenzgebiete 18 (1972), S. 442–447.
Wahl, R.: Der preußische Verfassungskonflikt und das konstitutionelle System des Kaiserreichs. In: E.-W. Böckenförde (Hg.): Moderne deutsche Verfassungsgeschichte (1815–1918), K 1972, S. 171–194.
Waldeyer-Hartz, W. v.: Lebenserinnerungen, Bonn 1920.
Weber, R. (Hg.): Revolutionsbriefe 1848/49, L 1973.
Wehler, H.-U.: Bismarck und der Imperialismus, K 1969.

–: Polenpolitik im Deutschen Kaiserreich 1871–1918 (1970). In: E.-W. Böckenförde (Hg.): Moderne deutsche Verfassungsgeschichte (1815–1918), K 1982, S. 106–124.
–: Der Aufstieg des organisierten Kapitalismus und Interventionsstaates in Deutschland. In: H. A. Winkler (Hg.): Organisierter Kapitalismus, G 1974, S. 36–57.
–: Das Deutsche Kaiserreich 1871–1918, G ^{2}1975.
–: Modernisierungstheorie und Geschichte, G 1975.
–: Deutsch-polnische Beziehungen im 19. und 20. Jahrhundert. In: Ders.: Krisenherde des Kaiserreichs 1871–1918, G ^{2}1979, S. 203–219.
–: Deutsche Gesellschaftsgeschichte, Bd. 2: 1815–1845/49, M 1987.
Wehkamp, S.: Aspekte der Ganzheitsmedizin beim jungen Virchow, med. Diss., Wü 1978.
Wehrmann, M.: Geschichte von Pommern, 2 Bde., Gotha 1904/06; Ndr. Wü 1983.
–: Bischof Otto von Bamberg in Pommern, Greifswald 1924.
Weichselbaum, A. u. E. Zuckerkandl: Über den Einfluß Virchow's auf die Entwicklung der pathologischen Anatomie, die öffentliche Gesundheitspflege und die Anthropologie in Österreich. In: BKW 38 (1900), S. 1034–1036.
Weis, E.: Der Durchbruch des Bürgertums 1776–1847, F–B–W 1975.
Weyl, Th.: Beeinflussen die Rieselfelder die öffentliche Gesundheit? In: BKW 33 (1896), S. 26–29.
Wiench, P. (Hg.): Die großen Ärzte. Geschichte der Medizin in Lebensbildern, M 1982.
Wiese, L.: Lebenserinnerungen und Amtserfahrungen, 2 Bde., B 1886.
Wille, C.: Virchows Persönlichkeit nach Nekrologen der in- und ausländischen Presse unter der unmittelbaren Einwirkung der Todesnachricht, med. Diss., K 1971.
Winkler, H. A.: Preußischer Liberalismus und deutscher Nationalstaat. Studien zur Geschichte der Deutschen Fortschrittspartei 1861–1866, Tübingen 1964.
Winter, K.: Rudolf Virchow, L 1976.
Wolff, F. W.: Das Elend und der Aufruhr in Schlesien. In: Deutsches Bürgerbuch für 1845, neu hg. von R. Schloesser, K 1975, S. 174–199.
Woodward, L.: The Age of Reform 1815–1870, O ^{2}1962.
Yamagiwa, Katsusaburo: Virchows Einfluß auf die japanische Medizin. In: Arch 235 (1921), S. 385–398.
Zechlin, E.: Die Reichsgründung, F–B 1967.
Zollinger, H. U.: Pathologische Anatomie, 2 Bde., S 1968/69.
Zorn, W.: Die wirtschaftliche Integration Kleindeutschlands in den 1860er Jahren und die Reichsgründung. In: HZ 216 (1973), S. 304–334.

ABKÜRZUNGSVERZEICHNIS

AA	Archiv für Anthropologie
Abh.	Abhandlung(en)
AHR	American Historical Review
Arch	Archiv für pathologische Anatomie und Physiologie und für klinische Medicin
B	Berlin (bzw. Berlin-West)
BHStA	Bayerisches Hauptstaatsarchiv, München
BKW	Berliner Klinische Wochenschrift
BS	Baltische Studien
Cbl.	Correspondenzblätter
D	Düsseldorf
Da	Darmstadt
DMW	Deutsche Medizinische Wochenschrift
F	Frankfurt am Main
G	Göttingen
GAEU	Gesellschaft für Anthropologie, Ethnologie und Urgeschichte
GG	Geschichte und Gesellschaft. Zeitschrift für Historische Sozialwissenschaften
H	Hamburg
Han	Hannover
Har	Harmondsworth
Hbg	Heidelberg
Hdb.	Handbuch
HZ	Historische Zeitschrift
Jb. (Jbb.)	Jahrbuch (-bücher)
K	Köln
L	Leipzig
M	München
MedJ	Medizinhistorisches Journal
MEW	Marx-Engels-Werke
Mitt.	Mitteilung(en)
MR	Die medicinische Reform
Ndr.	Neudruck

NF	Neue Folge
NY	New York
O	Oxford
RV	Rudolf Virchow
S	Stuttgart
StB	Stenographischer Bericht über die Verhandlungen des preußischen Abgeordnetenhauses
SBRT	Stenographische Berichte über die Verhandlungen des Reichstags
SudA	Sudhoffs Archiv für Geschichte der Medizin und der Naturwissenschaften
Vhdl	Verhandlungen
Vjs.	Vierteljahresschrift
VSWG	Vierteljahresschrift für Sozial- und Wirtschaftsgeschichte
W	Wien
WMW	Wiener Medizinische Wochenschrift
Wü	Würzburg
Zs.	Zeitschrift
Zü	Zürich

ANMERKUNGEN

Die vollständigen Titel sind im Quellen- und Literaturverzeichnis aufgeführt.

Erstes Kapitel: Pommern

1 Beneke, 1936, S. 199f.
2 RV, 1843, S. 66f.; 1847, S. 31.
3 RV, 1867, S. 179f.
4 RV, 1843, S. 54f.
5 Ebd., S. 61f.
6 Ebd., S. 71f.
7 Ebd., S. 77, 75.
8 Rabl (Hg.), S. 1.
9 Ebd., S. 3.
10 Ebd., S. 3–5.
11 MR, S. 217.

Zweites Kapitel: Medizin

1 Zit. nach Lutz, S. 150.
2 Zit. nach ebd., S. 65.
3 Rabl (Hg.), S. 22.
4 Ebd., S. 27f.
5 Ebd., S. 30f.
6 Ebd., S. 34.
7 Helmholtz, S. 21f.
8 MR, S. 85.
9 Kußmaul, 1899, S. 220, 256.
10 Ebd., S. 20f.
11 Fontane (1896), S. 315.
12 Rabl (Hg.), S. 23–25.
13 Ebd., S. 45.
14 Ebd., S. 40, 46ff.; Andree, I, S. 18f.
15 Rabl (Hg.), S. 49f.
16 Ebd., S. 61.
17 Ebd., S. 72.
18 Ebd., S. 78f.

Drittes Kapitel: Der junge Arzt

1 Rabl (Hg.), S. 94.
2 Vgl. Ackerknecht, 1953, S. 59f.
3 Schleich, S. 186.
4 RV, 1856, S. 244f.
5 Ebd., S. 252, 256.
6 Rabl (Hg.), S. 99.
7 RV, 1865, S. 93.
8 Rabl (Hg.), S. 112f.
9 Arch 159 (1900), S. 25f., 38.
10 Zit. nach Becher, S. 46–48.
11 Rabl (Hg.), S. 113f.; Kußmaul, 1899, S. 176f.
12 Zit. nach Becher, S. 20.
13 MR, S. 142.
14 Arch 1 (1847), S. 5–12.
15 Zit. nach Nipperdey, 1983, S. 485.
16 Arch 5 (1853), S. 6–10.
17 Rabl (Hg.), S. 96f.

Viertes Kapitel: Oberschlesien

1 Rabl (Hg.), S. 115f.
2 Adams, bes. S. 331–337.

3 Freytag, S. 39f.
4 Hamerow, 1958, S. 224; Rürup, S. 41.
5 Wolff, S. 182f.
6 Mitt. von Dr. Thauer an den Verf. v. 29.3.1986.
7 RV, 1968, S. 63–65.
8 Ebd., S. 66.
9 Ebd., S. 76f.
10 Ebd., S. 143.
11 Ebd., S. 146f.
12 Ebd., S. 114f.
13 Rabl (Hg.), S. 129f.
14 Zit. nach Meyer, 1956, S. 43.
15 RV, 1968, S. 223–228.
16 Ebd., S. 229f.
17 Varnhagen, S. 58.
18 MR, S. 45.

Fünftes Kapitel: Das tolle Jahr

1 Gömmel, S. 27f.
2 Conze, 1976, S. 441f.; Lutz, S. 111.
3 Varnhagen, S. 7, 9.
4 Frevert, S. 118; Nipperdey, 1983, S. 147, 220f.; Lutz, S. 116; Sheehan, 1978, S. 51; Rürup, S. 161–163.
5 Fischer u.a., S. 57; Nipperdey, 1983, S. 212f.
6 MEW 7, S. 512.
7 Weber (Hg.), S. 67, 70f.
8 Baß, S. 66.
9 Weber (Hg.), S. 72.
10 Baß, S. 90.
11 Weber (Hg.), S. 87.
12 RV, 1879 I, S. 125.
13 Rabl (Hg.), S. 143f.
14 Zit. nach Gall, S. 104.
15 Zit. nach Broszat, S. 109f.
16 MEW 4, S. 417f.
17 Rabl (Hg.), S. 151f.
18 Ebd., S. 158, 160.
19 Ebd., S. 166f.
20 Boenheim (Hg.), S. 91.

Sechstes Kapitel: Die medizinische Reformbewegung

1 Fischer u.a., S. 32; Rürup, S. 28.
2 Freytag, S. 20f.
3 Vgl. Lee, passim.
4 Vgl. Nasse, S. 232.
5 Rabl (Hg.), S. 110.
6 Ebd., S. 145.
7 MR, S.1.
8 Ebd., S. 22.
9 Ebd., S. 47, 94f.
10 Ebd., S. 54.
11 Ebd., S. 213f.
12 Ebd., S. 55.
13 Krehnke, S. 333f., 353f.
14 MR, S. 28.
15 Briggs, 1961, S. 83ff.
16 Kußmaul, 1899, S. 413; MR, S. 103
17 Ebd., S. 270.
18 Ebd., S. 273f.

Siebtes Kapitel: Die Würzburger Jahre

1 Gegenbaur, S. 52.
2 Haeckel, 1921, S. 40; vgl. ebd., S. 57f., 188f., 198.
3 M. B. Schmidt, 1921, S. 94.
4 Rabl (Hg.), S. 167f.
5 Zit. nach Kohl, S. 17–20.
6 Zit. nach ebd., S. 21.
7 Rabl (Hg.), S. 188f.

8 BHStA, Abt. II, 27050; Mitt. v. Maria Knott, Uni. Erlangen, an den Verf. v. 8. 11. 1985.
9 Rabl (Hg.), S. 190f.
10 RV, 1856, S. 876, 881.
11 Rabl (Hg.), S. 202, 200.
12 Boenheim (Hg.), S. 92.
13 Diepgen, 1952, S. 223.
14 E. Kisch, S. 123.
15 Kußmaul, 1903, S. 3; Haeckel, 1921, S. 80, 108, 136f.
16 Rabl (Hg.), S. 202; Dettelbacher, S. 154f.; Kohl, S. 13f.
17 Rabl (Hg.), S. 196f.
18 RV, 1968, S. 12, 22f.
19 Ebd., S. 41f.
20 RV, 1856, S. 946.
21 RV, 1968, S. 20, 56.
22 Arch 7 (1854), S. 4.
23 RV, 1856, S. 895, 952.
24 Haeckel, 1921, S. 12f.
25 Ebd., S. 33.
26 Ebd., S. 66.
27 Ebd., S. 186, 170, 181.
28 Ebd., S. 192f.
29 Ebd., S. 82.
30 RV, 1856, S. 533–538, 603; Billroth, 1896, S. 59f.
31 Haeckel, 1921, S. 194.
32 Benedek, S. 105.
33 RV, 1856, S. 779.
34 Rössle, S. 17f.
35 RV (Hg.), I, S. 300; Ackerknecht, 1953, S. 117.
36 Semmelweis, S. 385f.
37 Ebd., S. 439.
38 Benedek, S. 113.
39 RV, 1879 II, S. 87–90, 126.
40 Pettenkofer, 1865, S. 331; vgl. Rimpau, S. 400, 436f.
41 RV, 1879 I, S. 195f.
42 Rabl (Hg.), S. 205f.
43 Ebd., S. 212f.

Achtes Kapitel: Materialismus und Zellularpathologie

1 Büchner, S. XV.
2 Ebd., S. 160.
3 RV, 1862, S. 26.
4 Ebd., S. 67f., 141.
5 Bluntschli, 2, S. 160f.
6 RV, 1856, S. 190.
7 Ebd., S. 6.
8 Ebd., S. 17.
9 Ebd., S. 24.
10 Ebd., S. 19f.
11 Vasold, 1987 (b), S. 3486.
12 RV, 1858, S. 2.
13 RV, 1856, S. 9, 28.
14 Schleiden, 1863, S. 7, 49.
15 Haeckel, 1921, S. 81.

Neuntes Kapitel:
Die Suche nach Öffentlichkeit

1 Naunyn, S. 114f.; Braus, S. 173, 175f.
2 Ebd.
3 Naunyn, S. 112f.
4 Zit. nach Albrecht (Hg.), S. 463.
5 Siehe dazu Vasold, 1988 (b).
6 RV, 1863, [3]1866, S. 48f.
7 Ebd., S. 29.
8 Ebd., S. 50f.
9 Ebd., S. 76.
10 Ebd., S. 71, 69.
11 RV, 1879 II, S. 526f.
12 Vgl. Frevert, S. 323; Kocka, 1983, S. 169f., 190.
13 Vgl. Nipperdey, 1983, bes. S. 494.
14 MEW 34, S. 279.

15 Siemens, S. 188; Sheehan, 1978, S. 100ff.
16 Mommsen, 1960, S. 133f.
17 Zit. nach Körner, S. 39f.
18 Rabl (Hg.), S. 219–226.

Zehntes Kapitel:
Das Duell mit Bismarck

1 Stürmer (Hg.), S. 128.
2 Unruh, S. 229.
3 StB, 5.6.1862, S. 148, 150.
4 StB, 11.9.1862, S. 1592.
5 Ebd., S. 1596–1598.
6 Gall, S. 238f.
7 Zit. nach ebd., S. 278f.
8 Zit. nach ebd., S. 284.
9 StB, 2.12.1863, S. 264ff.
10 StB, 18.12.1863, S. 504f.
11 Ebd., S. 507.
12 Vgl. Winkler, S. 46f.
13 Engelberg, S. 560f.
14 StB, 16.3.1865, S. 558f.
15 StB, 23.3.1865, S. 695.
16 StB, 2.6.1865, S. 1890–1892.
17 Ebd., S. 1897f.
18 Eyck, 1975, S. 104; ders., 1941/4, Bd. 2, S. 59.
19 Meisner (Hg.), S. 392; Machetanz, 1977, S. 19.
20 StB, 17.6.1865, S. 2250–2252.
21 Huber, 3, S. 360.
22 StB, 1.9.1866, S. 170–173.
23 StB, 23.8.1866, S. 78.
24 Boenheim (Hg.), S. 208.
25 Ebd., S. 204f.
26 StB, 11.9.1866, S. 288f.
27 Ebd., S. 268; vgl. Bebel, 1964, S. 363; Sheehan, 1978, S. 21.
28 Mitt. von Dr. Ch. Heuvel vom 12.11.1986. S.a. Stieber, S. 142; Friedenthal, S. 389f.
29 Zit. nach Gall, S. 707.
30 Andree, II, S. 482f.

Elftes Kapitel:
Im Krieg gegen Frankreich

1 StB, 17.11.1868, S. 88f.; vgl. Bebel, 1964, S. 312; Friedenthal, S. 193.
2 Howard, S. 132–134.
3 Sudhoff, S. 96f.; RV, 1879 II, S. 110f.
4 Ebd., S. 172.
5 Bebel, 1964, S. 370; Fontane, 1985, 1, S. 41.
6 RV, 1879 II, S. 143f., 195f.
7 Fontane, 1985, 1, S. 469f.
8 Billroth, 1872, S. 14, 32, 30.
9 Socin, S. 1–3.
10 Ebd., S. 20f.
11 Klebs, S. IX.
12 Schleich, S. 189.
13 Unruh, S. 305–308.
14 RV, 1879 II, S. 155f., 161f.
15 Ebd., S. 48f.
16 Ebd., S. 64, 172f.
17 Arch 51 (1871), S. 4f.
18 StB, 14.2.1871, S. 700f.

Zwölftes Kapitel:
Canalisation oder Abfuhr?

1 RV, 1879 I, S. 535ff.; Zitat S. 538.
2 RV, 1879 II, S. 331f.
3 RV, 1879 I, S. 564, 335.
4 Ebd., S. 562.
5 RV, 1879 II, S. 344f.
6 Ebd. I, S. 574; II, S. 344ff.

7 Ebd., S. 226f.
8 Ebd., S. 219f.
9 Ebd., S. 329, 439f.
10 Escherich, S. 35, 51; A. Fischer, S. 109.
11 Bebel, 1964, S. 355.
12 Palmer, S. 134.
13 Simson, 1983, S. 45, 55f.
14 Sieber, S. 300.
15 Fontane (1896), S. 461, Anm. 253; Simson, 1983, S. 94–96.
16 StB, 4.12.1866, S. 871f.
17 RV, 1879 II, S. 206.
18 Ebd., S. 229–232.
19 RV, 1869, S. 14.
20 Ebd., S. 49.
21 Ebd., S. 50, 56.
22 RV, 1873(a), S. 4f.
23 Ebd., S. 7f.
24 RV, 1879 II, S. 467f.; Simson, 1983, S. 119–121.
25 In: BKW 32 (1890), S. 722f.
26 Hohorst u.a., S. 36; Imhof, 1981, S. 126.
27 Gall, S. 307.

Dreizehntes Kapitel:
Der Kulturkampf

1 Lassalle, 1861, S. 505.
2 Bluntschli, 2, S. 230.
3 Conze, 1976, S. 482; Wehler, [2]1975, S. 119.
4 Franz-Willing, S. 1448f.
5 RV, 1862, S. 16; Sudhoff, S. 45, 48.
6 Ebd., S. 110–117.
7 Ebd., S. 124f.
8 Ebd., S. 133–135.
9 Ebd., S. 146ff.
10 Ebd., S. 154–156.
11 Ebd., S. 157–162.
12 Huber, 4, S. 676.
13 StB, 17.1.1873, S. 843.
14 StB, 16.4.1875, S. 1290.
15 StB, 16.1.1871, S. 288.
16 StB, 23.1.1878, S. 1308.
17 StB, 17.12.1879, S. 683.
18 StB, 10.2.1879, S. 1316; StB, 26.11.1873, S. 111.
19 StB, 1.3.1873, S. 1322; StB, 24.2.1874, S. 1241.
20 StB, 30.1.1873, S. 848.
21 StB, 1.6.1875, S. 1953f.; siehe Ribbe, S. 719.
22 Franz-Willing, S. 1423.
23 Bebel, 1964, S. 447, 529.
24 Zit. nach Eyck, 1975, S. 64.
25 Zit. nach Wehler (1970), S. 110; vgl. Broszat, S. 143.
26 StB, 24.2.1886, S. 759.
27 Ebd., S. 760f.
28 StB, 7.4.1886, S. 1720–1725.

Vierzehntes Kapitel:
Über Arten und Rassen

1 Darwin, S. 477f.
2 Zit. nach Kuhn, S. 162; vgl. ebd., S. 33 u. passim.
3 Sudhoff, S. 191.
4 Ebd., S. 209–211.
5 Vgl. Wehler, [2]1975, S. 180.
6 Sudhoff, S. 224f.
7 Ebd., S. 172.
8 StB, 26.2.1883, S. 921, 923.
9 RV, 1873(e), S. 157, 163f.
10 Andree, I, S. 163.
11 Fontane, 1985, 2, S. 13f.
12 Sudhoff, S. 140.
13 RV, 1875(a), S. 1.
14 Arch 53 (1871), S. 207.
15 RV, 1874, S. 17, 35f.
16 Ebd., S. 45.

17 RV, 1876(b), S. 579f.
18 RV, 1886(a), S. 298–300.
19 RV, 1875(a), S. 3.
20 H. Rosenberg, 1967, S. 93, 112f.
21 StB, 22.11.1880, S. 243, 295; vgl. Wehler, ^{2}1975, S. 112.
22 StB, 25.2.1882, S. 492; StB, 3.12.1880, S. 513f.
23 Andree, I, S. 159.

Fünfzehntes Kapitel:
Heinrich Schliemanns Freund

1 RV, 1876(d), S. 152.
2 RV, 1878(b), S. 130; RV, 1900, S. 112.
3 Andree, I, S. 30f.
4 RV, 1875(b), S. 131f.
5 RV, 1886(d), S. 637.
6 Andree, I, S. 39, 114.
7 Deuels, S. 262, 267, 296.
8 Schliemann, 1953/58, 2, S. 76; vgl. Deuels, S. 301f.
9 RV, 1880(a), S. 66.
10 Schliemann, 1953/58, 2, S. 98.
11 Deuels, S. 317f.
12 Schliemann, 1953/58, 2, S. 120, 129.
13 Zit. nach Meyer, 1956, S. 171f.
14 Schliemann, 1953/58, 2, S. 155, 159.
15 Ebd., S. 176; Deuels, S. 377, 330.
16 Schliemann, 1953/58, 2, S. 265–267.
17 Zit. nach Meyer, 1956, S. 182.
18 Ebd., S. 185f.
19 Schliemann, 1953/58, 2, S. 314f., 361.

Sechzehntes Kapitel:
Noch einmal Medizin

1 RV, 1879 II, S. 58.
2 Arch 101 (1885).
3 RV, 1856, S. 185f.
4 Ebstein, 1903, S. 19; Froboese, S. 46.
5 Zit. nach Heymann, S. 260.
6 Genschorek, S. 85f.
7 BKW 21 (1884), S. 503; vgl. Hasche-Klünder, S. 230f.
8 Zit. nach Geist-Kürvers, S. 452; vgl. StB, 5.3.1889, S. 800f.
9 Freund, S. 45, 53f., 63.
10 Vgl. Billroth, ^{3}1896, S. 278.
11 BKW 24 (1887), S. 878; Waldeyer, S. 331f.
12 Billroth, ^{3}1896, S. 425.
13 Freund, S. 228. Virchows 2. und 3. Befund in: BKW (1887) Nr. 47.
14 Fontane, Briefe 2, S. 190f.
15 Waldeyer, S. 408.
16 Freund, S. 383.

Siebzehntes Kapitel:
Gegen den Strom

1 Stürmer (Hg.), S. 158; vgl. Wehler, ^{2}1975, S. 103.
2 StB, 18.2.1882, S. 322.
3 StB, 9.12.1878, S. 227f.
4 Ebd., S. 229.
5 Zit. nach F. Stern, 1978, S. 277.
6 SBRT, 16.3.1885, S. 1855–1857.
7 SBRT, 23.3.1885, S. 2033.
8 Sudhoff, S. 238f.
9 Zit. nach Gall, S. 608.

10 StB, 19.2.1880, S. 1879.
11 SBRT, 18.11.1889, S. 363.
12 Gall, S. 689.
13 StB, 23.3.1895, S. 1541.
14 StB, 6.12.1877, S. 742; vgl. ebd., 31.3.1892, S. 1204–1206.
15 Huber, 4, S. 949–954.
16 StB, 4.5.1897, S. 2406–2410.
17 StB, 5.5.1897, S. 2292f.
18 Huber, 4, S. 955f.
19 StB, 11.3.1898, S. 1348f.
20 StB, 8.5.1891, S. 2235; ebd., 6.3.1896, S. 1121.
21 BKW 34 (1897), S. 934.
22 Meyer, 1956, S. 114.
23 Fontane, ^{2}1980, 2, S. 409; Craig, 1985, S. 80.

Achtzehntes Kapitel:
Praeceptor orbis terrarum

1 Fontane, ^{2}1980, 2, S. 202.
2 Sudhoff, S. 2f.
3 Posner, 1902, S. 672–675.
4 Zit. nach Winter, S. 93–95.
5 Wille, S. 9f.

PERSONENREGISTER

BILDQUELLENNACHWEIS

Bayerische Staatsbibliothek, München: S. 11, 124
Fackelträger-Verlag, Hannover: S. 257
INTERFOTO, München: S. 117, 168, 293, 317
Preußische Staatsbibliothek, Berlin: S. 225
Manfred Vasold: S. 327

MARE BAL
Oost
OCCIDENS
DAS GROSSE HAFF
Miliaria Germanica communia
Miliaria Gallica communia
AMSTELODAMI,
Guiljelm. Blaeuw excudit
Odera Fluvius
MERIDIE